南京理工大学首批"十三五"规划教材
国家社科基金项目（15BGL037）资助

专利检索与分析精要

武兰芬　姜　军◎主　编

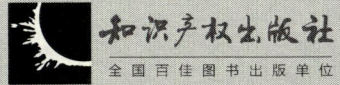

知识产权出版社
全国百佳图书出版单位

图书在版编目（CIP）数据

专利检索与分析精要／武兰芬，姜军主编．—北京：知识产权出版社，2018.10
ISBN 978-7-5130-5116-3

Ⅰ.①专… Ⅱ.①武…②姜… Ⅲ.①专利—情报检索②专利—情报分析 Ⅳ.①G306②G254.97

中国版本图书馆 CIP 数据核字（2017）第 220676 号

责任编辑：刘 睿 邓 莹　　　　　　　　　　责任校对：潘凤越
文字编辑：邓 莹　　　　　　　　　　　　　　责任印制：刘译文

南京理工大学知识产权创新实践教育中心系列教材
专利检索与分析精要
武兰芬 姜 军 主编

出版发行：知识产权出版社 有限责任公司	网　　址：http://www.ipph.cn
社　　址：北京市海淀区气象路 50 号院	邮　　编：100081
责编电话：010-82000860 转 8346	责编邮箱：dengying@cnipr.com
发行电话：010-82000860 转 8101/8102	发行传真：010-82000893/82005070/82000270
印　　刷：北京中献拓方科技发展有限公司	经　　销：各大网上书店、新华书店及相关专业书店
开　　本：720mm×960mm 1/16	印　　张：24.75
版　　次：2018 年 10 月第 1 版	印　　次：2018 年 10 月第 1 次印刷
字　　数：363 千字	定　　价：88.00 元
ISBN 978-7-5130-5116-3	

出版权专有　侵权必究
如有印装质量问题，本社负责调换。

南京理工大学知识产权创新实践教育中心系列教材

编 委 会

主任　吴汉东

成员　朱　宇　　支苏平　　李　彬　　钱建平
　　　曾培芳　　朱显国　　唐代盛　　聂　鑫
　　　尚苏影　　谢　喆　　叶建川　　王　鸿
　　　姚兵兵　　林小爱　　武兰芬　　姜　军

总　　序

当前，我国正在深入推进知识产权强国建设，知识产权人才作为建设知识产权强国最基本、最核心、最关键的要素日益受到高度重视。近年来，我国相继发布《深入实施国家知识产权战略行动计划（2014~2020年）》《关于新形势下加快知识产权强国建设的若干意见》《国家创新驱动发展战略纲要》《"十三五"国家知识产权保护和运用规划》《知识产权人才"十三五"规划》等重要政策文件，对我国知识产权人才培养提出了新的要求。

知识产权作为一门独立的学科，有自己独特的研究对象，有自己特有的基本范畴、理念、原理、命题等所构成的知识体系；知识产权作为一种特定的专业，有自己特殊的人才培养目标，也有自己特定的人才培养规格。结合知识产权的学科特点，知识产权人才培养应当符合以下三个基本定位：

第一，知识产权人才应当是复合型人才。知识产权归属于法学，但与管理学、经济学、技术科学等有着交叉和融合，因此知识产权人才应当具备多学科的知识背景。他们除了掌握法学的基础知识外，还应当能够理解文、理、工、医、管等学科的基本原理和前沿、动态，成为懂法律、懂科技、懂经济、懂管理的复合型人才。第二，知识产权人才应当以应用型人才为主。知识产权是一门实践性极强的学科，无论是知识产权的确权与保护，还是知识产权的管理与运营，都是实践性工作。立法、司法机关、行政管理部门、公司企业、中介服务机构等实务部门对知识产权人才有着广泛的需求。第三，知识产权人才应当是高端型人才。知识产权跨学科的特点，意味着单一的本科学历根本无法实现知识产权专业的目标要求，要使知识产权人才有较高的起点、较广博的知识，双学士、硕士、博士、博士后等高学历人才应当成为今后知识产权人才培养的主流。

知识产权人才培养是我国高校中最年轻、最有生命力的事业。但从总体上看，由于当前高校知识产权人才培养在复合型师资、培养方案、课程设置、实验条件等方面存在诸多困难与问题，从而导致我国知识产权人才数量和能力素质与上述目标定位还存在一定差距，特别是高层次和实务型知识产权人才严重缺乏。因此，要以知识产权人才培养定位为目标，提升知识产权人才培养的软硬件条件，实现知识产权人才培养工作的科学化、体系化和制度化，为知识产权强国建设提供坚实的智力支撑。

值得欣慰的是，围绕上述培养目标，我国很多高校已经开始积极探索知识产权人才培养的新途径。例如，南京理工大学知识产权学院，借助工信部、国家知识产权局以及江苏省政府三方共建的契机，在国内率先成立独立建制的知识产权学院，建立起"3+1+2"知识产权本科实验专业、法律硕士（知识产权）专业、知识产权管理硕士点、知识产权管理博士点，并建立了省级知识产权创新实践教学中心。

本套系列教材正是基于上述背景由南京理工大学知识产权创新实践教育中心组织编写的。该系列教材共六本，分别为《知识产权案件审判模拟》《知识产权国际保护》《知识产权代理实务》《专利文件撰写》《专利检索与分析精要》和《企业知识产权管理理论与实践》。从学科背景上看，该系列教材涵盖法学、管理学、经济学、情报学、技术科学等不同学科知识，符合"知识产权人才应当是复合型人才"的要求；从课程设置上看，该系列教材更加注重知识产权诉讼、专利文书撰写、专利检索分析等知识产权实务技能的培养，符合"知识产权人才应当以应用型人才为主"的要求；从适用对象上看，该系列教材既可作为高校知识产权专业本科生和研究生的课程教学教材，也可作为企事业单位知识产权高级法务人员和管理人员的参考教材，符合"知识产权人才应当是高端型人才"的要求。衷心希望通过该套教材的出版发行，总结出我国复合型、应用型、高端型知识产权人才培养的先进经验,以期为加快知识产权强国建设贡献力量。

是为序。

中南财经政法大学文澜资深教授、博士生导师

2017 年 6 月

序 一

在国家实施创新驱动战略和大众创新、万众创业的形势下,技术创新和创新管理的全过程都离不开专利信息的检索与分析利用。充分挖掘和利用专利信息资源是培养创新型人才不可忽视的重要环节。为了适应高等教育的改革和形势,加强创新教育,理工类高校特别需要及时地新编一部面向知识产权复合型人才培养的课程教材。

南京理工大学知识产权学院武兰芬老师等人编著的教材《专利检索与分析精要》正是一部面向创新驱动新时代的新编专业基础课程教材。为充分发挥出新编专业教材在高校教学改革工作中的基础性作用,以利于培养学生们的学习能力、实践能力和创新创业能力,本教材对以往检索和分析方面的经典教材和专著进行内容上的精简、提炼和创新,以便于培养学生新的自学和获取信息的能力,全面提高大学生的专利信息检索和分析的素质,促进大学生形成独立思考和分析解决问题的创新实践能力,并借助教材改革推动知识产权管理教学目标、内容和方法的改革。该教材适应经济社会发展和新一轮科技革命的要求,是反映教学改革和人才培养模式改革探索的最新成果。

《专利检索与分析精要》的编著能够与时俱进,校企中青年专家们借鉴吸收国内外相关研究机构和学者最新的学术研究成果,结合编著教师团队对理工高校"创新型知识产权复合人才培养"的探索经验,以及企业丰富的产品实践和培训经验,经密切交流和会商后创作而成。无疑本教材可为学生尽快接受新的专利检索分析理念,掌握新的专利检索分析方法与技术提供有效的帮助,它将是一部非常具有学习和模拟训练价值的新编教材!

本教材内容既注重启发性和指导性，更注重实用性和先进性；既可作为理工类高等院校开展创新教育，用于各相关专业的本科生和研究生进行专利检索与分析教学的教材或参考书，培养创新型人才的专利技能素质，也可作为产业界广大科技人员快速进行专利检索与分析的自学或培训教材，期待这本教材能够得到广泛使用，发挥其应有的社会价值！

陈 燕
2017 年 2 月 3 日

序 二

在信息化和知识密集型时代,大量涌现的技术创新极大地提升了企业和国家的科技竞争力,而最能体现技术创新"当量"的专利信息数量已经达到数千万件,信息和知识已成为关键的生产要素。对企业来说,专利信息的收集、分析、管理和运用显得至关重要,甚至决定了企业发展的成败和兴衰,越来越多的创新主体亟须更高质、更专业的专利信息增值服务。

专利文献及相关信息检索是专利分析的关键环节,是开展专利分析工作的基石,在成千上万的专利申请文件中检索出相关的专利文献并非易事,对检索结果去除噪声更是需要一番工夫,只有检索结果尽可能全面和准确才会有高质量的专利分析。

专利分析是专利信息服务的核心,也是实现专利挖掘和专利布局的关键步骤。专利分析是对海量的专利信息进行收集、整理、加工、分析并且提炼有价值信息的过程,也是专利信息通向专利情报的桥梁,发掘出专利信息背后关联的、有价值的深层次信息,将表面上不相关联的专利信息转化为有价值的商业情报。

开展专利信息检索和分析工作,是有效降低企业运营风险、防范专利权纠纷的重要手段,是有效开发和保护自主知识产权、提升竞争优势的重要途径。随着专利分析研究活动的广泛开展,各种体系化的专利分析方法不断出现(例如,本人主编的《专利分析——方法、图表解读与情报挖掘》),专利分析的成果日趋丰富多样,学习和应用专利分析的人员越来越多,他们在专利分析实务操作过程中的需求和问题也日益增加。因此,有必要推广普及具有可操作性的专利检索分析流程和方法体系,指导和规范专利检索和分析的学习和探索活动。本教材在专利检索理论和方法精练介绍的基础上，对专利分析流程作了简介，并分别从定量、定性和拟定量分析角度重点对专利分析方法进行说明，内容浅显易懂，有利于初学者对专利检索分析的全流程操作实务开展系统的学习。其中，定量分析方法包括数据趋势、数据构成、数据排序分析方法等，定性分析方法包括技术功效矩阵、重点专利、专利技术路线图和权利要求分析方法等，拟定量分析方法包括专利引文分析及数据关联分析方法。

本书的作者由在高校从事专利检索与分析的专业教师、专利信息咨询机构的人员、企业一线的从事研发和专利管理的人员等组成，他们大多具有理工科知识背景，整个作者团队知识结构合理，视野和角度全面。涉及的各专利分析工具或平台在数据分析上也是各有特色：知识产权出版社的InteCovery系统收录的专利文献和非专利文献信息非常全面；科睿唯安（Clarivate Analytics，原汤森路透知识产权与科技事业部）的Thomson Innovation平台的专利数据加工精细；合享汇智的incoPat分析平台则高效解决专利检索和分析过程中的常见需求；Questel的Orbit平台数据全面、技术层面分析深入；东方灵盾lindenpat专利信息搜索平台针对药物领域的专利文献信息分析优势明显；Minesoft的PatBase数据库跨语言检索和术语翻译器扩展了检索范围；保定大为innojoy专利搜索引擎持续对用户体验进行关注。

上述特点对于初学者了解专利检索和分析流程和方法，尽快掌握专利检索和分析技巧非常有帮助，有助于提升专利分析成果的质量和使用价值。

当今社会，对复合型人才的要求越来越高。掌握专利分析的技能，有利于高校培养优质的复合型人才。作者们吸收"复合型知识产权人才培养和培训"的实践经验，结合国内外最新研究成果，编撰而成此教材，为初学者构建基础的专利检索和分析知识框架。本书可供高等学校师生教学和参考使用。同时，也可供企业界、情报界、咨询界、教育界的信息分析、竞争情报、信息管理、知识管理、战略管理和软科学研究从业者学习培训之用。

莫听穿林打叶声，何妨吟啸且徐行。纵然异邦有先势，擅善铸鞭必自胜！希望同学们在学习的过程中，同样重视专利检索和专利分析！不要为了分析而分析，而要明确特定的专利分析目的，并且结合产业背景、行业现状和经济状况等，彻底掌握信息经济时代的专利信息分析的新技能！

马天旗
2017年3月8日于北京

前　　言

一、新编依据

在中国，"专利检索与分析"是许多高校和知识产权学院的专业基础课程。多年来业界相关书籍也日渐丰富，本教材的新编依据主要有以下两点。

（一）时代呼唤创新教育，而创新教育重在培养创新型人才

提高自主创新能力、建设创新型国家是国家发展战略的核心。为此我国的高等教育正处于不断的改革之中，其中重要内容之一就是强调创新创业教育。如何培养技能人才的创新能力是关系到创新型国家建设与发展问题，主流思想认为在创新人才培养的过程中，配合开展知识产权教育势在必行。为了促进高校创新特色教育的蓬勃开展，进一步推进创新型大学的建设，理工高校的知识产权教育亟须突出创新要求，积极开展创新创业教育和训练，培养师生的创新意识、创新思维和创新方法。而充分挖掘和利用专利信息资源是培养创新型人才不可忽视的重要环节，特别是在国家实施创新驱动战略和大众创业、万众创新的形势下，创新管理和技术创新的全过程都离不开专利信息的检索与分析利用。为了适应高等教育的改革和形势，加强创新教育，理工高校需要及时地新编这样一部面向创新型知识产权复合人才培养的课程教材。

（二）充分发挥新编专业教材在高校教学改革工作中的基础性作用

专利文献有自己的分类体系和专用的检索工具。随着计算机技术和互联网的迅速发展，信息载体的形态及其检索技术都发生了天翻地覆的变化，

也改变了信息利用的形式和途径。面对专利大数据的发展趋势，高校的"专利信息检索与分析"课程教材需要重新进行调整与创新，提高教材的科学性，反映科研的最新成果。需要重新建立检索理念，学习新的检索和分析原理、方法和技术，提升大学生利用先进的专利数据挖掘工具解决实际问题的能力。编写一本兼具理论性和实践性的教材，不断使教材的内在质量更上一层楼，为持续提升教学质量和促进高校教学改革打下良好的基础。

二、本书特点与创新处

与近年来已出版的同类代表性教材相比较，本书有以下突出特点和创新。

（一）内容精练

为了适应高校专利信息检索课程的教学需要，近些年，各种关于专利检索和分析的教材和专著层出不穷，但相对于高校专利信息人才培养而言，教材内容过于广泛和碎片化，不利于初学者自主的知识整理和高效利用。《专利检索与分析精要》正是为了满足高校大学生和知识产权相关人员快速高效学习精华的需求而编写的。《专利检索与分析精要》第一章至第四章可以满足16~18学时专利信息检索与分析教学的基本需要，第五章至第十一章则属于延伸内容学习，全书适合作为32学时专利信息检索课教学用书。本教材既注意内容系统和前沿，也强调教材的通用性和可读性，对许多文字叙述删繁就简，尽量代之以图表的形式，力求内容由浅入深，图文并茂。

（二）突出实用性

本书的编写者是理工高校专利检索与分析课程的教师和各大专利数据库的专业人员，他们根据自己多年的教学和培训以及研究经验，以"系统应用"为目的来进行组织编写。全书以专利信息检索与分析的标准流程为顺序展开，特别是对专利信息检索方法、分析手法、信息解读、专利信息检索与分析在企业经营中的运用着重着墨。力求既有前沿理论的认知，又有检索和分析技巧的介绍，还有先进数据库产品和实例的讲解。书中介绍了几种主流数据库，其中一些检索技巧和方法非常实用。邀请几家市场上优秀的数据库供应商展现其最先进的产品及应用情景，以保证实例的真实性、针对性和实用性。借助这些公司的专家知识和经验来传授学生们如何使用他们的软件和服务，可以更好地提高学生们的学习兴趣和学习效果。

（三）探索创新性

南京理工大学知识产权学院专利检索与分析课程没有自编教材，近几年来主要采用国家知识产权局知识产权发展研究中心陈燕等人编著的《专利信息采集与分析》作为教案依托资料。以此书为主要参考书，教学使用效果一直较好，故我们在此基础上结合其他最新教材和专著形成了这本面向理工科高校大学生的新编教材。

教材改革须与人才培养目标相一致，针对"专利检索与分析"课程的特点，本教材的编写从学科专业的培养目标和学生特点出发，秉承"教学做合一"的原则，以"创新能力培养"为着眼点，认真组织内容、精心选择案例，力求浅显易懂、讲够理论、注重实践。新编教材全面准确地阐述本学科先进理论与概念，充分吸收国内外前沿研究成果，注重吸收行业发展的新知识、新技术和新方法，丰富实践教学内容。我们组织新编本教材的目的十分明确，即在阐述专利信息检索一般知识和理论前沿的基础上，侧重介绍专利信息检索分析方法和先进的工具产品，使得教材能够与时俱进，力求体现时代特色。

专利文献信息检索教育包括专利信息基本内涵教育、检索策略教育、信息分析教育。专利文献信息检索与大学生创新能力培养关系密切，充分挖掘和利用专利文献信息资源是创新型人才重要的能力培养。在当前海量的专利信息源中，如何快速检索，深化分析，是一门专业性很强的技术。本教材重点借鉴和分析国内外主要专利检索和分析工具中采用的较为先进的方法和产品。这样的安排有助于学生根据检索分析目的和分析的深入程度进行学习和运用。此外，还详细说明专利检索分析方法的理论基础和内在逻辑，深入阐述这些专利检索和分析方法的原理和实施步骤，这样不仅有利于大学生和专利分析人员深入地掌握方法实质，同时也可以提升他们对专利检索数据的解读和专利情报挖掘的技能。

  本教材力求注重理念创新、内容新颖、生动翔实和科学严谨。编写组努力做到注重学生的认知结构和教材的编排结构相吻合；教材内容既易被学生接受，又能提高学生的知识和技能；全书结构合理，内容规范，文字流畅，适合不同起点、不同层次读者的需要，并具有专业教育所必需的技术深度。

  编写精品教材是我们树立的目标，专利信息挖掘与运用的课程系列教材开发是一个系统工程，目前系列研究已经起步，我们的教改探索不仅得到了相关专家和领导的支持与鼓励，更得到理工高校许多学生们的积极参与，为此编写组表示衷心的感谢，并真诚地以此书献给学习现代知识产权管理知识的莘莘学子！

目 录

第一章 专利信息与专利文献 …………………………………………（1）
  第一节 专利信息和专利文献概述 ……………………………（1）
  第二节 专利说明书的组成 ……………………………………（7）
  第三节 专利文献分类 …………………………………………（12）
  第四节 专利族与专利优先权 …………………………………（23）

第二章 专利检索及信息源 …………………………………………（27）
  第一节 专利检索 ………………………………………………（27）
  第二节 专利信息源 ……………………………………………（30）

第三章 专利分析 ……………………………………………………（59）
  第一节 专利分析概述 …………………………………………（59）
  第二节 专利分析流程 …………………………………………（60）
  第三节 专利分析方法 …………………………………………（63）

第四章 Excel 分析 …………………………………………………（85）
  第一节 Excel 数据导入 ………………………………………（87）
  第二节 Excel 数据整理 ………………………………………（96）
  第三节 Excel 数据函数统计 …………………………………（104）
  第四节 Excel 图形种类及专利分析运用 ……………………（113）
  第五节 Excel 绘制专利分析图 ………………………………（119）
  第六节 撰写专利分析报告 ……………………………………（135）
  第七节 延伸阅读 ………………………………………………（136）

第五章　知识产权出版社 (141)
第一节　知识产权出版社数据资源 (142)
第二节　知识产权出版社专利产品功能 (146)

第六章　科睿唯安 (191)
第一节　科睿唯安专利产品 (192)
第二节　专利信息挖掘及检索实例 (206)

第七章　合享汇智 (217)
第一节　产品特色 (218)
第二节　用户体验 (237)

第八章　Questel (249)
第一节　Orbit 专利产品 (250)
第二节　用户体验：芯片行业专利分析及专利组合质量评估 (262)

第九章　东方灵盾 (277)
第一节　东方灵盾专利产品 (278)
第二节　用户体验 (302)

第十章　Minesoft (309)
第一节　Minesoft 专利产品 (310)
第二节　PatBase 产品特色 (312)

第十一章　保定大为 (345)
第一节　产品特色 (346)
第二节　用户体验 (359)

参考文献 (369)

后　记 (371)

第一章 专利信息与专利文献

【导读】

本章在阐述专利信息与专利文献内涵与特点的基础上，介绍专利文献种类识别代码和 INID 代码，列述专利说明书的主要组成部分。介绍国际专利分类、欧洲专利分类、美国专利分类、日本专利分类、联合专利分类和外观设计分类等几种主要的专利文献分类信息，跟踪最新的专利分类信息资讯，并阐述专利族和专利优先权的概念和类型。

第一节 专利信息和专利文献概述

一、专利信息的内涵

专利信息狭义上是指专利说明书、权利要求书、说明书附图、说明书摘要等文献中所承载的信息。广义上是指各种专利申请文件、专利公报、专利分类表、专利索引、专利题录、专利文摘、专利证书等文献中所承载的以及专利活动中所产生的信息。

按照信息的内容，专利信息可以分为技术信息、法律信息和经济信息。

（1）技术信息。包括发明创造名称、摘要、专利分类号、说明书等。

（2）法律信息。包括权利要求书、申请人、发明人、专利权人、专利申请号、申请日期、优先申请号、优先申请日期、优先申请国家、文献号、专利或专利申请的公布日期、国内相关申请数据等。

（3）经济信息。包括申请人、发明人、专利权人、申请日期、优先申请日期、公布专利文献的国家机构。

按照信息的格式，专利信息可以分为结构化信息和非结构化信息。

（1）结构化信息，是以固定字段记录的信息，事先按一定的标准被人为组织，便于计算机和数据库识别和管理。专利信息中的结构化信息主要以著录项目为主，包括专利号、申请号、公开号、申请日期、公开日期、授权日期、优先权号、优先权日期、申请人、发明人和专利分类号等。

（2）非结构化信息，以文本数据和图像数据为主，其形式不固定、字段长度不等、较难被计算机和数据库直接识别和管理。专利信息中的非结构化信息主要以专利文本中的技术信息为主，包括专利的名称、摘要、权利要求和说明书等。

二、专利文献的定义和特点

世界知识产权组织（World Intellectual Property Organization，WIPO）1988年编写的《知识产权法教程》将专利文献定义为："专利文献是包含已经申请或被确认为发现、发明、实用新型和工业品外观设计的研究、设计、开发和试验成果的有关资料，以及保护发明人、专利所有人及工业品外观设计和实用新型注册证书持有人权利的有关资料的已出版或未出版的文件（或其摘要）的总称。"

上述概念包含以下内容：

（1）专利文献所涉及的对象是申请或批准为专利的发明创造，即"已经申请或被确认为发现、发明、实用新型和工业品外观设计的研究、设计、开发和试验成果"，而申请专利的发明创造都须经过专利局的审批。

（2）专利文献是关于申请或批准为专利的发明创造的资料。它既有关于"发现、发明、实用新型和工业品外观设计的研究、设计、开发和试验成果"等技术性资料，又有关于"保护发明人、专利所有人及工业品外观设计和实用新型注册证书持有人权利"的法律性资料，而这些资料是在专利审批过程中产生的文件。

（3）专利文献所包含的资料有些是公开出版的，有些则仅为存档或仅供复制使用。因此，专利文献是上述各种资料及其出版物的总称。

该教程还进一步指出："专利文献按一般的理解主要指各国专利局的正式出版物。"即专利文献主要是指实行专利制度的国家及国际专利组织在审批专利过程中产生的官方文件及其出版物的总称。

WIPO标准ST.10中说明：术语"专利文献"包括发明专利、植物专利、外观设计专利、发明人证书、实用证书、实用新型、增补专利、增补发明人证书、增补实用证书及其所公布的申请。也就是说，按一般理解作为公开出版物的专利文献主要有：各种类型的发明、实用新型、外观设计及植物专利说明书，各种类型的发明、实用新型、外观设计及植物专利公报、文摘、索引以及有关的分类资料。❶

专利文献有如下几个特点：

（1）详尽性。专利文献要求对发明内容的叙述必须详尽具体，以所属技术领域的普通专业人员能够重复实现为准。专利文献记载技术解决方案，确定专利权保护范围，披露专利权人、注册证书所有人权利变更等法律信息。同时，依据专利申请、授权的地域分布，可分析专利技术销售规模、潜在市场、经济效益及国际间的竞争范围。专利文献是一种独一无二的综合科技信息源。

（2）完整性。专利申请文件一般都依照专利法规中关于充分公开的要求对发明创造的技术方案进行完整而详尽的描述，并且参照现有技术指明其发明点所在，说明具体实施方式，并给出有益效果。所以通过对一系列专利说明书的查找可以获得完整反映某个技术领域状况的信息。

（3）重复性。专利文献的重复性来源于两个方面：同一技术发明在申请公开和授权时会分别出版发明专利申请公开说明书和发明专利说明书，二者在内容上可能基本相同或一致；一项发明创造可以在多

---

❶ 陈燕，黄迎燕，方建国，等. 专利信息采集与分析（第2版）[M].北京：清华大学出版社，2014.

国申请获得多国的专利权，也就产生了不同语种的内容相同的多份专利说明书。

（4）标准性。在世界知识产权组织的倡导与推广下，各国出版的专利说明书文件结构均包括扉页、权利要求、说明书和附图等部分内容。扉页采用国际统一的专利文献著录项目识别代码。各国出版的发明和实用新型文献采用或同时标注国际专利分类号，外观设计文献采用或同时标注国际外观设计分类号。这些标准化措施使各国的专利文献成为便于检索的、系统化的科技信息资源。

三、专利文献种类识别代码和 INID 代码

因为专利权利的地域性特点，不同国家专利的类型存在区别，在使用专利文献类型标识代码时也存在差异性。专利文献种类标识代码是指为标识不同种类的专利文献使用的代码，通常是以一个大写英文字母，或者一个大写英文字母与一位阿拉伯数字的组合表示。表1-1是主要国家或组织的专利文献种类标识代码。❶ 同样是发明专利说明书，在中国标识为"C"，在美国标识为"A 或 B1 或 B2"，在日本标识为"B 或 B1"，在韩国标识为"B1"，而在欧洲专利局标识为"B1、B2、B8 或 B9"。

表1-1 主要国家或组织的专利文献种类标识代码

国家或组织	文献名称	文献类型
中国	发明专利申请公开说明书 发明专利申请审定说明书 发明专利说明书 实用新型专利申请说明书 实用新型专利说明书 外观设计专利申请公告 外观设计专利授权公告	A B C U Y S D

---

❶ 国家知识产权局. 各国说明书样页 [EB/OL]. http://www.sipo.gov.cn/wxfw/zlwxxxggfw/zsyd/zlwxjczs/ggzlsmsye/201406/t20140630_973338.html.

续　表

国家或组织	文献名称	文献类型
日本	公开特许公报	A
	特许公报	B
	特许公报	B1
	公开实用新案公报	U
	登录实用新案公报	U1
	实用新案公报	Y
	实用新案登录公报	Y1
	意匠公报	S0
	类似意匠公报	S3
	解密意匠公报	S8
韩国	发明公开说明书	A
	发明专利说明书	B1
	外观设计说明书	S
	实用新型公开说明书	U
	实用新型专利说明书	Y1
世界知识产权组织	附检索报告的申请说明书	A1
	未附检索报告的申请说明书	A2
	检索报告	A3
	外观设计说明书	S
美国	发明专利说明书	A
	发明专利说明书	B1
	发明专利说明书	B2
	专利申请公开说明书	A1
	专利申请公开说明书（再公开）	A2
	专利申请公开说明书（修正）	A9
	提前出版说明书	BB
	再审查证书说明书	B1
	再审查证书说明书	B2
	再审查证书	C1
	再审查证书	C2
	植物专利说明书	P
	植物专利申请说明书	P1
	植物专利说明书	P2
	再版专利说明	E
	依法登记的发明说明书	H
	设计专利	S
	再公告专利再审查证书	BRE
	再公告外观设计说明书	RD
	防卫性公告说明书	T
	AI 系列说明书	AI
	X 系列说明书	X
	RX 系列说明书	RX

续表

国家或组织	文献名称	文献类型
欧洲专利局	附检索报告的申请说明书	A1
	未附检索报告的申请说明书	A2
	检索报告	A3
	修改的专利申请说明书	A8
	修改的专利申请说明书	A9
	专利说明书	B1
	新专利说明书	B2
	修改的专利说明书	B8
	修改的专利说明书	B9

专利文献著录项目是专利文献技术、法律、经济三种信息特征的集合。为便于公众识别专利文献著录项目，也为便于计算机管理，巴黎联盟专利局兼情报国际合作委员会为专利文献著录项目制定了国际承认的（著录项目）数据识别代码（Internationally agreed Numbers for the Identification of (bibliographic) Data），英文缩略语为"INID 代码"。INID 代码由括号所括的两位阿拉伯数字表示，其优点在于浏览各国专利文献时不受语言限制，起到快速引导专利文献用户寻找相关专利信息和简要解释的作用，主要 INID 代码及其含义如表 1-2❶ 所示。

表 1-2 主要 INID 代码

代码	含义	代码	含义	代码	含义
[10]	文献标识	[30]	优先权数据	[45]	授权公告日
[11]	文献号（专利号）	[31]	优先权号	[46]	只出版专利权项的日期
[12]	文献名称	[32]	优先权日	[47]	可阅览或复制日期
[15]	文献更正数据	[33]	优先权国家	[48]	更正文献出版日
[19]	公布文献的国家机构	[40]	公布或公告日期	[50]	技术信息项
[20]	出版国家登记项	[41]	展出日期（未审批）	[51]	国际专利分类或洛迦诺分类
[21]	申请号	[42]	展出日期（未批准）	[52]	本国专利分类
[22]	申请日	[43]	申请公布日	[53]	国际十进制分类
[23]	其他登记日期	[44]	审查未批说明书公告日	[54]	专利名称

---

❶ 百度百科. INID 代码 [EB/OL]. https://baike.baidu.com/item/INID%E4%BB%A3%E7%A0%81/17508870? fr=aladdin.

续 表

代码	含义	代码	含义	代码	含义
[55]	关键词	[64]	修订专利	[76]	发明人兼申请人兼专利权人
[56]	对比文件	[66]	本国优先权数据	[81]	指定国
[57]	摘要	[70]	与发明有关人员识别项	[82]	选择国
[58]	审查范围	[71]	申请人及地址	[84]	指定协议国
[60]	法律上的有关项	[72]	发明人	[85]	PCT 国际申请进入国家阶段日
[61]	增补专利	[73]	专利权人及地址	[86]	PCT 国际申请的申请数据
[62]	分案原申请数据	[74]	专利代理机构及代理人	[87]	PCT 国际申请的公布数据
[63]	续接专利	[75]	发明人兼申请人	[88]	检索报告延迟公布日

第二节 专利说明书的组成

专利说明书是对发明、实用新型或外观设计的结构、技术要点、使用方法作出清楚、完整的介绍，包含技术领域、背景技术、发明内容、附图说明、具体实施方法等内容。目前，各国专利说明书的内容已逐渐趋于一致，并形成了固定的格式，结构主要包括扉页、说明书、权利要求书和附图。

一、扉 页

专利文献的扉页（Front Page）包括著录项目、摘要或权利要求、一幅主要附图或化学结构式。著录项目包括全部专利信息的特征，它通常包括专利文献出版机构、发明名称和摘要、申请人或专利权人名称及地址、发明人姓名、代理机构名称、代理人姓名、审查员姓名、申请日期、公开日期、授权日期、申请号、公开号、公告号、分类号等。图 1-1 和图 1-2 分别为中国和美国发明专利说明书扉页实例。

专利检索与分析精要

(19) 中华人民共和国国家知识产权局

(12) 发明专利

(10) 授权公告号 CN 103050754 B
(45) 授权公告日 2014.12.17

(21) 申请号 201210586736.2
(22) 申请日 2012.12.30
(73) 专利权人 南京理工大学
  地址 210094 江苏省南京市孝陵卫 200 号
(72) 发明人 王建朋　陶子文　赵俊顶　窦艳
  徐鑫
(74) 专利代理机构 南京理工大学专利中心
  32203
  代理人 朱显国
(51) Int.Cl.
  H01P 5/10 (2006.01)
(56) 对比文件
  JP 2005223875 A, 2005.08.18, 说明书第
  [0011]-[0016] 段,附图 1-3.
  CN 102522618 A, 2012.06.27, 说明书第
  [0054] 段,附图 1-2.
  US 6023210 A, 2000.02.08, 附图 1A-2E.

CN 203119073 U, 2013.08.07, 权利要求
1-6.
US 4825220 A, 1989.04.25, 全文.
US 2010097163 A1, 2010.04.22, 全文.
A.Abbosh et al.Ultra-Wideband Crossover
Using Microstrip-to-Coplanar Waveguide
Transitions.《IEEE MICROWAVE AND WIRELESS
COMONENTS LETTERS》.2012, 第 22 卷 (第 10 期),
第 500-502 页.

审查员　黄晓东

权利要求书 1 页　说明书 4 页　附图 2 页

(54) 发明名称
  微带线－共面带状线的宽带过渡结构
(57) 摘要
  本发明涉及一种微带线－共面带状线的宽带过渡结构,包括微带线导带、共面带状线、微带线地板、电路基板,其中微带线导带位于电路基板的正面,共面带状线和微带线地板一体成型位于电路基板的反面;共面带状线和微带线导带立体垂直交叉,形成立体垂直交叉处;微带线导带包括顺次设置的微带线输入输出端口、微带线导带传输段、有限地微带线导带过渡段、立体垂直交叉处、有限地微带线导带开路端;微带线地板设有限地微带线地板过渡段和有限地微带线地板;共面带状线的一端是共面带状线输入输出端口,另一端为共面带状线短路端。微带线共面带状线的宽带过渡结构具有尺寸小、电路结构紧凑、高频插入损耗小的优点。

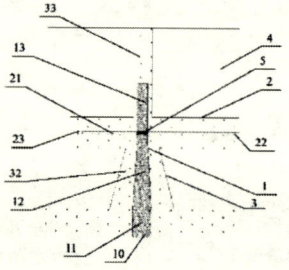

图 1-1　中国发明专利说明书扉页实例

图片来源:国家知识产权局专利检索系统 [EB/OL]. http://www.pss-system.gov.cn/sipopublic-search/patentsearch/showViewList-jumpToView.shtml.

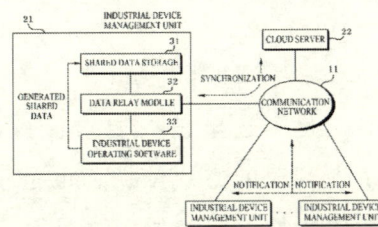

图 1-2　美国发明专利说明书扉页实例

图片来源：美国专利检索系统［EB/OL］. http：//pdfpiw. uspto. gov/. piw? Docid＝09477735&homeurl＝http% 3A% 2F% 2Fpatft. uspto. gov% 2Fnetacgi% 2Fnph-Parser% 3FSect1% 3DPTO2% 2526Sect2% 3DHITOFF% 2526p% 3D1% 2526u% 3D% 25252Fnetahtml% 25252FPTO% 25252Fsearch-bool. html% 2526r% 3D1% 2526f% 3DG% 2526l% 3D50% 2526co1% 3DAND% 2526d% 3DPTXT% 2526s1% 3D9477735% 2526OS% 3D9477735% 2526RS% 3D9477735&PageNum＝&Rtype＝&SectionNum＝&idkey＝NONE&Input＝View+first+page.

二、说明书

说明书（Specifications）是清楚完整地描述发明创造的技术内容的文档。各国对说明书描述的规定大体相同，大体包括发明背景、发明概述和附图说明。

（一）发明背景

用以指出本发明所属的技术领域，提出现有技术水准不足之处；写明对发明的理解、检索、审查有用的背景技术，有可能的情况下，引证反映这些背景技术的文档。

（二）发明概述

介绍本发明的概况及如何实现本发明，概要地说明组成本发明各要素的功能、发明创造的效果；发明所要解决的具体技术问题以及解决其问题所采用的技术方案，并对照现有技术写明发明的有益效果。

（三）附图说明

附图的简述及最佳方案的叙述是详细叙述发明内容，如有图，则结合各种立面图、剖面图加以说明。这是说明书中最重要的部分，它提供了解决技术问题最佳方案的情报。

三、权利要求书

权利要求书（Claims）是列述申请人要求保护的范围，它用词严谨，是专利局审查时确定授予专利权的主要依据，也是重要的法律性情报，即判定是否具有专利性的法律依据。权利要求书具有直接的法律效力。权利要求书与说明书之间有着密切的关系，权利要求书应当以说明书为依据，说明要求专利保护的范围。

权利要求书又可以分为独立权利要求和从属权利要求。独立权利要求从整体上反映发明的技术方案，记载解决技术问题的必要技术特征。从属权利要求用附加的技术特征，对引用的权利要求作进一步限定。图1-3为权利要求书实例，该权利要求书有5项权利要求，其中权利要求1为独立权利要求,权利要求 2~5 为从属权利要求。

| CN 103050754 B | 权 利 要 求 书 | 1/1 页 |

  1. 一种微带线-共面带状线的宽带过渡结构,其特征在于:包括微带线导带(1)、共面带状线(2)、微带线地板(3)、电路基板(4),微带线导带(1)和微带线地板(3)形成微带线,其中微带线导带(1)位于电路基板(4)的正面,共面带状线(2)和微带线地板(3)一体成型位于电路基板(4)的反面;共面带状线(2)和微带线导带(1)立体垂直交叉,共面带状线(2)的槽(21)与微带线导带(1)形成立体垂直交叉处(5);所述的共面带状线(2)位于有限地微带线地板过渡段(32)和有限地微带线地板(33)的中间,并垂直于有限地微带线地板过渡段(32)和有限地微带线地板(33),共面带状线(2)的一端是共面带状线输入输出端口(22),经过立体垂直交叉处(5)后的另一端为共面带状线短路端(23)。

  2. 根据权利要求 1 所述的微带线-共面带状线的宽带过渡结构,其特征在于:所述的微带线导带(1)包括顺次设置的微带线输入输出端口(10)、微带线导带传输段(11)、有限地微带线导带过渡段(12)、立体垂直交叉处(5)、有限地微带线导带开路端(13);其中微带线导带传输段(11)一端与微带线输入输出端口(10)相连,另一端与有限地微带线导带过渡段(12)相连,宽度与微带线输入输出端口(10)一致;有限地微带线导带过渡段(12)从与微带线导带传输段(11)相连的一端到立体垂直交叉处(5),且由宽到窄均匀渐变;有限地微带线导带开路端(13)从立体垂直交叉处(5)开始到微带线导带(1)的末端。

  3. 根据权利要求 1 或 2 所述的微带线-共面带状线的宽带过渡结构,其特征在于:所述的微带线地板(3)在电路基板(4)的反面且沿与微带线导带(1)相同的方向;其中微带线地板(3)与有限地微带线导带过渡段(12)垂直对应的部分设为有限地微带线地板过渡段(32),微带线地板(3)与有限地微带线导带开路端(13)垂直对应的部分设为有限地微带线地板(33)。

  4. 根据权利要求 3 所述的微带线-共面带状线的宽带过渡结构,其特征在于:所述的有限地微带线导带过渡段(12)从微带线导带传输段(11)到立体垂直交叉处(5)由宽到窄均匀渐变,相应的有限地微带线地板过渡段(32)也由宽到窄均匀渐变。

  5. 根据权利要求 3 所述的微带线-共面带状线的宽带过渡结构,其特征在于:所述有限地微带线导带开路端(13)及其垂直对应的有限地微带线地板(33)都为矩形,且有限地微带线地板(33)向立体垂直交叉处(5)反向直线延伸至电路基板(4)的边缘。

  图 1-3 权利要求书实例

图片来源:国家知识产权局专利检索系统 [EB/OL]. http://www.pss-system.gov.cn/sipopublicsearch/patentsearch/showViewList-jumpToView.shtml。

  由于权利要求书是今后专利纠纷的依据和准绳,因此其内容的合理、全面、具体对今后的法律保护至关重要。否则会出现一项有价值的专利申请由于权利要求书没有覆盖所有的新的实质性特征或表述不当而失去保护和应有的权利。

四、附　图

附图（Drawings）的作用是进一步解释发明内容，以便理解和实施。附图只是发明构思的示意图，绘制尺寸无严格的比例要求。能用文字表达清楚发明专利申请说明书的，可以不带附图，一般实用新型专利申请说明书必须带附图。附图的形式有示意图、顺序图、流程图、数据图表、线路图、框图和化学结构式等。多数化学结构式并不作为附图单独刊载，而是随着对发明创造的内容的描述出现在说明书中的相应位置。

有些机构出版的专利说明书还附有检索报告。检索报告是专利审查员通过对专利申请所涉及的发明创造进行现有技术检索，找到可进行专利性对比的文件，向专利申请人及公众展示检索结果的一种文件。附有检索报告的专利文件均为申请公开说明书，即未经审查尚未授予专利权的专利文件。检索报告以表格式报告书的形式出版。❶

第三节　专利文献分类

专利包括发明、实用新型和外观设计三种类型。对于不同的专利类型，有不同的专利文献分类方法。对于发明专利和实用新型专利，主要有国际专利分类、欧洲专利分类、美国专利分类、日本专利分类和联合专利分类。对于外观设计专利，有国际外观设计分类（洛迦诺分类）。

一、国际专利分类

国际专利分类（International Patent Classification，IPC）❷ 是于 1975 年

---

❶ 国家知识产权局.专利说明书[EB/OL].http://www.sipo.gov.cn/wxfw/zlwxxxggfw/zsyd/zlwxjczs/zlwxymcjs/201406/t20140630_973317.html.

❷ IPC 中文版，http://www.sipo.gov.cn/wxfw/zlwxxxggfw/zsyd/bzyfl/gjzlfl/。IPC 英文版，参见 http://web2.wipo.int/classifications/ipc/ipcpub/#refresh=page。

10月7日生效的《关于国际专利分类斯特拉斯堡协定（1971）》，分类对象主要是发明专利申请公开说明书、授权发明专利说明书和实用新型说明书。每年的1月1日会实施新版的国际专利分类。❶ 自1985年我国实施专利法以来，国家知识产权局专利局一直采用国际专利分类法对发明专利和实用新型专利的技术主题分类。1996年6月17日，我国正式向WIPO递交了加入《国际专利分类斯特拉斯堡协定》的申请书，1997年6月19日生效，中国正式成为《国际专利分类斯特拉斯堡协定》的成员国。

国际专利分类的首要目的是为各知识产权局和其他使用者建立一套用于专利文献的高效检索工具，用以确定新颖性，评价专利申请中技术公开的发明高度或非显而易见性（包括对技术先进性和有益的结果或实用性的评价）。此外，分类表还有提供如下服务的重要目的：

（1）作为工具来编排专利文献，使用者可以方便地从中获得技术上和法律上的信息；

（2）作为对所有专利信息使用者进行有选择的信息传播的基础；

（3）作为对某一技术领域中现有技术调研的基础；

（4）作为进行专利统计的基础，从而可以对各个领域的现有技术作出评价。❷

国际专利分类法是按照发明创造的技术主题为特征进行分类的。国际专利分类是一种等级分类体系，包括部、大类、小类、大组和小组共5个等级。等级越低，技术内容越详细。一个完整的分类号由代表部、大类、小类和大组或小组的类号构成。

（一）部

IPC分类表内容包括了与发明专利有关的全部知识领域，共分为8个部，部是分类表等级结构的最高等级。每一个部的类号由A至H中的一个

---

❶ World Intellectual Property Organization. International Patent Classification [EB/OL]. http://www.wipo.int/classifications/ipc/en/, 2017-01-01.

❷ 国家知识产权局. 国际专利分类表（第8版）[EB/OL]. http://www.sipo.gov.cn/wxfw/zlwxxxggfw/zsyd/bzyfl/gjzlfl/, 2008-04-02.

字母表示。每一个部又包括若干由信息性标题构成的分部，分部没有类号。8个部及其分部的名称如表1-3所示。

表1-3 IPC部与分部名称

部	分部
A 人类生活必需	农业 食品；烟草 个人或家用物品 保健；救生；娱乐
B 作业；运输	分离；混合 成型 印刷 交通运输 微观结构技术；超微技术
C 化学；冶金	化学 冶金 组合技术
D 纺织；造纸	纺织或未列入其他类的柔性材料 造纸
E 固定建筑物	建筑 土层或岩石的钻进；采矿
F 机械工程；照明；加热；武器；爆破	发动机或泵 一般工程 照明；加热 武器；爆破
G 物理	仪器 核子学
H 电学	电学

（二）大类

每一个部被细分成若干大类，大类是分类表的第二等级。每一个大类的类号由部的类号及两位数字组成。每一个大类的类名表明该大类包括的内容。例如：F01 一般机器或发动机；一般的发动机装置；蒸汽机。某些大类有一个索引，给出该大类内容的总括的信息性概要。

（三）小类

每一个大类包括一个或多个小类，小类是分类表的第三等级。每一个小类类号由大类类号加上一个大写字母组成。小类的类名尽可能确切地表明该小类的内容。例如：F01B 一般的或变容式的机器或发动机。大多数小类都有一个索引，是一种给出该小类内容的总括的信息性概要。

（四）大组

每一个小类被细分为组。大组是分类表的第四等级。每一个大组的类号由小类类号和 1~3 位数字、斜线及 00 组成。大组的类名确切地限定在小类范围内的一个技术主题领域。例如：F01B 3/00 汽缸轴线与主轴轴线同轴、平行或倾斜的往复活塞式机器或发动机。

（五）小组

小组是大组的细分类，是分类表的第五等级。每一个小组的类号由小类类号和 1~3 位数字、斜线及除 00 以外的至少两位数字组成。小组的类名前加一个或几个圆点指明该小组的等级位置，即指明每一个小组是它上面离它最近的又比它少一个圆点的小组的细分类。如下所示：

F01B 13/00 有旋转的汽缸以便获得活塞往复运动的往复活塞式机器或发动机

F01B 13/02 · 只带有 1 个汽缸

F01B 13/04 · 带有 1 个以上的汽缸的

F01B 13/06 · · 星形排列的

小组 F01B 13/06 的类名应该读作"带有 1 个以上且按星形排列的旋转汽缸以便获得活塞往复运动的往复活塞式机器或发动机"。

二、欧洲专利分类

欧洲专利分类（European Classifications，ECLA）是欧洲专利局曾经使用的内部分类体系，从 2013 年 1 月起被新的分类体系即联合专利分类体系替代。[1] ECLA 是基于 IPC 分类体系下细分的分类体系，以 IPC 分类体系为骨架，在此基础上进行更加细分的分类。ECLA 与 IPC 分类的区别有以下

---

[1] European Patent Office.Cooperative Patent Classification[EB/OL]. https://worldwide.espacenet.com/help?locale＝en_EP&method＝handleHelpTopic&topic＝cpc, 2016-09-03.

三点：

（1）分类条目细分程度不同。IPC的分类条目较宽，在某些很活跃的技术领域中包括过多的文献。ECLA会对IPC分类条目进一步细分，从而使得各分类号下包含的文献量适中，通过分类号限定更加合适的技术范围，分类主题更加明确，可以提高检索效率。

（2）分类表与数据库的更新联动情况不同。在IPC分类体系中，专利数据库与分类表分离，分类表的变化独立于数据库中的专利文献，专利文献不会随着IPC分类表修订版本的变化而重新进行分类。对于同一技术主题的专利文献，使用新版的分类号进行检索，可能会导致分类号变化情况下对于使用以前版本分类号的专利文献的漏检。ECLA分类体系下，已分类的文献会随着分类表的更新而进行更新，可以提高专利文献的查全率。

（3）分类表的更新速度不同。相比IPC分类体系，ECLA分类体系更新速度更快，ECLA分类表伴随技术的发展实时修改，平均1~2周修订一次。❶

三、美国专利分类

美国专利分类（United States Patent Classifications，USPC）建立于1830年，是世界上建立最早、使用时间最长的专利分类法。美国专利分类分大类（class）和小类（subclass）两个级别，大类描述不同的技术主题，小类描述大类所含技术主题的工艺过程、结构特征和功能特征。一个完整的美国专利分类号由大类和小类组成，大类和小类之间用斜线隔开。例如分类号"417/208"表示大类417（Pumps）中的小类208（Vapor Generator type）。

美国专利分类体系中，共有400多个大类。每个大类有一个类名，用来描述该大类分类的技术主题；每个大类有1~3个识别该大类的唯一字符标识符。植物大类的标识符为PLT；发明专利分类的标识符为1~3位整数

---

❶ 黄非，许敏. ECLA"六位一体"的分类制度浅析［J］. 中国发明与专利，2011（9）：66-68.

数字（如002、714）；外观设计专利用后面缀有1~2位整数数字的"D"标识（如D02、D13）。所有小类都有指明小类技术主题类型的描述性类名；小类（不包括字母小类）和交叉参考技术文献小类用定义进一步限定所包含的技术主题。

美国专利分类的类型包括原始分类和交叉参考分类，而与美国授权前公开文献相关的是主分类和副分类。依据USPC分类的其他美国专利文献（美国依法发明登记、美国防卫性公告、再版美国专利和再审查美国专利等）只有交叉参考分类。

（一）原始分类

所有美国授权专利必须有而且只有一个最主要的强制性分类，即原始分类（Original Classifications，OR）。OR分类的大类与专利中的控制权利要求的大类相同；如果控制权利要求有一个以上的分类，则OR分类是这些分类中的最上位大类。

（二）交叉参考分类

文献可能有一个以上的小类，但文献不能重复分类到同一小类。如果一件美国专利有一个以上的分类，那么除了OR分类以外的所有分类将被指定为交叉参考分类（Cross-Reference Classifications，XR）。除外国小类（FOR）以外的小类，都可以指定为XR分类。以发明信息为依据的XR分类是强制性分类，而以其他信息为依据的XR分类是非强制性分类。所有外国专利文献和非专利文献被指定为XR分类。

（三）主分类

用USPC分类的美国授权前公开文献具有唯一的主要强制性分类，即主分类（Primary Classifications，PR）。美国授权前公开文献的PR分类必须是一个主小类。PR分类以权利要求为指导从整体上表述发明理念。

（四）副分类

美国授权前公开文献PR分类以外的分类为副分类（Secondary Classifications，SR）。美国授权前公开文献中所公开的、从PR分类分离出的、可分类的独立发明信息，被指定为强制性副分类。其他具有特殊检索价值的

非发明信息,被分类人员指定为非强制性 SR 分类。❶

需要注意的是,对于发明专利,美国专利分类的检索时间范围是1790~2014 年年底。从 2015 年开始,发明专利开始使用联合专利分类体系进行分类。美国设计专利和植物专利目前没有使用联合专利分类体系,使用的仍旧是美国专利分类体系。

四、日本专利分类

日本专利分类法是日本专利局的内部分类体系。❷ 审查员用其分类体系对专利申请分类或检索,也将其分类号公布在日本的专利文献上。日本专利分类法分为 FI(File Index)分类和 F-term(File Forming Term)分类。FI 分类和 F-term 分类分别从 1978 年和 1984 年在日本专利局内部开始实施,FI 分类每半年修订一次,F-term 分类每年修订一次。

FI 分类是日本专利局基于 IPC 的细分和扩展,用于扩展 IPC 在某些技术领域的功能。FI 分类号采用了类似 IPC 分类号的层次递降的等级结构对技术整体进行分割,使得在某一小组下的上千或上万的文献在细分/扩展之后,其文献量限制在几百篇甚至几十篇文献之内,从而提高了检索效率。

FI 分类的完整结构形式为:IPC 分类号+FI 细分号+文件识别码。FI 细分号(extension symbol)为 3 位数字,是对 IPC 小组细分的分类号。文件识别码(file discrimination symbol)为 1 位字母,是对某些 IPC 小组或对细分号再次细分的分类号,采用从"A"到"Z"的 1 位字母表示。例如 G06F 9/00 320 A,其中:"G06F9/00"是 IPC 分类号;"320"为 FI 细分号;"A"为文件识别码。

F-term 是日本专利局为适应计算机检索而建立的多面分类体系,也可表述为 FT 分类。F-term 体系的建立源于映射 FI 分类体系到大约 2500 个 F-term 的主题上。F-term 从技术的多个侧面,如从发明目的、用途、结构、

---

❶ 陈卫明. 美国专利分类体系纵览[EB/OL]. http://blog.sciencenet.cn/wap.php?mod=index&do=blog&id=950665, 2016-01-15.

❷ 日本专利分类英文版[EB/OL]. https://www.jpo.go.jp/cgi/linke.cgi?url=/torikumi_e/searchportal_e/classification.htm.

技能、材料、控制手段等方面进一步细分或重分某个特定的 IPC 技术领域，从而构成了对一项专利技术的"立体分类"；F-term 分类的标引主要是基于对权利要求的拆解来进行的，权利要求中的任何技术内容都可能成为技术条目，同时还可能根据说明书中甚至附图的内容进行分类。

F-term 分类号构成为：主题码+视点符+位符。主题码（theme code）代表一个技术领域，由 5 位数字和字母组成。视点符（view point）对主题进行分析（如材料、目的、制造等方面），由 2 位字母组成。位符（figure）对视点符进行细分，由 2 位数字组成。例如 3E067 AB01，其中，"3E067"为主题码，"AB"为视点符号，"01"为位符。

F-term 分类的特点是针对一篇专利文献通常会具有多个分类号，有时甚至多达四五十个，从尽可能多的角度给出分类号。对文献标引的冗余特性大大加强了检出文献的可能。多角度标引也导致了能适应对文献不同角度的需求。其不仅从文献的整体考虑给出分类号，而且根据文献的细节也给出分类号。用某些分类号来代替关键词，从而避免了关键词的不足，减少漏检。❶

五、联合专利分类

联合专利分类（Cooperative Patent Classification，CPC，亦称合作专利分类）❷ 是欧洲专利局与美国专利商标局联合开发的专利分类体系。联合专利分类起始于 2010 年 10 月 25 日欧洲专利局局长与美国专利商标局局长签署的联合声明："为使相关利益主体受益，针对专利文献的全球分类体系开发一种清晰且一致的方法；为使专利检索流程更加有效；确信两局间的合作将推进 IP5❸ 框架下的专利分类协调项目即统一混合分类项目

---

❶ 王玥，万济萍，贾扬，等. 日本专利分类及其在音频专利检索中的应用 [J]. 电声技术，2013, 37（9）：42-44, 47.

❷ CPC 体系及定义、对应表和年度报告等信息，http://www.cooperativepatentclassification.org。

❸ IP5 指的是欧洲专利局、美国专利商标局、中国知识产权局、日本专利局和韩国知识产权局。自 2008 年 10 月，五国知识产权局开始合作推进各局之间的专利检索和审查工作，实现信息共享。五局合作网站，http://www.fiveipoffices.org。

（Common Hybrid Classification），美国专利商标局和欧洲专利局一致同意合作开发基于欧洲专利分类体系的联合分类体系，该体系将吸收两局在实践中的最好经验。"❶

联合专利分类已经于2013年1月1日实施。欧洲专利局的审查员自该日期起只使用联合专利分类对专利以及部分非专利文献进行分类，同时停止欧洲专利分类体系的更新和维护。美国专利商标局的审查员自该日期起也开始使用联合专利分类与美国专利分类并行分类。两年过渡期后，即2015年1月1日起，美国专利商标局的审查员只使用联合专利分类。

目前另外有4个国家局使用联合分类体系，分别是韩国知识产权局、中国国家知识产权局、俄罗斯专利局和巴西国家工业产权局。2013年6月5日，韩国知识产权局宣布实施联合分类体系分类试点项目。中国国家知识产权局自2016年1月对所有技术领域的专利文献使用联合专利分类。❷

（一）联合分类体系的组成

联合分类体系共有9个部。A部至H部，对应于IPC的8个部。新增Y部，主要为新兴技术领域，例如：

Y02B：减缓气候变化的建筑相关的技术，包括住房和电器或相关的终端应用；

Y02C：捕捉、储存、封存技术或温室气体的排放技术；

Y02E：与能源产生、输送或分配相关的温室气体减排技术；

Y02T：与运输相关的减缓气候变化的技术；

Y04S：与电网运行相关的系统集成技术，改善电力产生、输送、分配、管理或使用的通信或信息技术，如智能电网；

Y10S：USPC已有的跨领域交叉引用技术集合和文摘（Cross-reference Art Collections and Digests）；

---

❶ European Patent Office, United States Patent and Trademark Office. How was CPC initiated?[EB/OL].http://www.cooperativepatentclassification.org/about.html, 2017-01-01.

❷ 李真，魏巧莲. 联合专利分类CPC系统介绍［J］. 专利文献研究，2014（2）：10-13.

Y10T：USPC 已有的技术主题（如 USPC 的 16、24、29、70、74、82、83 等大类下的部分）；

Y02W：与废水处理或垃圾管理相关的减缓气候变化的技术；

Y02P：产品生产或加工过程中减缓气候变化的技术。

（二）与 USPC 和 IPC 的结构差别

联合专利分类对于技术的定义划分得更加详细，包括了数量更多的大组和小组，因此对专利技术的描述更加清晰，并且减少了每个小组的专利文献量。这些分类内容也可以看作一些文献中的"符号"或"标记"。❶ CPC 与 USPC 和 IPC 的结构差别如图 1-4 所示。

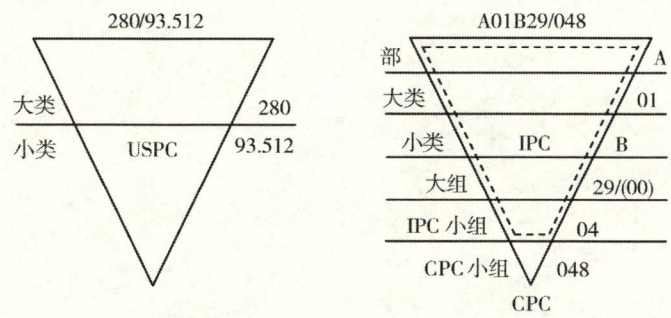

图 1-4　CPC 与 USPC 和 IPC 的结构差别

六、外观设计分类

洛迦诺分类（Locarno Classification）是国际上公认的外观设计分类法。洛迦诺分类体系是根据 1968 年 10 月 8 日在瑞士洛迦诺签署的《建立工业品外观设计国际分类协定》建立的。2017 年 1 月 1 日洛迦诺分类第 11 版开始实施。除了洛迦诺分类的协约国，非洲知识产权组织、非洲地区知识产权组织、比荷卢知识产权局、欧盟知识产权局和国际知识产权组织国际局

---

❶ Intellectual Property Organization. How do CPC classifications compare？ ［EB/OL］. http：//www.ipo.org/wp-content/uploads/2015/09/CPC-Pamphletvfinal.pdf，2015-09-01.

在外观设计注册及公告中也都使用洛迦诺分类。❶ 洛迦诺分类协约国可以自由采用洛迦诺分类法作为工业品外观设计分类，也可以仍然维持本国已有关于工业品外观设计的分类法，而把洛迦诺分类法作为辅助分类法，一起记载在外观设计文献上。

洛迦诺分类表包括大类表、小类表和注释说明，分类表按照包含外观设计的工业品类别进行分类。洛迦诺分类号由洛迦诺分类版本号、大类号和小类号组成。图1-5是某手机外观设计的扉页，著录项目中"LOC(10)

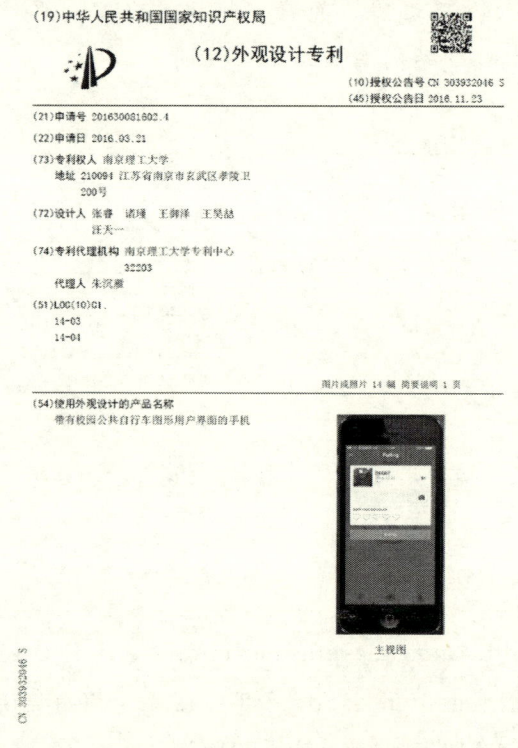

图1-5　外观设计专利扉页

图片来源：国家知识产权局专利检索系统［EB/OL］. http：//www.pss-system.gov.cn/sipopublicsearch/patentsearch/showViewList-jumpToView.shtml.

---

❶ World Intellectual Property Organization. About the Locarno Classification［EB/OL］. http：//www.wipo.int/classifications/locarno/en/preface.html, 2017-01-01.

CL. 14-03,14-04"即是该外观设计专利的洛迦诺分类号码。"LOC"表示"Locarno","Cl."表示"Classification","（10）"表示洛迦诺分类第10版,"14"是大类号,表示"录音、通信或信息再现设备","03"和"04"是小类号,"14-03"和"14-04"分别表示"通信设备和无线遥控器、无线电放大器"和"显示图像和图标"。

第四节　专利族与专利优先权

由于专利的地域性，专利申请人要想使自己的发明创造获得多个国家的保护，就要在多个国家进行专利申请。专利优先权（Patent Priority）是指，根据《保护工业产权巴黎公约》规定，巴黎联盟各成员国给予本联盟任一国家的专利申请人一种优惠权，即联盟内某国的专利申请人已在某成员国第一次正式就一项发明创造申请专利，当申请人就该发明创造在规定的时间内向本联盟其他国家申请专利时，申请人有权享有第一次申请的申请日期。发明和实用新型的优先权期限为12个月，外观设计的优先权期限为6个月。❶ 在后申请的成员国出版专利文献时，在专利文献著录项目中刊出国际优先权项，以表明两者之间的关系。这些具有共同优先权的在不同国家或国际专利组织多次申请、多次公布或批准的内容相同或基本相同的一组专利文献，称为专利族（Patent Family）。同一专利族中的每件专利文献被称作专利族成员（Patent Family Members），最早优先权的专利文献称基本专利，同一专利族中每件专利互为同族专利。

同族专利的联系媒介是优先权。优先权包括优先权日、优先权国家和优先权号。按照专利在先申请的国籍来分，优先权分为外国优先权和本国优先权。申请人就相同主题的发明或者实用新型在外国第一次提出专利申请之日起12个月内，或者就相同主题的外观设计在外国第一次提出专利申请之日起6个月内，又在中国提出申请的，依照该国同中国签订的协议或

---

❶ 赵沛丰，赵欣. 同族专利信息分析及应用（上）[J]. 中国发明与专利，2010（8）：85-88.

者共同参加的国际条约，或者依照相互承认优先权的原则，可以享有优先权。这种优先权称为外国优先权。申请人就相同主题的发明或者实用新型在中国第一次提出专利申请之日起12个月内，又以该发明专利申请为基础向专利局提出发明专利申请或者实用新型专利申请的，或者又以该实用新型专利申请为基础向专利局提出实用新型专利申请或者发明专利申请的，可以享有优先权。这种优先权称为本国优先权。

（一）专利族的分类

世界知识产权组织《工业产权信息与文献手册》（*Handbook on Industrial Property Information and Documentation*）❶将专利族分为以下6类。

简单专利族（Simple Patent Family）针对同一件发明，并且所有专利族成员拥有完全相同的优先权。

复杂专利族（Complex Patent Family）针对同一件发明或者拥有相同方面的多件发明，专利族成员共同拥有至少一个优先权。

扩展专利族（Extended Patent Family）针对一件或多件发明，每个专利族成员与该专利族中的至少一个其他专利族成员共同拥有至少一个优先权。

本国专利族（National Patent Family）是针对一件或多件发明的同一专利机构公布的专利文献，专利族成员共同拥有至少一个优先权，此专利族中至少有两件专利是由于继续、分案申请等原因产生的。

内部专利族（Domestic Patent Family）是指同一个专利机构公布的同一专利申请的不同公布级的专利文献。

人工专利族（Artificial Patent Family）是指不同专利机构公布的专利文献，至少其中某些专利没有共同的优先权，但内容相同或基本相同，通过人工智能归类而成。

（二）专利族内容不一致的原因

专利族内容存在不一致性，主要原因有：

---

❶ World Intellectual Property Organization.Glossary of terms concerning industrial property information and documentation [EB/OL]. http://www.wipo.int/export/sites/www/standards/en/pdf/08-01-01.pdf, 2013-06-01.

（1）任何一项专利申请必须满足所要申请保护的国家的专利法要求。不同的国家有不同的专利制度，专利制度的差异使得一项发明在不同国家申请专利时，申请人要根据不同国家的专利法对其专利说明书等申请文件作一些适应性修改。

（2）发明创造是一个动态过程。申请人在提出第一份专利申请后，可能又对发明进行改进或补充。因此，较后的专利申请说明书中所阐述的技术内容与第一份专利申请相比有所不同。

（3）在一些专利族检索系统中，把专利族的范围放得很宽。例如，仿专利族及国内专利族。致使专利族中每一份专利申请说明书或专利说明书的内容具有较大差异。

（三）专利族的作用

专利族的作用体现在以下 4 个方面。

（1）可以了解一件专利在不同国家申请专利的情况，以及这些专利在各国的审批情况和法律状态信息，掌握其占领市场的动态信息。专利申请人在专利申请中指定的国家范围，通常就是其意欲投资或销售专利产品的市场范围。

（2）可以提供有关该相同发明主题的最新技术发展。越是重要的发明创造，申请的国家越多，技术发展也最活跃。就相同的发明创造在不同国家申请专利的过程中，因为不同国家的专利制度以及专利审批速度的差异，不同国家的专利申请和审查进度并不一致，专利申请人会不断地修改和更新申请的专利，会将最新的研发成果反映在最近的专利申请中。

（3）可以帮助阅读者克服语言障碍。当专利检索人员读不懂某种语言版本的专利说明书时，可以通过专利族检索，在同族专利中查找母语或自己最熟悉语言版本的专利说明书，这样可以克服语言障碍，加快检索或阅读专利的速度。

（4）为专利机构审批专利提供参考。由于专利族中的同族专利通常是同一项发明创造，所以不同国家的专利审查机构在对同一项发明创造进行专利检索和审查时，后审批的专利局可以利用前面审查和审批的专利局的专利检索报告和审查结果作为参考，提高审查审批效率。

【思考与练习】

1. 专利信息在企业的技术创新过程中可以在哪些方面发挥作用？
2. 联合分类体系是怎么发展起来的？目前有哪几个国家在使用联合分类体系？
3. 专利族在对于竞争对手的情报分析中有什么作用？

第二章 专利检索及信息源

【导读】

本章简要阐述专利检索的定义、类型和步骤,以图示的方式介绍中国国家知识产权局、美国专利商标局、欧洲专利局、日本专利局和国际知识产权组织的检索方法。

第一节 专利检索

一、专利检索的定义

专利检索是指根据检索者设定的检索条件或检索指令,从已有的专利数据库中查找搜索符合检索条件或检索指令的专利文献或信息的过程。

专利检索的效果评价有两个指标:查全率和查准率。查全率(Recall Ratio)衡量检索者检出相关信息的能力,是被检出的符合检索条件或指令的专利数据量与专利检索数据库中所存储的符合检索条件或指令的专利信息总量的比例。

$$R = \frac{检索出的相关专利数据量}{数据库中相关专利信息总量} \times 100\%$$

查准率(Precision Ratio)衡量检索者拒绝非相关信息的能力,是被检出的符合检索条件或指令的专利数据量与被检索出的所有专利数据量的比例。

$$R = \frac{检索出的相关专利数据量}{检索出的专利信息量} \times 100\%$$

二、专利检索的类型

（一）可专利性检索

可专利性检索也称新颖性检索，是指专利审查员、专利申请人或专利代理人为确定申请专利的发明创造是否具有新颖性，从发明创造的主题对包括专利文献在内的全世界范围内的各种公开出版物上刊登的有关现有技术进行的检索。它是从发明创造的主题入手对专利和非专利文献进行检索，从而找出一两件可进行新颖性对比的文献，目的是找出可进行新颖性对比的文献，为判断新颖性提供依据。

从理论上说，可专利性检索的检索范围包括专利申请日之前的所有专利文献和非专利文献。根据 PCT 最低文献量规定，检索者应检索 1920 年以来七国两组织（美国、日本、英国、德国、法国、瑞士、中国、欧洲专利局和世界知识产权组织）的专利文献，以及近 5 年的 169 种科技期刊，在中国还应加上中国专利文献及中国的科技期刊。

（二）侵权检索

侵权检索是一种与专利技术的应用有关的检索种类。在一般情况下是指为找出可能受到某项工业活动侵害的专利而进行的检索。侵权检索包括防止侵权检索和被动侵权检索两种。

1. 防止侵权检索

在一项新的工业生产活动（如准备生产一种新产品，或准备在某一生产过程中采用一种新方法或新工艺）开始之前，为防止该项新的工业生产活动侵犯别人的专利权，以免发生专利纠纷，而主动进行的专利检索。防止侵权检索是指为避免发生专利纠纷而主动对某一新技术新产品进行的专利检索，目的是找出可能受到其侵害的专利，防止侵权。

因为只有有效专利才会被侵权，因此防止侵权检索的对象为处于有效期的专利。防止侵权检索的时间范围依各国专利保护期限而定，而检索的国家范围则依生产、销售产品的国家而定。

2. 被动侵权检索

当侵权人不知道其生产的某项新产品或采用的某项新工艺、新方法是他人的有效专利而被指控侵权时，为了保护自己的利益反诉专利无效时要进行被动侵权检索，目的是找出对受到侵害的专利提出无效诉讼的依据。

（三）专利法律状态检索

专利法律状态检索是指对某一项专利或专利申请当前所处的状态进行检索，查找专利何时申请、何时公开、何时授权，授权专利是否仍然有效，以及驳回、放弃、撤销、期满、专利权人变更等专利法律状态所包含的各项事务处理的结果。目的是了解专利申请是否授权，授权专利是否有效，专利权人是否变更等。

专利法律状态主要有：专利权有效、专利权有效期届满、专利申请尚未授权、专利申请撤回、专利申请被驳回、专利权终止、专利权无效、专利权转移、专利权的视为放弃等。

（四）同族专利检索

专利族检索是从一个号码入手对一项专利或专利申请在哪些国家申请了专利，并被公布、授权等有关情况进行的检索。目的是找出该专利或专利申请在其他国家公布的文献（专利）号。

同族专利检索是由欧洲专利局数据库提供的检索方式，可以在欧洲专利局数据库（https://worldwide.espacenet.com/）中通过查看"INPADOC patent family"的方式寻找同族专利。目前，中国国家知识产权局专利数据库也提供同族专利的链接。

三、专利检索的步骤

（一）分析检索项目

根据检索者或检索委托人的检索项目的具体情况展开分析，明确检索目的、检索类型、检索时间段以及检索的国家或地区范围。

（二）选择检索数据库

根据检索要求和条件，在已知不同专利检索数据库特点的情况下，在公共的、免费的以及商业的数据库中选择可能会达到检索要求的合适的专利数据库。

（三）选择合适的检索字段

根据检索要求，选择合适的检索字段，如检索公司拥有专利的情况，要选择专利申请人或专利权人字段；检索技术的研发人员信息，则要选择专利发明人字段；了解某个领域的专利申请情况，可以利用主题词或专利分类号信息，选择专利名称、摘要、说明书、权利要求书、全文或专利分类号字段。

（四）组织专利检索式进行检索

将合适的检索字段，利用布尔逻辑运算符等组成一定的逻辑关系，按照所选择专利数据库的检索规则，组成检索提问式进行检索。布尔逻辑运算符包括逻辑与、逻辑或和逻辑非。逻辑与（AND）缩小检索范围，增强检索的专指性，提高信息检索的查准率。逻辑或（OR）相当于增加检索主题的同义词与近义词，可以扩大检索范围，提高检索信息的查全率。逻辑非（NOT或ANDNOT）可以排除不需要的概念，能够提高信息检索的查准率。

（五）参照检索结果，获取专利文献或信息

在专利数据库中，参考检索结果，并根据需要下载所需要的专利文献或者专利数据。如果结果不理想或不精确，则需要重复上述步骤（三）和步骤（四），直到获取满意的专利文献或专利信息为止。

第二节　专利信息源

专利检索的数据主要来源于中国国家知识产权局数据库、美国专利商标局数据库、欧洲专利局数据库、日本专利局数据库和国际知识产权组织数据库。

一、中国国家知识产权局数据库

中国国家知识产权局数据库的检索入口是 http://www.pss-system.gov.cn/。检索功能包括：常规检索、表格检索、药物专题检索、检索历史、检索结果浏览、文献浏览和批量下载等。数据库收录了 103 个国家、地区和

组织的专利数据,以及引文、同族、法律状态等数据信息,其中涵盖了中国、美国、日本、韩国、英国、法国、德国、瑞士、俄罗斯、欧洲专利局和世界知识产权组织等。中外专利数据和同族、法律状态数据是每周更新,引文数据是每月更新。

专利检索的方式包括常规检索、高级检索和导航检索。

(1)常规检索。常规检索提供1个检索入口和1个检索项目选项。用户可以在检索输入框中输入1个检索式(检索式可为关键词、日期或号码)再选择检索项目的下拉列表选项,以限定输入的检索式的搜索范围,最后点击"检索"按钮即可。"检索项目"的下拉列表共提供了7个选项,分别是:自动识别、检索要素、申请号、公开(公告)号、申请(专利权)人、发明人、发明名称。选择"自动识别"选项,系统会自动识别检索式的特点,根据其特点与系统中的专利数据进行匹配。常规检索还提供了数据库的选择范围,可以选择一个或多个数据库,如图2-1、图2-2所示。

图2-1 中国国家知识产权局数据库常规检索页面

图片来源:国家知识产权局. 国家知识产权局专利检索系统[EB/OL]. http://www.pss-system.gov.cn/sipopublicsearch/patentsearch/searchHomeIndex-searchHomeIndex.shtml.

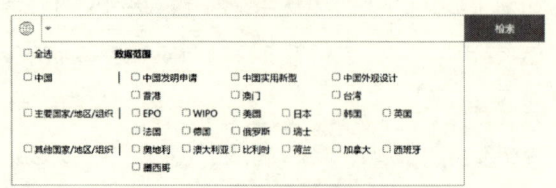

图 2-2　中国国家知识产权局数据库的数据范围

图片来源：国家知识产权局．国家知识产权局专利检索系统［EB/OL］．http：//www.pss-system.gov.cn/sipopublicsearch/patentsearch/searchHomeIndex-searchHomeIndex.shtml.

（2）高级检索。高级检索页面的左侧可以选择数据库的检索范围，可以同时选择多个数据库。高级检索提供38个检索字段，用户可以通过页面右上方的"配置"按钮选择检索字段的显示情况。当在多个检索字段输入相应的检索内容时，系统默认逻辑运算符为"AND"，即各检索字段之间全部为"逻辑与"运算。如果需要使用"OR"或"NOT"来表达检索内容，或者要表达更为复杂的检索内容时，可以使用页面下方的检索式编辑区。在检索式编辑区，可使用逻辑运算符进行复杂的逻辑运算，如图2-3所示。

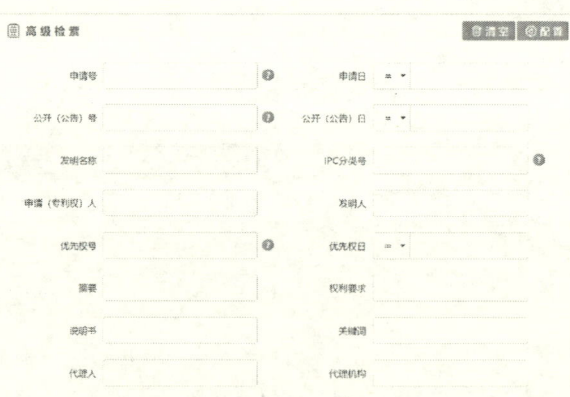

图 2-3　中国国家知识产权局数据库高级检索页面

图片来源：国家知识产权局．国家知识产权局专利检索系统［EB/OL］．http：//www.pss-system.gov.cn/sipopublicsearch/patentsearch/tableSearch-showTableSearchIndex.shtml.

（3）导航检索。导航检索提供国际专利分类号的检索。检索页面左侧提供了 IPC 分类 8 个部的代码和名称，点击任意一个部的代码和名称，系统会在页面下方的"分类号"框中逐级列出该部下的大类、小类、大组、小组的代码，同时在页面的右侧可以显示该分类号的中文含义和英文含义。IPC 分类检索可实现对国际专利分类号的类名查询及检索功能，并且可以在限定分类号的基础上，进行分类号的检索，如图 2-4 所示。

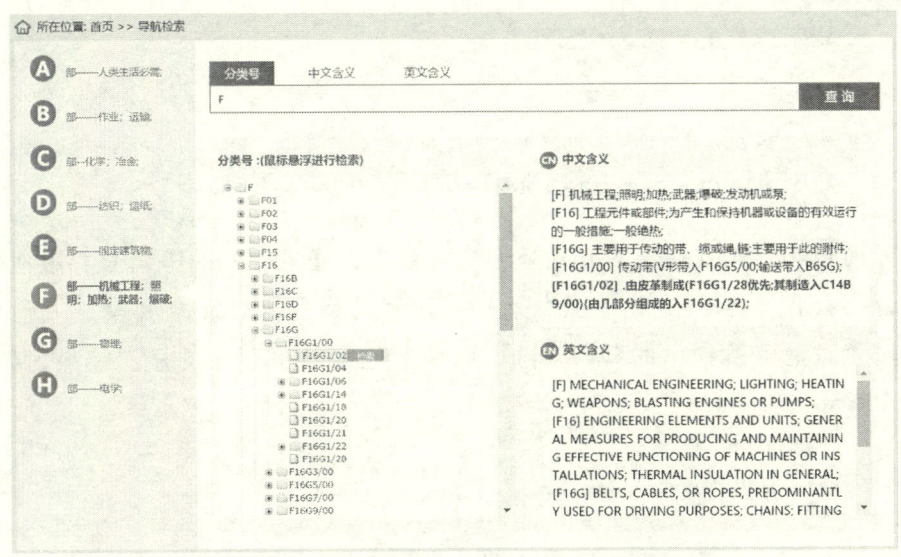

图 2-4　中国国家知识产权局数据库导航检索页面

图片来源：国家知识产权局．国家知识产权局专利检索系统［EB/OL］．http：//www.pss-system.gov.cn/sipopublicsearch/patentsearch/showNavigationClassifyNum-showBasicClassifyNumPage.shtml.

在中国专利检索数据库的检索结果页面，左侧有根据申请人、发明人、技术领域、法律状态、申请日和公开日的频次统计。页面上方提供了三种结果显示方式：搜索式、列表式和多图式，同时显示检索结果的命中记录数。搜索式方式显示专利的名称、申请号、申请日等著录项目数据和一幅附图。通过选择"过滤"按钮中的显示字段、文献类型、日期筛选、显示语言可以调节检索结果页面的显示内容，如图 2-5 所示。

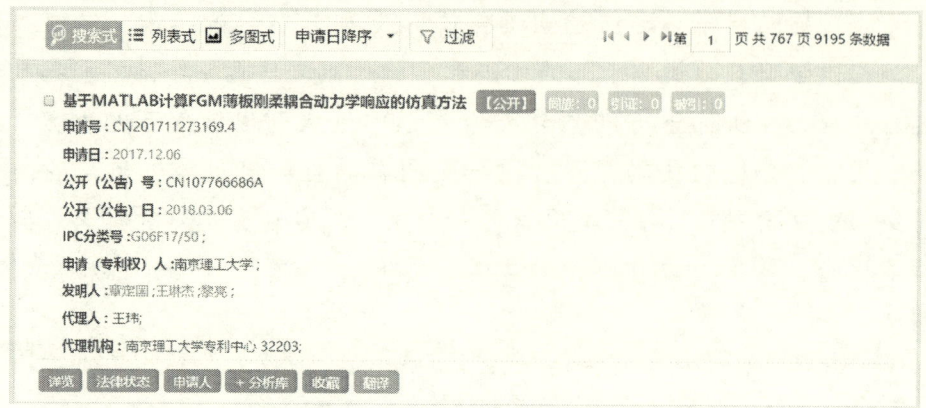

图 2-5　搜索式显示结果页面

图片来源：国家知识产权局．国家知识产权局专利检索系统［EB/OL］．http：//www.pss-system.gov.cn/sipopublicsearch/patentsearch/searchHomeIndex-searchHomeIndex.shtml.

列表式方式以列表的方式呈现检索结果，显示专利的申请号、申请日、公开（公告）号、公开（公告）日、发明名称、申请（专利权）人信息。通过"过滤"按钮中的日期筛选可以调节检索结果页面的显示结果，如图2-6所示。

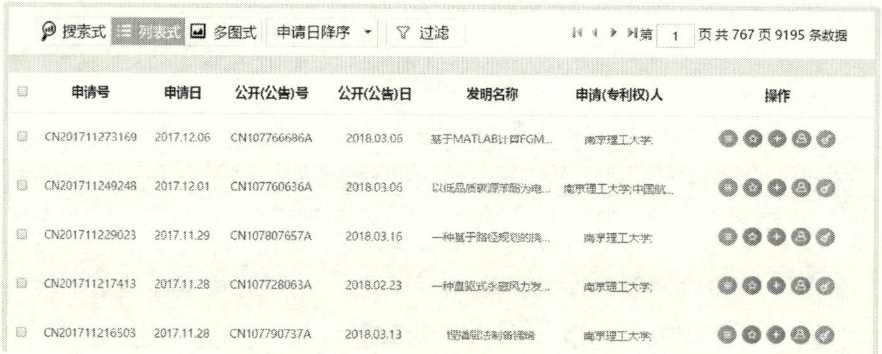

图 2-6　列表式显示结果页面

图片来源：国家知识产权局．国家知识产权局专利检索系统［EB/OL］．http：//www.pss-system.gov.cn/sipopublicsearch/patentsearch/searchHomeIndex-searchHomeIndex.shtml.

多图式方式主要以附图的方式呈现检索结果，同时显示专利的申请号和发明名称。通过"过滤"按钮中的日期筛选可以调节检索结果页面的显示结果，如图2-7所示。

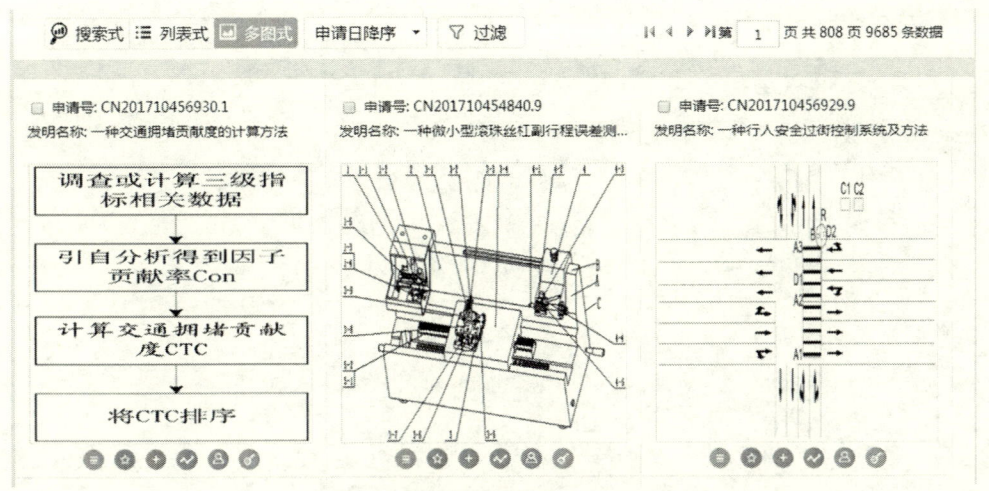

图2-7 多图式显示结果页面

图片来源：国家知识产权局．国家知识产权局专利检索系统［EB/OL］．http：//www.pss-system.gov.cn/sipopublicsearch/patentsearch/searchHomeIndex-searchHomeIndex.shtml.

检索出的专利文献可以按照专利文献申请日或公开日的顺序（降序或升序）排列。显示页面一次只能显示12条记录，通过点击跳页按钮可以继续浏览。点击检索结果中的任意一篇专利文献的"详览"，可进入专利文献浏览页面。页面的上方列出了下载、格式设置、加入分析库等功能选项。页面下方显示此篇专利文献文本形式的著录项目和全文文本以及全文图像，如图2-8所示。点击全文图像，可进入专利说明书全文图像显示页。专利说明书全文图像显示页上方有"上一页""下一页"和跳页的按钮，方便用户进行浏览。

注意要点：数据库的一些功能，如同族专利和引证专利显示、机器翻译、专利说明书下载等功能，都需要用户通过网站注册登录以后才可以使用。

在中国国家知识产权局专利检索和阅读专利文献的过程中，会接触到

著录项目	全文文本	全文图像

CN107799623A[中文]

发明名称 --- 一种基于氧化锌纳米棒阵列/银纳米线/石墨烯多层结构的紫外光探测器织物及制备方法

申请号	CN201710889922.6
申请日	2017.09.27
公开(公告)号	CN107799623A
公开(公告)日	2018.03.13
IPC分类号	H01L31/09; H01L31/0296; H01L31/0352; H01L31/18
申请(专利权)人	南京理工大学;
发明人	邹友生;朱正锋;曾海波;刘逵预烧;
优先权号	
优先权日	
申请人地址	江苏省南京市孝陵卫200号;
申请人邮编	210094;
CPC分类号	H01L31/0296;H01L31/1828;H01L31/035227;H01L31/09

摘要

本发明公开了一种基于氧化锌纳米棒阵列/银纳米线/石墨烯多层结构的紫外光探测器织物及制备方法。传统纤维状光探测器多基于长在大体积金属丝衬底上的无机半导体材料而制得,柔性较差。此外,若直接将其编织成用于可穿戴的织物将不可避免地会破坏表面从而导致探测器性能降低。因此,实现纤维状光探测器的有效编织对可穿戴领域应用至关重要。本发明具体涉及一种基于氧化锌纳米棒阵列/银纳米线/石墨烯多层结构的紫外光探测器织物及制备方法。本发明以细金属丝织物作为基底,在其表面沿垂直方向生长氧化锌纳米棒阵列,然后在表面沉积一层银纳米线,之后在其外表面覆盖单层石墨烯薄膜,并用银浆与石墨烯接触引出电极。本发明解决了纤维状探测器编织的问题,直接构建高柔性、高密度编织的光探测器织物以实现柔性可穿戴的应用。

摘要附图

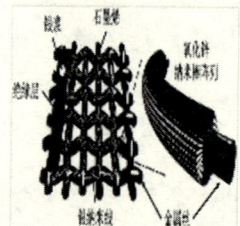

图 2-8 专利文献浏览页面

图片来源:国家知识产权局. 国家知识产权局专利检索系统 [EB/OL]. http://www.pss-system.gov.cn/sipopublicsearch/patentsearch/showViewList-jumpToView.shtml.

不同的专利文献号码，如申请号、公开号和专利号等。下面介绍专利申请号的编号规则和特点。

专利申请号编号的原则有两个。一是唯一性原则。在一件专利申请的审查程序以及在由该专利申请所取得的专利权存续期间，国家知识产权局仅给予该专利申请一个专利申请号。这个专利申请号不会由于专利申请文件内容的修改、专利申请法律状态的变化以及发明人/设计人、专利申请人或专利权人的变更而发生变化。专利申请号也不会因分案而发生改变，在依据一件专利申请（母案）提出分案申请的情况下，分案申请将具有新的专利申请号，而母案申请仍然保留原专利申请号不变。一个专利申请号只可能用于一件专利申请，即使在一件专利申请或由此取得的专利权灭失之后，任何其他专利申请也不再可能使用该专利申请号。二是科学性原则。由于专利制度的法律保护和技术信息作用均具有广泛的社会性和长久的时间性，要求专利申请号既具有唯一性和有利于信息化管理工作的特性，又具有容易理解和记忆，方便使用的特点，因此，专利申请号采用了科学的编号规则，在专利申请号中包含了表示受理专利申请的公元年号、表示专利申请种类的种类号和表示专利申请相对顺序的流水号。

专利申请号用12位阿拉伯数字表示，包括申请年号、申请种类号和申请流水号三个部分。按照由左向右的次序，专利申请号中的第1~4位数字表示受理专利申请的年号，第5位数字表示专利申请的种类，第6~12位数字（共7位）为申请流水号，表示受理专利申请的相对顺序。另外，小数点后有一位计算机校验码，是以专利申请号中使用的数字组合作为源数据经过计算得出的1位阿拉伯数字（0~9）或大写英文字母X。

专利申请的种类号如下：1表示发明专利申请；2表示实用新型专利申请；3表示外观设计专利申请；8表示进入中国国家阶段的PCT发明专利申请；9表示进入中国国家阶段的PCT实用新型专利申请。

专利申请号中的申请流水号用7位连续数字表示，一般按照升序使用，例如从0000001开始，顺序递增，直至9999999。每一自然年度的专利申请号中的申请流水号重新编排,即从每年1月1日起,新发放的专利申请号中的申请流水号不延续上一年度所使用的申请流水号,而是从0000001重新开始编排。❶

2003年10月1日以前,专利申请号由8位数字组成,前2位数字表示受理专利申请的年号,第3位数字表示专利申请的种类,第4~8位数字(共5位)表示当年申请的流水号,小数点后面的数字或字母是计算机校验码。

二、美国专利商标局数据库

美国专利商标局(United States Patent and Trademark Office,USPTO)网站https://www.uspto.gov/提供了美国专利检索的数据库。

在美国专利商标局网站上点击"Search for patents",可以进入美国专利数据库的选择界面。美国专利商标局针对不同信息用户的使用需求设置了不同的检索系统,这些系统的收录范围不一样,因此检索结果也不一样。

美国专利商标局提供的数据库包括:

(1)美国授权专利全文和图像数据库(USPTO Patent Full-Text and Image Database);

(2)美国专利申请公开全文和图像数据库(USPTO Patent Application Full-Text and Image Database);

(3)全球专利检索网络(Global Patent Search Network),目前提供中国专利文献检索;

(4)专利申请信息检索(Patent Application Information Retrieval,PAIR),可以查询专利申请状态;

(5)公众检索设施(Public Search Facility),设在弗吉尼亚州亚历山大市;

(6)专利商标资源中心(Patent and Trademark Resource Centers);

---

❶ 国家知识产权局.专利申请号标准[EB/OL].http://www.sipo.gov.cn/zcfg/flfg/zl/bmgz/201501/t20150109_1057962.html,2015-01-09.

（7）专利官方公报（Patent Official Gazette）；

（8）共同引用文献（Common Citation Document），提供 IP5 专利申请的最新引用数据；

（9）其他专利局专利检索链接（Search International Patent Offices）；

（10）专利序列号检索（Search Published Sequences）；

（11）专利权转移检索（Patent Assignment Search）。

美国授权专利全文和图像数据库收录 1790 年至最近一周美国专利商标局公布的全部授权专利文献，用户可以检索授权专利文献的基本著录项目、摘要和编码型全文数据（包括说明书及权利要求），以及全部图像型美国专利申请公开说明书。对于 1976 年以来的美国授权专利文献，可以对全文专利说明书的内容进行检索。1790~1975 年的专利只能通过授权日期、专利号和美国专利分类号进行检索，然后浏览扫描图像型的美国授权专利说明书。

美国专利申请公开全文和图像数据库可供用户检索 2001 年 3 月 15 日以来公开的美国专利申请公开文献的基本著录项目、摘要和编码型全文数据（包括说明书及权利要求），以及全部图像型美国专利申请公开说明书。

下面介绍美国授权专利全文和图像数据库的检索方式，如图 2-9 所示。该数据库有三种检索方式：快速检索（Quick Search）、高级检索（Advanced Search）和专利号检索（Patent Number Search）。

（1）快速检索。快速检索提供两个检索入口 Term1 和 Term2，与两个检索入口对应的是两个检索字段选项 Field1 和 Field2，两个检索字段之间可以使用布尔逻辑运算符（AND、OR 或 ANDNOT）进行连接。检索字段可以展开成下拉式菜单，用户可以根据检索需求选择检索字段，通过布尔逻辑运算符构建完整的检索式，如图 2-10 所示。

（2）高级检索。用户可以通过在高级检索页面的文本框（Query）内输入检索表达式的方式来检索专利，如图 2-11 所示。检索表达式的表示方法是"字段代码/检索项字符串"。如"ttl/[tennis and (racquet or racket)]"表示检索专利名称中包含"tennis racquet"或"tennis racket"的

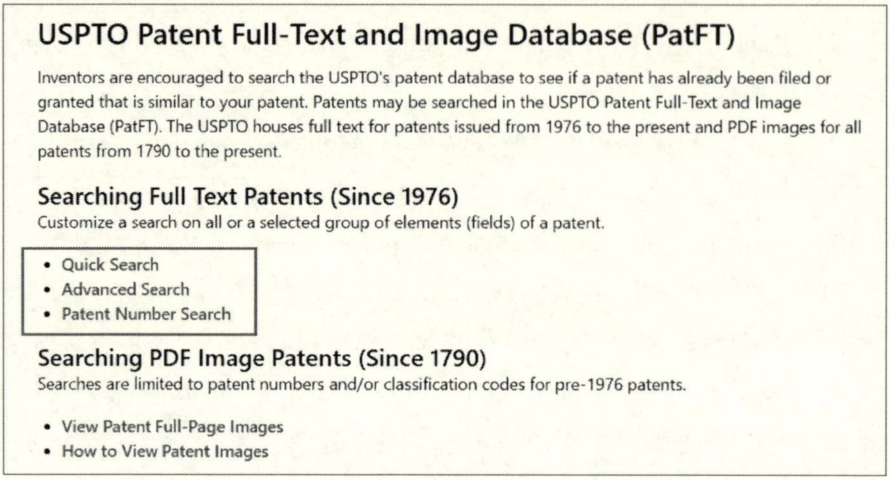

图 2-9　美国授权专利全文和图像数据库检索入口

图片来源：美国专利商标局网站 ［EB/OL］. https://www.uspto.gov/patents-application-process/search-patents.

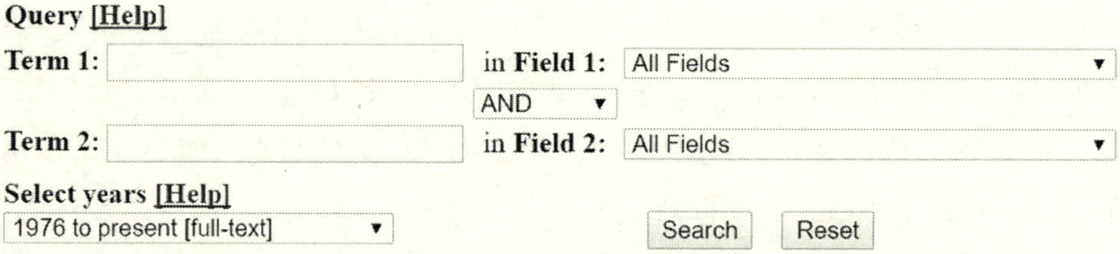

图 2-10　美国授权专利全文和图像数据库快速检索

图片来源：美国专利商标局网站 ［EB/OL］. http：//patft.uspto.gov/netahtml/PTO/search-bool.html.

图 2-11　美国授权专利全文和图像数据库高级检索

图片来源：美国专利商标局网站 ［EB/OL］. http：//patft.uspto.gov/netahtml/PTO/search-adv.htm.

专利。

页面下方的表格框内列出了 51 个可供检索的字段，包括"字段代码（Field Code）"和"字段名称（Field Name）"对照表，如表 2-1 所示。点击各字段名称可以查看字段解释及具体信息的输入方式。

表 2-1　美国专利检索字段代码和字段名称对照

字段代码	字段名称	中文含义
PN	Patent Number	专利号
ISD	Issue Date	授权日期
TTL	Title	专利名称
ABST	Abstract	摘要
ACLM	Claim(s)	权利要求书
SPEC	Description/Specification	说明书
CCL	Current US Classification	美国分类号
CPC	Current CPC Classification	CPC 分类号
CPCL	Current CPC Classification Class	CPC 大类号
ICL	International Classification	国际分类号
APN	Application Serial Number	专利申请号
APD	Application Date	申请日期
APT	Application Type	申请类型
GOVT	Government Interest	政府利益
FMID	Patent Family ID	专利族 ID
PARN	Parent Case Information	母案申请信息
RLAP	Related US App. Data	相关美国申请数据
RLFD	Related Application Filing Date	相关申请日
PRIR	Foreign Priority	外国优先权
PRAD	Priority Filing Date	优先权申请日
PCT	PCT Information	PCT 信息
PTAD	PCT Filing Date	PCT 申请日
PT3D	PCT 371c124 Date	PCT 371c124 规定日期

续 表

字段代码	字段名称	中文含义
PPPD	Prior Published Document Date	在先出版文献日期
REIS	Reissue Data	再颁数据
RPAF	Reissued Patent Application Filing Date	再颁专利申请日
AFFF	130（b）Affirmation Flag	130（b）法案确认标记
AFFT	130（b）Affirmation Statement	130（b）法案确认声明
IN	Inventor Name	发明人姓名
IC	Inventor City	发明人所在城市
IS	Inventor State	发明人所在州
ICN	Inventor Country	发明人所在国
AANM	Applicant Name	申请人姓名
AACI	Applicant City	申请人所在城市
AAST	Applicant State	申请人所在州
AACO	Applicant Country	申请人所在国
AAAT	Applicant Type	申请人类型
LREP	Attorney or Agent	律师或代理人
AN	Assignee Name	专利权人姓名
AC	Assignee City	专利权人所在城市
AS	Assignee State	专利权人所在州
ACN	Assignee Country	专利权人所在国
EXP	Primary Examiner	主审查员
EXA	Assistant Examiner	助理审查员
REF	Referenced By	被引用信息
FREF	Foreign References	外国参考文献
OREF	Other References	其他参考文献
COFC	Certificate of Correction	更正证书
REEX	Re-Examination Certificate	再审证书
PTAB	PTAB Trial Certificate	PTAB 诉讼证书
SEC	Supplemental Exam Certificate	补充审查证书

续 表

字段代码	字段名称	中文含义
ILRN	International Registration Number	国际注册号
ILRD	International Registration Date	国际注册日
ILPD	International Registration Publication Date	国际注册出版日
ILFD	Hague International Filing Date	海牙协定国际申请日

资料来源：中国国家知识产权局网站［EB/OL］. http://www.sipo.gov.cn/wxfw/zlwxxxggfw/hlwzljsxt/hlwzljsxtsyzn/201406/t20140624_970345.html.

美国专利申请号（Application Serial Number）由"序列码/申请号（series codes/ serial number）"组成。申请号为多年循环号码，从 1～999999 号以内连续编排，周而复始。循环期的年代跨度大小不等，由申请量决定。美国专利申请序列码与对应时间段如表 2-2 所示。美国专利申请号的检索字符串需要输入 6 位数字。如果不足 6 位数，数字前面以"0"补足。需要注意的是，检索的时候，序列码是不需要出现在检索字符串中的，所以可能会检索到多件专利，再通过序列码来查看需要寻找的专利。

表 2-2 美国专利申请序列码与对应时间段

序列码	对应时间段
2	1948.1.1 之前
3	1948.1.1～1959.12.31
4	1960.1.1～1969.12.31
5	1970.1.1～1978.12.31
6	1979.1.1～1986.12.31
7	1987.1.1～1992.12.31
8	1993.1.1～1997.12.31
9	1998.1.21～2001.12
10	2001.12.1～2004.12.1
11	2004.12.1～2007.12.6

续表

序列码	对应时间段
12	2007.12.6~2010.12.17
13	2010.12.17 至今
29	外观设计专利申请（1993.1 至今）

资料来源：知识产权与专利情报［EB/OL］. http：//www.wenkuxiazai.com/doc/7eaf2203e87101f69e-3195ea-9.html.

（3）专利号检索。在专利号检索入口（Query），可以输入一个或多个专利号进行专利号检索。当输入多个专利号时，各专利号之间可使用空格，或是使用布尔逻辑算符"or"，如图2-12所示。

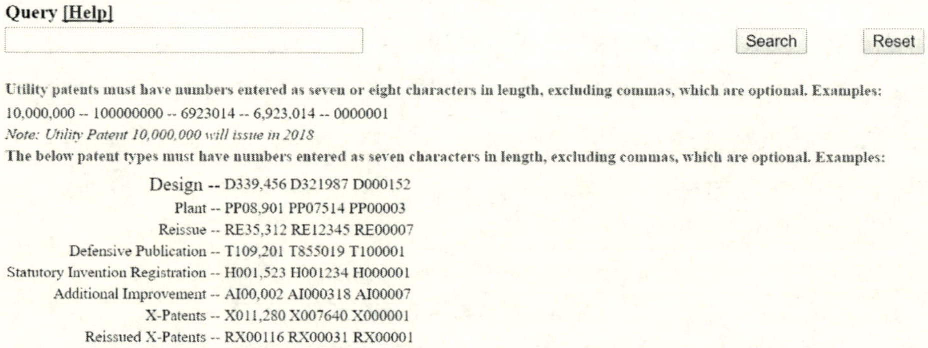

```
Query [Help]
[                                                    ]     Search    Reset

Utility patents must have numbers entered as seven or eight characters in length, excluding commas, which are optional. Examples:
10,000,000 -- 100000000 -- 6923014 -- 6,923,014 -- 0000001
Note: Utility Patent 10,000,000 will issue in 2018
The below patent types must have numbers entered as seven characters in length, excluding commas, which are optional. Examples:
              Design -- D339,456 D321987 D000152
               Plant -- PP08,901 PP07514 PP00003
             Reissue -- RE35,312 RE12345 RE00007
Defensive Publication -- T109,201 T855019 T100001
Statutory Invention Registration -- H001,523 H001234 H000001
Additional Improvement -- AI00,002 AI000318 AI00007
           X-Patents -- X011,280 X007640 X000001
   Reissued X-Patents -- RX00116 RX00031 RX00001
```

图 2-12　美国授权专利全文和图像数据库专利号检索

图片来源：美国专利商标局网站［EB/OL］. http：//patft.uspto.gov/netahtml/PTO/srchnum.htm.

美国专利类型包括发明专利（Utility）、外观设计专利（Design）、植物专利（Plant）、再颁专利（Reissue）、防卫性公告（Defensive Publication）、依法登记的发明（Statutory Invention Registration）。Additional Improvements 表示改进专利。美国专利号是7位数，除发明专利直接输入号码外，其他类型专利号码前须加类型代码。

美国授权专利全文和图像数据库设置了三种检索结果显示方式：检索结果列表（包括专利号及专利名称）、文本型专利全文显示（包括著录项目、权利要求及说明书）和图像型专利说明书全文显示（PDF格式）。

在检索结果列表显示页面，检索结果中的记录排序是按照专利文献公布日期由近到远的顺序排列，即最新公布的专利文献排在前面，如图2-13所示。显示页面一次只能显示50条，点击"Next 50 Hits"按钮可以浏览后面50条。专利名称之前的符号"T"表明该文献有专利全文文本（Full-text）。专利名称之前的符号"■"表明该文献只有图像型专利说明书（Image）。

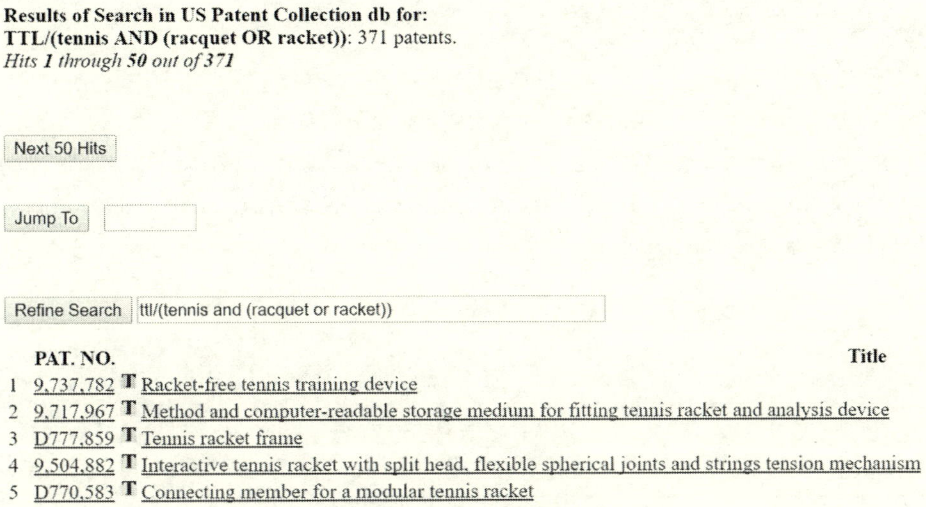

Results of Search in US Patent Collection db for:
TTL/(tennis AND (racquet OR racket)): 371 patents.
Hits 1 through 50 out of 371

[Next 50 Hits]

[Jump To] [   ]

[Refine Search] ttl/(tennis and (racquet or racket))

	PAT. NO.		Title
1	9,737,782	T	Racket-free tennis training device
2	9,717,967	T	Method and computer-readable storage medium for fitting tennis racket and analysis device
3	D777,859	T	Tennis racket frame
4	9,504,882	T	Interactive tennis racket with split head, flexible spherical joints and strings tension mechanism
5	D770,583	T	Connecting member for a modular tennis racket

图2-13　检索结果列表显示页面

图片来源：美国专利商标局网站［EB/OL］. http：//patft. uspto. gov/netacgi/nph-Parser? Sect1 = PTO2&Sect2 = HITOFF&u = % 2Fnetahtml% 2FPTO% 2Fsearch-adv. htm&r = 0&p = 1&f = S&l = 50&Query = ttl% 2F% 28tennis+and+% 28racquet+or+racket% 29% 29&d = PTXT.

文本型专利全文显示页面包括著录项目、权利要求及说明书等，点击页面上方的"Images"的超链接按钮，可进入图像型专利全文页，如图2-14所示。

图像型专利说明书全文显示可以通过选择页面左侧的"Front Page""Drawings""Specifications"和"Claims"分别显示扉页、附图、说明书和权利要求书。通过页面的下载链接可以下载PDF格式的专利说明书，如图2-15所示。

```
United States Patent                                              9,737,782
Shi, et al.                                                August 22, 2017

Racket-free tennis training device

                                Abstract

A racket-free tennis training device includes a maneuverable platform on which an elevation mechanism is mounted. A ball receiving and shooting mechanism is mounted on the elevation mechanism. The ball receiving and shooting mechanism includes a ball receiving mechanism, a ball management mechanism, and a ball shooting mechanism. The ball receiving mechanism includes a ball receptacle. The ball management mechanism includes a ball collection barrel and an advancing mechanism. The above arrangement allows for correctly receiving a tennis ball from an opponent site and then serving a ball to the opponent site to simulate an actual tennis game.

Inventors:      Shi, Songquan (Shaoxing, CN), Yang, Fan (Baoding, CN), Xuan, Dong (Columbus, OH)
Applicant:                Name                       City        State Country Type
                Shaoxing Kaijian Technology Co., Ltd. Shaoxing  N/A          CN
Assignee:       SHAOXING KAIJIAN TECHNOLOGY CO., LTD. (Shaoxing, Zhejiang, CN)
Family ID:      55872537
Appl. No.:      15/229,138
Filed:          August 5, 2016
```

图 2-14　文本型专利全文显示页面

图片来源：美国专利商标局网站 ［EB/OL］. http：//patft. uspto. gov/netacgi/nph-Parser？Sect1 = PTO2&Sect2 = HITOFF&u =% 2Fnetahtml% 2FPTO% 2Fsearch-adv. htm&r = 2&f = G&l = 50&d = PTXT&p = 1&S1 = D770583&OS = D770583&RS = D770583.

图 2-15　图像型专利说明书全文显示页面

图片来源：美国专利商标局网站 ［EB/OL］. http：//pdfpiw. uspto. gov/. piw？Docid = D0770583&homeurl = http% 3A% 2F% 2Fpatft. uspto. gov% 2Fnetacgi% 2Fnph-Parser% 3FSect1% 3DPTO2% 2526Sect2% 3DHITOFF% 2526u% 3D% 25252Fnetahtml% 25252FPTO% 25252Fsearch-adv. htm% 2526r% 3D2% 2526f% 3DG% 2526l% 3D50% 2526d% 3DPTXT% 2526p% 3D1% 2526S1% 3DD770583% 2526OS% 3DD770583% 2526RS% 3DD770583&PageNum = &Rtype = &SectionNum = &idkey = NONE&Input = View+first+page.

三、欧洲专利局数据库

欧洲专利局数据库 https：//worldwide.espacenet.com/有三种检索方式：智能检索（Smart search）、高级检索（Advanced search）和分类号检索（Classification search）。

（1）智能检索。在智能检索入口，用户可以在检索输入框中输入任意关键词或时间，系统可以自动识别其含义，根据其含义与系统中的专利数据进行匹配，如图 2-16 所示。

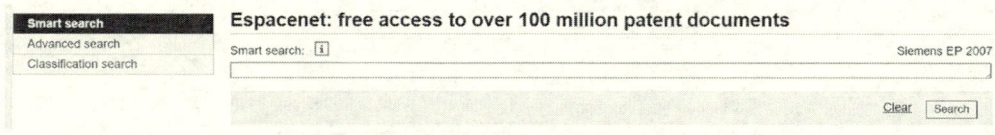

图 2-16 欧洲专利局数据库智能检索页面

图片来源：欧洲专利局数据库［EB/OL］. https：//worldwide.espacenet.com/.

（2）高级检索。高级检索页面提供可以选择的数据库，系统自动显示的数据库为"全球 90 多个国家的专利申请公开数据库（Worldwide-collection of published applications from 90+ countries）"。同时此检索框的下拉菜单还提供英语、法语和德语三种不同版本的专利申请公开数据。高级检索的检索字段包括专利名称、名称或摘要、公开（公告）号、申请号、优先权号、公开（公告）日、申请人、发明人、CPC 和 IPC。当在多个检索字段输入相应的检索内容时，系统默认逻辑运算符为"AND"，即各检索字段之间全部为"逻辑与"运算，如图 2-17 所示。

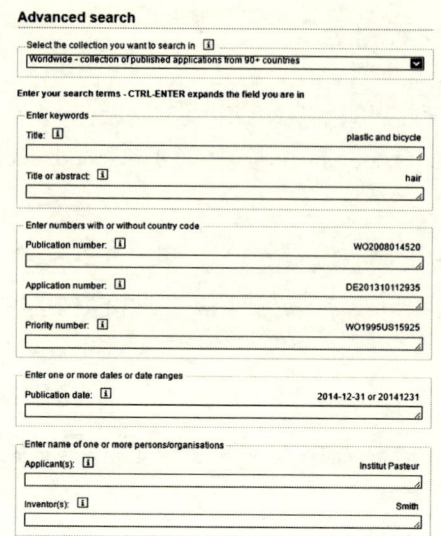

图 2-17　欧洲专利局数据库高级检索页面

图片来源：欧洲专利局数据库 [EB/OL]. https：//worldwide.espacenet.com/advancedSearch? locale=en_ EP.

（3）分类号检索。分类号检索页面的检索输入框提供关键词或分类号检索，用户可以在此页面检索联合专利分类号的代码和含义，如图 2-18 所示。

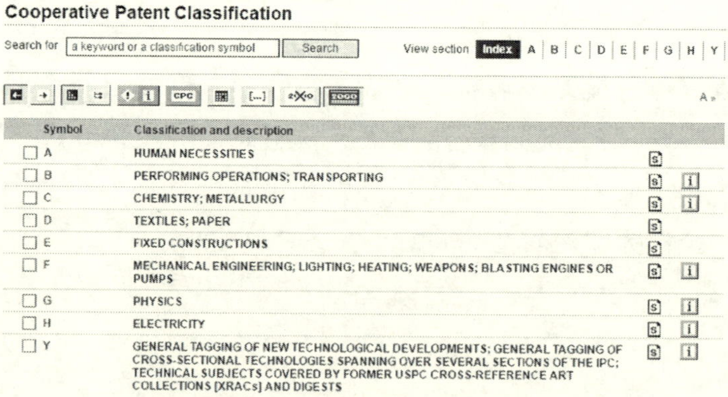

图 2-18　欧洲专利局数据库分类号检索页面

图片来源：欧洲专利局数据库 [EB/OL]. https：//worldwide.espacenet.com/classification? locale=en_ EP.

欧洲专利局专利数据库的检索结果以列表形式显示，系统会显示检索结果总命中数，但是只能显示前500条。每一条记录显示的信息包括发明人（前两位）、申请人、CPC、IPC、公开（公告）信息和优先权日期，如图2-19所示。

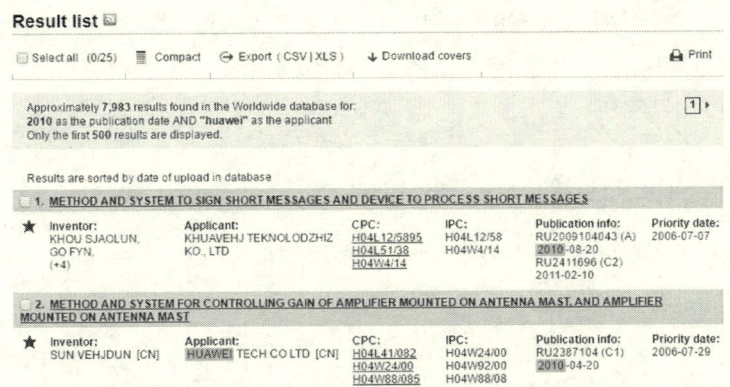

图2-19　欧洲专利局数据库检索结果列表显示页面

图片来源：欧洲专利局数据库图［EB/OL］．https：//worldwide.espacenet.com/searchResults？submitted＝true&locale＝en_ EP&DB＝EPODOC&ST＝advanced&TI＝&AB＝&PN＝&AP＝&PR＝&PD＝2010&PA＝HUAWEI&IN＝&CPC＝&IC＝&Submit＝Search.

点击任意一条专利的名称，可以进入该专利的著录项目显示界面，如图2-20所示。该界面可以显示全部发明人、申请人、IPC、CPC、申请号、

图2-20　欧洲专利局数据库著录项目显示页面

图片来源：欧洲专利局数据库［EB/OL］．https：//worldwide.espacenet.com/publicationDetails/biblio？II＝0&ND＝3&adjacent＝true&locale＝en_ EP&FT＝D&date＝20101229&CC＝CN&NR＝101932102A&KC＝A.

优先权号、公开（公告）国家。在页面左侧依次显示的信息包括：著录项目数据（Bibliographic data）、说明书（Description）、权利要求书（Claims）、附图（Mosaics）、专利说明书原件（Original document）、参考文献（Cited documents）、引证文献（Citing documents）、INPADOC法律状态（Legal status）、INPADOC专利族（Patent family）。

点击"INPADOC patent family"，会显示专利族列表（Family list），会依次列出该专利的同族专利，如图2-21所示。

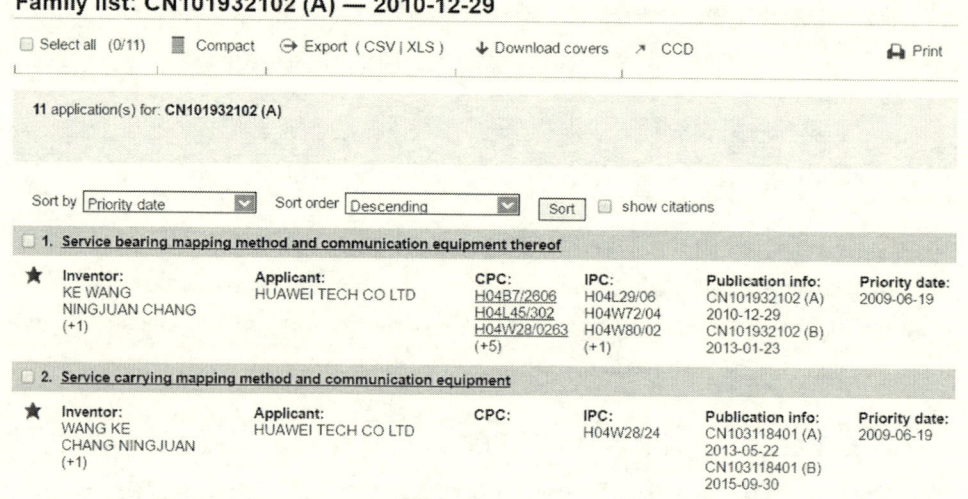

图2-21　欧洲专利局数据库专利族列表显示页面

图片来源：欧洲专利局数据库［EB/OL］. https：//worldwide.espacenet.com/publicationDetails/inpadocPatentFamily？CC=CN&NR=101932102A&KC=A&FT=D&ND=3&date=20101229&DB=&locale=en_ EP.

点击"Original document"，会显示专利说明书原件，在页面上方显示下载（Download）的链接，如图2-22所示。

第二章 专利检索及信息源

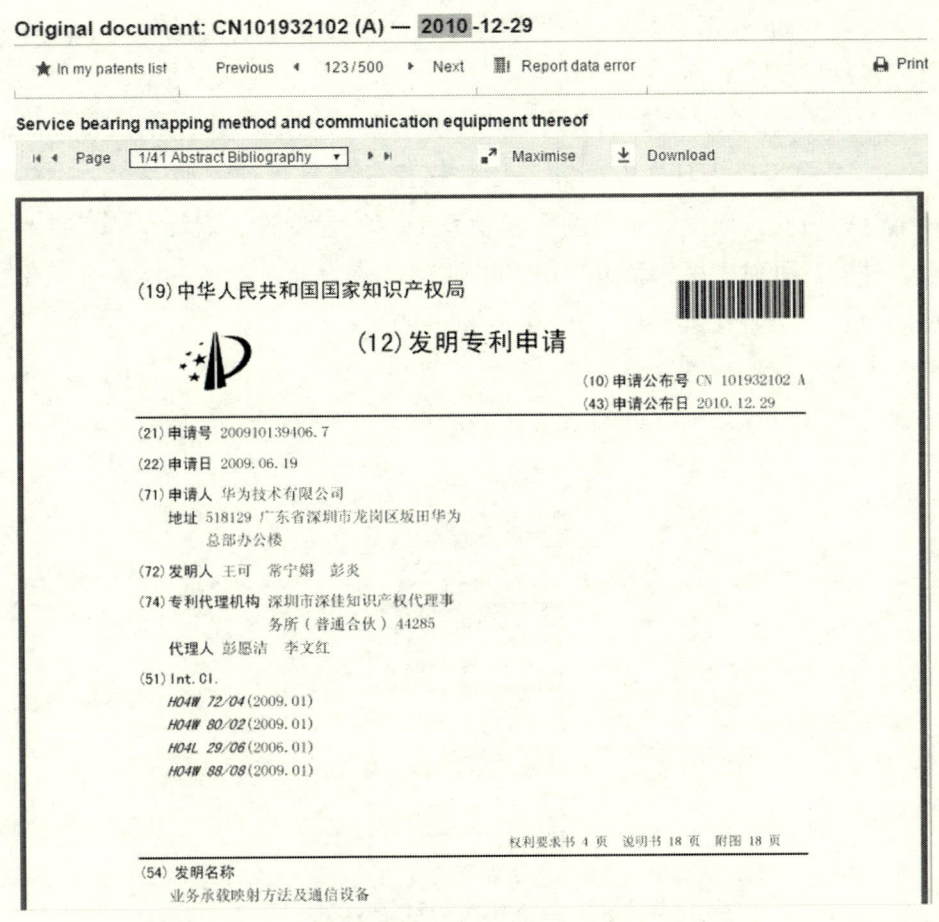

图 2-22 欧洲专利局数据库专利说明书原件显示页面

图片来源：欧洲专利局数据库［EB/OL］. https：//worldwide.espacenet.com/publicationDetails/originalDocument?CC=CN&NR=101932102A&KC=A&FT=D&ND=3&date=20101229&DB=&locale=en_EP.

四、日本专利局数据库

日本专利局给予保护的工业知识产权主要有四种，分别是："特许""实用新案""意匠"和"商标"，其中前三项专利等同于中国的"发明专利""实用新型专利"和"外观设计专利"。日本专利局网站 http：//

51

www.jpo.go.jp 提供了日本专利检索的数据库。点击右上角的"Japanese"可以转换成日文界面。

在日本专利局主页右侧点击"Search（Patent，Design，Trademark，etc.）"，可以进入日本专利和商标数据库的选择界面，如图 2-23 所示。日本专利局的数据库包括发明和实用新型、外观设计、商标、诉讼案数据库。对于发明和实用新型数据库，提供三种检索方式：号码检索（Number search）、分类号检索（Classification search）和文本检索（Text search）。对于外观设计专利，提供两种检索方式：号码检索（Number search）、分类号检索（Classification search）和文本检索（Text search），如图 2-24 所示。

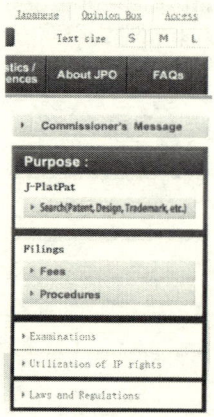

图 2-23　日本专利局数据库检索入口

图片来源：日本专利局数据库［EB/OL］. http：//www.jpo.go.jp/.

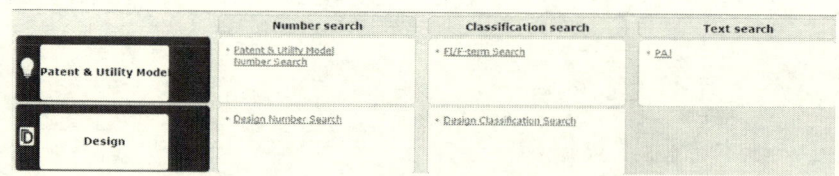

图 2-24　日本专利局数据库资源

图片来源：日本专利局数据库［EB/OL］. https：//www.j-platpat.inpit.go.jp/web/all/top/BTmTopEnglishPage.

（1）号码检索。发明和实用新型号码检索提供 15 种号码检索选项，主要包括"Patent application number（专利申请号）""A：Publication of patent application（专利申请公开号）""B：Publication of examined/granted patent（授权专利号）""Patent appeal/trial number（专利诉讼案号）"和"Utility model application number（实用新型申请号）"等。输入相应号码后，可直接检索，如图 2-25 所示。

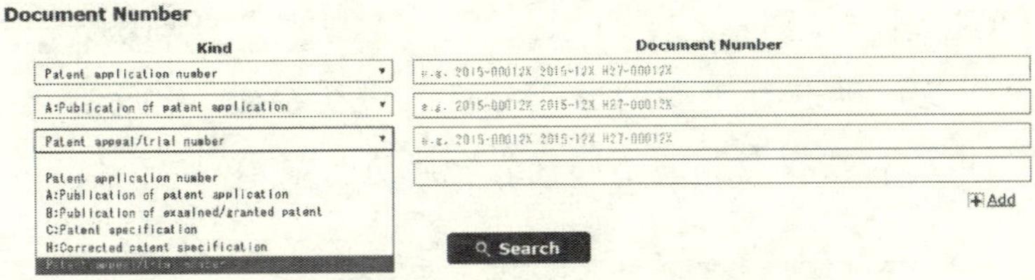

图 2-25　日本专利局发明和实用新型号码检索页面

图片来源：日本专利局数据库［EB/OL］. https：//www4.j-platpat.inpit.go.jp/eng/tokujitsu/tkbs_ en/ TKBS_ EN_ GM101_ Top.action.

在使用号码检索时要注意日本专利号的表达方式。日本专利号的表达方式在 2000 年以前，可以表示为：日本年号（代码+2 位数字）+6 位数字的流水号。2000 年以后，可以表示为：公元年号+6 位数字的流水号。日本年号的代码分别以 M、T、S、H 表示，如表 2-3 所示，分别表示明治、大正、昭和与平成，其中 H 在检索中用得最多。

表 2-3　日本年号与公元年号的对照

日本年号	公元年号	日本年号	公元年号
Meiji 1 ~ Meiji 45	1868 ~ 1912	Heisei 6	1994
Taisho 1 ~ Taishao 15	1912 ~ 1926	Heisei 7	1995
Showa 1 ~ Showa 64	1926 ~ 1989	Heisei 8	1996
Heisei 1	1989	Heisei 9	1997
Heisei 2	1990	Heisei 10	1998
Heisei 3	1991	Heisei 11	1999
Heisei 4	1992	Heisei 12	2000
Heisei 5	1993	Heisei 13	2001

续 表

日本年号	公元年号	日本年号	公元年号
Heisei 14	2002	Heisei 16	2004
Heisei 15	2003		

资料来源：日本年号、公元年数对照表［EB/OL］. https：//wenku.baidu.com/view/ae0e9e0ed15ab-e23492f4d61.html.

（2）分类号检索。发明和实用新型分类号检索提供日本专利分类号FI/F-term 的检索，如图 2-26 所示。用户可以选择专利类型，输入公开（公告）日以及正确的日本专利分类号格式进行检索，检索结果可以按照未审查专利申请和授权专利的不同优先顺序进行显示。

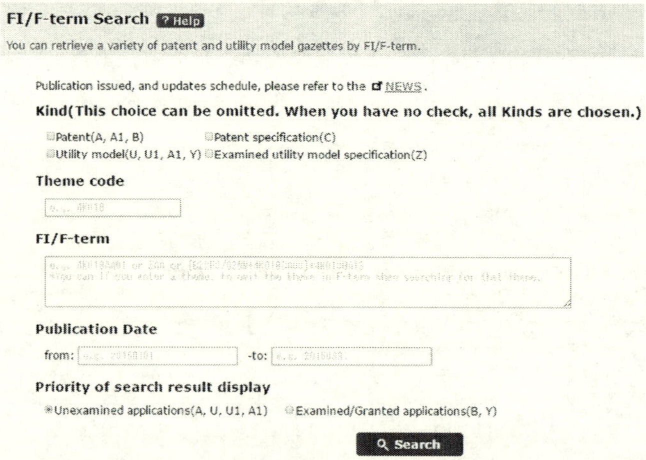

图 2-26　日本专利局发明和实用新型分类号检索页面

图片来源：日本专利局数据库［EB/OL］. https：//www4.j-platpat.inpit.go.jp/eng/tokujitsu/tkft_en/TKFT_ EN_ GM201_ Top.action.

（3）文本检索。发明和实用新型文本检索数据库 PAJ 是日本专利摘要数据库（Patent Abstracts of Japan），是自 1976 年以来日本公布的专利申请著录项目与摘要检索数据库。用户可以利用关键词在专利摘要和发明名称字段中进行检索。同时还可以进行申请人、公开（公告）日和 IPC 的检索，如图 2-27 所示。

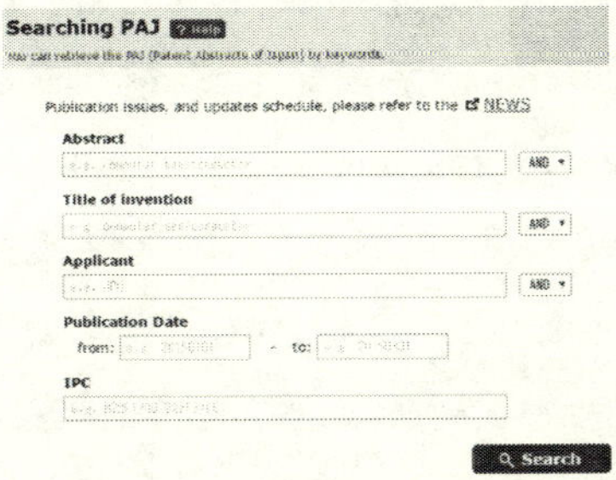

图 2-27 日本专利局发明和实用新型文本检索页面

图片来源：日本专利局数据库 [EB/OL]．https：//www19.j-platpat.inpit.go.jp/PA1/cgi-bin/PA1INIT? 1503984321415．

五、国际知识产权组织数据库

国际知识产权组织 http：//www.wipo.int 提供发明专利检索的数据库是 PATENTSCOPE 系统，外观设计专利检索的数据库是 Global Design Database。用户可以通过 PATENTSCOPE 检索根据《专利合作条约》(*Patent Cooperation Treaty*) 递交的专利申请，以及国家和地区缔约专利局的专利文件，可以使用英语、法语、德语、西班牙语、汉语、俄语和日语等 17 种语言进行全文数据检索，如图 2-28 所示。

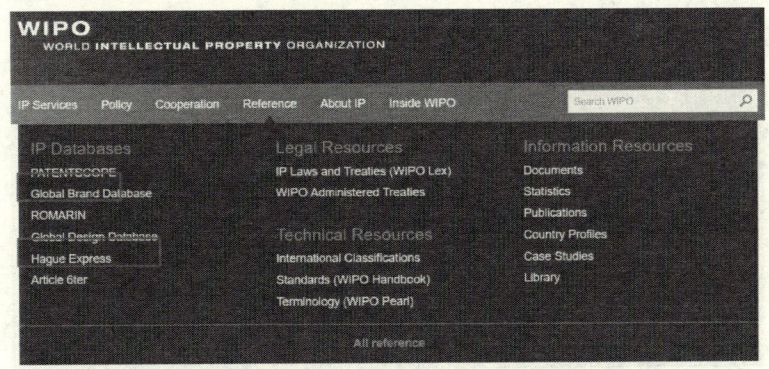

图 2-28 国际知识产权组织 PATENTSCOPE 数据库检索入口

图片来源：PATENTSCOPE 数据库 [EB/OL]．http：//www.wipo.int/portal/en/．

PATENTSCOPE 数据库有四种检索方式：简单检索（Simple Search）、高级检索（Advanced Search）、字段组合检索（Field Combination）和跨语言扩展检索（Cross Lingual Expansion）。

（1）简单检索。简单检索可以选择不同的字段进行检索，包括扉页、任意字段、全文、不同语言全文、号码、IPC、姓名和日期，如图 2-29 所示。

图 2-29 PATENTSCOPE 数据库简单检索页面

图片来源：PATENTSCOPE 数据库［EB/OL］. https：//patentscope. wipo. int/search/en/search. jsf；jsessionid = AE13A2F0A1BF4B3D309166E5384692E0. wapp2nA.

（2）高级检索。高级检索页面提供 17 种不同的检索语言选择。用户需要在"Search For"右侧的文本框里输入编写的检索式，然后进行检索，如图 2-30 所示。

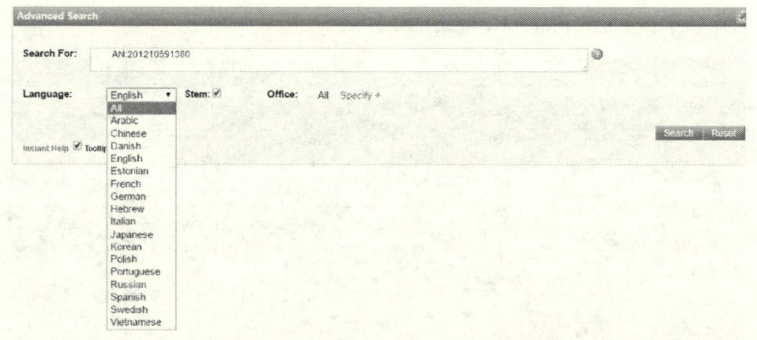

图 2-30 PATENTSCOPE 数据库高级检索页面

图片来源：PATENTSCOPE 数据库［EB/OL］. https：//patentscope. wipo. int/search/en/advancedSearch. jsf.

（3）字段组合检索。在字段组合检索页面，用户可以使用多个字段的组合来进行检索,每个字段框的下拉菜单中有 30 多个字段列表,如图 2-31 所示。

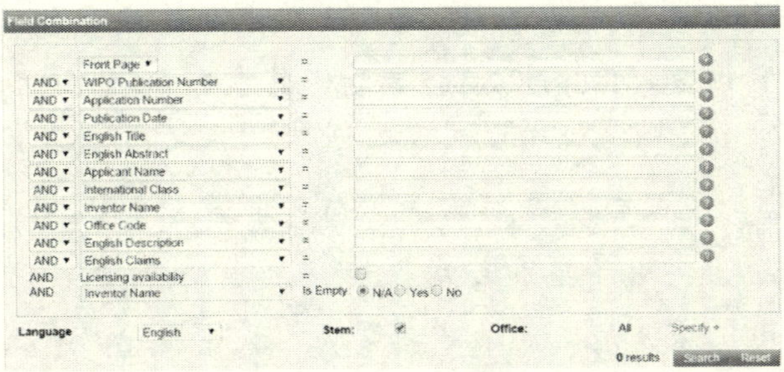

图 2-31　PATENTSCOPE 数据库字段组合检索页面

图片来源：PATENTSCOPE 数据库 [EB/OL]. https：//patentscope. wipo. int/search/en/structuredSearch. jsf.

(4) 跨语言扩展检索。在跨语言扩展检索页面,用户只需以一种语言键入一个关键词或词组,便可以多种语言检索到相关专利文件。用户可以移动"Precision"和"Recall"之间的图标来确定查询的精确度,还可以选择自动运行或监控模式控制检索的技术领域范围。在监控模式中,系统会提供技术领域列表供用户选择检索的技术领域范围,如图 2-32 所示。

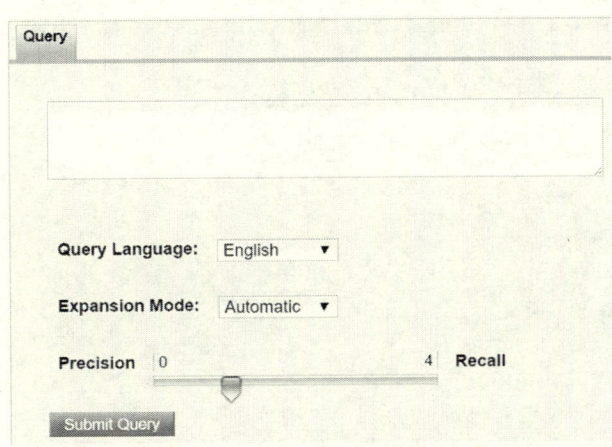

图 2-32　PATENTSCOPE 数据库跨语言扩展检索页面

图片来源：PATENTSCOPE 数据库 [EB/OL]. https：//patentscope. wipo. int/search/en/clir/clir. jsf? new=true.

【思考与练习】

1. 在某专利数据库中共有 100 件与某专利检索主题相关的专利，通过某种方式的专利检索，检索出 80 件专利，其中有 60 件与该检索主题相关，查全率和查准率分别是多少？

2. （1）检索中国专利数据库中，专利申请人为"南京理工大学"的三种专利（发明、实用新型和外观设计）的申请件数。（2）在这些专利中，是否都是由"南京理工大学专利中心"代理申请的？如果不是，请简要说明。（3）"南京理工大学专利中心"是否只为南京理工大学代理专利申请？如果不是，请说明。

3. 在美国专利授权数据库中，检索与椅子相关的外观设计专利。

4. 检索申请号为 10/982963 和 08/923372 的美国专利。

5. 检索欧洲专利 EP0963989A1 的专利法律状态。

6. 检索专利申请号为 CN1998812113 的同族专利信息，请说明该专利族在哪些国家申请了专利，并指出该专利优先权号码和申请国家。

7. 检索专利号为 JP，47-035415，B（1972）的专利的申请日期。

8. 检索佳能公司于 2015 年 1 月专利申请公开的专利数量。

第三章　专利分析

【导读】

本章在对专利分析流程作简单介绍后，分别从定量、定性和拟定量分析角度重点对专利分析方法进行说明。定量分析方法包括数据趋势、数据构成、数据排序分析方法等，定性分析方法包括技术功效矩阵、专利技术路线图和权利要求分析方法等，拟定量分析方法包括专利引文分析方法等。

第一节　专利分析概述

专利分析也称为专利情报分析，主要是对专利信息进行分析，从大量的专利信息中提取有价值的信息，这些有价值的信息就是专利情报，从而专利分析将不相关联的专利信息转化为有价值的战略情报。

专利分析与专利检索相互关联、密不可分，两者之间的关系非常重要，其区别主要在于：

第一，主要任务不同。专利检索的主要任务是收集专利信息，专利分析的主要任务是处理并加工收信的专利信息以形成专利情报。

第二，处理方法不同。专利检索的方法侧重信息检索，专利分析的方法侧重数据分析。

第三，结果展示不同。专利检索的结果展示通常是收集的专利申请文件，专利分析的结果通常以专利分析报告的形式展示。

专利分析和专利检索的主要联系在于：专利分析必须以专利检索为基

础。专利分析建立在专利检索的检索结果之上，在数千万件专利申请文件中检索到需要的文献也并非易事，对检索结果去噪也需要一番工夫，只有检索结果尽可能准确才可能有高质量的专利分析。实际上，有些项目只需要专利检索，有些项目需要专利检索和专利分析。

第二节　专利分析流程

专利分析的流程主要包括以下五个环节：准备工作、数据处理、图表制作、解读图表和制作报告。

一、准备工作

专利分析之前需要进行准备工作。首先，明确专利分析的目的、整理出分析框架和分析思路，不能只为了完成分析任务而漫无目的地分析。其次，选择恰当的分析方法，先使用基本分析方法进行基本分析，再针对目的和需求有针对性地选择分析方法，不应该单纯追求齐全的分析方法而忽略重点分析方法。最后，合理选择分析工具，例如，微软 Excel 或者其他商业分析工具。

准备工作完成以后，需要进行数据处理、图表制作、解读图表和制作报告。

二、数据处理

数据处理又称为数据加工，指对检索结果进行加工整理形成专利分析样本数据库。[1] 按照数据处理的先后顺序划分，数据处理包括数据采集、数据清理和数据标引。

（一）数据采集

数据采集指从获得的原始专利数据中有针对性地抓取数据并将抓取的数据

---

[1] 杨铁军. 专利分析实务手册 [M]. 北京：知识产权出版社，2012.

导出的过程。在专利分析过程中，数据采集主要包括确定字段和导出数据。

确定字段指根据需要从检索获得的专利数据的所有字段中选择需要的字段。"字段"源于计算机数据库领域，简单理解，"字段"通常指表的"列"，特定字段表示所有"行"的共性。需要注意的是，不同专利数据库对每个字段都有对应的代码，但是相同字段在不同数据库中的代码可能不同，例如有些数据库将"申请日"的字段定义为"APD"，而有些数据库将"申请日"的字段定义为"AD"。

确定字段之后，将采集的数据转化为统一的、可操作的、便于分析的数据格式，采取相应的策略导出并保存数据。

（二）数据清理

数据清理指对采集的数据进行数据项内容的统一、修正和规范，便于在后续分析工作中进行标引和进一步分析。

数据清理主要包括数据去噪、数据去重和数据项规范化三部分。数据去噪指去除检索结果中的噪声文献；数据去重指去除检索结果中的重复专利文献以及合并同族专利文献；数据项规范化指对检索结果中数据项的格式和内容进行规范化处理。

（三）数据标引

数据标引在导出的数据中增加新的标识项，新的标识项相当于新的字段。根据不同的分析目的增加对应的字段，能够有针对性地深入分析。

根据标引字段的不同，数据标引可以分为常规字段标引和自定义字段标引。常规字段标引指通过分析工具对清理后的检索结果进行自动提取；自定义字段标引指针对分析需求对自定义字段进行标引，例如，对技术内容、技术分支和技术功效等进行标引。

标引方法包括人工标引和批量标引等。人工标引需要阅读大量专利文献，甚至逐篇阅读，比较烦琐、费时，但是能够深入理解专利文献。批量标引主要适用于大量文献的标引，批量标引有时与专利检索同时完成。

三、图表制作

图表制作属于数据可视化的范畴，将检索结果中的文本信息转换为表格和图表，从而将检索结果直观地展现出来。

对于专利分析，图表制作也称为专利分析可视化或专利地图（patent map）。专利地图是对专利分析结果的可视化表达，"地图"的目的在于：第一，使复杂多样的专利情报得到方便有效的理解；第二，通过地图的形式实现技术指引和技术预测。

图表制作是专利分析的重要环节。解读图表是以制作的图表为基础，图表所包含的信息决定了图表解读的准确度。此外，图表在专利分析报告中占据较大篇幅，图表的质量可能直接影响专利分析报告的质量。

四、解读图表

解读图表是对图表的阅读和解释。解读图表不能仅解读图表直接展现的信息，还需要在这些直接信息的基础上结合逻辑推理、产业背景和经济环境等因素进行深度解读，图表解读的广度和深度直接影响专利分析报告的广度和深度。

解读图表是专利分析的关键环节和难点。第一，图表只是检索结果的客观表现，对图表的解读才是形成专利分析结论的关键。第二，解读图表是分析者结合图表做出的主观解读，不同分析者的阅历和经验不同，可能导致解读出不同的结论。

五、制作报告

通常以专利分析报告的形式展示专利分析的成果，针对不同对象有针对性地提供不同的解决方案。

分析者应当尽可能客观地、全面地撰写高质量的专利分析报告，这不但需要良好的文笔和较强的逻辑思维，还需要反复讨论、修改和论证，撰写专利分析报告通常需要经历撰写报告框架、撰写报告概要、撰写报告初稿、反复修改和最终定稿。高质量的专利分析报告能够充分展示专利分析工作的成果，还能在行业中得到充分的认可。

第三节 专利分析方法

关于专利分析方法，按照专利分析的深浅程度，可分为一维分析方法、二维分析方法以及综合分析方法，❶ 按照研究对象的维度，可分为专利技术分析、市场主体分析和区域分析，❷ 而本章从分析对象可分析的程度，将专利分析方法分为定量分析、定性分析、拟定量分析等方法，需要说明的是，在实际的专利分析过程中，往往需要将多种专利分析方法结合在一起使用。

一、定量分析方法

定量分析方法是在对大量专利信息加工整理的基础上，对专利分类、申请人、发明人和申请人所在国家、专利引文等某些特征等进行科学计量，将信息转化成系统的、完整的有价情报。而定量分析方法主要包括数据趋势、数据构成、数据排序分析方法等。

（一）数据趋势分析

数据趋势分析能够用来预测专利数据的未来发展情况，主要包括专利申请趋势分析、技术生命周期分析和专利集中度趋势分析。

1. 专利申请趋势分析

不同分析目的，对应不同的分析视角，而根据具体的分析目的，分析视角可为"技术""人物""地域"或"专利类型"，也可在"技术""人物""地域"和"专利类型"之间任意组合，具体如表3-1所示。

---

❶ 蔡爽，黄鲁成.专利信息分析方法评述及层次分析［J］.科学学研究，2008（2）：421-427.

❷ 杨铁军.专利分析实务手册［M］.北京：知识产权出版社，2012：135.

表 3-1 专利申请趋势的分析视角一览表

分析视角	技术	人物	地域	专利类型
技术	技术领域/技术分支❶	技术领域/技术分支+不同申请人/专利权人/发明人	技术领域/技术分支+全球/国家/省/市/区县/首次申请国	技术领域/技术分支+发明/实用新型/外观设计/授权发明等
人物	申请人/专利权人/发明人+技术领域/技术分支	申请人/专利权人/发明人	申请人/专利权人/发明人+全球/国家/省/市/区县/首次申请国	申请人/专利权人/发明人+发明/实用新型/外观设计/授权发明
地域	全球/国家/省/市/区县/首次申请国+技术领域/技术分支	全球/国家/省/市/区县/首次申请国+申请人/专利权人/发明人	全球/国家/省/市/区县/首次申请国	全球/国家/省/市/区县/首次申请国+发明/实用新型/外观设计/授权发明
专利类型	发明/实用新型/外观设计/授权+技术领域/技术分支	发明/实用新型/外观设计/授权+申请人/专利权人/发明人	发明/实用新型/外观设计/授权发明+全球/国家/省/市/区县/首次申请国	发明/实用新型/外观设计/授权发明

图 3-1 选取了"技术领域"为分析视角，分析了"无人机"技术领域的中国专利申请趋势，在一定程度上反映出无人机的发展历程，并显示了无人机技术目前正处于高速发展期，且未来一段时间内仍将持续高速发展；除此之外，还能针对"无人机"技术领域在不同国家的专利申请趋势、"无人机"不同技术分支的专利申请趋势、相关申请人的专利申请趋势、多个申请人的专利申请趋势、相关申请人不同类型专利的申请趋势等进行分析。

需要说明的是，在进行专利申请趋势分析时，一般采用折线图或柱状图表示，图表的横轴为时间，纵轴通常为申请量、授权量、公开量、申请人数量、发明人数量或者相应的增长率等。在绘制专利申请趋势图后，一般来说，可以对数据拐点、不同趋势线等进行分析，如有需要，还须进行信息补充分析。

---

❶ "技术分支"是指某特定技术领域中的细分技术，比如，电子技术领域保护微电子技术分支、光电子技术分支和电子编程技术分支等。

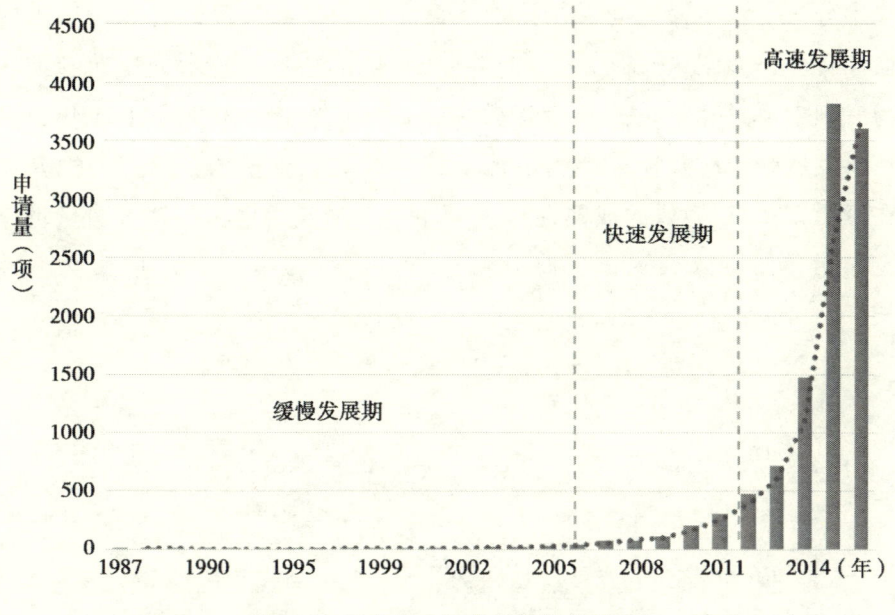

图 3-1　无人机中国专利申请趋势分析

2. 技术生命周期分析

人们通过对专利申请、专利权或申请人数量与时间序列关系进行分析研究，发现专利技术在理论上遵循萌芽期、成长期、成熟期和衰退期 4 个阶段的周期性变化。技术生命周期，通过分析专利技术所处的发展阶段，推测技术的未来发展方向。

常见的技术生命周期分析方法有专利数量测算法、相对增长率法、图示法、TCT（Technology Cycle Time）计算法和 S 曲线数学模型法等，❶❷ 其中，图示法是专利分析人员最常用的一种分析方法，也是表述最为直观的一种方法，故本节将以图示法为例，介绍如何进行技术生命周期分析。

图示法是利用某技术领域的专利申请量与申请人数量随时间的推移而

---

❶ 陈燕，黄迎燕，方建国，等. 专利信息采集与分析（第 2 版）[M]. 北京：清华大学出版社，2014.

❷ 李春燕. 基于专利信息分析的技术生命周期判断方法 [J]. 现代情报，2012，32（2）：98-101.

变化来分析技术生命周期。在技术生命周期的不同阶段，会表现出不同的阶段性特征，如图3-2所示，1975~1995年，光开关技术处于萌芽期，表现为专利申请量和申请人数量均较少，且增速缓慢，1996~2001年，光开关技术发展处于成长期，专利申请量和申请人数量激增，然而，光开关技术在经历2002年短暂的成熟期（专利申请量增长缓慢，申请人数量也保持稳定）后，便进入衰退期，此时，专利申请量和申请人数量均会出现负增长。

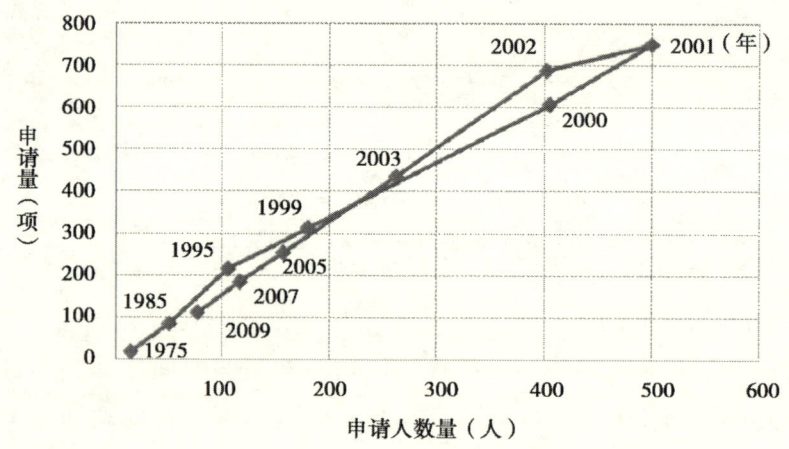

图3-2　光开关技术生命周期❶

通过对技术生命周期进行分析，创新主体可以针对不同的技术生命周期阶段，制定与之相适应的技术发展策略。

（1）萌芽期：当一项技术处于萌芽期时，可以建议研发能力较强的创新主体加大研发投入，加快对基础性技术的专利布局；对于中等创新主体，可建议其将有限的资源充分配置在核心技术研发上；对于弱小创新主体来说，其可以采用与其他创新主体（比如高校、科研院所等）合作研发的方式，对某一重点技术集中研发，以求有所突破；

---

❶ 通信用光器件产业专利分析报告［EB/OL］.http：//www.sipo.gov.cn/ztzl/ywzt/cyzlfxbgfb/xxjs/．

（2）成长期：针对创新能力中等的创新主体，可以建议其站在竞争对手的肩膀上进行研发，对于规模较小的创新主体，可建议其跟随龙头企业进行创新，而针对具有优势的企业，则可建议其将研发重点转移到新的技术领域，以开拓新的市场；

（3）成熟期：如果项目委托人为中小创新主体，则可建议其绕开现有研发热点或技术壁垒，选择研发空白区域进行二次创新，形成新的技术制高点；

（4）衰退期：当一项技术处于衰退期时，应当建议项目委托人尽量避免将生产资本引入；如果项目委托人为技术市场内原有创新主体；第一，可建议其通过技术引进方式进行技术选择，以避免不必要的研发成本；第二，可建议其选择性撤出效率低下的技术，优化配置资源；第三，也可建议其对收入弹性较低的产品进行升级。

3. 专利集中度趋势分析

按不同的分析视角，专利集中度通常可分为技术集中度、地域集中度、申请人/专利权人集中度等，分别反映分析对象在技术、地域和人物方面的聚集情况。

一般来说，专利集中度趋势分析图表的横轴为时间，纵轴为集中度测度指标，分析内容主要有数据拐点分析和不同趋势线之间的比较分析，除此之外，由于数据图表中的数据量有限，如有必要，通常还需要补充与分析对象相关的商业、技术、政策、其他专利统计信息等，也可以引入一些推测的内容，但要求该推测的内容应该符合实际情况，推测过程应符合逻辑。

图3-3示出了无人机国内申请人集中度趋势，其中，CR4和CR8均为申请人集中度，且CR4为前4位申请人专利申请量总和占年度申请总量的比例，CR8为前8位申请人专利申请量总和占年度申请总量的比例；从图3-3可以看出，CR4和CR8的年度变化趋势大致相同，均呈上升趋势，由此在一定程度上可说明，无人机领域的竞争将会愈演愈烈，相关创新主体应加快抢占市场；另外，通过技术集中度，可在一定程度上了解分析对象

的活跃技术分支、技术变迁及未来发展趋势，为企业专利战略的制定提供参考，而通过地域集中度，可一定程度上了解分析对象的专利布局地域扩张趋势，为企业市场拓展方向提供参考。

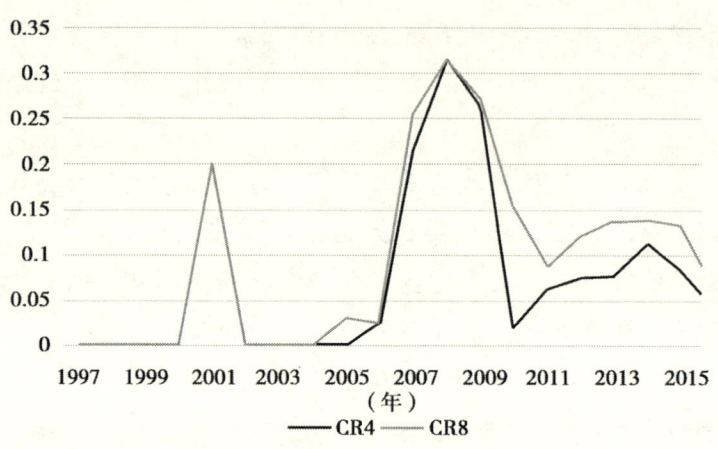

图3-3 无人机国内申请人集中度趋势

（二）数据构成分析

数据构成分析是在专利数量统计基础上，研究数量、比例及其他分析指标的构成情况，提取相关专利情报信息，从而为企业的技术、产品及服务开发中的决策提供参考。本节对技术、申请人/专利权人、申请地域和法律状态的数据构成分析方法进行了介绍。

1. 技术构成分析

技术构成分析的前提是对专利数据进行技术层面的归类，其中，专利数据除了可以是国际专利分类IPC构成、联合专利分类CPC构成、功能分类、结构分类或材料分类等专利数量、比例数据外，还可以是各种相关指标，比如技术侧重度、技术宽度、相对专利密度等。

在对专利数据归类后，可通过制作技术构成分析图来直观、系统地展示分析对象的专利技术整体构成情况，且技术构成的分析内容主要有数据特征点分析和比较分析。

图3-4示出了集成电路制造专利申请的技术构成，从该图可以看出，

国内集成电路制造领域的专利申请主要集中在 H01L 领域，即专利布局的热点为 H01L，该专利布局热点也为核心技术分支及集成电路制造领域中重点专利所在；除此之外，从图 3-4 还可以看出，除了 H01L，在 G06F、G06K、G01R、H05B、H03K、G07F、G01N、H05K 和 H04N 领域有少量的专利申请，技术集中度高，由此可知国内集成电路制造领域专利申请的技术广度，从而判断技术和市场能力更强的分析对象。

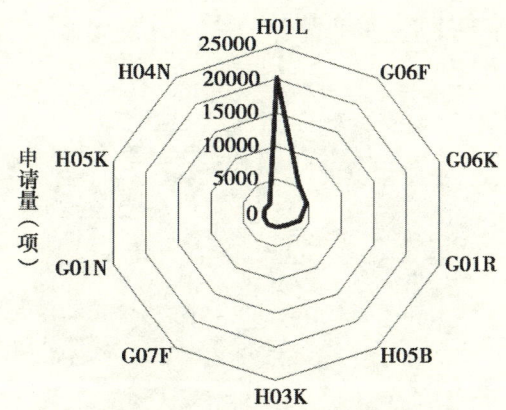

图 3-4 集成电路制造专利申请技术构成

2. 申请人/专利权人构成分析

通常而言，申请人/专利权人构成的分析对象可以是"技术""人物"或"地域"的相关专利数据，也可以是"技术""人物""地域"、专利类型、法律状态等组合的专利数据，如申请人与技术领域进行组合后，就可以分析某申请人在不同技术领域的专利数据。

在进行申请人/专利权人构成分析之前，也需要对相关专利数据进行申请人/专利权人层面的归类，归类角度包括申请人/专利权人所属地域、申请人/专利权人类型等。

在对相关专利数据归类后，可通过制作申请人/专利权人构成分析图表来直观、系统地展示分析对象的申请人/专利权人整体构成情况，且相关分析内容主要有特征点分析和比较分析。

图3-5示出了集成电路制造申请人类型构成，从该图可知，国内集成电路制造领域内创新主体包括企业、个人、大专院校、科研单位、机关团体等类型；除此之外，从该图还可以看出，在国内集成电路制造领域，以企业申请人为主，其次为个人申请人，再次为大专院校，科研单位和机关团体申请人数量较少。

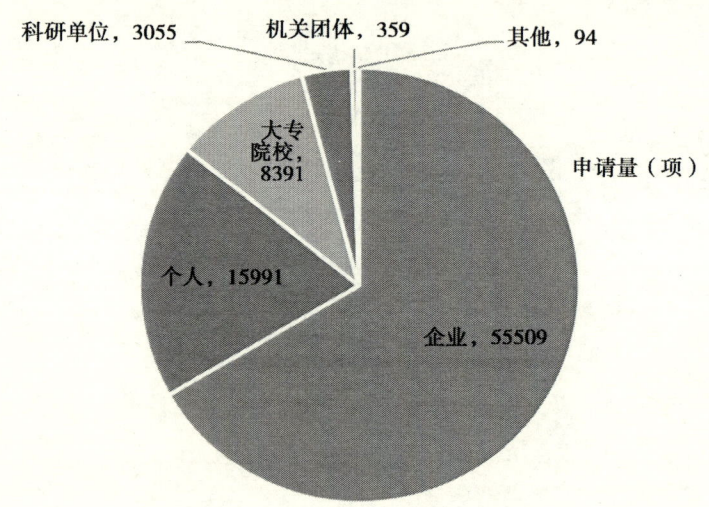

图3-5 集成电路制造申请人类型构成

3. 申请地域构成分析

通常而言，申请地域构成的分析对象可以是"技术"或"人物"的相关专利数据，也可以是"技术""人物"、专利类型、法律状态等组合的专利数据。

在进行申请地域构成分析之前，需要对相关专利数据进行申请地域层面的归类，相关专利数据包括公开地域、申请人地址等信息。

在对相关专利数据进行归类后，可通过制作图表来分析申请地域构成，且分析内容主要有数据特征点分析和比较分析。

图3-6示出了国内无人机申请人地域构成，从该图可以看出，国内申

请人占比为98%，国外申请人仅占2%，由此可知，通过申请地域构成可以分析国家或地区的技术优势和技术侧重情况，以明确目标市场的专利布局情况，也可分析各国家或地区的专利布局及专利输入、输出情况，以查找技术起源国、辨别目标市场等；除此之外，通过申请地域构成分析还可以明确国家或地区间的技术实力对比情况。

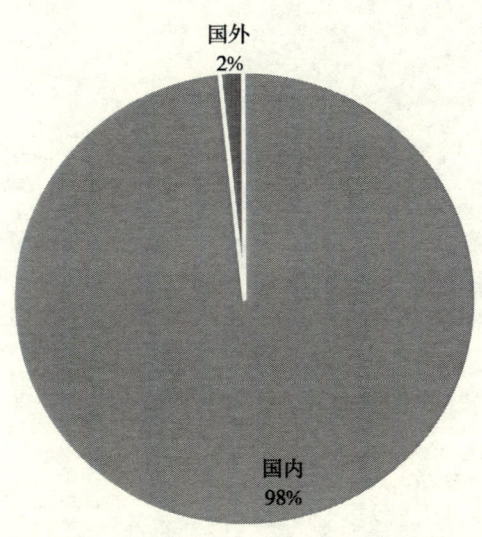

图 3-6　国内无人机申请人地域构成

4. 法律状态构成分析

在进行专利法律状态构成分析之前，需要将法律状态数据进行整理并归类，如按照存活情况可将专利分为"有效"和"失效"两类，按照审查情况可将发明专利分为"公开""实质审查""有权"和"失效"四类；除此之外，法律状态数据除了专利数量和比例外，还可以为计算加工后的指标，比如专利授权率、专利存活率等。

在对相关数据归类后，可通过制作分析图表来直观展示法律状态构成情况，且法律状态构成的分析内容主要有技术特征点分析和比较分析。

图 3-7 示出了无人机中国专利申请法律状态构成，其中，包括有效、审中和失效专利，且失效专利是因权利终止、撤回、放弃和驳回原因导致

的,故由此可知,通过法律状态构成分析能够衡量竞争对手技术研发实力和专利技术含量的高低,从而评估专利威胁度,也能够衡量技术领域的专利活跃程度,从而能够评估专利风险总体水平。

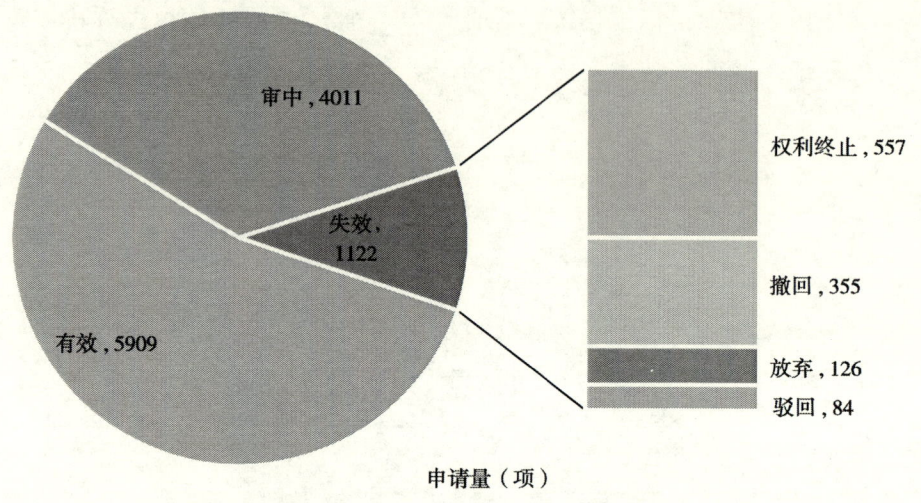

图3-7　无人机中国专利申请法律状态构成

(三) 数据排序分析

数据排序分析是在对专利数据统计排序的基础上,了解分析对象的申请人、申请地域、技术分支和发明人等情报信息,明晰专利布局和竞争现状,本节将主要对技术、申请人、发明人和申请地域的数据排序分析进行介绍。

1. 技术领域排序分析

技术领域排序的分析对象可以是"技术""人物"或"地域"相关的专利数据,也可以是"技术""人物""地域"、专利类型、法律状态等相互组合的专利数据,如申请人与技术领域进行组合后,就可以分析某申请人在不同技术领域的专利数据。

在进行技术领域排序分析之前,需要对专利数据进行技术层面的归类,其中,同前文所述,专利数据可以是国际专利分类IPC构成、联合专利分类CPC构成、功能分类、结构分类或材料分类等专利数量(包括专利申请量、授权量、公开量、申请人数量、发明人数量等）数据。

而技术领域排序的分析内容主要为特征点分析，即分析技术领域排序特点，结合商业、技术、政策，以及其他专利统计信息等深入挖掘特征点出现的原因，找出需重点关注的技术领域。

图3-8示出了无人机中国专利申请前十名技术领域分布，其中，B64C、B64D和G05D为主要技术领域，进一步还可以将主要技术领域作为分析对象，进行数据趋势和数据构成分析，如比较分析某申请人的主要技术领域专利申请趋势、专利申请地域构成等，以得到更为全面的专利情报信息。

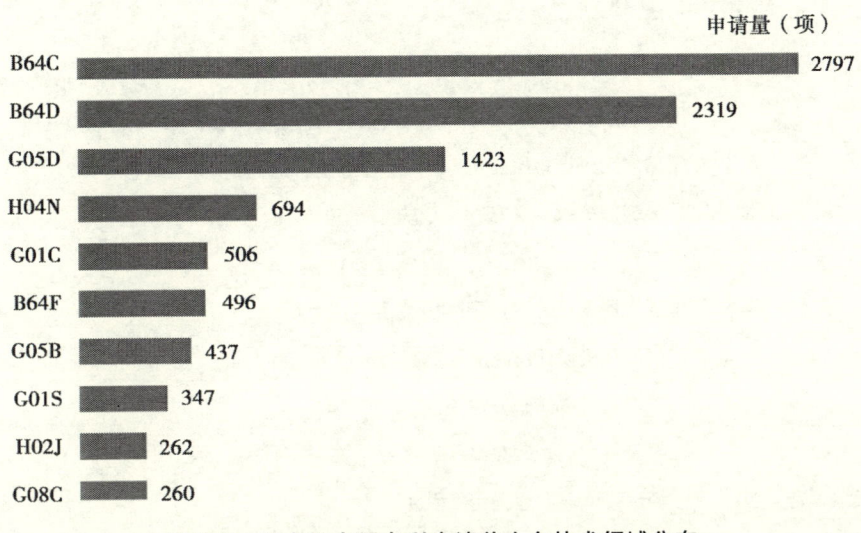

图3-8 无人机中国专利申请前十名技术领域分布

2. 申请人排序分析

申请人排序的分析对象可以是"技术"或"地域"相关的专利数据，也可以是"技术""人物""地域"、专利类型、法律状态等相互组合的专利数据。

在进行申请人排序分析之前，对专利数据进行申请人层面归类之后，通过制作申请人排序分析图表对某一技术领域内的竞争格局进行分析；需要说明的是，申请人排序分析图表中的专利数据可以是专利申请量、授权量、公开量、发明人数量、引证次数等。

申请人排序分析的内容主要为特征点分析，即分析申请人排序的特点，并结合商业、技术、政策，以及其他专利统计信息等深入挖掘特征点出现的原因，从而能够了解技术实力现状。

图 3-9 示出了军用无人机国内排名前十申请人，从该图可以看出国内军用无人机领域的主要申请人有上述十位，且进一步可以将这些主要申请人作为分析对象，进行数据趋势和数据构成分析，如比较分析其技术广度、技术构成、研发团队规模等，比较主要申请人实力，从而为市场竞争及合作提供决策依据。

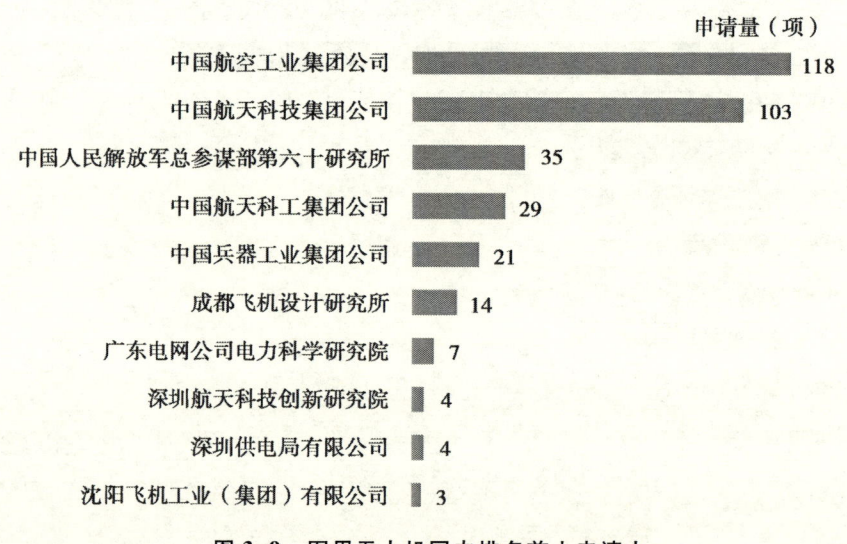

图 3-9　军用无人机国内排名前十申请人

3. 申请地域排序分析

申请地域排序的分析对象可以是"技术"或"人物"相关的专利数据，也可以是"技术""人物"、专利类型、法律状态等组合的专利数据，如申请人与技术领域进行组合后，就可以分析某申请人在不同技术领域的专利数据。

在对专利数据进行地域层面的归类之后，可通过制作图表来进行申请地域排序分析；需要说明的是，申请地域排序分析图表中的数据除了专利申请量外，还可以是授权量、公开量、申请人数量、发明人数量等其他指标。

申请地域排序分析的内容主要为特征点分析，即分析申请地域的排序特点，并结合商业、技术、政策，以及其他专利统计信息等深入挖掘特征点出现的原因，从而最终确定出专利布局的主要地域。

图 3-10 示出了无人机中国专利申请前十位省市排名，从该图可以看出，无人机中国专利申请分布的主要地域为广东、北京、江苏等省市，进一步还可以将这些主要地域作为分析对象，进行数据趋势和数据构成分析，如比较分析某技术领域主要地域的申请人、技术分支构成等，进而全方位了解该技术领域的专利布局情况。

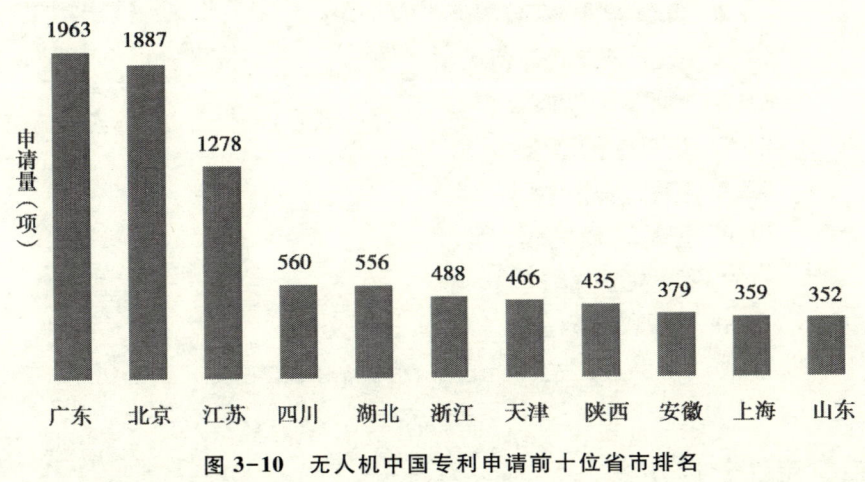

图 3-10　无人机中国专利申请前十位省市排名

4. 发明人排序分析

发明人排序的分析对象可以是"技术"或"人物"相关的专利数据，也可以是"技术""人物""地域"、专利类型、法律状态等相互组合的专利数据，如发明人与技术领域进行组合后，就可以分析某发明人在不同技术领域的专利数据。

在对专利数按照发明人层次进行归类之后,可通过制作图表来进行发明人排序分析;需要说明的是,发明人排序分析图表中的数据可为专利申请量、授权量、公开量、引证次数等。

发明人排序分析的内容主要为特征点分析,即分析发明人排序特点,并结合商业、技术、政策等其他信息分析特征点出现的原因。

图 3-11 示出了无人机中国专利申请前十位发明人,其中,拥有发明创新最多的技术人才是赵国成、罗伟、漆鹏程、张显志、杨建军、孙德来等人,这些都可以作为企业人才引进的重要参考因素,应建议相关创新主体持续关注重点发明人的技术研发动态,还可了解前言技术的演进趋势、洞察产业机遇。

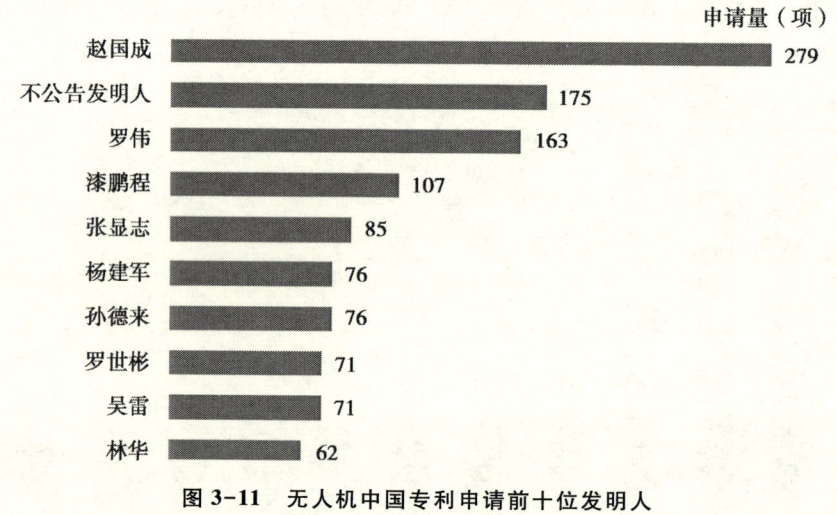

图 3-11 无人机中国专利申请前十位发明人

二、定性分析方法

定性分析是指通过对专利文献的内在特征,即对专利技术内容进行归纳、演绎、分析、综合,以及抽象与概括等,以达到把握某一技术发展状况的目的,具体地说,根据专利文献提供的技术主题、国别、发明人、受让人、分类号、申请日、授权日和专利引证文献等技术内容,广泛进行信息搜集,在此基础上,进一步对这些信息进行分类、比较和分析等研究活动，形成有机的信息集合，进而有重点地研究那些有代表性、关键性和典型性的专利文献，最终找出专利信息之间的内在的甚至是潜在的相互关系，从而形成一个比较完整的认识。而定性分析方法主要包括技术功效矩阵、重点专利、专利技术路线图和权利要求分析方法等。

（一）技术功效矩阵分析

通过专利技术功效矩阵分析，能较好地解析专利文献中较为隐晦的情报信息和潜在的技术特征，从而能够帮助创新主体明晰研发热点或空白点，以此规避技术雷区、发现潜在研发方向。

专利技术功效矩阵表的构建或技术功效气泡图的绘制是进行专利技术功效矩阵分析的前提，在此过程中，需要情报分析人员、技术专家或技术人员对每篇专利文献详细解读，以了解其中的技术、功效信息，很难直接依靠专利分析软件生成。在技术功效矩阵表或技术功效气泡图中，展示的对象可以为专利数量、专利号、专利权人或专利分类号。

在专利数据分别按照技术手段和技术效果进行分类后，利用一些工具软件完成最终矩阵表或气泡图的制作，比如 Excel、Thomson 公司的 TDA、开源程序或者自行编写的可视化图形生成工具等。

1. 专利技术功效矩阵表

专利技术功效矩阵表是包含技术手段、技术效果2个要素的二维表格，纵轴为技术效果，横轴为技术手段，表中展示专利数量、专利号码、专利权人等对象。

表 3-2 为流化床锅炉布风系统的专利技术功效矩阵表，其中，横轴"技术手段"包括风室、风板和风帽，纵轴"技术效果"包括延长使用寿命、防止漏料、防止结渣、降低成本、提高燃烧效率、降低污染物、减少能耗、便于安装维护、简化结构和提高可控性，"技术手段"与"技术效果"的交叉点为该技术手段—技术效果的专利申请量。

表 3-2 流化床锅炉布风系统的专利技术功效矩阵表 （项）

技术效果	风室	风板	风帽
延长使用寿命	5	21	34
防止漏料	6	19	40

续表

技术效果	风室	风板	风帽
防止结渣	9	22	9
降低成本	1	8	4
提高燃烧效率	12	51	36
降低污染物	2	5	6
减少能耗	5	14	9
便于安装维护	3	5	16
简化结构	3	13	13
提高可控性	7	8	7

资料来源：锅炉燃烧设备产业专利分析报告［EB/OL］.http://www.sipo.gov.cn/ztzl/ywzt/cyzlfxbgfb/jnhb/.

2. 专利技术功效气泡图

在专利技术功效气泡图中，横轴为技术效果，纵轴为技术手段，气泡的大小代表专利数量。

图 3-12 为流化床锅炉布风系统的专利技术功效气泡图，横轴与纵轴交叉之处的气泡大小为特定技术手段—技术效果专利申请量。

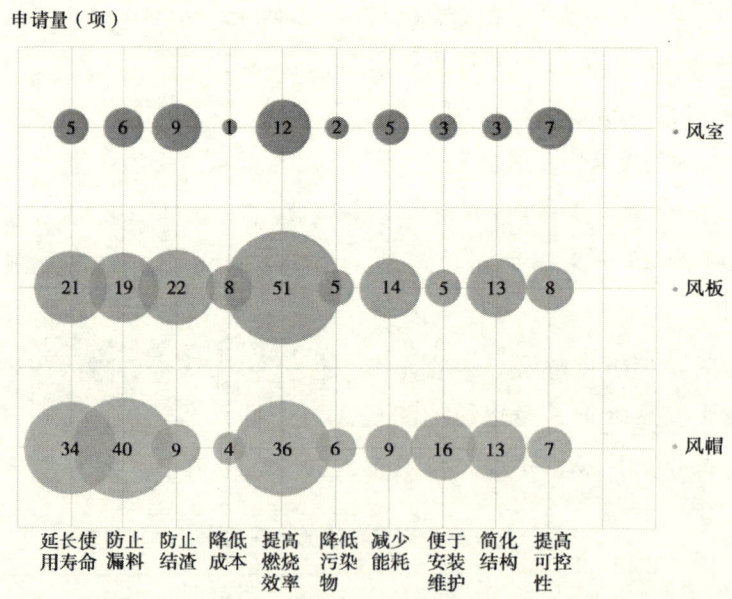

图 3-12 流化床锅炉布风系统的专利技术功效气泡

(二) 专利技术路线图分析

无论是从国家、行业或企业层面看，还是从技术领域的主流专利技术发展层面来看，专利技术路线分析均具有很好的认知功能，而专利技术路线分析图是进行专利技术路线分析的重要工具，在进行专利技术路线分析之前，需绘制专利技术路线分析图。

专利技术路线分析图的绘制思路经历了数次变革，这里将重点介绍目前最常用、最为接近实际的一种绘制思路：以技术发展需求为主线，专利引证关系、主要申请人/发明人为分线，通过主要申请人、专利被引频次等途径筛选代表关键技术节点的重要专利。

上述绘制思路综合考虑了多种信息，以技术进化的主要推动力—技术需求作为主线，通过多种因素筛选关键技术节点，避免了单纯使用专利引证关系带来的缺陷，使得技术路线更为接近实际。

另外，需要注意的是，专利技术路线分析图的绘制还需考虑技术领域、研究对象的大小、研究方式等因素，具体来说：（1）针对技术领域因素，化学医药和机械领域，则可分别采用化学结构式或机械结构来展现技术演进；（2）针对研究对象的大小因素，可以围绕不同申请人针对某项核心技术进行技术改进而采取的不同研发思路进行展示，可以围绕具体产品进行展现；（3）针对研究方式因素，则可以依据专利引证关系进行阶段划分，以分析不同阶段的技术变革。

(三) 权利要求分析

作为确定专利权保护范围的主要依据，通常来说，根据分析需求，权利要求分析包括保护范围、侵权比对、撰写缺陷、稳定性分析等多种，本节将重点介绍保护范围分析和侵权比对分析。

1. 权利要求保护范围分析

保护范围的分析对象可为单件专利，也可为多件专利，分析范围具体如下。

（1）单件专利权利要求书的结构分析。

对单件专利权利要求书的结构进行分析，包括分析权利要求项数、技术特征数量、权利要求之间的关系以及保护主题等。

（2）单件专利权利要求书保护范围的影响因素分析。

对单件专利权利要求书保护范围的影响因素进行分析，第一应先了解该专利所披露的技术方案，包括技术问题、技术手段、技术效果等内容；第二将该专利的技术方案与该专利（及其同族专利）审查过程中的对比文件进行对比，分析二者之间的差异性，从而得出相关对比文件是否影响该专利三性（新颖性、创造性、实用性）的结论。

（3）多件专利的保护范围分析。

对多件专利的保护范围进行分析，则需找出相同、相近技术主题的所有专利文献，综合分析各专利权利要求书的结构和保护范围影响因素，最终确定多件专利申请的保护范围。

2. 侵权比对分析

专利侵权行为包括直接侵权、间接侵权和假冒他人专利几种，❶ 本节将以直接侵权分析为例，介绍进行侵权比对分析的思路。

第一步：确定涉嫌侵权物（涉嫌侵权方法）所体现的整体技术方案和由专利权利要求书所确定的保护范围，即确定比对双方的实际范围；

第二步：在确定专利权利要求书所确定的保护范围后，需将引用专利和涉嫌侵权物的技术方案分别划分形成多个技术特征；

第三步：主要依据"全面覆盖原则"和"等同原则"，比对涉嫌侵权物的技术方案划分的技术特征是否包含引用专利权利要求所划分的技术特征，从而得出是否侵权的结论。

三、拟定量分析方法

拟定量分析为定量与定性分析相结合的一种分析方法，该种方法通常由数理统计入手，然后进行全面、系统的技术分类和比较研究，再进行有针对性的量化分析，最后进行高度科学抽象的定性描述，使整个分析过程

---

❶ 郝志国. 浅谈专利保护客体的认定及专利侵权行为 [J]. 纺织器材，2004，31(6)：56-58.

由宏观到微观，逐步深入进行。本节将重点介绍专利引文分析方法。

专利引文分析是指利用各种数学和统计学的方法，以及比较、归纳、抽象和概况等逻辑方法，对专利文献的引用或被引用现象进行分析，以揭示专利文献之间、专利文献与科学论文之间相互联系的数量特征和内在规律的一种文献计量研究方法。专利引文分析方法发展到现在可谓繁杂多样，包括引用频次分析、引证书分析、引文指标组合分析、引文聚类地图分析、引文时间维度分析、技术输出国分析、专利权人分析、高被引分析、前后向引文分析、旁系引文分析、同被引和耦合引文分析。

目前为止，已经累积了十多个常用的专利引文分析指标，主要分为定量和定性两个类别，具体如表3-4所示。❶ 其中，用于定量分析的有被引次数、平均被引次数、相对被引次数、自引率、他引率、扩散指数、相对扩散指数等，用于定性分析的有审查员引文正面评价、审查员引文部分负面评价等技术来源地和质量的指标等。

表3-3 专利引文分析指标表

名称	定义	属性	评估对象	评价维度
被引次数	目标专利被其他专利引用的次数	定量	单个专利	被其他专利所借鉴关注的程度
平均被引次数	目标专利群被其他专利引用的平均次数	定量	专利群	被其他专利所借鉴关注的程度
相对被引次数	目标专利的绝对被引次数除以同领域同年公开的所有专利的平均被引次数	定量	单个专利	相对于同领域同期专利技术的重要性
自引率	目标专利被该专利的权利人/发明人的其他专利所引用的次数与该目标专利所拥有的总被引次数的比值	定量	单个专利	专利布局策略、技术研发的延续性

---

❶ 马天旗. 专利分析方法、图表解读与情报挖掘[M]. 北京：知识产权出版社，2015：5.

续 表

名　称	定　义	属性	评估对象	评价维度
他引率	目标专利拥有的在先专利的他引量与该目标专利所拥有的总被引次数的比值	定量	单个专利	被他人所重视的程度、技术扩展的程度
扩散指数	引用目标专利的专利技术覆盖的技术广度（以 IPC、CPC 等分类号数量表征）	定量	单个专利	技术应用广度
相对扩散指数	目标专利在被引文的所有专利中，将其被引文专利所属的专利分类总数除以被引文专利总数	定量	单个专利	技术应用广度
专利引用时间跨度	目标专利引用专利技术公开日期的时间跨度	定量	单个专利	技术生命周期
审查员引文正面评价	审查员提供了能够证明本专利申请全部权利要求的新颖性和创造性的文献	定性	单个专利	专利权稳定性
审查员引文部分负面评价	审查员提供了能够评价本专利申请部分权利要求的新颖性和创造性的文献	定性	单个专利	专利权稳定性
审查员引文完全负面评价	审查员提供了能够评价本专利申请全部权利要求的新颖性和创造性的文献	定性	单个专利	专利权稳定性

利用上述专利引文分析指标，❶可以单独进行定量分析，如被引次数分析，可以采用至少两个定量指标进行组合分析，也可以单纯地进行定性分析，更可以进行定量和定性相结合的分析。

【思考与练习】

1. 专利检索与专利分析的联系和区别？

---

❶ Arthur H. Seidel A. Citation System for Patent Office [J].Journal of the Patent Office Society，1949，31：554.

2. 专利分析方法有哪几种。
3. 技术功效矩阵分析的作用是什么,具体的步骤包括哪些。
4. 请简述专利技术路线的绘制思路。
5. 专利技术路线分析需要考虑哪些因素。
6. 技术生命周期有哪些阶段。
7. 谈谈你对拟定量分析的理解。

第四章　Excel 分析

【导读】

本章通过最基础的数据分析工具，制作特色的专利分析地图，讲述专业专利分析软件原理。

专利分析可视化是对于专利分析的结果以图表的形式进行形象化的展示。在进行专利地图的制作过程中，对于要分析的专利趋势、数据量对比等多方面具有一个直观的感受，从而使得分析更加精确，得出更加清楚简洁的显示分析结果，作为一种展示的手段。目前市场上的专利数据库公司都提供了各种各样的专利分析工具，从简单的专利趋势分析到复杂的专利形势图等，让专利分析变得更简单。

微软公司在 Office 中提供了一款试算表软件——Excel，它可以进行各种数据的处理、统计分析和辅助决策操作，广泛地应用于管理、统计财经和金融等众多领域。也可用于专利的分析和专利地图的制作，通过 Excel 来学习专利地图制作和专利信息分析，能够最大限度掌握专利地图和专利分析的原理，了解到现有的专利分析工具内部的工作原理。相比于市面上的专利分析软件，Excel 有以下的优点：

（1）Excel 由于功能简单，因此在制作专利地图时，需要对专利知识进行全面的了解，才能根据需求作出相应的专利地图。

（2）能够锻炼专利分析人员对于数据的感觉，并且能够提升专利分析人员的创造力，通过 Excel 对数据进行处理，能够全面地对数据进行排查，对专利数据进一步筛选，保证分析数据的准确度和全面性。

（3）专利分析的定制化，使用专利分析软件作出的专利分析报告往往会出现模板化，使得原本应该个性化的报告不能解决和说明问题，使用Excel进行专利地图制作，能够针对用户自身的习惯以及需求进行专利地图制作。

（4）能够克服现有专利分析软件的一些问题，现有的专利分析软件在一定程度上存在一些问题，比如生成的图表中出现数据缺失或图表风格不统一等，运用Excel进行专利地图的绘制和专利分析，则不会出现这些问题。

（5）利用Excel的宏功能或者VBA编程，能够在个人定制化的绘图过程中实现高效率。

（6）成本低廉，昂贵的数据库并不是每个企业和个人都能够负担得起的，而Office一般会随Windows系统自带，单独购买的价格也不贵。

利用Excel进行专利分析和专利地图绘制，也存在以下缺点：

（1）绘制速度慢，效率低。相比于专业的专利分析软件直接生成相关的图表，利用Excel进行专利地图的绘制，在绘制的速度上与专利分析软件存在很大的差距，直接影响专利分析的效率。

（2）对于专利检索分析人员的素质要求更高。不仅要求专利分析人员需要熟悉专利知识、统计学相关知识，同时也需要懂得计算机的相关知识。

（3）专利地图的精美程度相比专业软件具有一定差距。专业的专利地图制作的软件往往是由专业的团队进行优化的，制作出的图表往往比较精致，而Excel软件则是微软针对一般数据统计做的模板，并没有针对专利分析进行优化，因此用Excel制作专利地图在图表的精美程度上与专业软件有一定的差距。

综上所述，本章节将通过Excel软件，为读者介绍零成本的专利数据分析和专利地图的制作。由于不同版本的Excel的使用方法和支持的函数略有不同，Excel 2007在版本的界面上发生了一次巨大变革，现阶段用户往往使用的是Excel 2007以后的版本，本书以Excel 2010为例进行演示说明，越高版本的Excel功能越多，对老版本的文件格式也提供兼容支持，只是在宏功能的使用方面具有一定的区别，不影响学习。

第一节　Excel 数据导入

本书的第二章已经对专利检索作了详细说明，通过数据库检索出相关的数据，并以此作为专利分析的依据，这里重点说明如何使用 Excel 表来制作专利分析地图。

现阶段的专利数据库一般提供检索结果的导出功能，不同数据库的导出字段不同，导出的结果一般是 Excel 格式的，即导出的文件格式为.xls（Excel 2007 以前版本的格式），或者.xlsx（Excel 2007 以后版本的格式），个别数据库导出的数据为.xlsm 格式数据，如图 4-1 所示，该格式数据为带有宏功能的 Excel 数据，以上都可以直接用 Excel 2007 直接进行打开、使用，不影响专利地图的制作。

图 4-1　专利数据库导出 Excel 格式文件

有些数据库导出的数据格式为文本格式如图 4-2 所示，则需要对相关数据进行导入操作，才能进行专利地图的制作。

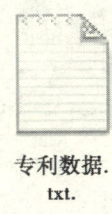

图 4-2　专利数据库导出 TXT 格式文件

如果发现数据库导出的数据格式是文本格式，首先打开该文本，查看该专利数据库导出数据的分隔符是什么，常见的分隔符有制表符、空格符、逗号、分号。

以逗号进行字段分割的情况如图4-3所示。

以分号进行字段分割的情况如图4-4所示。

以制表符进行字段分割的情况如图4-5所示。

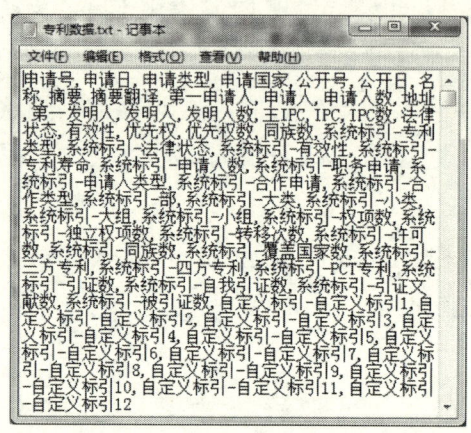

图4-3 以逗号进行专利数据字段分割

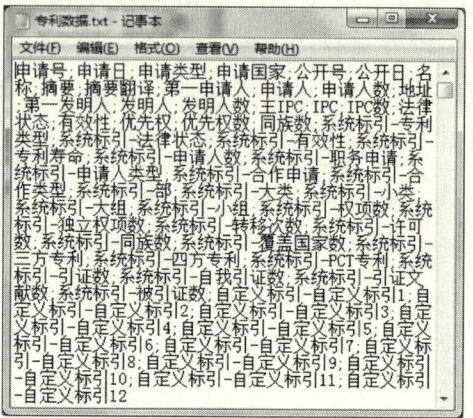

图4-4 以分号进行专利数据字段分割

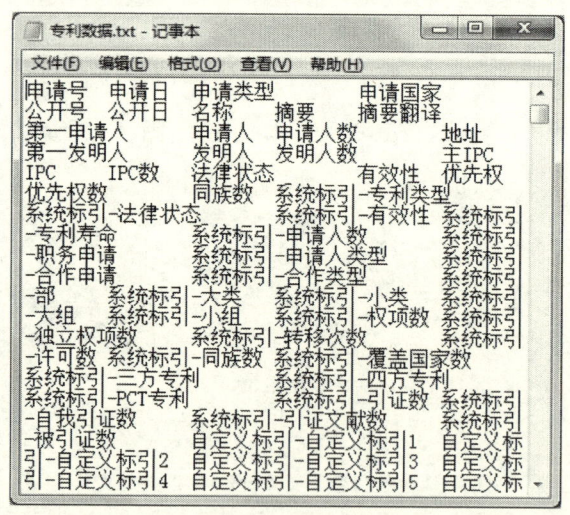

图4-5 以制表符进行专利数据字段分割

以空格符进行字段分割的情况如图 4-6 所示。

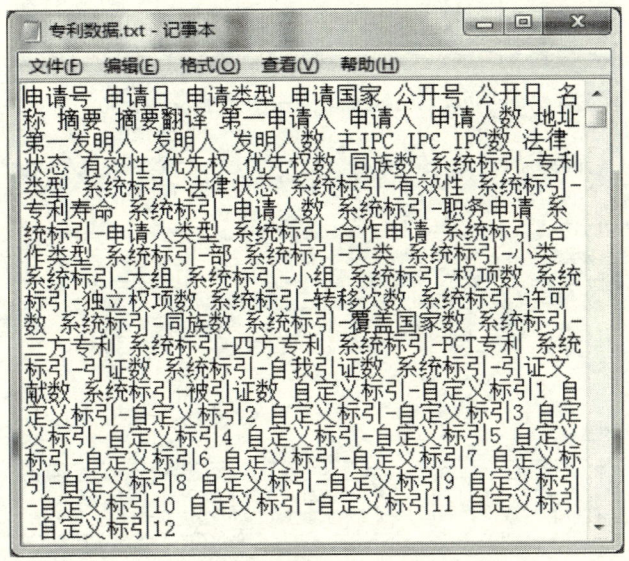

图 4-6 以空格符进行专利数据字段分割

常见的数据导入的方式有以下三种。

(1) 复制、粘贴方法。

打开数据库导出的文件，编辑——全选（快捷键 Ctrl+A）进行全部选中，单击右键复制（快捷键 Ctrl+C），打开一个新的 Excel 文档，选择粘贴（快捷键 Ctrl+V）。对于字段分隔符为制表符的数据，该方法可以直接完成数据的导入，导入的效果如图 4-7 所示。

	A	B	C	D	E	F	G	H	I	J	K
1	申请号	申请日	申请类型	申请国家	公开号	公开日	名称	摘要	摘要翻译	第一申请	申请人
2	CN2016301	2016.04.1	外观设计	CN	CN3038881	2016.10.1	天线支架	1. 本外观	未发现摘	深圳市大	深圳市大
3	CN201630	2016.02.	外观设计	CN	CN3038161	2016.08.	船载全向	1. 本外观	未发现摘	广州舟之	广州舟之
4	CN201630	2016.01.	外观设计	CN	CN303805	2016.08.1	动中通卫	1. 本外观	未发现摘	协同通信	协同通信
5	CN201630	2016.02.	外观设计	CN	CN303792	2016.08.1	雷达天线	1. 本外观	未发现摘	上海广电	上海广电
6	CN201630	2016.01.	外观设计	CN	CN303792	2016.08.1	动中通卫	1. 本外观	未发现摘	协同通信	协同通信
7	CN201530	2015.08.	外观设计	CN	CN303661	2016.05.	双模型用	1. 本外观	未发现摘	北京星地	北京星地
8	CN201530	2015.09.	外观设计	CN	CN303579	2016.02.	船载动中	1、本外观	未发现摘	北京爱科	北京爱科
9	CN201530	2015.08.	外观设计	CN	CN3034931	2015.12.	船载动中	1. 本外观	未发现摘	南京中网	南京中网
10	CN2015301	2015.04.	外观设计	CN	CN303453	2015.11.1	表面印刷	1. 本外观	未发现摘	冯赵	冯赵
11	CN2015301	2015.04.	外观设计	CN	CN303428	2015.11.	北斗系统	1. 本外观	未发现摘	冯赵	冯赵

图 4-7 复制、粘贴方法导入 Excel 效果

导入的数据可以直接用于分析。

使用其他分隔符的数据在使用该方法进行导入时，行数是正确的，但是每一行的数据都在第一列，无法进行分析，需要进一步进行处理，选中第一列，点击数据，分列选项，如图 4-8 所示。

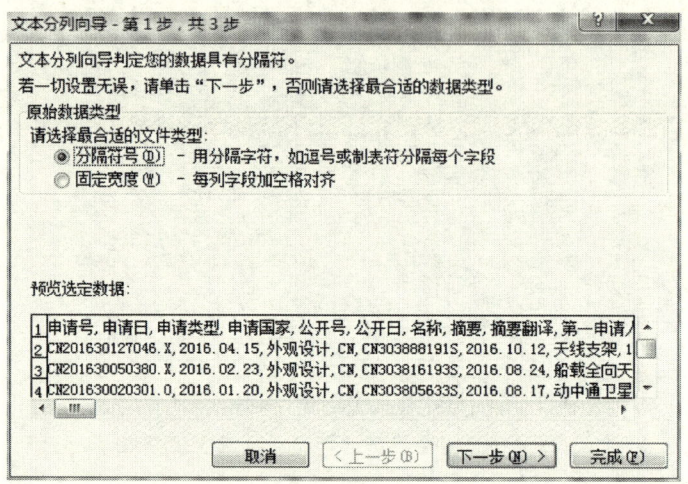

图 4-8　文本分列向导第 1 步

根据提示，选择分隔符号，单击下一步，如图 4-9 所示。

图 4-9　文本分列向导第 2 步

选择相对应的分隔符号（本文的示例使用的是逗号），在数据预览中能够看到最终的分列效果，单击下一步，如图4-10所示。

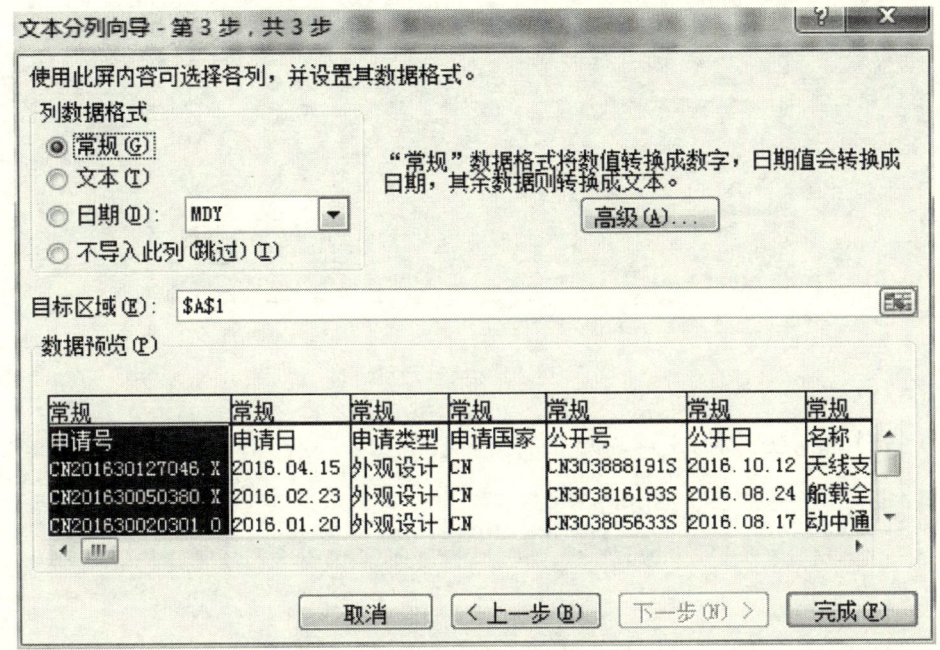

图 4-10　文本分列向导第 3 步

该步骤能够对分隔好的每一列进行格式调整，并且可以删除某些不需要的列，在数据预览中选择相应的列，在列数据格式中选择相应的格式，如果不需要选中的列，可以选择不导入此列（跳过）选项，以删除相应的列。全部设置完成后点击完成，即完成了数据分列，将数据变成可以进行分析的数据。

在完成数据分列之后，全文浏览一下分列完成的数据，由于是系统自动分列，有一些的分隔可能会出现一些问题，需要微调一下。

（2）用 Excel 打开文本方法。

打开 Excel 程序，单击文件>打开如图 4-11 所示。

找到数据库导出文件所存的文件夹，在文件类型的选择列表中选择文本文件，即可看到导出的文本文件格式的数据。

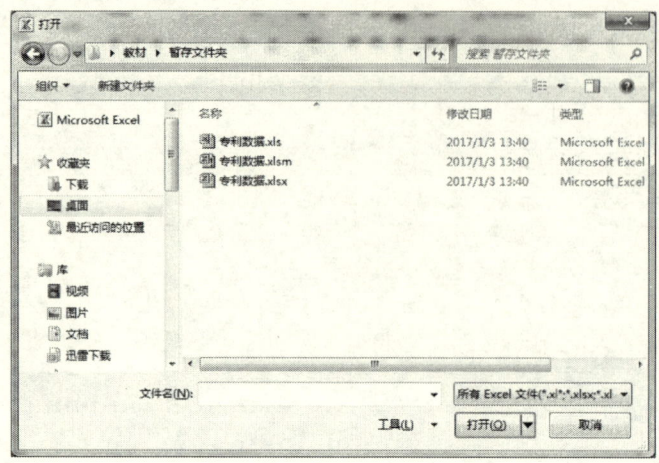

图 4-11　Excel 打开对话框

选择相应的数据文件，单击打开如图 4-12 所示。

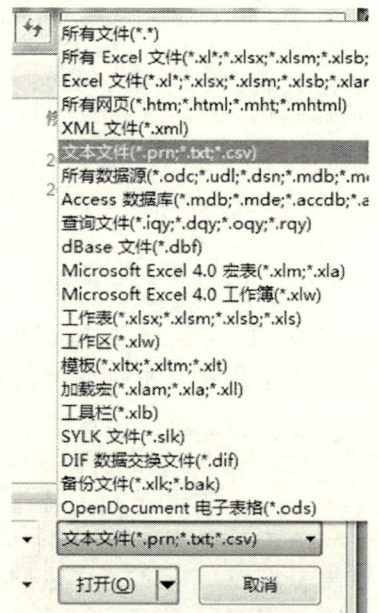

图 4-12　通过下拉菜单选择文本文件

会弹出文本导入向导，该向导的操作方法与复制粘贴方法中的分列向导操作方法相同，选择分隔符号，单击下一步，选择相对应的分隔符号

（本文的示例使用的是逗号），在数据预览中能够看到最终的分列效果，单击下一步，再次单击下一步，对分隔好的每一列进行格式调整，并且可以删除某些不需要的列，在数据预览中选择相应的列，在列数据格式中选择相应的格式，如果不需要选中的列，可以选择不导入此列（跳过）选项，以删除相应的列。全部设置完成后点击完成，即完成了数据分列，将数据变成可以进行分析的数据，如图4-13所示。

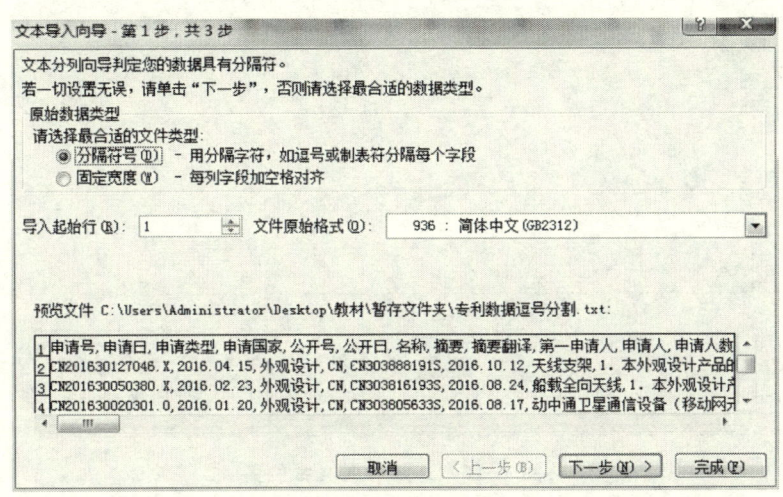

图4-13　文本导入向导

（3）使用Excel数据导入方法。

打开Excel程序，单击数据>自文本如图4-14所示。

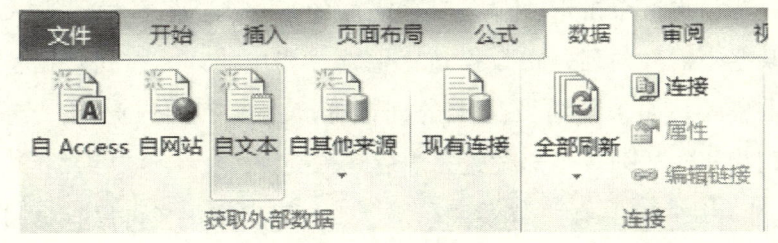

图4-14　Excel数据导入

找到数据库导出文件所存的文件夹，选择数据库导出的文件，单击导入如图 4-15 所示。

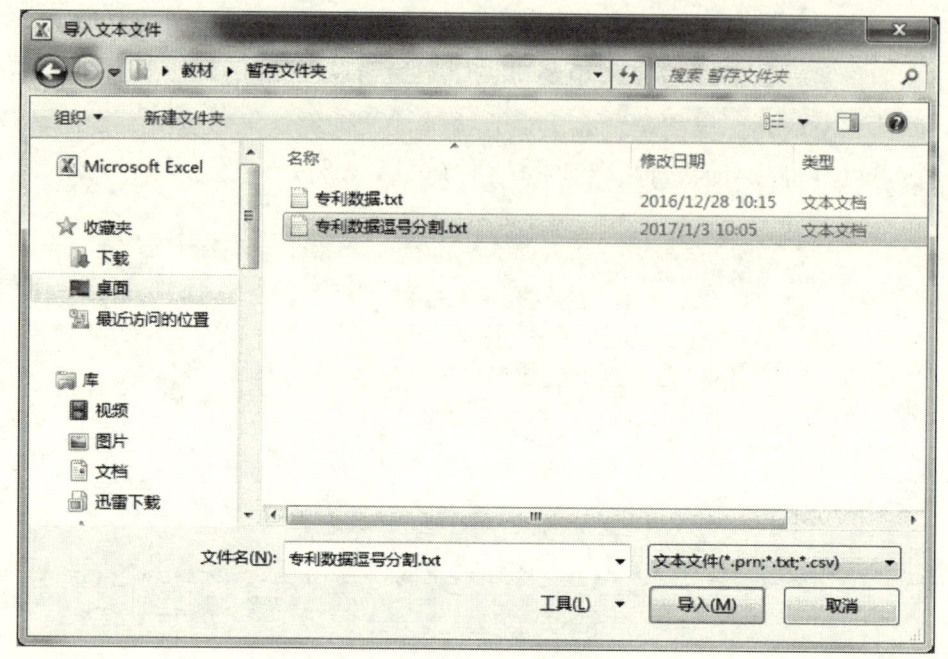

图 4-15　选择导入文本位置

此时会弹出文本导入向导，该向导的操作方法与复制粘贴方法中的分列向导操作方法相同，选择分隔符号，单击下一步，选择相对应的分隔符号（本文的示例使用的是逗号），在数据预览中能够看到最终的分列效果，单击下一步，再次单击下一步，对分隔好的每一列进行格式调整，并且可以删除某些不需要的列，在数据预览中选择相应的列，在列数据格式中选择相应的格式，如果不需要选中的列，可以选择不导入此列（跳过）选项，以删除相应的列。全部设置完成后点击完成。

Excel 会让用户选择将数据存在哪个工作表中，用户可以根据自己的需求存到自己想要的工作表中如图 4-16 所示，在属性选项中，可以对工作表的相关属性进行设置如图 4-17 所示。

单击确定就可以直接将文本格式的数据，导入到 Excel 中，成为可以

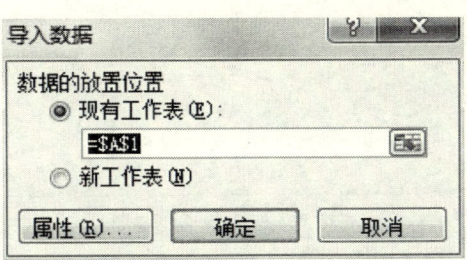

图 4-16 数据存放

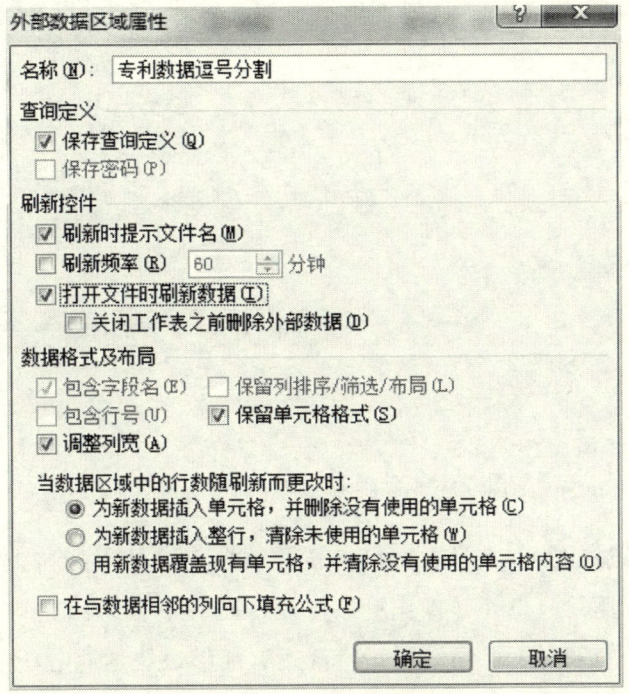

图 4-17 设置数据属性

分析的数据。

用户可以根据自己的需求选择不同的数据导入方式,使用第三种数据导入方式更为便捷,该方式是通过 Excel 和文本格式建立数据链接的方式进行数据导入的,对于文本格式数据变动之后,只需要点击数据>全部刷新如图 4-18 所示。

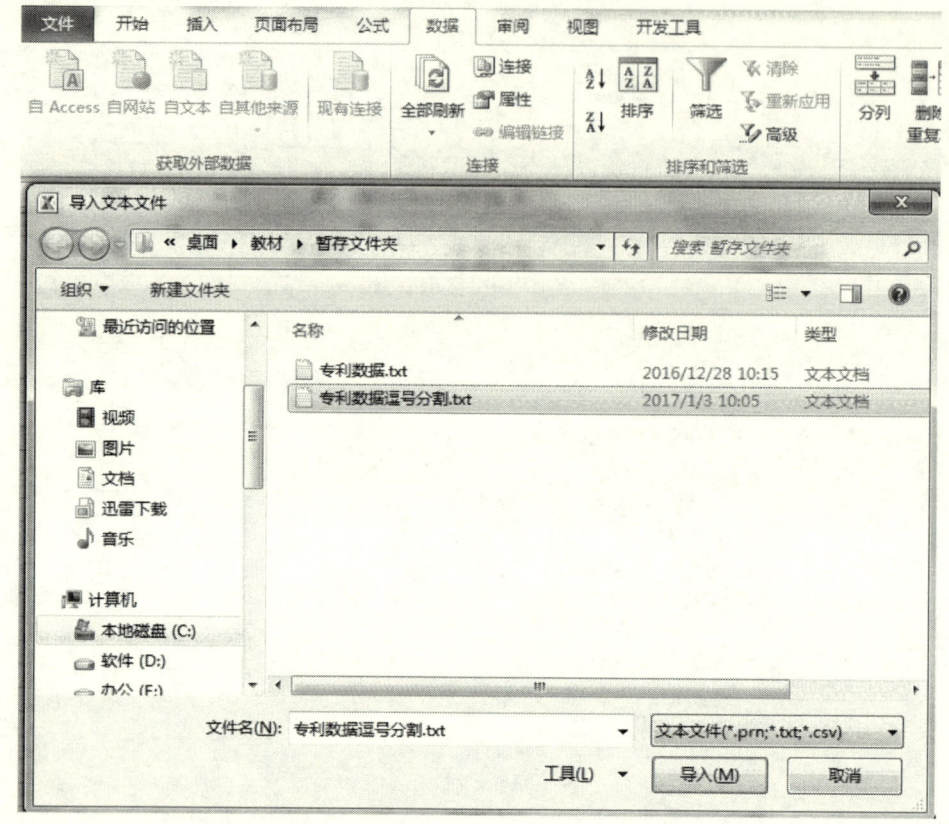

图 4-18 选择文本数据进行数据刷新

选择更新过的文本文件，即可将新的数据直接导入到该工作表中，而不需要重新进行复制，打开，操作更加便捷，而且不容易出错，在进行专利的分析过程中，如果对于检索结果进行修正，能够最快地对分析数据进行更新。

第二节　Excel 数据整理

在进行数据统计和分析之前，需要对现有的数据进行一遍整理，由于数据库的检索方式和内部算法的原因，通过专利数据库检索到的数据往往会存在一些偏离检索式的结果，该结果在专利分析中称为噪声，通过数据整理，可以在现有的基础上提高数据的准确性和完整性，提高专利分析的效率，避免重复劳动。

一、检索结果的去重操作

在进行专利分析时，专利分析数据可能不是一次检索得到的数据，多次检索结果叠加的数据也是有可能的，多次检索相同主题，在检索结果中就会存在很多重复项，通过 Excel 的去除重复项的操作，就能够快速去除专利数据中的重复项，避免对相关的专利数据进行重复统计，导致专利分析的结果出现巨大误差。

打开待分析的专利数据，图 4-19 中，以 570 条专利数据为例，该专利数据是两次检索获得的结果。

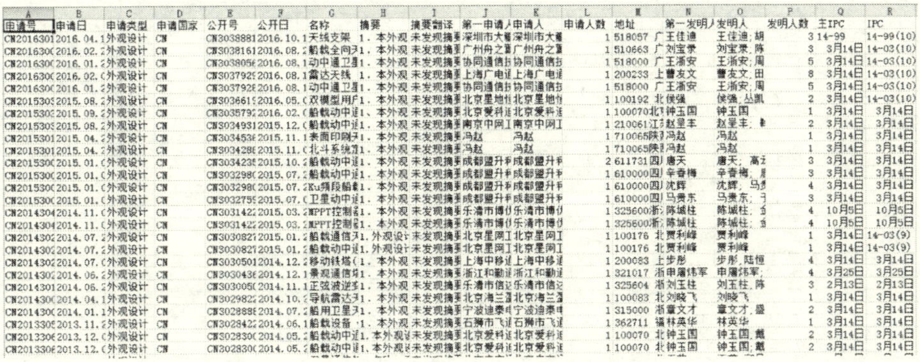

图 4-19 案例专利数据表格

如果用直接手动进行重复项的去除，不但工作量非常巨大，而且还会出现错误，因此合理利用 Excel 的去重功能，能大大降低工作量，并且保证去重的效果。

单击数据>数据工具的删除重复项按钮，如图 4-20 所示。

图 4-20 删除重复项按钮

弹出一个对话框，选择一个或者多个重复项所在的列，可以选择全部，这样能够删除所有的列的重复项。

但是可能两次导出的数据字段不同，会导致一些数据虽然在一些必需的字段中相同，但是在后面字段中不同，虽然有重复的数据，但是没有能够删除干净的情况。

专利申请号是一件专利唯一的标识，因此，可以单独只选择专利申请号作为包含重复值的列，使用这一方法，可以最大限度地去除专利数据中的重复值，如图4-21所示。

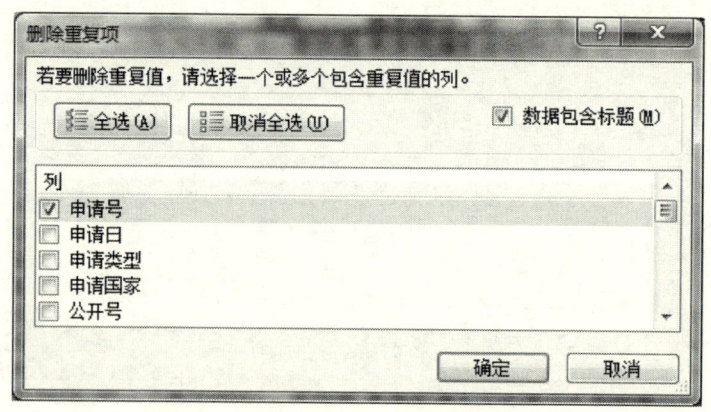

图4-21　选择以某一列进行重复项统计

单击确定，软件会提示删除的重复项的数量。

如图4-22所示，该案例中，删除了35个重复值，保留了535个唯一值，该535个唯一值就是待分析的专利数量。

图4-22　删除重复项结果

注意该操作不能以专利名称作为重复项删除的依据，因为很多专利名称相同，但是内容不同。

二、整理申请人和发明人

在专利申请的过程中，有可能会出现专利申请人改名的情况，从有限公司改成股份有限公司，有些公司具有很多子公司，专利申请时，很多公司由子公司进行专利申请，该情况下，在进行专利分析时，首先要对专利申请人进行整理。

通过 Excel 的筛选功能，对相关的申请人进行观察，选择表头的一行，单击数据—排序和筛选按钮，即可生成每一列的筛选选项，通过该筛选选项的下拉菜单可以观察该列下的所有不同的值，由于是按照字母顺序排列，因此很容易看出一些变动过申请人名称的公司。

如图 4-23 所示，案例中，北京爱科迪信息通讯技术有限公司与北京爱

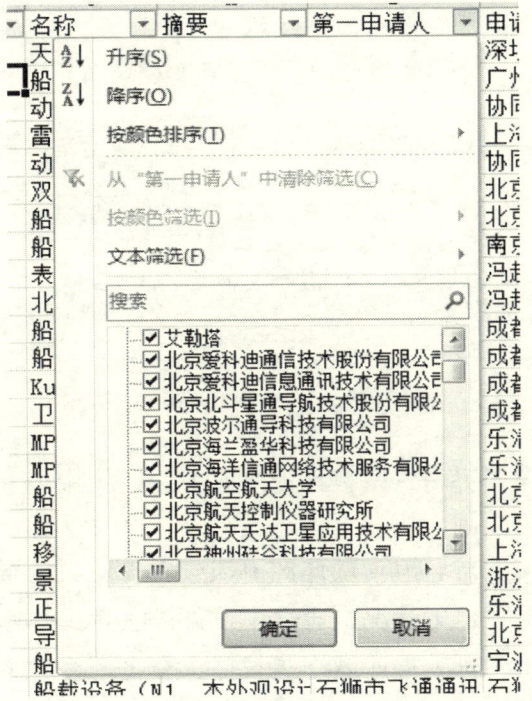

图 4-23　Excel 筛选功能进行申请人观察

科迪通信技术股份有限公司就是同一申请人在不同时间节点申请的专利，使用了不同的专利申请人名称，在进行专利分析时，应该尽可能的将其统一，更加精确的对专利数据进行分析。

通过 Excel 提供的替换功能，可以实现专利申请人名称或者发明人名称统一，单击开始>查找和选择>单击替换（或者使用快捷键 Ctrl+H），即会弹出查找和替换对话框，在查找内容中输入申请人曾用名，在替换为对话框中输入申请人现用名称，单击全部替换，如图 4-24 所示。

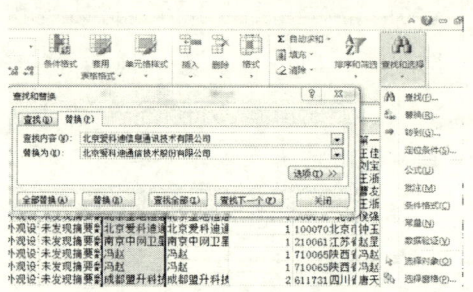

图 4-24　Excel 替换功能

会出现提示，完成了几处替换，如图 4-25 所示。

图 4-25　替换结果显示

通过该方法对改过名称的申请人或者对一个集团的多个分公司进行统一，完成申请人的整理工作。

在应对国际专利时，因为翻译的原因，在发明人的翻译过程中可能出现发明人姓名位置颠倒的情况，通过该方法，也可以实现发明人的整理。

现阶段，有的专利数据库越来越智能，会自动合并系统中申请人和发明人名称极为接近的权利人和发明人，可以大大降低专利分析人员的工作量，但是由于该系统是算法直接完成的，在一些情况下会出现一定误差，因此专利分析人员进行专利分析之前，需要自己对专利数据进行一定的整理。

三、整理分类号

不同的数据库对于数据处理会稍有不同，对于分类号中的分隔符也会有所不同，如果专利分析人员分析的专利数据是通过不同的数据库检索得到的，或者一个团队的不同人通过不同的检索引擎得到的不同结果，在专利数据汇总时，会出现一些格式不同的问题。

根据笔者对于目前数据库的检索经验，现阶段主要存在以下的格式区别，有的检索引擎会将 IPC 分类号的版本写入 IPC 分类号中，IPC 分类号中的"/"符号也会被一些检索引擎用":"替代。

下列是国内几家专利数据检索引擎对同一专利（CN201520002927.9 船载动中通的除湿装置）检索 IPC 显示结果，如图 4-26 所示。

主分类号:B01D53/26(2006.01)I

主分类号：B01D53/26 (2006.01)I

主分类号： B01D53/26

国际专利分类号　　　　B01D53/26 （·将气体或蒸气干燥）

图 4-26　各个数据库对于 IPC 分类号的不同显示规则

很明显，同一专利的 IPC 由于不同检索引擎的标注问题，会有所不同，因此，在进行专利分析之前，需要对 IPC 进行统一。方法同样是上节所介绍的查找和替换的方法，将不同数据库检索结果进行统一，即专利分类号的整理。

四、专利快速标注

在专利数据库导出的数据中，往往有专利简介，能够大致的提供专利的技术手段和技术效果信息，通过对相关的专利进行快速标注，就能够快速的统计出一项技术，或者一家公司的专利技术功效矩阵，可以制作技功效矩阵图。

首先对一项技术的功效大致列出，不需要全部，因为后面可以继续添加，如图4-27所示。

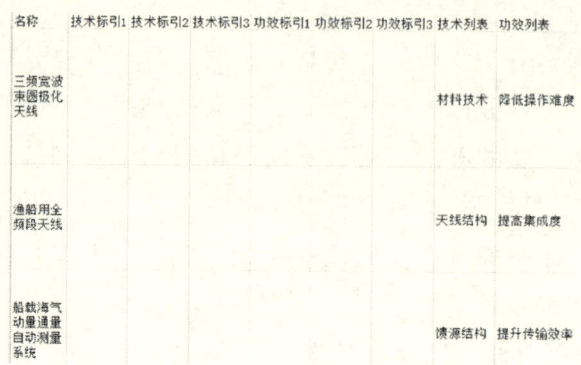

图4-27 简单列入技术列表和功效列表

单击数据—数据有效性，弹出数据有效性对话框，在允许下拉菜单中选择序列来源中选择相应的技术列表和功效列表，单击确定，如图4-28所示。

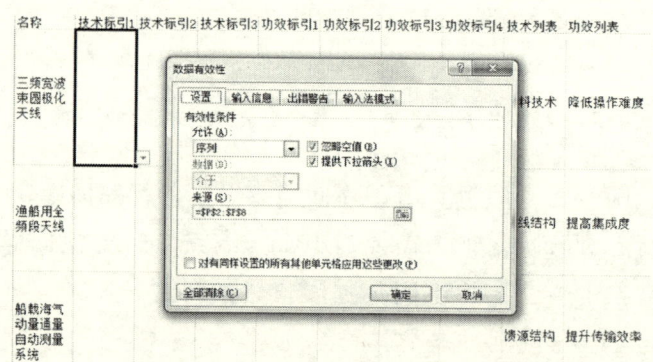

图4-28 在对应单元格选择数据有效性

通过下拉填充柄将一列填充完毕，将其他列相应的技术标引和功效标引按照本方法进行设置。

当选中相应的单元格之后，会在单元格右下角出现下拉提示，如图

4-29所示。

就可以选择下拉项，进行相应的专利标引，如图 4-30、图 4-31 所示。

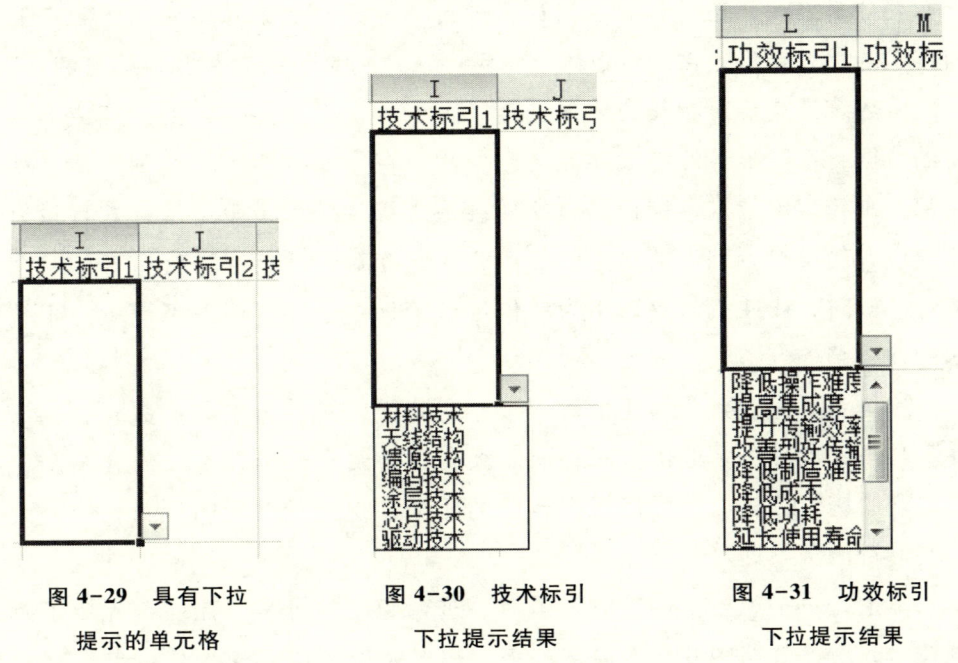

图 4-29 具有下拉 　图 4-30 技术标引 　图 4-31 功效标引
提示的单元格　　　　下拉提示结果　　　　下拉提示结果

通过该方法对相应的专利进行标引，然后对标引进行统计，就可以得到技术功效矩阵表格。

如果在进行专利的分析之前不进行数据整理，那么在专利分析的过程中可能会出现很多错误，一家公司的专利被统计给多家公司，会大大降低对竞争对手实力的评估。在专利分类号统计中，一个技术领域被多个分类号表示，那么会在专利分析时导致对一个技术领域的技术把握不准确。专利的数据整理虽然是一件简单且枯燥的事情，却是非常重要的，能够影响最终的专利分析结果，因此在进行专利分析之前一定要对专利数据进行整理。

第三节 Excel 数据函数统计

专利数据在进行整理之后并不是直接能够看出专利分析的结果，在进行专利分析之前，还需要对专利数据进行一定的函数统计，从而了解专利和技术的发展趋势，预测企业的技术走向，达到真正的专利分析的目的。

函数统计需要对相关的数据进行一定处理，将现有的数据处理成为需要的数据，这样统计的结果才能为己所用。在专利分析中，专利申请日往往都是以日为单位进行标记的，这样会造成统计结果十分杂乱，并且没有起到应有的反映专利申请趋势的作用，因此在对一项技术进行专利的时间趋势分析时，往往就需要以年为单位进行统计，这样才能明确展示一个技术的发展趋势。

这里主要为大家介绍几个常用于专利分析的统计方法和函数，该方法并不唯一，也并不是最优方法，因此读者不必要完全依据本文的介绍来进行专利的统计分析，也可以根据自己的所学知识进行一定的创新，能得到专利分析的结果即可。

不论是对一项技术还是对竞争对手进行专利的分析，往往首先要了解该技术或者该公司中专利的申请趋势。一般情况下以年作为分析单位（个别公司的专利申请量比较小，或者研究竞争对手在一年中申请专利的趋势时可以选择月为单位），但是在专利数据库中一般都是以日为单位的，所以要对申请日作一定的更改，下面举例说明，如图 4-32 所示。

	A	B	C	D	E	F	G	H	I	J
1	申请号	申请日	申请类型	申请国家	公开号	公开日	名称	摘要	摘要翻译	第一申请人
2	CN2016301	2016.04.1	外观设计	CN	CN3038881	2016.10.1	天线支架	1. 本外观	未发现摘要	深圳市大
3	CN201630	2016.02.	外观设计	CN	CN3038161	2016.08.	船载全向	1. 本外观	未发现摘要	广州舟之
4	CN201630	2016.01.	外观设计	CN	CN303805	2016.08.1	动中通卫	1. 本外观	未发现摘要	协同通信
5	CN201630	2016.02.	外观设计	CN	CN303792	2016.08.1	雷达天线	1. 本外观	未发现摘要	上海广电
6	CN201630	2016.01.	外观设计	CN	CN303792	2016.08.1	动中通卫	1. 本外观	未发现摘要	协同通信
7	CN201530	2015.08.	外观设计	CN	CN303661	2016.05.	双模型用	1. 本外观	未发现摘要	北京星地
8	CN201530	2015.09.	外观设计	CN	CN303579	2016.02.	船载动中	1、本外观	未发现摘要	北京爱科
9	CN201530	2015.08.	外观设计	CN	CN3034931	2015.12.	船载动中	1. 本外观	未发现摘要	南京中网
10	CN2015301	2015.04.	外观设计	CN	CN303453	2015.11.1	表面印刷	1. 本外观	未发现摘要	冯赵
11	CN2015301	2015.04.	外观设计	CN	CN303428	2015.11.	北斗系统	1. 本外观	未发现摘要	冯赵
12	CN201530	2015.01.	外观设计	CN	CN303423	2015.10.	船载动中	1. 本外观	未发现摘要	成都盟升

图 4-32 专利数据库导出数据样例

首先要在申请日后插入一列，用来存放修改后的数据，右击 C 列，选择插入（快捷键 Alt+I，再按 C），得到一个空白的列，在该列中首行输入该列的标志，申请年份。在第二列中输入函数：=LEFT（B2，4），输入回车，即可看到 C2 单元格出现结果“2016”，如图 4-33 所示。该函数的作用是从左边取 B2 单元格的前 4 个字符，专利申请的年份是 4 个字符。

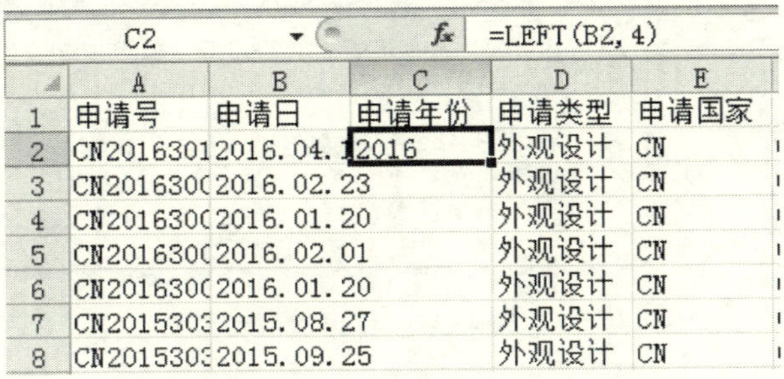

C2 =LEFT(B2,4)

	A	B	C	D	E
1	申请号	申请日	申请年份	申请类型	申请国家
2	CN2016301	2016.04.1	2016	外观设计	CN
3	CN201630C	2016.02.23		外观设计	CN
4	CN201630C	2016.01.20		外观设计	CN
5	CN201630C	2016.02.01		外观设计	CN
6	CN201630C	2016.01.20		外观设计	CN
7	CN201530:	2015.08.27		外观设计	CN
8	CN201530:	2015.09.25		外观设计	CN

图 4-33 LEFT 函数的使用方法和结果

LEFT 函数的语法是：LEFT（text，[num_ chars]），text 是目标文本，num_ chars 是需要提取的字符数。

将鼠标移动到 C2 单元格右下角，等到鼠标变成一个“十”字，向下拖拽，可以生成整列的申请年份，如图 4-34 所示。

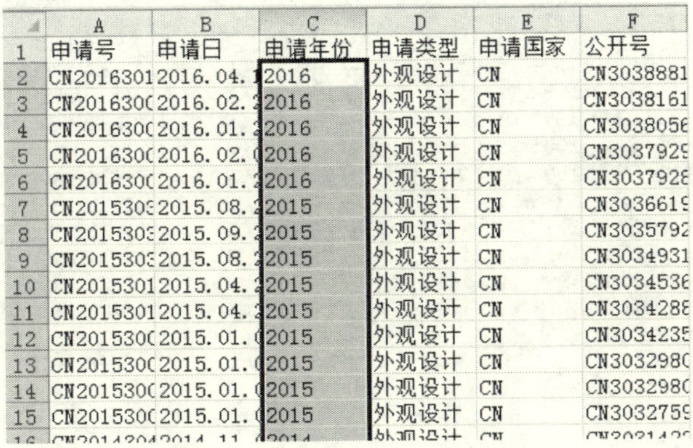

	A	B	C	D	E	F
1	申请号	申请日	申请年份	申请类型	申请国家	公开号
2	CN2016301	2016.04.1	2016	外观设计	CN	CN3038881
3	CN201630C	2016.02.2	2016	外观设计	CN	CN3038161
4	CN201630C	2016.01.2	2016	外观设计	CN	CN3038056
5	CN201630C	2016.02.0	2016	外观设计	CN	CN3037929
6	CN201630C	2016.01.2	2016	外观设计	CN	CN3037928
7	CN201530:	2015.08.2	2015	外观设计	CN	CN3036619
8	CN201530:	2015.09.2	2015	外观设计	CN	CN3035792
9	CN201530:	2015.08.2	2015	外观设计	CN	CN3034931
10	CN2015301	2015.04.2	2015	外观设计	CN	CN3034536
11	CN2015301	2015.04.2	2015	外观设计	CN	CN3034288
12	CN201530C	2015.01.0	2015	外观设计	CN	CN3034235
13	CN201530C	2015.01.0	2015	外观设计	CN	CN303298C
14	CN201530C	2015.01.0	2015	外观设计	CN	CN303298C
15	CN201530C	2015.01.0	2015	外观设计	CN	CN3032759

图 4-34 下拉完成整列数据修改

通过上述方法得到了年份的数据，接下来通过 COUNTIF 函数进行统计，首先需要知道该项技术中，专利首先出现的年份，因此需要对申请年份这一列进行排序，选中 C2 到数据最后，单击筛选和排序，选择升序，弹出排序提醒对话框，选择扩展选定区域，单击排序，如图 4-35 所示。

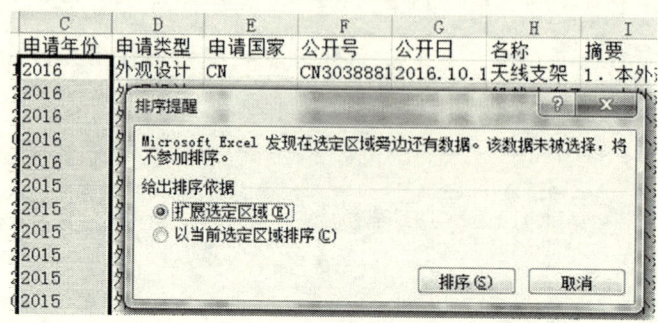

图 4-35　排序提醒

可以看到整个专利数据按照年份进行排序，案例中该技术领域第一件专利申请是在 1988 年，至此，就可以通过函数 COUNTIF 进行数据统计，如图 4-36 所示。

	A	B	C	D	E	F	G
1	CN881035	1988.06.(	1988	发明	CN	CN103834	1989.12.
2	CN911006	1991.02.(	1991	发明	CN	CN105297	1991.07.
3	CN922272	1992.07.1	1992	实用新型	CN	CN212878	1993.03.
4	CN922100	1992.01.(	1992	实用新型	CN	CN211156	1992.07.
5	CN932297	1993.11.1	1993	实用新型	CN	CN218000	1994.10.
6	CN942429	1994.11.1	1994	实用新型	CN	CN221111	1995.10.
7	CN942180	1994.08.(	1994	实用新型	CN	CN220406	1995.07.
8	CN942181	1994.08.(	1994	实用新型	CN	CN220235	1995.06.
9	CN952300	1995.01.(	1995	实用新型	CN	CN222446	1996.04.
10	CN952037	1995.03.(	1995	实用新型	CN	CN222354	1996.03.
11	CN962355	1996.01.1	1996	实用新型	CN	CN224840	1997.02.
12	CN961209	1996.12.1	1996	发明	CN	CN115566	1997.07.
13	CN972069	1997.01.(	1997	实用新型	CN	CN228331	1998.06.
14	CN982344	1998.06.1	1998	实用新型	CN	CN235088	1999.11.
15	CN981206	1998.10.2	1998	发明	CN	CN125190	2000.05.
16	CN981003	1998.01.1	1998	发明	CN	CN122347	1999.07.
17	CN991109	1999.07.(	1999	发明	CN	CN124954	2000.04.
18	CN001161	2000.10.(	2000	发明	CN	CN134810	2002.05

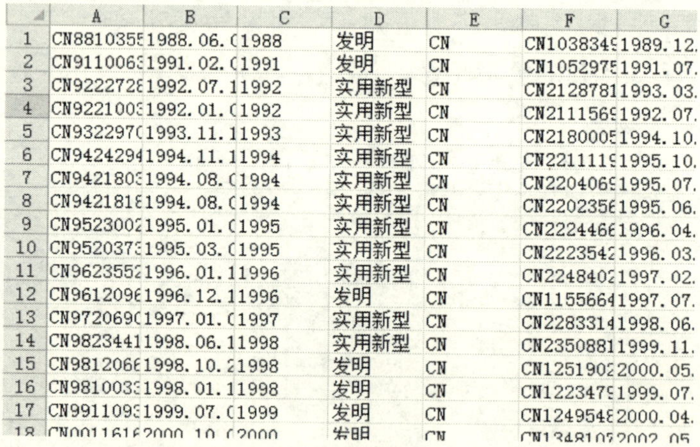

图 4-36　完成排序

在专利数据下面的空白中（或者重新建立一张工作簿），进行专利统计，确定好需要统计的数据，在所需要统计的单元格中输入：= COUNTIF

（C1：C535，C545），输入回车，即可得到该技术领域中，1988 年的专利申请数量，如图 4-37 所示。

=COUNTIF(C1:C535,C545)

C	D	E
申请年份	专利申请数量	
1988	1	
1989	0	
1990		
1991		
1992		
1993		
1994		
1995		

图 4-37　通过 COUNTIF 进行专利申请年份的统计

COUNTIF 函数语法 COUNTIF（range，criteria），其中 range 是要对其进行计数的一个或多个单元格，其中包括数字或名称、数组或包含数字的引用。criteria 用于定义将对哪些单元格进行计数的数字、表达式、单元格引用或文本字符串。

示例中的 COUNTIF 函数的意思就是在 C1 到 C535 单元这个范围中，查找 C545 这个单元格的值出现的次数，C545 单元格的值是 1988，即查找 C1 到 C535 这个范围中，1988 年出现的次数。

依次对其他年份进行统计，可以得到最终的统计结果如图 4-38 所示，

C	D		
申请年份	专利申请数量	2002	4
1988	1	2003	7
1989	0	2004	4
1990	0	2005	7
1991	1	2006	15
1992	2	2007	8
1993	1	2008	25
1994	3	2009	24
1995	2	2010	44
1996	2	2011	43
1997	1	2012	61
1998	3	2013	89
1999	1	2014	72
2000	1	2015	72
2001	5	2016	37

图 4-38　完成所有专利年份的统计

此处应该注意，不能够用下拉的方式进行统一拉取得到结果，因为在下拉过程中，范围也同样在变，可以选择复制公式，再修改统计字符的方式，也可以通过下拉修改统计范围的方式加快统计的速度。

使用同样的方法可以统计出三种类型的专利的申请数量如图4-39所示，通过三种类型专利数量可以计算出三种专利所占比例。

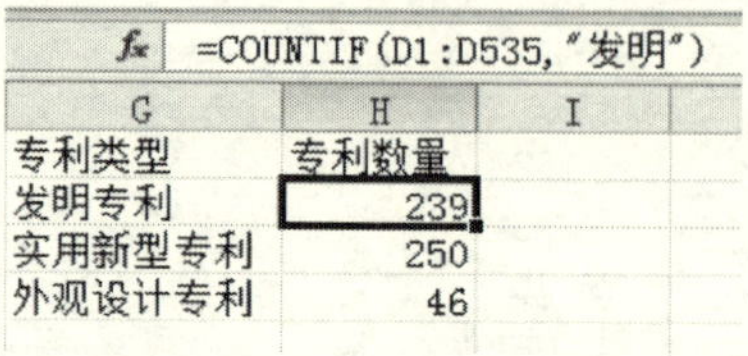

图4-39 使用COUNTIF函数进行专利类型统计

在直接使用文本进行查找时，需要加上""符号。

如果读者所用的数据库并没有直接显示出专利类型，依然可以通过专利申请号进行统计。专利申请号的第5位是专利类型的标志位，1代表发明，2代表实用新型，3代表外观设计，因此只要取专利号的第5位就可以了。

MID函数语法：MID（text，start_num，num_chars），text是目标字符串，start_num是从第几个字符开始取值，num_chars是取几个字符如图4-40所示。

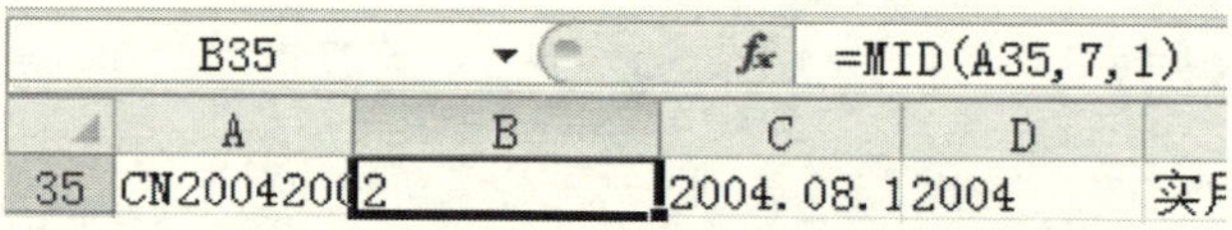

图4-40 通过MID函数进行专利类型的提取

示例中由于专利号之前具有CN两个字符，因此从第7个字符开始取，去一个字符，即是该专利的专利类型。在使用COUNTIF进行统计时，可以直接使用2作为判断，也可以再使用IF函数进行更加进一步的规范，=IF(B35="2","实用新型",IF(B35="1","发明",IF(B35="3","外观设计","未识别类型")))，当B35单元格中是2时，在C35中填入实用新型，当B35单元格中是 1 时, 在 C35 中填入发明, 当 B35 单元格中是 3 时, 在 C35 中填入外观设计, 当如果出现其他字符时, 提示未识别类型.

IF 函数语法：IF（logical_ test，［value_ if_ true］，［value_ if_ false］），logical_ test 是进行逻辑判断，［value_ if_ true］是当前面判断结果为真时所返回的值，［value_ if_ false］是当前面判断结果为假时所返回的值如图 4-41 所示。

C35　fx　=IF(B35="2","实用新型",IF(B35="1","发明",IF(B35="3","外观设计","未识别类型")))

	A	B	C	D	E	F	G	H	I	J
35	CN200420C	2	实用新型	2004.08.1	2004	实用新型	CN	CN2766474	2006.03.22	远程无线图本
36	CN200420C	2	实用新型	2004.09.2	2004	实用新型	CN	CN2736783	2005.10.26	一种船舶定一
37	CN200410C	1	发明	2004.06.2	2004	发明	CN	CN1595583	2005.03.16	直流超导故本
38	CN200410C	1	发明	2004.04.2	2004	发明	CN	CN1571313	2005.01.26	短波气象数一
39	CN200520C	2	实用新型	2005.01.2	2005	实用新型	CN	CN2849742	2006.12.20	飞行测向装本
40	CN2005201	2	实用新型	2005.02.C	2005	实用新型	CN	CN2791661	2006.06.28	一种渔船防本
41	CN200520C	2	实用新型	2005.04.C	2005	实用新型	CN	CN2786807	2006.06.07	车载移动天本
42	CN2005201	2	实用新型	2005.07.1	2005	实用新型	CN	CN2758790	2006.02.15	卫星定位终本

图 4-41　通过 IF 函数将数字变换文字显示

IF 可以嵌套使用，来进行更为复杂的判断。

该方法具有一定的局限性，在 2003 年之前的专利第 3 位是专利类型标志位，专利标志位为 8 代表 PCT 发明专利，在进行统计时应该全面的考虑，分不同情况进行统计，以免出现遗漏导致专利分析不准确。

如果是对国际专利进行分析，还需要对相关国家进行统计，使用 COUNTIF 进行统计如图 4-42 所示。

fx　=COUNTIF(G1:G641,"WO")

H	I	J
	申请国家	专利申请数量
	中国	535
	日本	11
	美国	37
	法国	6
	德国	4
	澳大利亚	8
	欧专局	9
	世界知识产权组织	14

图 4-42　通过 COUNTIF 函数进行申请地的统计

在一项技术中，申请人往往数量众多，在进行统计时，往往只统计申请量排名靠前的申请人，在这种需求下，首先就大致需要了解申请人排名，然后针对性地进行统计，Excel 中提供了分类汇总的功能，该功能能够快速的将数据按照指定的规则进行分类，使得专利分析人员对数据有大致了解，并进行针对性的统计，更高效地完成统计分析工作。

先选择表头一行，单击筛选和排序<筛选，完成按照第一行表头进行筛选如图 4-43 所示。

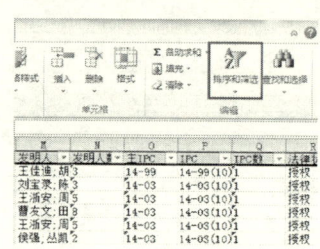

图 4-43 筛选操作

选择申请人下拉菜单>升序，专利数据按照申请人升序进行排列如图 4-44 所示。

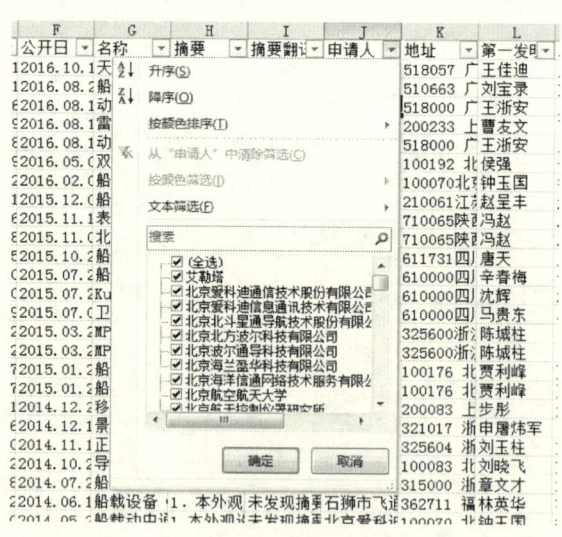

图 4-44 排序操作

选择申请人这一列，单击数据>分类汇总>跳出提示>单击确定>弹出分类汇总对话框>单击确定，完成分类汇总如图4-45所示。

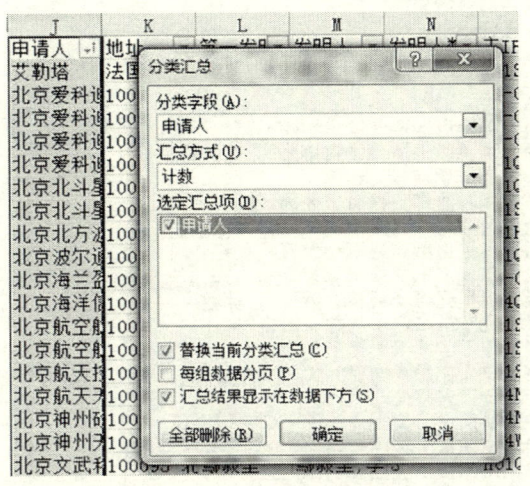

图4-45 分类汇总操作

分类树状图在表格最左侧，上方有1，2，3分别对应三个不同节点，点击2。将不需要的节点先收起如图4-46所示。

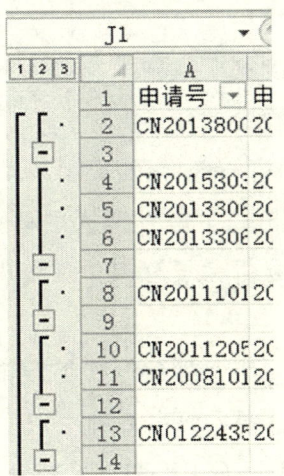

图4-46 节点操作

即可看到分类汇总的结果如图 4-47 所示。

张其善 计数	1
张伟良 计数	1
张滢钰 计数	1
漳州市芗城华润电子有限公司 计数	1
长江水利委员会长江科学院 计数	1
浙江大学 计数	2
浙江国际海运职业技术学院 计数	1
浙江海视通电子科技有限公司 计数	3
浙江海洋学院 计数	4
浙江和勤通信工程有限公司 计数	1
浙江金波电子有限公司 计数	1
浙江省舟山市英特讯信息科技有限公司 计数	1
浙江水利水电学院 计数	1
浙江中星光电子科技有限公司 计数	15
镇江光宁航海电子科技有限公司 计数	11
中船重工（武汉）船舶与海洋工程装备设计	
中船重工鹏力（南京）大气海洋信息系统有限	5
中港疏浚有限公司 计数	1
中国船舶重工集团公司第七〇二研究所 计数	1
中国船舶重工集团公司第七o七研究所 计数	1
中国船舶重工集团公司第七二二研究所 计数	1
中国船舶重工集团公司第七二三研究所 计数	1
中国船舶重工集团公司第七二四研究所 计数	3
中国船舶重工集团公司第七一〇研究所 计数	1
中国船舶重工集团公司第七一九研究所 计数	2
中国船舶重工集团公司第七一〇研究所 计数	1
中国船舶重工集团公司七五〇试验场 计数	1

图 4-47　分类汇总的结果

通过该结果，可以直接发现该技术领域不同申请人之间的专利申请数量，以便对相关的专利申请人进行分析。

在对发明人进行分析时，有时候需要了解第一发明人，即主要发明人，从而对相关发明人进行分析，了解发明人的研究背景和主要研究方向等，也能够通过对相关的院校分析，了解相关院校中的主要研究人员，促成合作可能。

如图 4-48 所示，在 K 列中是数据库提取出的发明人的统计，在 L 列中，需要找到第一发明人，则需要在 L 列中用上图的组合公式：

=IF（LEN（K2）-LEN（SUBSTITUTE（K2,";"," "））=0, K2, LEFT（K2, FIND（";", K2, 1）-1））

该公式的含义是：通过 IF 函数判断是否有多个发明人，如果有多个发

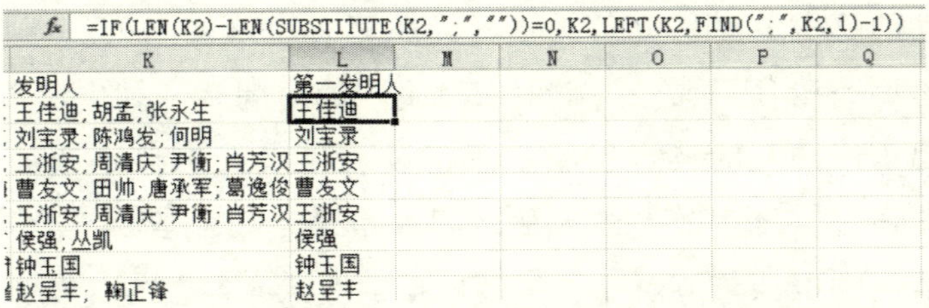

图4-48 通过组合函数进行第一发明人的提取操作

明人，则取第一个发明人名称，如果没有多个发明人，则取发明人名称。SUBSTITUTE（K2,";"," "）是将K2中的";"去掉，LEN（K2）是求K2的长度，将K2的长度和去掉";"对比就可以知道，K2中是否存在";"，如果不存在";"则就单一发明人，如果存在";"则有多个发明人，当单一发明人时则L3直接等于K3，当有多个发明人，通过FIND函数找到K2中第一个";"之前的字符数量，再通过LEFT函数进行取值。通过该方法，就可以得出发明人中的第一发明人了。

专利数据所涉及的信息非常多，通过专利数据库导出原始数据，再结合自己的需求进行加工，得到的数据才具有价值。本节介绍了几种常用的Excel进行数据处理的方法和函数，希望读者能够灵活运用，对专利数据进行加工，从而得到自己需要的数据。

第四节 Excel图形种类及专利分析运用

单纯从统计的数据结果，有时候很难得到分析结果，此时就需要对相关的统计结果进行图形化表示，Excel中可以制作出折线图、饼状图、柱形图、雷达图、气泡图、散点图等多种图形，每一种图形都会有一定的延伸和组合，专利分析的统计结果更加的直观，在进行专利分析时能够更加准确。

折线图是将排列在Excel工作表的列或者行的数据以点的形式绘制到一个坐标系中，再用直线依次连接每一个点的图形。该图形可以表现一项技术的专利申请的趋势，专利申请数量随着时间变化而变化，能够表现出该技术所处的技术节点,根据变化趋势能够看出该技术的发展阶段和发展趋势。该图形还适合表现一个申请人在不同的时间,专利申请数量的变化,从而表现出该申请人的技术发展水平,以及未来的趋势预测如图 4-49 所示。折线图还可以将多个申请人随时间的申请量绘制到一张图上,能够直接看出申请人的申请趋势对比,了解申请的技术水平的变化情况。

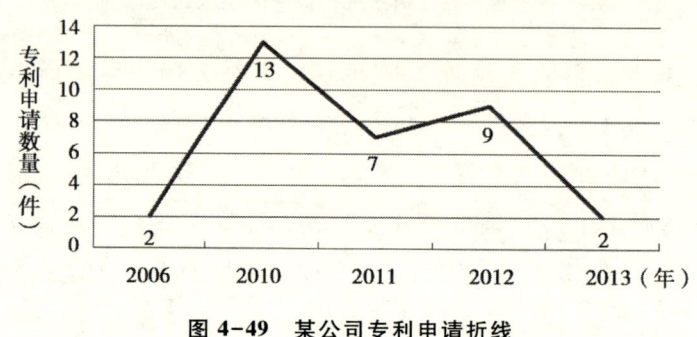

图 4-49　某公司专利申请折线

饼状图显示一个数据系列中各项的大小与各项总和的比例。该图形可以表现一项技术中,发明专利,实用新型专利,外观设计专利所长的比例,通过比例的不同可以预测该项技术所处的技术周期如图 4-50 所示。该图形还可以展示一项技术或者一个申请人的研发比例,通过两个甚至多个饼状图的嵌套,可以展示专利技术 IPC 分类的占比,部、大类、小类、大组或小组之间的比例和包含关系,可以很明显看出一项技术侧重哪个方面,一个申请人侧重哪一方面技术如图 4-51 所示。

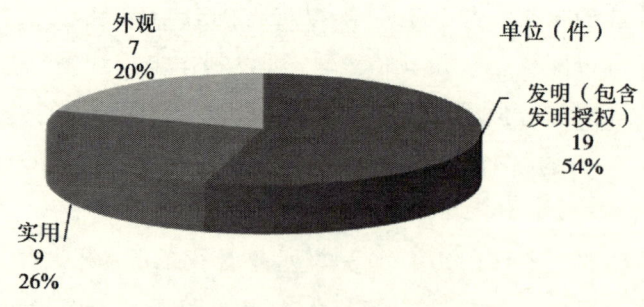

图 4-50　某公司专利申请比例

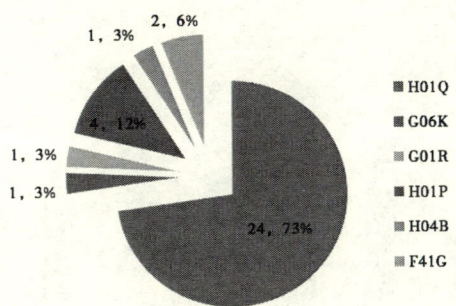

图 4-51 某公司技术分类专利比例

柱形图用于显示一段时间内的数据变化或显示各项之间的比较情况，柱形图也就是条形统计图如图 4-52 所示。在专利分析中，柱形图往往可以表现一项技术中，多个申请人的专利申请量的对比情况，通过不同权利人的数量对比可以直接看出该技术领域中的哪个申请人专利申请量比较多。同样可以表现一个权利人中，不同发明人的专利数量的对比情况，可以找到该项目中的核心技术人员如图 4-53、图 4-54 所示。

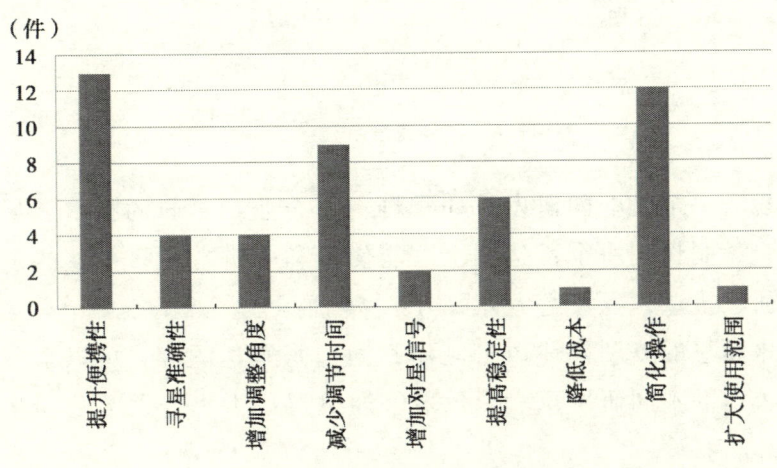

图 4-52 某公司专利功效数量

雷达图又可称为戴布拉图、蜘蛛网图，将分析所得的数字或比率，就其比较重要的项目集中画在一个圆形的图表上。在专利分析中，雷达

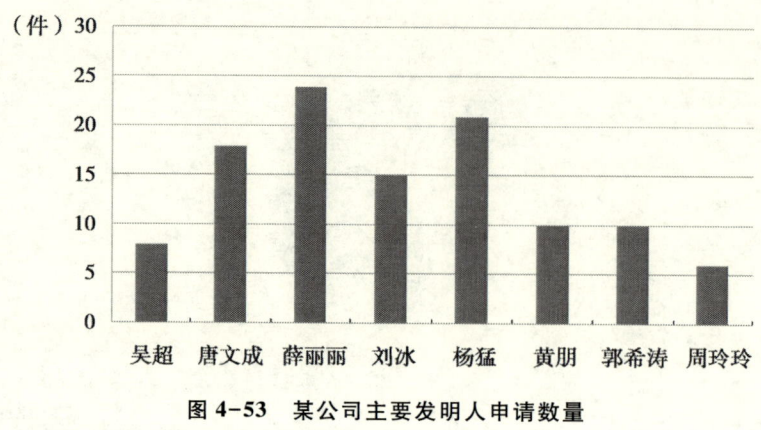

图 4-53　某公司主要发明人申请数量

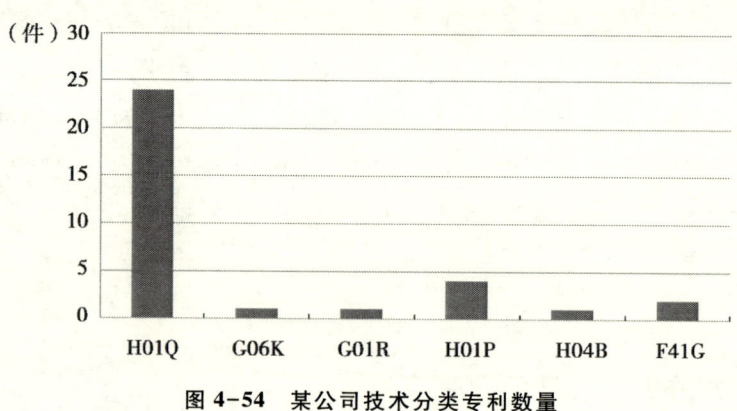

图 4-54　某公司技术分类专利数量

图可以表现一个企业的研发方向，将一个企业在不同的技术领域的专利布局数量，制作到一个雷达图上，能使专利分析者一目了然的了解竞争对手的研发重点，以及优劣势如图 4-55 所示。将两个或多个公司的在不同的技术领域的专利申请数量制作到同一张雷达图上，可以很明显的看出这些公司的不同研发重点，也能够通过对比看出公司与公司之间的优劣势。

气泡图是将一个数据矩阵中的数值用气泡大小的方式展现出来的图形。该图形能够表现一个技术领域中，待解决的技术问题和解决技术问题的方法之间的关系，能够展现出该技术领域的技术空白，同时能够表现一个技术领域中的技术难点，能够提示企业在进入一个技术领域时的着手点。通

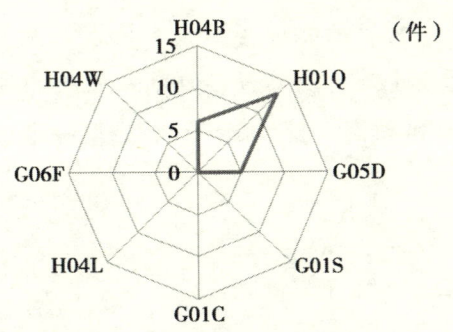

图 4-55　某公司专利技术雷达图

过气泡图来表现一个企业的技术研发侧重点也是一种很直观的方式,将两个企业所申请的专利 IPC 制作到同一气泡图上,能够很直观的看出两个公司的研发侧重点,通过对比两个企业的研发重点,能够看出公司与公司之间的竞争关系或者合作的可能性如图 4-56 所示。

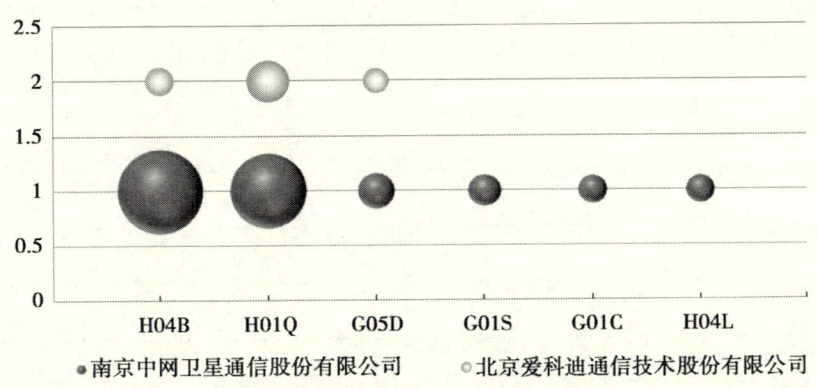

图 4-56　IPC 对比气泡图

散点图(scatter diagram),在回归分析中,数据点在直角坐标系平面上的分布图。散点图表示因变量随自变量而变化的大致趋势,据此可以选择合适的函数对数据点进行拟合。用两组数据构成多个坐标点,考察坐标点的分布,判断两变量之间是否存在某种关联或总结坐标点的分布模式。散点图将序列显示为一组点。值由点在图表中的位置表示。类别由图表中的不同标记表示。散点图通常用于比较跨类别的聚合数据如图 4-57 所示。

117

该图形常用于表现专利申请数量与专利申请人数量的变化，这就是技术生命周期曲线，通过该曲线，能够直接判断一项技术所处的技术周期，能够预测技术发展趋势和动态，能够给予投资者一定的投资参考如图4-58所示。

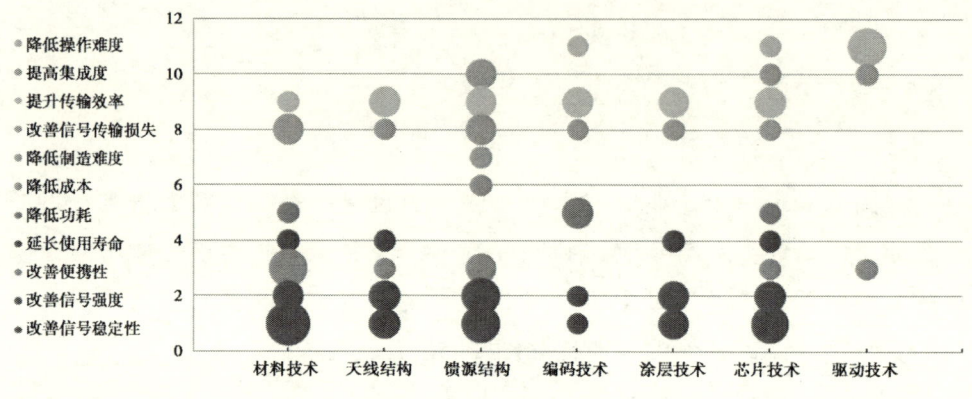

图 4-57 功效矩阵图

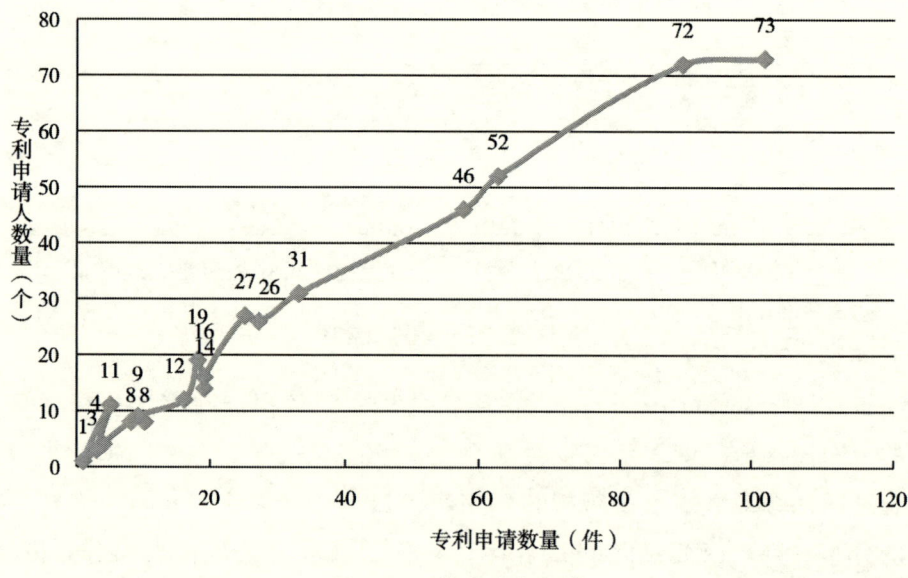

图 4-58 技术生命周期

第五节　Excel 绘制专利分析图

本节将通过实际的案例来介绍 Excel 制作专利分析图的具体步骤。

一、专利申请折线图

通过本章第三节专利量的统计方法，统计出该技术的专利申请量随着时间变化而变化的表格，如表 4-1 所示。

表 4-1　年专利申请数量表

年份	1993	1996	1997	1998	1999	2000	2001	2002	2003	2004	2005
申请量（件）	1	4	3	5	1	3	8	10	9	16	18
年份	2006	2007	2008	2009	2010	2011	2012	2013	2014	2015	2016
申请量（件）	19	19	25	27	33	57	62	89	101	93	30

可以通过折线图来表现表格内容，选择插入>折线图>选择数据，如图 4-59 所示。

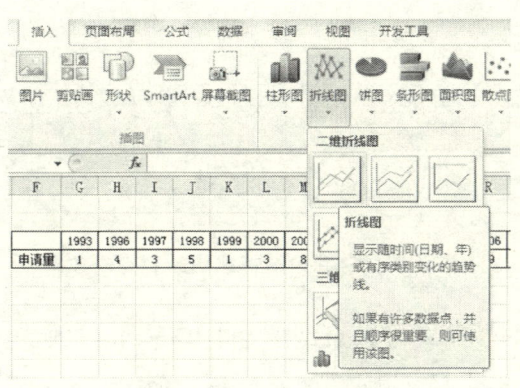

图 4-59　插入折线图

在图表数据区域那里选择数据，如图 4-60 所示。

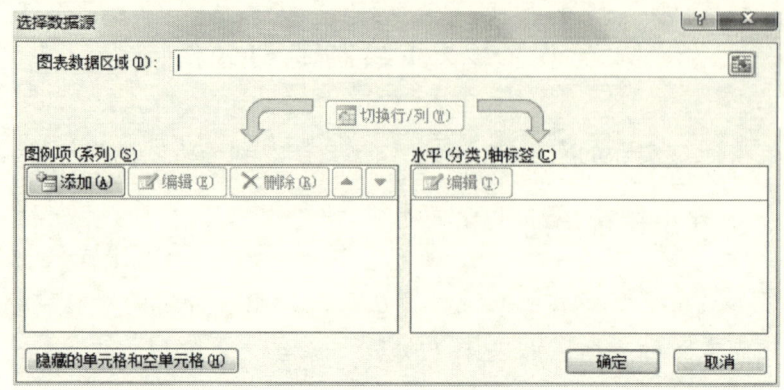

图 4-60　选择数据源向导

选择已经统计好的数据，如图 4-61 所示。

图 4-61　选择相应数据

即可生成专利申请趋势的折线图，如图 4-62 所示。

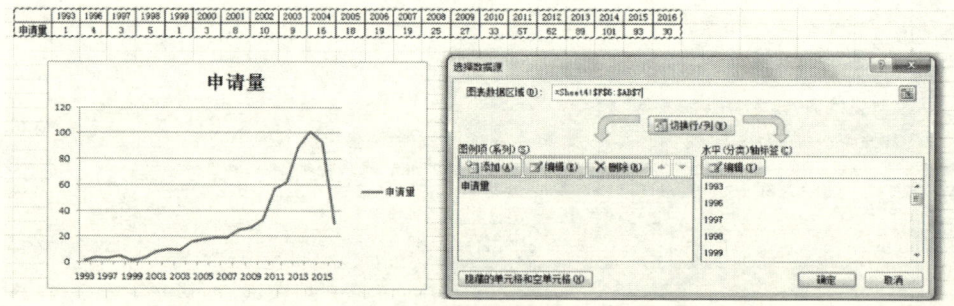

图 4-62　专利申请折线图绘制完成效果

通过布局，标签列表可以对图表的标题、坐标轴标题、图例和数据标签等进行修改，以实现所需要的图表效果，如图 4-63 所示。

这里修改图表的标题为"某技术专利申请折线图"，将 X 轴的坐标标题改成"时间"，Y 轴的坐标标题改成"专利申请数量"，并且将数据标签

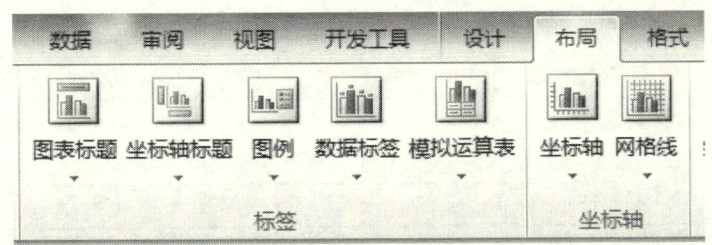

图 4-63　修改图表标题、坐标轴标题、图例、数据标签

显示在数据点上方，由于本图表为单一线型，因此不需要显示图例，将图例关闭，就可以得到一张专利申请趋势的分析图，如图 4-64 所示。

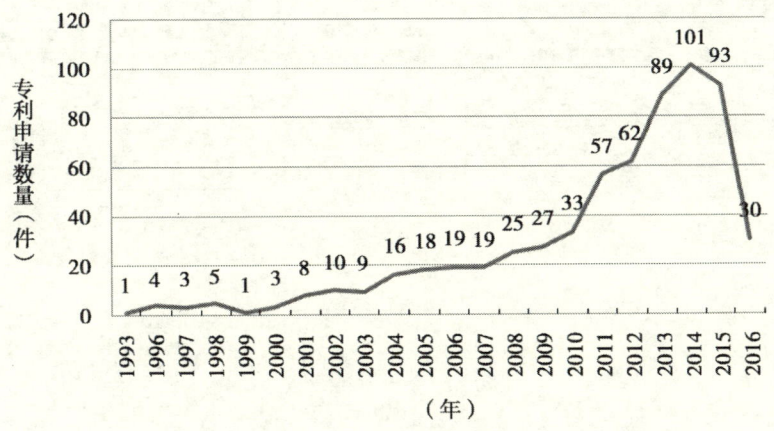

图 4-64　专利申请折线

该方法还可以制作竞争对手的专利申请量趋势图，某个国家或地区的专利申请量趋势图，某位发明人的申请趋势图，某项技术 IPC 申请趋势图，专利申请人趋势图，等等。读者能够根据自己需求自行拓展。

二、专利比例图

通过本章第三节，可以统计出技术的发明专利数量，实用新型专利数量以及外观设计专利数量，如表 4-2 所示。

表 4-2　某项技术专利类型比例

专利类型	专利数量（件）
发明	239
实用新型	250
外观设计	46

可以通过饼状图来表现表格内容，单击插入>图表>饼图，如图 4-65 所示。

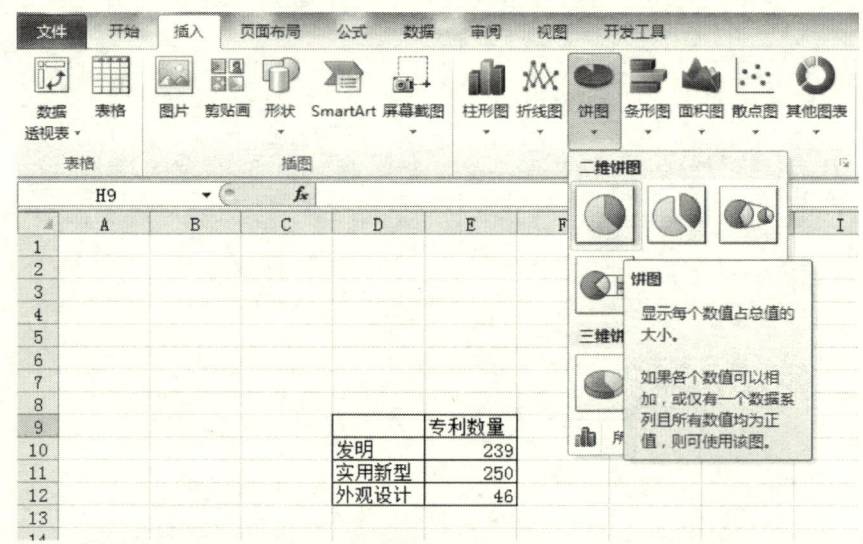

图 4-65　插入饼图

单击图表工具>设计>数据>选择数据，如图 4-66 所示。

图 4-66　数据选择

框选相关数据>确定，得到初步饼图，如图 4-67 所示。

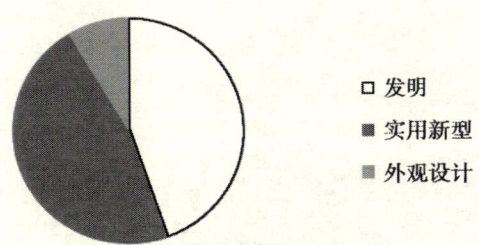

图 4-67 完成饼图绘制

在图表工具>布局>标签中对图表标题，图例，数据标签进行设置。将图表标题修改为"某技术专利类型所占比例图"，将数据标签选择最佳匹配，并且将数据标签设置显示比例，如图 4-68 所示。

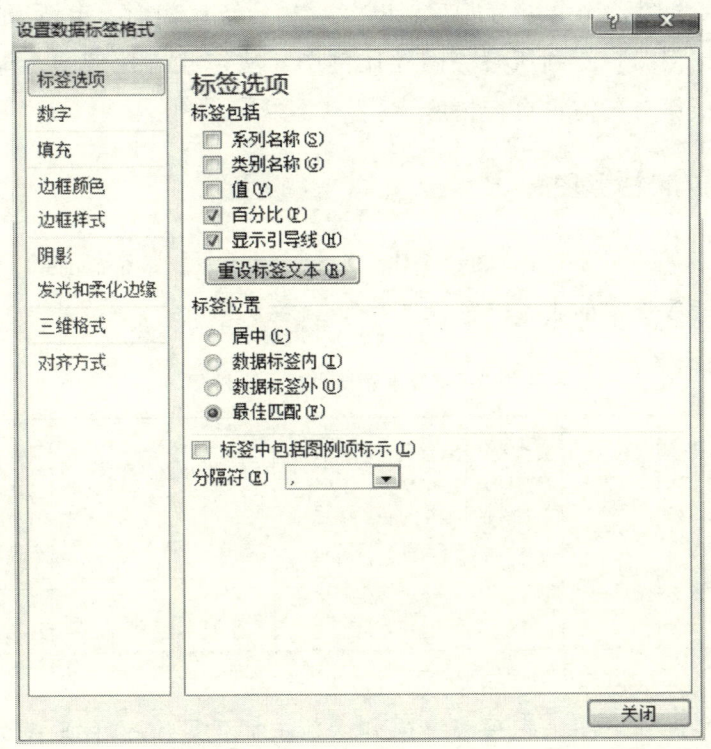

图 4-68 设置数据标签格式

即可得到一张专利类型所占比例图，如图 4-69 所示。

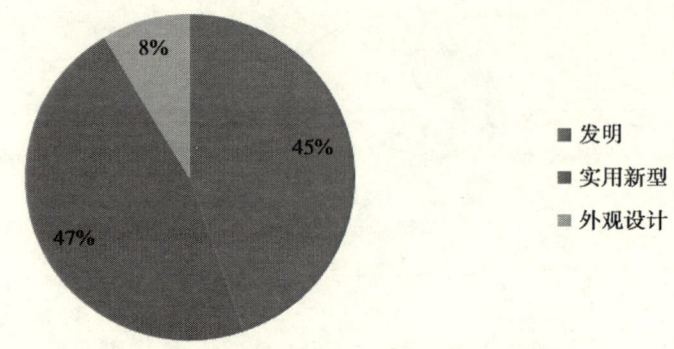

图 4-69 某技术专利类型所占比例

该方法还可以制作：一项技术中专利权人所占比例图，一项技术专利 IPC 分布比例图，一个申请人专利申请 IPC 分布比例图，申请国家比例图，技术手段比例图，专利所解决问题比例图，法律状态比例图，等等。希望读者能够根据自己需求自行拓展。

三、专利柱形图

通过本章第三节，该项技术中，专利申请数量排名靠前的专利申请人的专利申请数量，如表 4-3 所示。

表 4-3 某技术领域申请人申请量表

	浙江中星光电子科技有限公司	嘉兴星网通信技术有限公司	镇江光宁航海电子科技有限公司	南京中网卫星通信股份有限公司	深圳市华信天线技术有限公司	阮树成	中国舰船研究设计中心	武汉大学	海中信（北京）卫星通信股份公司	中国人民解放军63680部队
申请量（件）	15	12	11	11	10	9	9	9	9	8

可以通过柱形图来表现表格内容，单击插入>图表>柱形图>二维柱形图，如图 4-70 所示。

单击图表工具>设计>数据>选择数据，如图 4-71 所示。

在图表工具>布局>标签中对图表标题，图例，数据标签进行设置。将

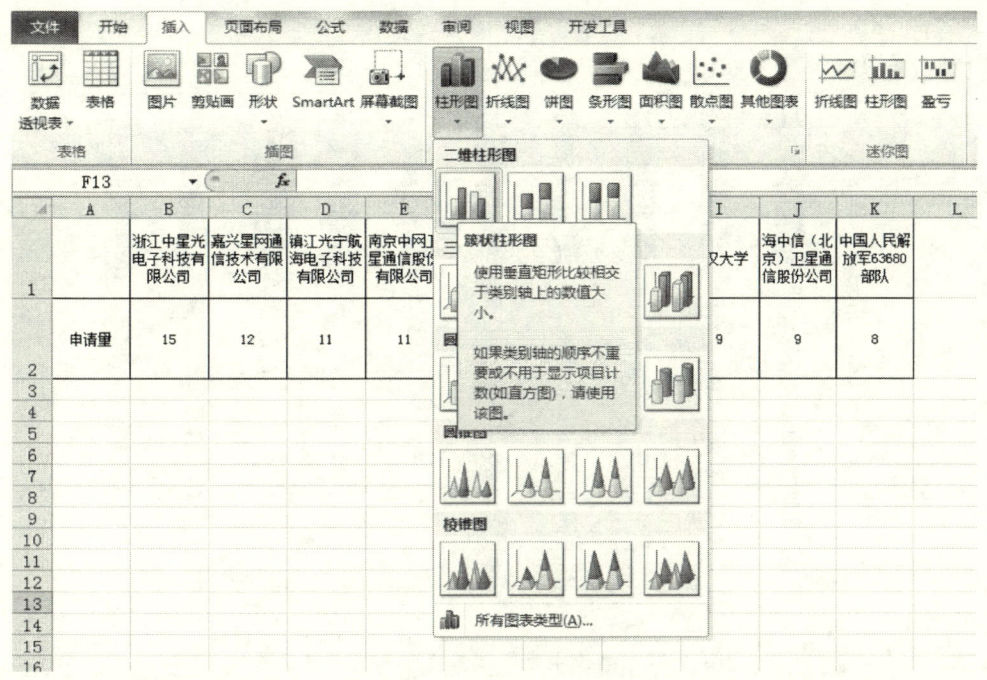

图 4-70 插入柱形图

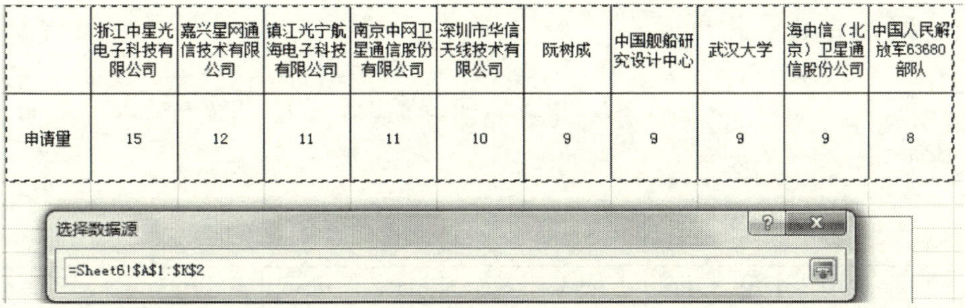

图 4-71 柱形图选择数据源

图表标题修改为"某技术专利申请人排行",将数据标签选择数据标签外,关闭图例,将纵轴轴标题设置成为"专利申请量"。即可得到一张某技术领域专利申请排行图,如图 4-72 所示。

该方法还可以制作:竞争对手专利年申请排行图,竞争对手发明人申请排行图,申请国家排行图,IPC 申请排行图,等等。读者能够根据自己

125

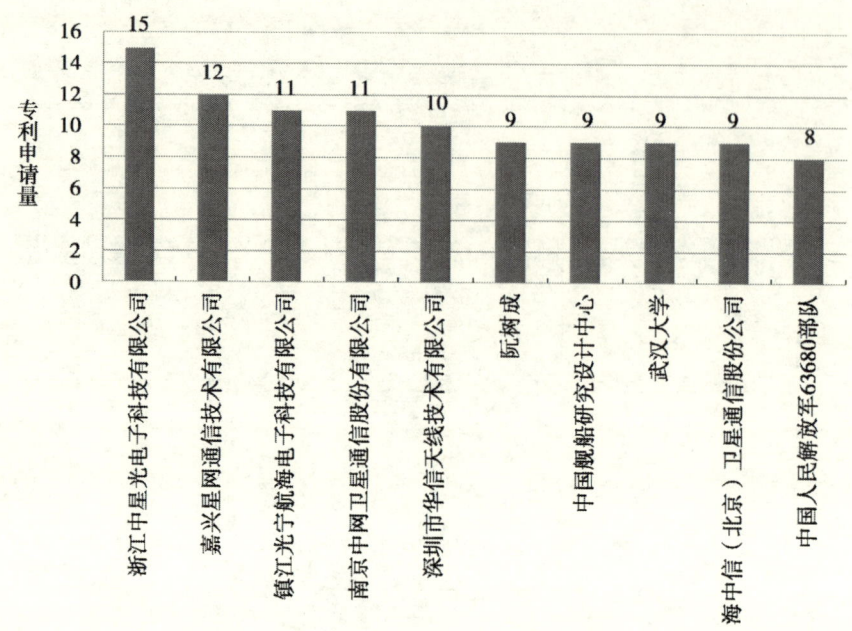

图 4-72 某技术专利技术申请人排行柱状图

需求自行拓展。

四、专利雷达图

通过本章第三节，可以统计出该项技术中，IPC 的分类情况，如表 4-4 所示。

表 4-4 某技术 IPC 分类情况表

	H01Q	G01S	H04N	H04W	H04L	G01R	H04B	H01P	G05D	H03H
申请量（件）	195	165	30	29	30	29	18	12	14	12

可以通过雷达图来表现表格内容，单击插入>图表>其他图表>雷达图，如图 4-73 所示。

单击图表工具>设计>数据>选择数据，如图 4-74 所示。

在图表工具>布局>标签中对图表标题，图例，数据标签进行设置。将

第四章　Excel 分析

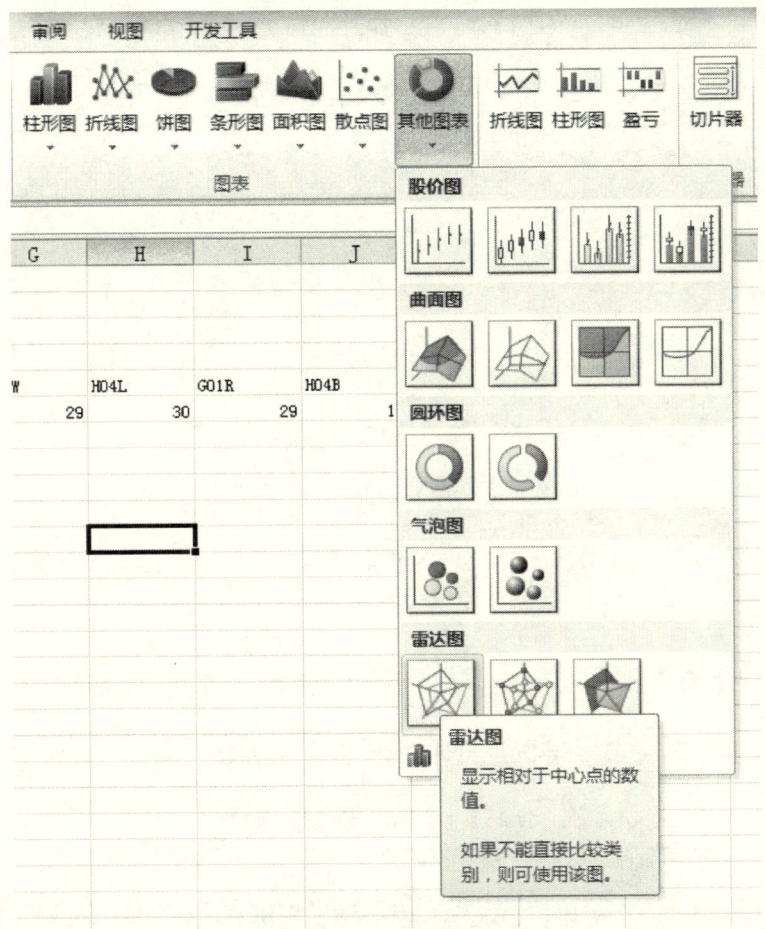

图 4-73　插入雷达图

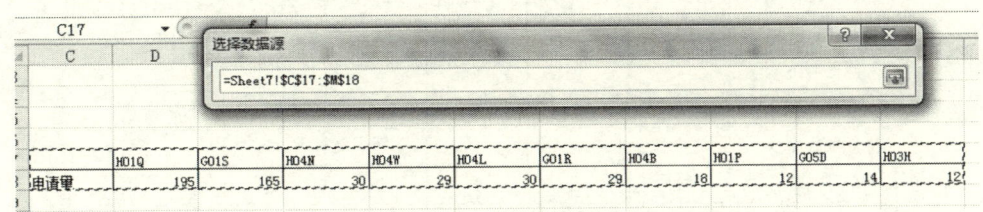

图 4-74　选择数据源

图表标题修改为"某技术 IPC 布局雷达图",关闭图例。即可得到一张某

127

技术 IPC 布局雷达图，如图 4-75 所示。

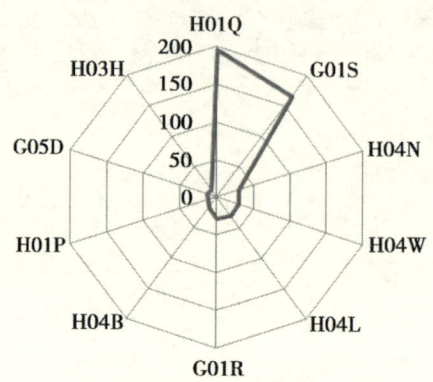

图 4-75　某技术 IPC 布局雷达图

该方法还可以制作：竞争对手的专利布局图，两个公司的竞争关系对比图，等等。读者能够根据自己需求自行拓展。

五、专利气泡图

通过本章第三节，可以统计本领域的技术功效表格，如表 4-5 所示。

表 4-5　某领域技术功效表格　　　　　　　　　　　　　（件）

		技术						
		材料技术	天线结构	馈源结构	编码技术	涂层技术	芯片技术	驱动技术
功效	改善信号稳定性	4	2	3	1	2	3	0
	改善信号强度	2	2	3	1	2	2	0
	改善便携性	3	1	2	0	0	1	1
	延长使用寿命	1	1	0	0	1	1	0
	降低功耗	1	0	0	2	0	1	0
	降低成本	0	0	1	0	0	0	0
	降低制造难度	0	0	1	0	0	0	0
	改善信号传输损失	2	1	2	1	1	1	0
	提升传输效率	1	2	2	2	2	2	0
	提高集成度	0	0	2	0	0	1	1
	降低操作难度	0	0	0	1	0	1	3

可以通过气泡图来表现表格的内容,单击插入>图表>其他图表>气泡图,如图 4-76 所示。

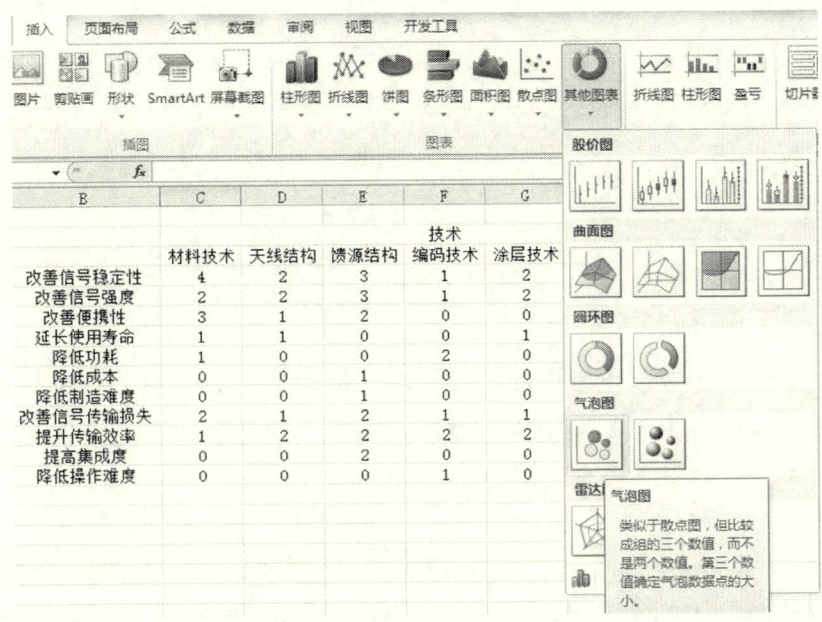

图 4-76 插入气泡

单击图表工具>设计>数据>选择数据,如图 4-77 所示。

图 4-77 选择数据源向导

在图例项（系列）中选择添加，如图 4-78 所示。

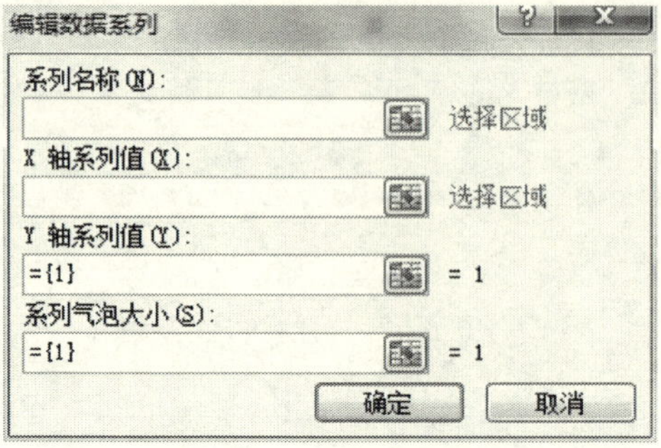

图 4-78　编辑数据系列

在系列名称中选择相应的功效，X 轴系列值空着不填，Y 轴系列值填入 ={1,1,1,1,1,1,1}，有几项技术，即填入几个数字，在系列气泡大小中选择对应功效的专利数量，如图 4-79 所示。

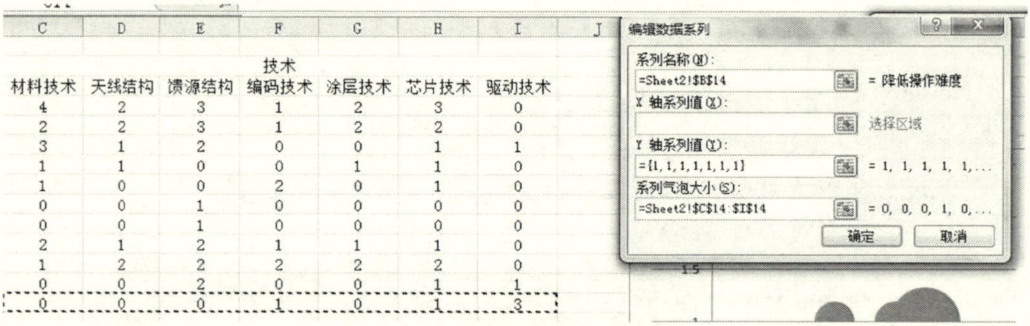

图 4-79　编辑数据系列效果

单击确定，继续选择添加，此次添加中，Y 轴系列的值为 ={2,2,2,2,2,2,2}，重复上述操作，直到每个功效都被添加，Y 轴值也不断增大，最大为功效的个数。

在图表工具>布局>标签中对图表标题，图例，数据标签进行设置。将图表标题修改为"技术功效矩阵图"，图例显示在左侧，并根据图形调整图例的间距，通过调整图例的排序（在选取数据>图例项（系列）中调整），使得图例与气泡达一一对应，如图 4-80 所示。

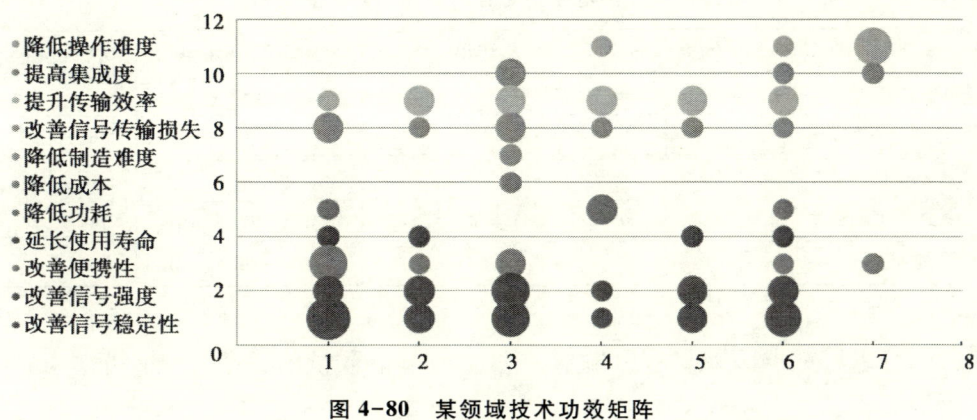

图 4-80　某领域技术功效矩阵

截出该图，到绘图工具，将 X 轴的技术手段添加到图中，便得到了一张技术功效矩阵图，如图 4-81 所示。

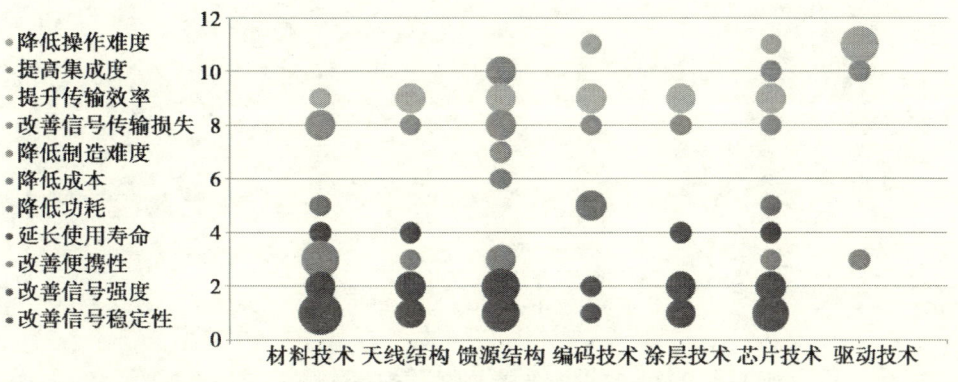

图 4-81　某领域技术功效矩阵

该方法还可以制作：专利申请国家分布图，竞争对手之间研发布局图，专利年度分布图，等等。读者能够根据自己需求自行拓展。

六、专利散点图

通过本章第三节，可以统计本领域的专利申请数量和专利申请人数量随时间变化而变化的表格，如表 4-6 所示。

表 4-6　专利申请数量和申请人时间变化表

年份	1993	1996	1997	1998	1999	2000	2001	2002	2003	2004	2005
申请人数（人）	1	4	3	11	1	3	8	8	9	12	19
申请量（件）	1	4	3	5	1	3	8	10	9	16	18
年份	2006	2007	2008	2009	2010	2011	2012	2013	2014	2015	2016
申请人数（人）	14	16	27	26	31	46	52	72	73	74	20
申请量（件）	19	19	25	27	33	57	62	89	101	93	30

可以用散点图来表示出申请人和专利申请数量的关系，从而反映出表格的内容。单击插入>图表>散点图，如图 4-82 所示。

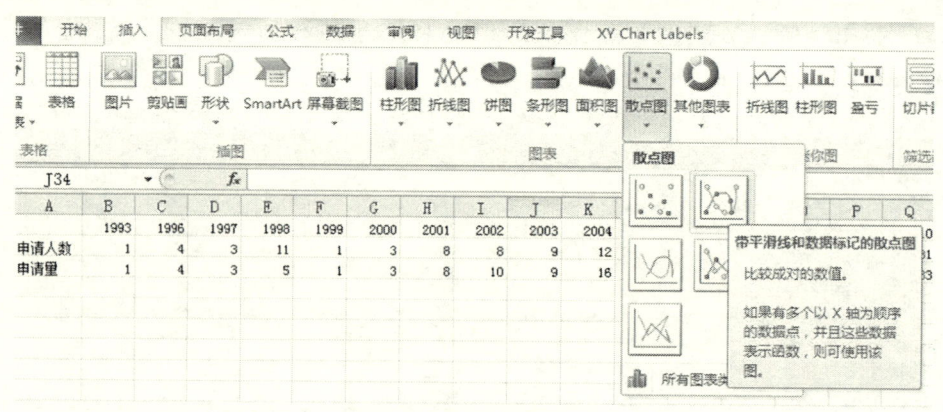

图 4-82　插入散点

单击图表工具>设计>数据>选择数据。在图例项（系列）中选择添加。系列名称输入：技术生命周期图，Y 轴系列之输入申请人数量系列，X 轴系列值输入专利申请量系列，如图 4-83 所示。

在图表工具>布局>标签中对图表标题，图例，数据标签进行设置。将图表标题修改为"技术生命周期图"，关闭图例，设置坐标轴标题，横坐标轴标题设置成为"专利申请数量"，纵坐标轴标题设置成为"专利申请人数量"，如图 4-84 所示。

接下来要使用 Excel 插件 XYChartLabeler，网上找到 XYChartLabeler 插件安装包，安装插件，在 Excel 中就可以显示该插件内容，如图 4-85

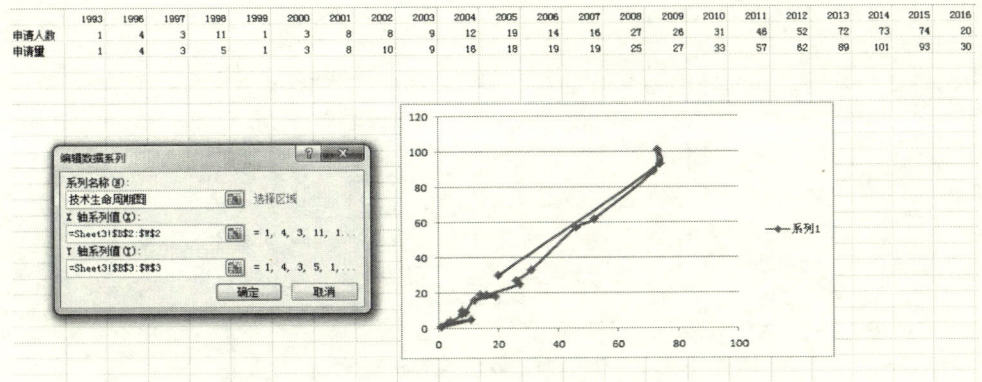

图 4-83 编辑数据系列

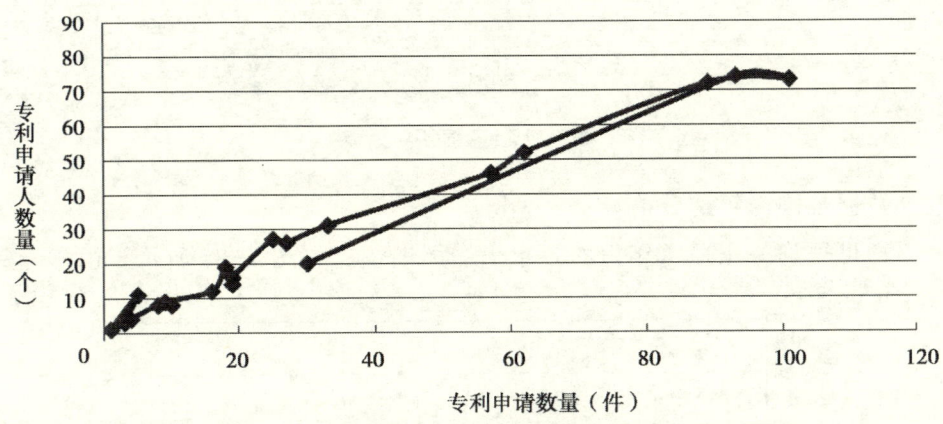

图 4-84 技术生命周期图

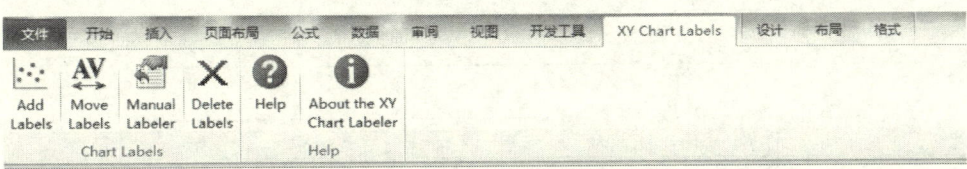

图 4-85 XYChartLabeler 插件

单击 AddLabels，弹出 Add Labels 对话框如图 4-86 所示。

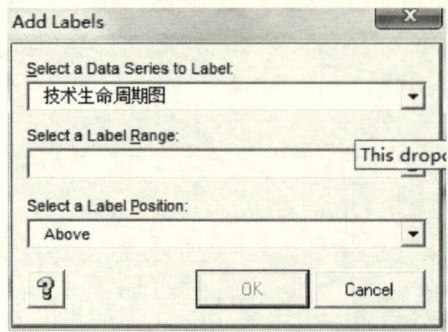

图 4-86 选择增加标签

选择 Select a Label Range 如图 4-87 所示。

图 4-87 选择标签范围

数据范围为年份数值,点击 OK 按钮。

即可得到一张显示年份的技术生命周期图,如图 4-88 所示。由于专利

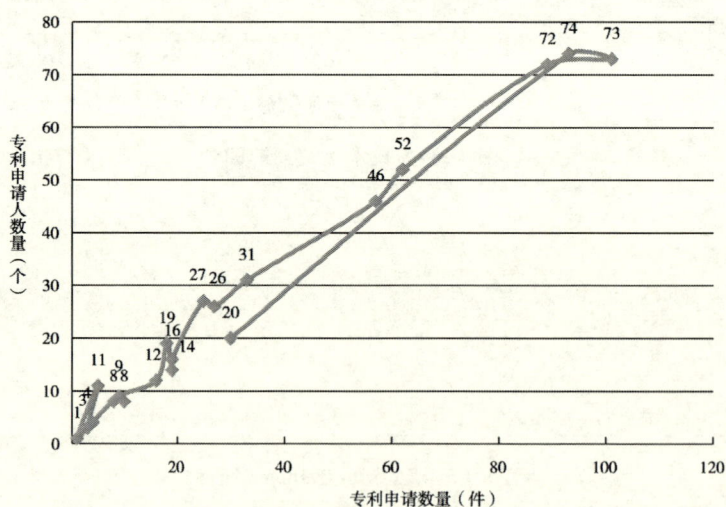

图 4-88 完成标签增加的技术生命周期

公开规则的原因，一般在做技术生命周期图时，会将近两年的数据进行剔除，以保证数据的正确性，如图 4-89 所示。

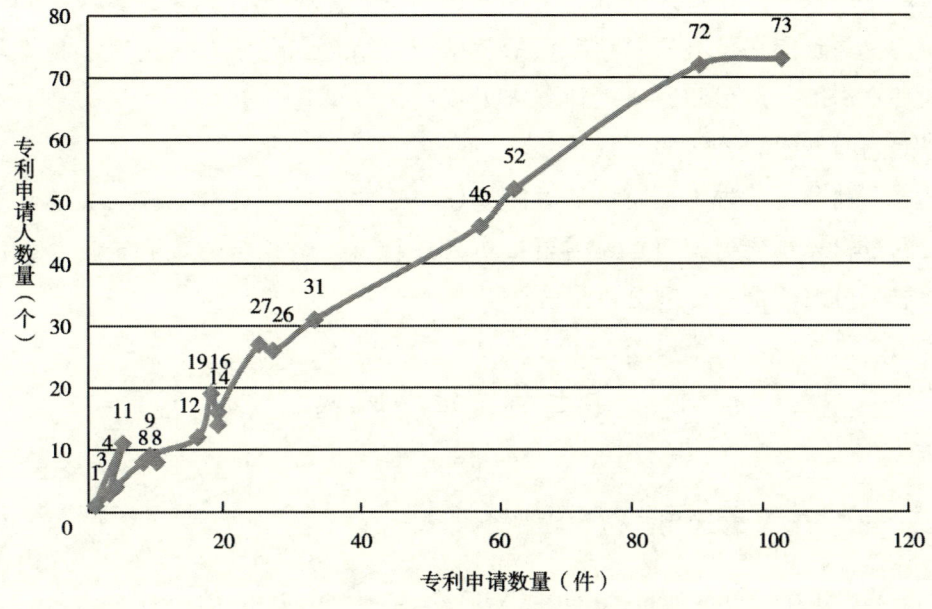

图 4-89　除掉干扰数据的技术生命周期

专利分析图的制作方法并不统一，同一图表可以运用到不同的专利分析点上，相同的专利分析点也可以用不同的图表进行展现，一切完全取决于专利分析者的想法。

第六节　撰写专利分析报告

专利地图不是专利分析的最终结果，专利分析的最终结果需要通过专利分析报告的形式进行展现。根据不同的需求，专利分析报告的展现形式有所不同，根据不同的专利分析报告的形式，所需要进行的专利分析语言组织有所不同。专利分析报告应当全面、客观的对所分析的技术、公司进行展示。

专利数据仅仅能表现已经发生了或者正在发生的事情，专利分析往往需要对技术和公司的研发走向进行一定的预测，了解技术和研究公司未来走向，从而使得专利分析更加有价值。因此在进行专利报告撰写时，首先要以专利数据分析作为依据，不能够偏离专利数据分析，保证客观性和全面性，并且能在已有的专利数据的基础上，结合专利分析人员对于技术的理解，作出一定预测，通过预测来展现技术发展走向，公司发展态势。并以此判断技术和公司的前景。

专利分析报告不是简单的看图说话，需要分析者具有良好的文笔和较强的逻辑思维能力，而且还需要分析者进行反复讨论、修改和论证，才能形成一份高质量的专利分析报告。

第七节 延伸阅读

一、VBA 的运用

Visual Basic for Applications（VBA）是 Visual Basic 的一种宏语言，是微软开发出来在其桌面应用程序中执行通用的自动化（OLE）任务的编程语言。主要用来扩展 Windows 的应用程式功能，特别是 Microsoft Office 软件。也可说是一种应用程式视觉化的 Basic 脚本。该语言于 1993 年由微软公司开发的应用程序共享一种通用的自动化语言——Visual Basic For Application（VBA），实际上 VBA 是寄生于 VB 应用程序的版本。微软在 1994 年发行的 Excel5.0 版本中，即具备了 VBA 的宏功能。

VBA 是新一代标准宏语言，是基于 Visual Basic for Windows 发展而来的。它与传统的宏语言不同，传统的宏语言不具有高级语言的特征，没有面向对象的程序设计概念和方法。而 VBA 提供了面向对象的程序设计方法，提供了相当完整的程序设计语言。VBA 易于学习掌握，可以使用宏记录器记录用户的各种操作并将其转换为 VBA 程序代码。这样用户可以容易地将日常工作转换为 VBA 程序代码，使工作自动化。因此，对于在工作中需要经常使用 Office 套装软件的用户，学用 VBA 有助于使工作自动化，提高工作效率。另外，由于 VBA 可以直接应用 Office 套装软件的各项强大功能，所以对于程序设计人员的程序设计和开发更加方便快捷。

读者可以根据自己对于专利分析的理解和对于 VBA 的运用的熟悉程度，自己编写相应的 VBA 程序，将专利分析中的重复性的劳动通过 VBA 程序的方式来进行处理，从而大大提升了使用 Excel 进行专利分析的效率，并且能够形成个人风格十分鲜明的专利分析报告。

二、可视化数据工具的应用

互联网大潮中，很多企业和个人开始在网络上发布各种可视化数据分析工具，以此来形成非常漂亮的图表，吸引更多的人对数据分析的结果的关注。

本节中，将介绍几种网络上的可视化数据工具，供用户将自己加工好的数据形成更加优美的图表，更吸引他人。

（1）地图汇：http：//www.dituhui.com/。

地图汇是一款在线的数据地图制作的小工具，能够将统计出的省市专利申请量，上传到网站上生成省市的专利分布情况地图。

（2）Tableau Public：http：//www.tableausoftware.com/。

Tableau Public 是一款桌面可视化工具，用户可以创建自己的数据可视化，并将交互性数据可视化发布到网页上。

（3）D3.js：http：//mbostock.github.com/d3/。

D3 是最流行的可视化库之一，它被很多其他的表格插件所使用。它允许绑定任意数据到 DOM，然后将数据驱动转换应用到 Document 中。你可以使用它用一个数组创建基本的 HMTL 表格，或是利用它的流体过度和交互，用相似的数据创建惊人的 SVG 条形图。

（4）ColorBrewer：http：//colorbrewer2.org/。

ColorBrewer 是专门为帮助用户选择地图和其他图片配色方案而设计的在线工具。

（5）Google Fusion Tables：http：//www.google.com/drive/start/apps.html

#fusion。

Google Fusion Tables 是一个数据可视化服务，Fusion Tables 可以上传 100MB 的表格文件，同时支持 CSV 和 XLS 格式，当然也可以把 Google Docs 里的表格导入进来使用。对于大规模的数据，可以用 Google Fusion Tables 创造过滤器来显示你关心的数据，处理完毕后可以导出为 csv 文件。

（6）JavaScript InfoVis Toolkit：http：//thejit.org/。

一个 JavaScript 库，用于给 Web 创建交互式的、可视化的数据。

（7）Many Eyes：http：//www-958.ibm.com/software/data/cognos/manyeyes。

一个 Web 应用程序，用来创建、分享和讨论用户上传图形数据。

（8）Protovis：http：//protovis.org/。

Protovis 是一个可视化 JavaScript 图表生成工具。

（9）Raphaël：http：//raphaeljs.com/。

Raphaël 是一个小型的 JavaScript 库，用来简化在页面上显示向量图的工作。

（10）Arbor.js：http：//arborjs.org/。

Arbor 是一个免费的、可视化的图形库，基于矢量创建动态的连接图，它为图形组织和屏幕刷新处理提供了一个高效的、力导向的布局算法。

【思考与练习】

1. 在专利分析中，专业专利数据分析软件，专利地图制作软件，往往会有非常炫丽的地形图来显示技术热点，不同的技术热点专利数量的不同，制作出的等高线地形图，如图 4-90 所示，在 Excel 中，可以通过颜色的不同，显示出该技术领域的热力，请思考如何用 Excel 制作专利热力图。

2. 选择一个自己喜欢的公司，用 Excel 制作一份该公司的专利分析报告。

3. 选择一个自己喜欢的公司，找到该公司的 5 个竞争对手，利用 Excel 制作相应的专利对比分析图，分析该公司的竞争优势以及劣势，给该公司的研发寻找一个方向。

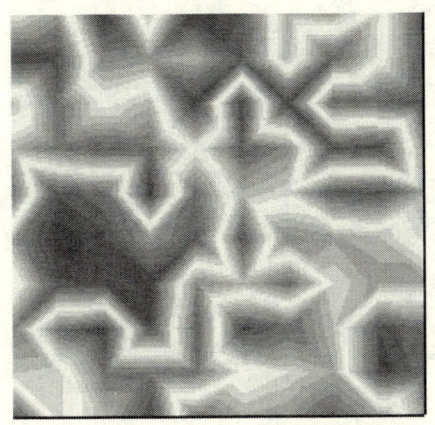

图 4-90　Excel 制作的热力图

4. 选择一个自己喜欢的技术领域，用 Excel 制作一份该技术领域的专利分析报告。

5. 如果有投资人也对你感兴趣的技术领域有兴趣，想投资其中的一家公司，请你为他找到一家相关公司，并辅以 Excel 制作的专利分析图来说服该投资人对其进行投资。

第五章 知识产权出版社

【导读】

作为中国专利文献的法定出版单位,知识产权出版社拥有完整权威的专利数据、强大的技术研发能力、多元化的特色产品、高素质的咨询服务团队、完善的服务体系和广泛的合作渠道。知识产权出版社收集和存储有154种专利和非专利数据。其专利信息分析系统提供数据检索、主题库管理、数据清理、统计分析和一键报告等功能。

知识产权出版社有限责任公司(原专利文献出版社)成立于1980年8月,由国家知识产权局主管、主办。作为国家级图书、期刊、电子、网络出版单位,知识产权出版社是全国文化体制改革先进单位、国家一级出版社、全国百佳图书出版单位、国家数字出版转型示范单位、中国专利文献法定出版单位。2013年12月,知识产权出版社完成公司化改制,更名为知识产权出版社有限责任公司,为国务院出资的中央文化单位。

知识产权出版社有限责任公司(以下简称"知识产权出版社")为国家知识产权局提供每期专利信息的数据加工和更新服务,实时为国家知识产权局拥有的中外专利数据资源提供更新服务。更新数据采用统一的数据标准格式、严格的数据质量规范。经过多年来的积累,已经收藏了数以亿计的中外专利数据资源。国家知识产权局将知识产权出版权列为其对外专利信息服务统一出口单位。

知识产权出版社主要的专利信息产品有中国知识产权网、专利信息服务平台、企业知识产权管理平台、外观检索系统、中国知识产权案件网、专利通、专利数据下载系统、智慧医药网、专利价值评估系统、I译+知识产权语言服务平台、I译课堂、知识产权大数据业务智能系统等。同时，知识产权出版社于2010年开始主办中国专利信息年会（PIAC），会议宗旨是搭建专利信息应用和国际交流合作平台。

第一节 知识产权出版社数据资源

知识产权出版社收集和存储的数据资源种类有154种。其中专利数据资源98种，非专利数据资源56种。可统计的数据容量200.41T，专利和非专利数据数量为3.06亿条。

一、专利数据资源

知识产权出版社拥有权威、全面、规范、及时的全球专利数据。具体包括：中国专利著录项目与全文图像数据、中国专利全文文本数据（中、英）、中国专利法律状态数据、中国药物专利深加工数据、世界专利著录项目与文摘数据（102个国家和地区）、世界专利全文图像数据（35个国家和地区）、世界专利全文文本数据、世界专利法律状态数据、同族数据、引证数据、复审无效数据、法院判例数据等。

专利基础信息字段：

公布信息

公布号、公布号原始、公布号DOCDB、公布号EPO、公布号标准、受理机构、文献类型、公布日、公布月、公布年、是否提前公开等。

申请信息

申请号、申请号原始、申请号DOCDB、申请号EPO、申请号标准、受理国、申请日、申请月、申请年、分案申请等。

优先权

授权期限、失效日、优先权、优先权原始、优先权DOCDB、优先权EPO、优先权标准、优先权国家、优先权日、最早优先权、最早优先权原始、最早优先权 DOCDB、最早优先权 EPO、最早优先权标准、最早优先权国、最早优先权日等。

PCT 信息

国际申请、国际申请原始、国际申请标准、国际申请 IPPH、国际申请 WIPO、国际申请国、国际申请日、国际申请年、国际申请月、国际公布、国际公布原始、国际公布标准、国际公布 IPPH、国际公布语种、国际公布日、国际公布年、国际公布月、PCT 指定国、进入国家日、进入国家年、进入国家月、PCT 专利等。

申请人信息

申请人、申请人中文、申请人英文、申请人原始、申请人类型、申请人区域代码、申请人代码、第一申请人、第一申请人中文、第一申请人英文、第一申请人原始、第一申请人类型、第一申请人代码、申请人地址、申请人地址中文、申请人地址英文、申请人地址原始、第一申请人区域代码等。

发明人信息

第一发明人中文、第一发明人英文、第一发明人原文、发明人中文、发明人英文、发明人原始、发明人数量、发明人代码、发明人区域代码等。

专利权人

专利权人中文、专利权人英文、专利权人原始、专利权人类型、专利权人代码、专利权人区域代码、第一专利权人中文、第一专利权人英文、第一专利权人原始、第一专利权人类型、第一专利权人代码、专利权人地址、专利权人地址中文、专利权人地址英文、专利权人地址原始、第一专利权人区域代码、相关权利人等。

代理人

代理人中文、代理人英文、代理人原始、代理机构中文、代理机构英文、代理机构原始、代理机构代码等。

审查员

审查员中文、审查员英文、审查员原始、助理审查员中文、助理审查员英文、助理审查员原始、主审员中文、主审员英文、主审员原始等。

分类号

分类号、IPC、IPCQ、IPCR、IPC 部、IPC 大类、IPC 小类、IPC 小类数量、IPC 大组、IPC 小组、IPC 小组数量、CPC、CPC 部、CPC 大类、CPC 小类、CPC 大组、CPC 小组、CPC 小组数量、洛迦诺、洛迦诺数量、本国外观分类等。

名称

名称、名称原始、名称中文、名称英文、名称改写原始、名称改写中文、名称改写英文等。

摘要

摘要、摘要原始、摘要中文、摘要英文、摘要改写原始、摘要改写中文、摘要改写英文、摘要来源公布号等。

关键词

关键词原始、关键词中文、关键词英文、摘要关键词中文、摘要关键词英文、摘要关键词原始、说明书关键词中文、说明书关键词英文、说明书关键词原始、权利要求关键词中文、权利要求关键词英文、权利要求关键词原始等。

权利要求

权利要求书原始、权利要求书中文、权利要求书英文、权利要求数量等。

权利要求项

主权项、主权项原始、主权项中文、主权项英文、独立权利要求数量、独立要求行数、独立权利要求中技术特征数量、从权数、权利要求类型等。

说明书

说明书页数、说明书全文、说明书全文中文、说明书全文英文、说明书全文原始、技术领域原始、技术领域英文、技术领域中文、背景技术原始、背景技术英文、背景技术中文、发明内容原始、发明内容英文、发明内容中文、附图说明原始、附图说明英文、附图说明中文、附图个数、具体实施方式原始、具体实施方式英文、具体实施方式中文等。

外观简要说明

简要说明中文、简要说明英文、简要说明原始等。

法律状态

申请号、法律状态代码、法律状态信息—中文、法律状态信息—英文、法律状态信息—原文、法律状态描述—中文、法律状态描述—原文、法律状态描述—英文、当前法律状态、法律状态公告日、转让次数、生效日、专利权转移类型、变更事项—中文、变更事项—英文、变更事项—原始、变更前权利人—中文、变更前权利人—英文、变更前权利人—原始、变更后权利人—中文、变更后权利人—英文、变更后权利人—原始、变更前地址—中文、变更前地址—英文、变更前地址—原始、变更后地址—中文、变更后地址—英文、变更后地址—原始、当前专利权人—中文、当前专利权人—英文、当前专利权人—原始、当前地址、许可次数、专利权许可类型、备案阶段—中文、备案阶段—英文、备案阶段—原始、合同类型、备案合同号、备案日、变更日、解除日、让与人（中、英、原）、受让人（中、英、原）、合同登记号、质押次数、质押保全类型、质押保全权利类型、变更事项（中、英、原）、变更前（中、英、原）、变更后（中、英、原）、合同类型、生效日、变更日、解除日、合同登记号、出质人（中、英、原）、质权人（中、英、原）、当前质权人（中、英、原）等。

引证同族

简单同族族号、同族数量、是否简单同族内代表专利、简单同族内代表性文献号标准、是否简单同族内专利代表性文献、简单同族国别数、同族国别、简单同族各国数量、简单同族成员（文献号）原始、简单同族成员（文献号）标准、简单同族成员（文献号）IPPH、扩展同族族号、扩展同族数、扩展同族国别数、扩展同族国家、扩展同族申请号、扩展同族成员（文献号）原始、扩展同族成员（文献号）标准、扩展同族成员（文献号）IPPH、引证文献（文献号，多值）、引证专利数量、自引专利数量、他引专利数量、被引文献（文献号，多值）、被引证数量、引证非专利数量、审查员引证原始、审查员引证标准、审查员引证IPPH、第三类引证原始、第三类引证标准、第三类引证 IPPH、申请人引证原始、申请人引证标准、申请人引证 IPPH、审查员引证非专利原始格式、第三类引证非专利原始格式、申请人引证非专利原始格式等。

复审无效

决定号、决定类型、名称、决定日、决定年、请求人、专利权人、专利申请号—标准、专利申请日、专利公布日、合议组组长、主审员、参审员、法律依据、决定要点、决定结果、证据、案由、决定理由、决定内容、决定书全文等。

法院判例

案号、标题、案件名称、原告或上诉人、被告或被上诉人、原告代理机构、被告代理机构、第三人、法院名称、审判长、代理审判长、审批员、代理审批员、人民陪审员、书记员、案件类型、案由、立案年、审结日、判决金额、主分类号、专利类型、决定类型、决定年、法院级别、文书性质、审理程序、法院所属省/市、第三人、判决书全文、专利公布号、专利公布号—标准、专利—主申请号、专利—主申请号—标准、专利申请号、专利申请号—标准、商标注册号等。

二、非专利数据资源

知识产权出版社拥有标准、期刊、图书、裁判文书等即时的全球非专利数据。具体包括：中外期刊著录项目与文摘数据、中文图书书目数据、中文图书全文数据、中国商标数据、美国商标数据、马德里商标数据、中国知识产权局裁判文书数据、欧美知识产权裁判文书数据、国内外标准著录项目数据等。

第二节　知识产权出版社专利产品功能

知识产权出版社产品包括专利检索系统、专利分析系统、专利下载工具、专利评估系统、专利案件/执法系统、专利管理系统、专利翻译系统、专利代理/申请系统、专利运营系统、咨询服务、知识产权大数据平台、翻译众包平台、IP认证平台、外观专利智能检索系统等。

CNIPR/InteCovery

InteCovery是由知识产权出版社开发并拥有自主知识产权的在线专利信息分析系统，旨在帮助有效的分析挖掘专利信息。

（1）系统主要面向政府科技政策管理、技术管理规划部门；企业的研发、知识产权管理等部门；专利、法律事务所；科研院所、大专院校等研究单位以及其他有分析需求的用户。

（2）系统服务内容包括分析产业及相关技术的发展趋势和状况；发现技术的新分支和产品应用方向；分析竞争对手的战略意图，了解竞争对手技术特点和状况；寻找技术合作合作伙伴，指导技术贸易，获取最大利益；分析企业知识产权运营情况以及依据分析目标完成分析。

InteCovery系统包括对专利数据的获取、加工、管理、检索和分析等功能，利用完整的价值链体系和加工提炼过程，把专利文献升值为专利情报。

（1）以企业竞争对专利信息的分析需求为基点，突出系统的可操作性、直观易用性、灵活性、开放性。

（2）Windows视窗式的展现方式，简单明了，容易上手。

（3）InteCovery精准、深加工的中国专利数据，包括与CNIPR检索体系一脉相承；包含引证、同族、权利要求项解析等三十多个专利数据维度；技术关键词、法律状态代码、省市区化代码等深加工字段；转移、转让和质押等运营数据以及专利价值评估数据。

（4）InteCovery提供后台全自动与人工判别相结合的人工智能数据清理功能，包括手工、自动和半自动的数据加工；申请人合并加工管理能力；依据同族数据的专利去重能力；基于筛选功能的数据挑选、拆分和重组能力以及智能化的数据补充手段。

专利分析系统涉及专利数据获取、管理、加工以及分析等功能，系统功能模块的整体架构。主要由数据检索、主题库管理、数据清理、统计分析四个部分构成。此外，系统还为用户提供了图表工具等功能，具体包括以下几种（见图 5-1）（本章图片均出自知识产权出版社 InteCovery 分析系统。下不另注）。

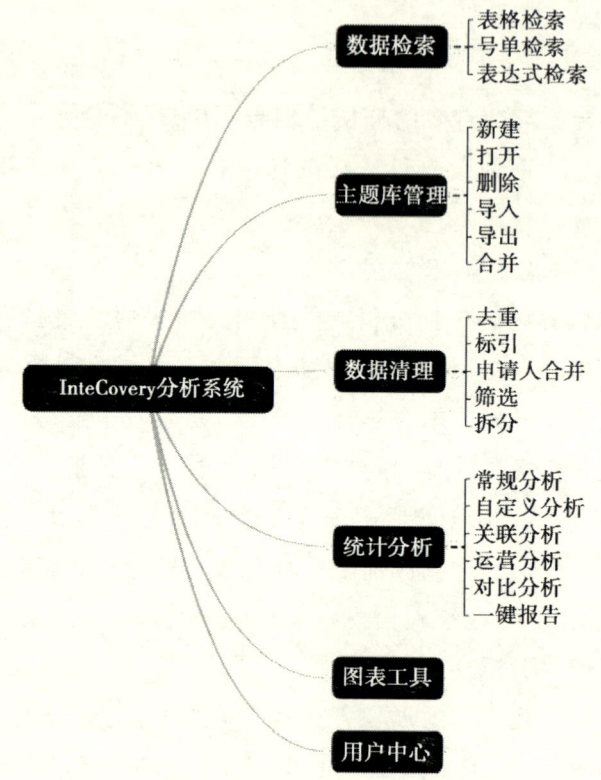

图 5-1　InteCovery 专利分析系统功能

（1）数据检索：经过特色加工的专利数据，属于系统自带的专利数据，目前包括中国、美国、日本、EP 和 WO 数据，后续数据范围会进一步扩展。

（2）主题库管理（主题是系统中很重要的一个概念，主题实质是一个专利的集合，也是分析的对象）：对专利分析数据集的组织和管理，主要包括新建主题、删除主题、主题数据的导入和导出、主题的合并等。

（3）数据清理：数据去重、专利标引、申请人合并、数据筛选和拆分。

（4）统计分析：除 7 大类 51 项常规分析外，还包括自定义分析、关联分析、运营分析、对比分析和一键报告。

（5）图表工具：输入或导入数据项，定制化生成各类图表。
（6）用户中心：管理用户自身相关数据。

一、数据检索

用户可以通过系统直接检索并保存专利数据。检索方式包括：表格检索如图 5-2 所示、号单检索如图 5-3 所示、表达式检索如图 5-4 所示，默认选择是表格检索。表格检索和表达式检索的语法规则同 CNIPR。下面是表格检索和表达式检索的截图示例。

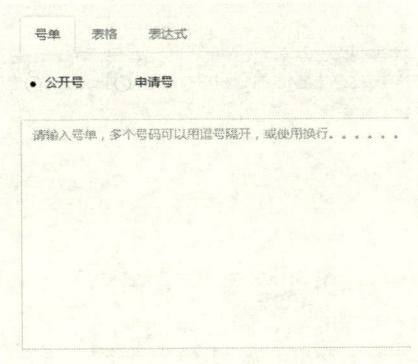

图 5-2 表格检索

图 5-3 号单检索

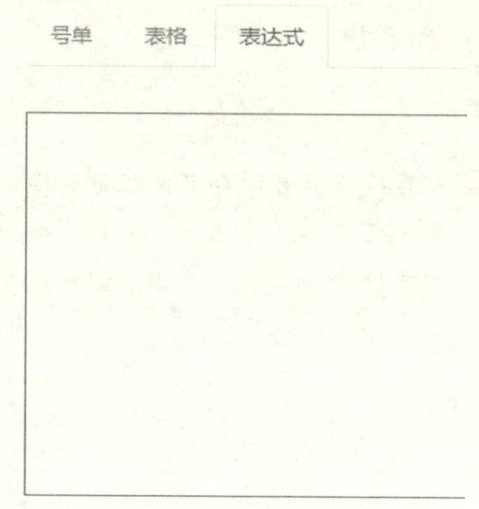

图 5-4 表达式检索

二、主题库管理

主题实质是一个专利的集合,也是分析的对象。主题库管理提供对主题进行统一的组织、管理的功能,从而方便用户对主题的管理需求。

主题库管理为视窗式展示,如图 5-5 所示:

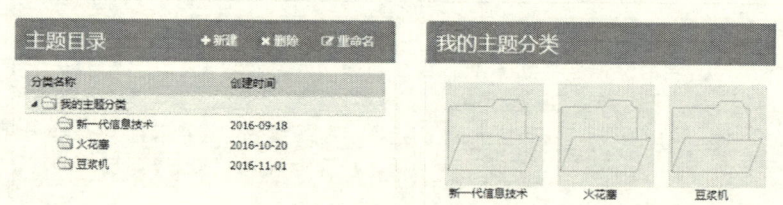

图 5-5 主题库管理界面

(1)主题目录管理:主题数据的分类组织,以类似于文件夹的形式来分组管理数据,从而能够清晰、高效地管理系统的分析数据。具体来说,采用按树形目录结构的方式来管理主题,树形目录使得主题的存放具有层级关系。可以通过功能按钮实现主题分类的新建和删除。

（2）主题列表管理：主题列表功能有：新建、修改、删除、合并、导入和导出。

三、数据清理

在主题库管理窗口中，双击一个主题，打开该主题的专利管理窗口。专利管理窗口中，展示主题的专利列表信息，在该窗口中提供主题数据清理的功能，包括：文献去重、筛选、生成新主题、申请人合并与取消和专利标引。

（一）专利浏览

专利浏览展示主题中文献的相关信息，其显示的字段可以自行设置，如图 5-6 所示。

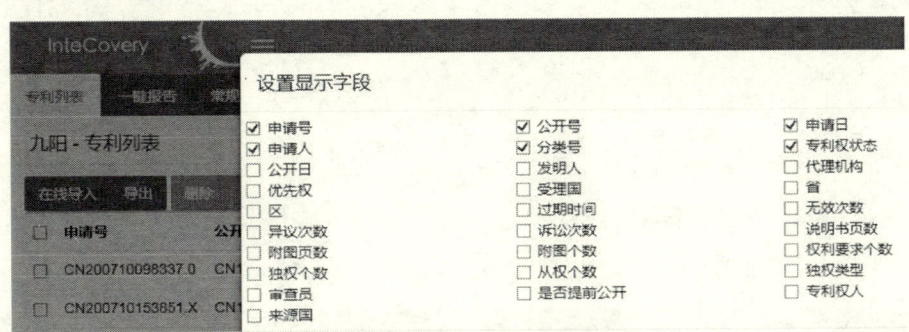

图 5-6　专利列表及显示字段设置

（二）数据去重

可对数据按照文献类型和同族两个层面的去重，文献类型去重可以选择保留公开或者授权文献。去重的操作可以通过【取消去重】回撤，如图 5-7 所示。

（三）筛选

可以在 37 个字段中进行筛选，逐步缩小数据范围。筛选字段之间支持 and、or 和 not 运算符。

可以对筛选结果进行撤销，即【取消筛选】，回到原始结果集，如图

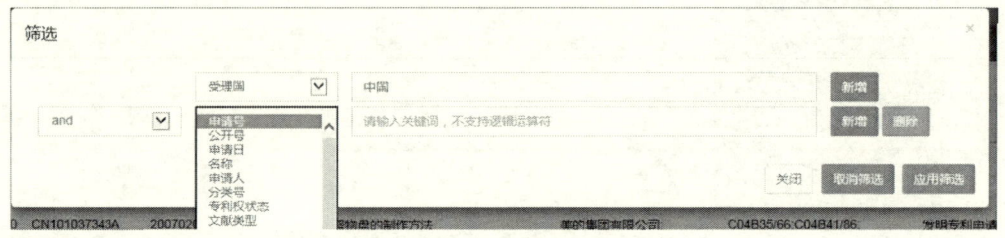

图 5-7 数据去重

5-8 所示。

图 5-8 字段筛选

（四）拆分

从一个主题中拆分出部分专利数据，形成一个新的主题，同时保留原主题即为拆分。拆分主要是在筛选之后使用，将筛选出的专利数据从已有主题中拆分出来。若没有筛选，直接使用拆分功能，则将整个主题拆分出来，形成了一个主题，相当于复制了一个主题，如图 5-9 所示。

点击【生成新主题】，可以将当前结果生成一个新的主题。

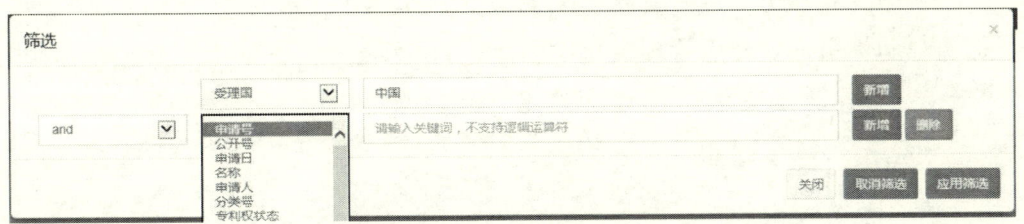

图 5-9　主题拆分

（五）申请人合并

申请人合并是将申请人按一定规则进行合并。通过申请人代码管理功能来统一管理申请人合并规则，用户也可以自行编辑申请人代码，将所编代码运用于主题数据，也可以取消申请人合并规则。应用规则之后，该主题中专利数据对应的申请人名称，会统一成合并后的申请人，取消后还原。申请人合并功能，可以完成对同一申请人但名称不同，或上下级关系的申请人进行合并。

使用申请人合并功能，首先需要打开申请人管理窗口【公司代码表】，编辑申请合并规则。申请人管理窗口如图 5-10 所示。

图 5-10　申请人合并

根据分析需求，编辑好申请人合并规则后，点击【申请人合并】即可使用申请人合并功能，使用该功能后，相关分析将按合并后的申请人进行。要取消申请合并，则点击【取消申请人合并】。

（六）专利标引

标引通俗讲是将主题中的专利数据打上标签。为更好支持专利标引功能，提供标引管理功能。标引管理对标引词进行统一管理，提供对标引词的添加、删除、修改功能，方便重复利用。标引需要与标引管理配合使用。

使用专利标引功能，首先需要打开标引管理窗口【标引管理】，编辑标引项和标引词。标引管理窗口如图5-11所示。

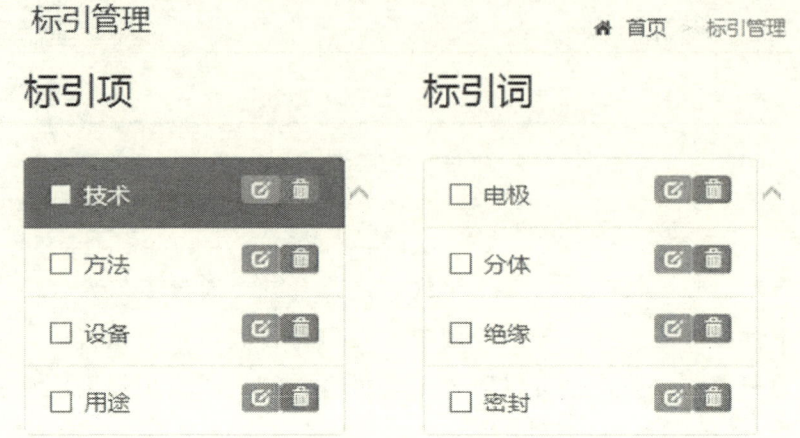

图 5-11　标引管理

根据分析需求，编辑好标引项和标引词后，即可使用标引功能，给专利添加标引字段，如图5-12所示。

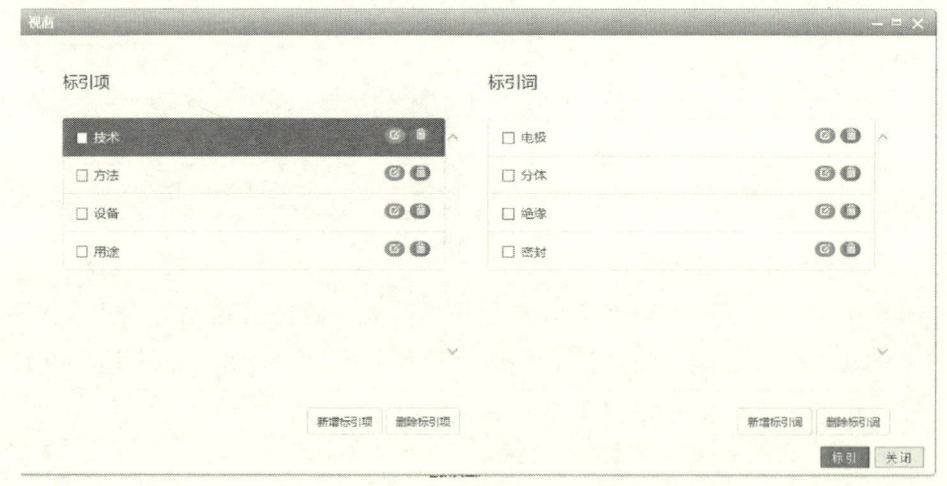

图 5-12　标引字段添加

四、统计分析

统计分析提供对主题数据进行一系列分析的功能,包括常规分析、自定义分析、关联分析、运营分析、对比分析和一键报告 6 个部分。

(一)常规分析

常规分析主要是常用的专利统计分析。

1. 总体情况分析

(1)申请趋势分析。

申请趋势显示申请量与时间的曲线关系,如图 5-13 所示。默认分析项为专利数,年份为近 10 年。其中分析项可以选择专利数、申请人数、发明人数、权利要求数、独权数、从权数、决定次数、无效次数、再审次数、异议次数。申请年按照近 5 年、近 10 年、近 20 年、近 50 年。

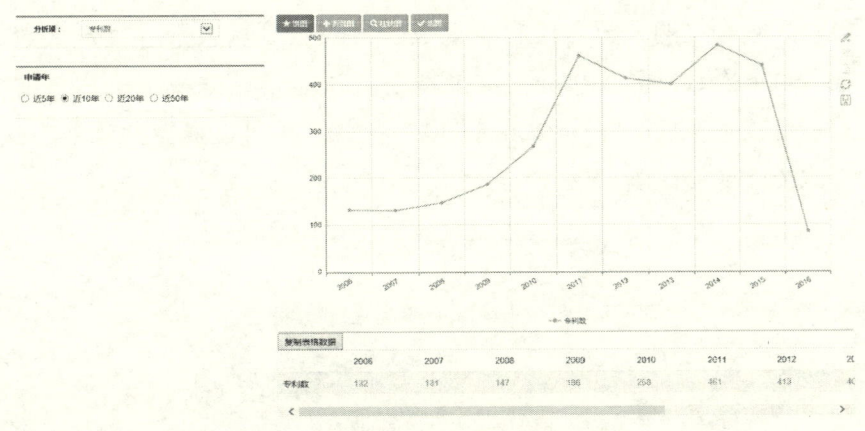

图 5-13 申请趋势分析

(2)公开趋势分析。

公开趋势显示公开量与时间的曲线关系,如图 5-14 所示。默认分析项为专利数,年份为近 10 年。其中分析项可以选择专利数、申请人数、发明人数、权利要求数、独权数、从权数、决定次数、无效次数、再审次数、异议次数。申请年按照近 5 年、近 10 年、近 20 年、近 50 年。

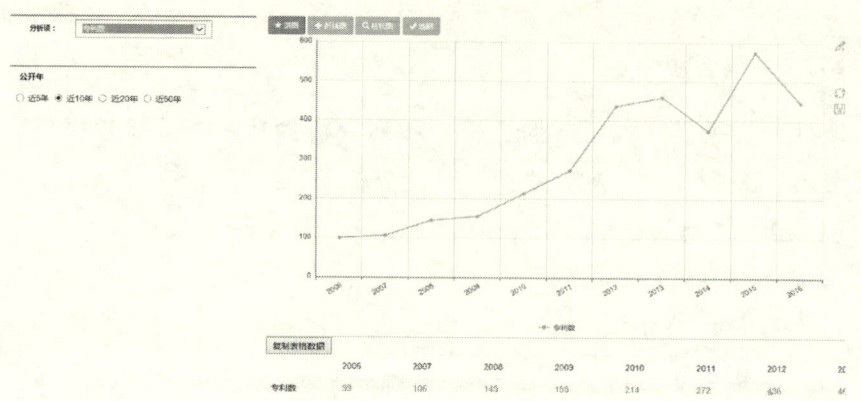

图 5-14　公开趋势分析

（3）文献类型分析。

文献类型分析显示分析项与默认前 5 的文献类型占比关系，如图 5-15 所示。默认分析项为专利数，文献类型为前 5。其中分析项可以选择专利数、申请人数、发明人数、权利要求数、独权数、从权数、决定次数、无效次数、再审次数、异议次数。文献类型默认显示该分析项下排名前 5 类型，用户可以选择前 10、前 20、前 30、前 50，也可以通过"添加"按钮，增加用户关注的文献类型。

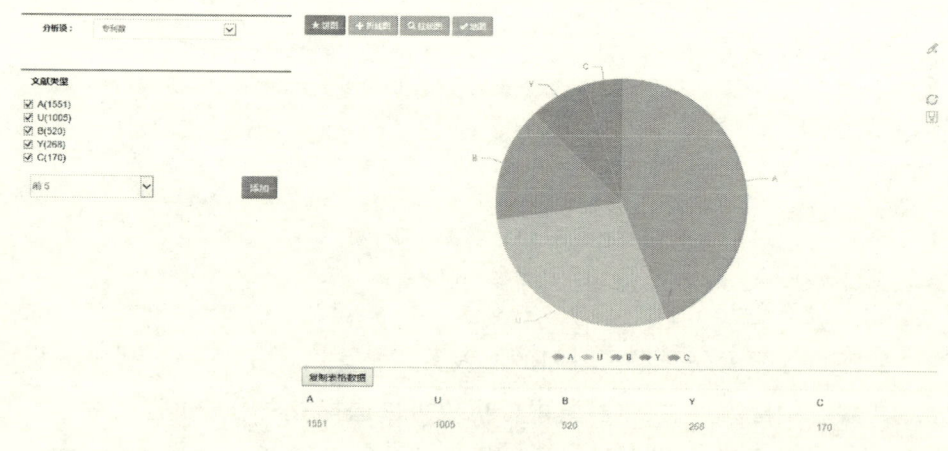

图 5-15　文献类型分析

(4)专利类型分析。

专利类型分析显示分析项与默认前5的专利类型占比关系,如图5-16所示。默认分析项为专利数,专利类型为前5。其中分析项可以选择专利数、申请人数、发明人数、权利要求数、独权数、从权数、决定次数、无效次数、再审次数、异议次数。文献类型默认显示该分析项下排名前5类型,用户可以选择前10、前20、前30、前50,也可以通过"添加"按钮,增加用户关注的文献类型。

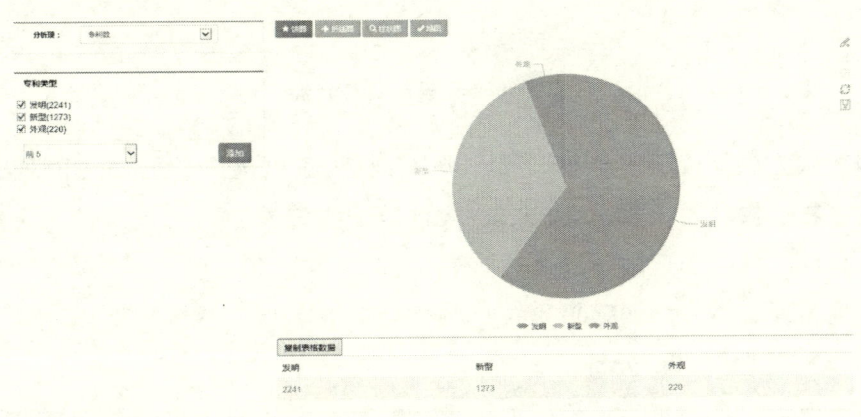

图5-16 专利类型分析

2. 区域情况分析

(1)受理国趋势分析。

受理国趋势显示分析项、申请年及受理国间的曲线关系,如图5-17所示。默认分析项为专利数,申请年为近10年,受理国默认为该分析项下的前5国。其中分析项可以选择专利数、申请人数、发明人数、权利要求数、独权数、从权数、决定次数、无效次数、再审次数、异议次数。申请年按照近5年、近10年、近20年、近50年。受理国可以选择前10、前20、前30、前50。"添加"用户在受理国列表中,添加感兴趣的受理国,综合分析。

(2)受理国构成分析。

受理国构成显示分析项与受理国间的关系。默认分析项为专利数,受

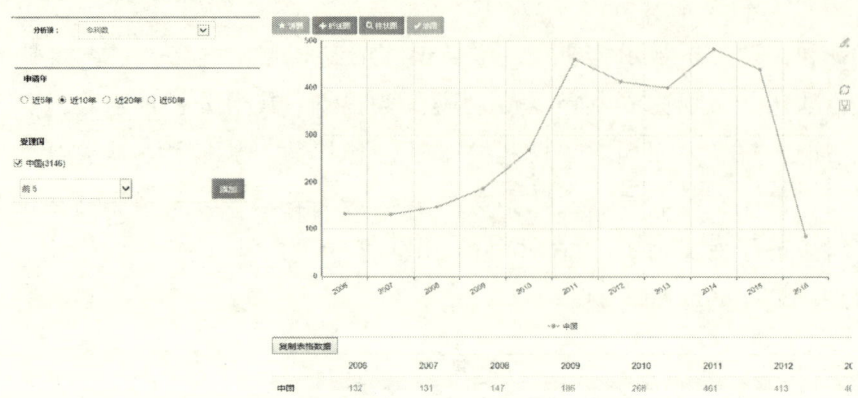

图 5-17 受理国趋势分析

理国默认为该分析项下的前 5 国。其中分析项可以选择专利数、申请人数、发明人数、权利要求数、独权数、从权数、决定次数、无效次数、再审次数、异议次数。受理国可以选择前 10、前 20、前 30、前 50。"添加"用户在受理国列表中，添加感兴趣的受理国，综合分析。

(3) 受理国 IPC 分析。

受理国 IPC 分析显示分析项、受理国及小类间的曲线关系，如图 5-18 所示。默认分析项为专利数，受理国默认为该分析项下的前 5 国，小类为该分析项下的前 5 个小类。其中分析项可以选择专利数、申请人数、发明人数、权利要求数、独权数、从权数、决定次数、无效次数、再审次数、异议次数。受理国可以选择前 10、前 20、前 30、前 50。"添加"用户在受理国列表中，添加感兴趣的受理国，综合分析。小类与受理国类似。

(4) 受理国关键词分析。

受理国关键词分析显示分析项、受理国及关键词间的曲线关系，如图 5-19 所示。默认分析项为专利数，受理国默认为该分析项下的前 5 国，关键词为该分析项下的前 5 个关键词。其中分析项可以选择专利数、申请人数、发明人数、权利要求数、独权数、从权数、决定次数、无效次数、再审次数、异议次数。受理国可以选择前 10、前 20、前 30、前 50。"添加"用户在受理国列表中，添加感兴趣的受理国，综合分析。关键词与受理国类似。

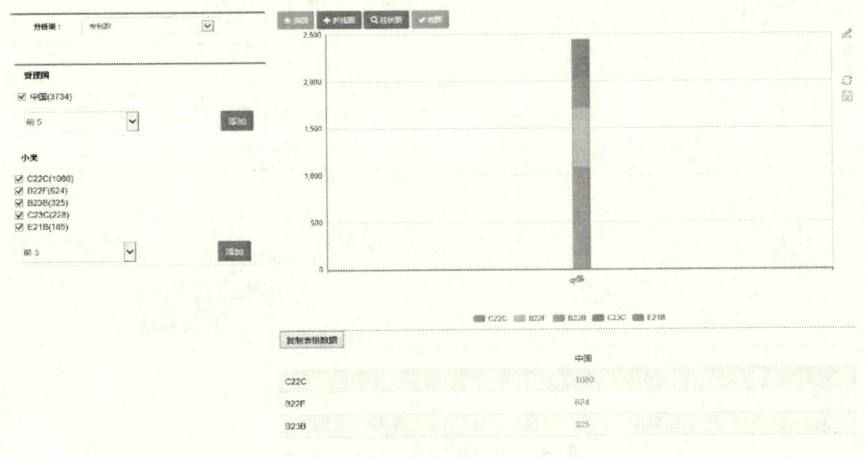

图 5-18 受理国 IPC 分析

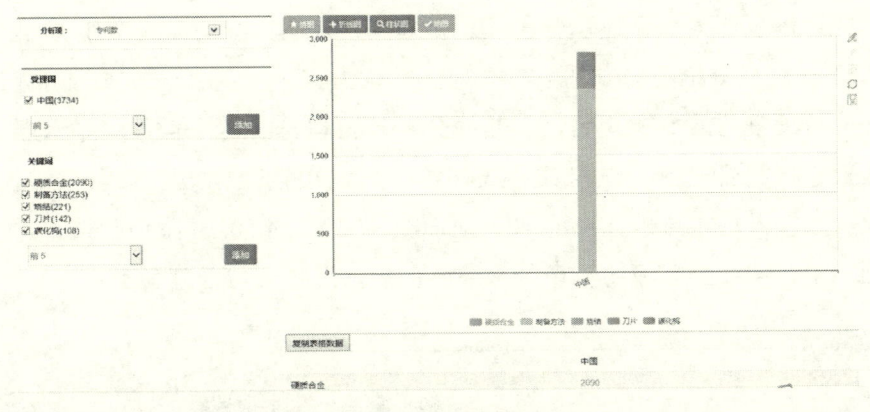

图 5-19 受理国关键词分析

(5) 受理国申请人分析。

受理国申请人分析显示分析项、受理国及申请人间的曲线关系，如图 5-20 所示。默认分析项为专利数，受理国默认为该分析项下的前 5 国，申请人为该分析项下的前 5 个申请人。其中分析项可以选择专利数、申请人数、发明人数、权利要求数、独权数、从权数、决定次数、无效次数、再审次数、异议次数。受理国可以选择前 10、前 20、前 30、前 50。"添加"用户在受理国列表中，添加感兴趣的受理国，综合分析。申请人与受理国类似。

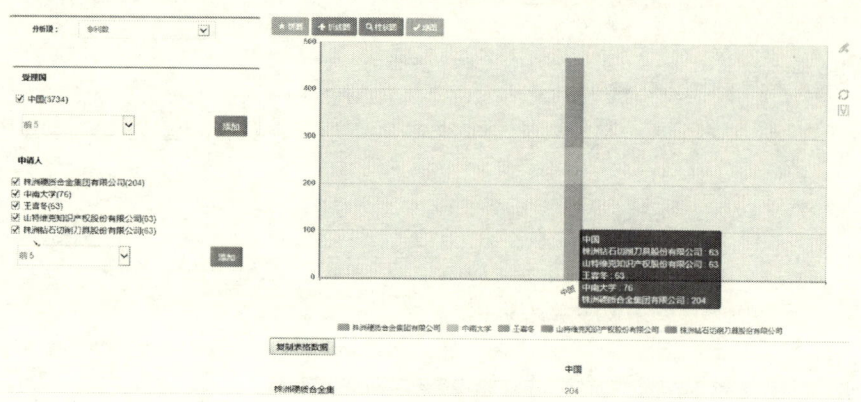

图 5-20 受理国申请人分析

（6）受理国发明人分析。

受理国发明人分析显示分析项、受理国及发明人间的曲线关系，如图 5-21 所示。默认分析项为专利数，受理国默认为该分析项下的前 5 国，发明人为该分析项下的前 5 个发明人。其中分析项可以选择专利数、申请人数、发明人数、权利要求数、独权数、从权数、决定次数、无效次数、再审次数、异议次数。受理国可以选择前 10、前 20、前 30、前 50。"添加"用户在受理国列表中，添加感兴趣的受理国，综合分析。发明人与受理国类似。

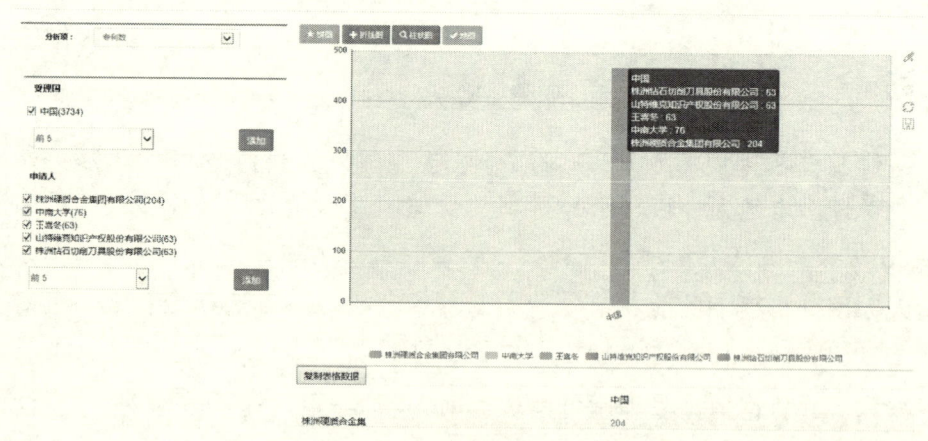

图 5-21 受理国发明人分析

(7) 来源国趋势分析。

来源国趋势分析显示分析项、来源国及申请年间的曲线关系，如图5-22所示。默认分析项为专利数，其中分析项可以选择专利数、申请人数、发明人数、权利要求数、独权数、从权数、决定次数、无效次数、再审次数、异议次数。申请年默认显示近10年，可以选择近5年、近20年、近50年。来源国默认为该分析项下的前5国，"添加"用户在来源国列表中，添加感兴趣的来源国，综合分析。

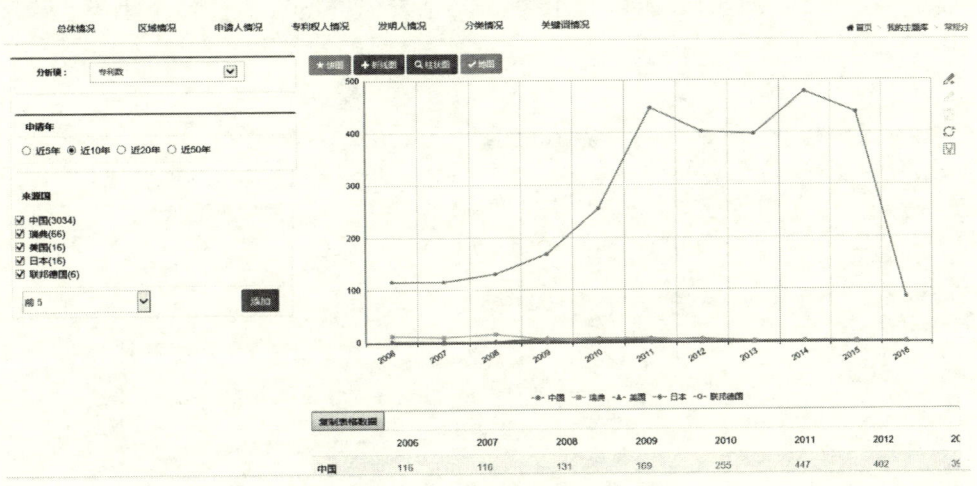

图5-22 来源国趋势分析

(8) 来源国构成分析。

来源国构成分析显示分析项、来源国间的曲线关系。默认分析项为专利数，其中分析项可以选择专利数、申请人数、发明人数、权利要求数、独权数、从权数、决定次数、无效次数、再审次数、异议次数。来源国默认为该分析项下的前5国，"添加"用户在来源国列表中，添加感兴趣的来源国，综合分析。

(9) 来源省构成分析。

来源省构成分析显示分析项、来源省间的曲线关系。默认分析项为专利数，其中分析项可以选择专利数、申请人数、发明人数、权利要求数、独权数、从权数、决定次数、无效次数、再审次数、异议次数。来源省默认为该分析项下的前 5 位,"添加"用户在来源省列表中,添加感兴趣的来源省,综合分析。

(10) 来源国 IPC 分析。

来源国 IPC 分析显示分析项、来源国及小类间的曲线关系,如图 5-23 所示。默认分析项为专利数,其中分析项可以选择专利数、申请人数、发明人数、权利要求数、独权数、从权数、决定次数、无效次数、再审次数、异议次数。来源国默认为该分析项下的前 5 国,"添加"用户在来源国列表中,添加感兴趣的来源国。小类默认为该分析项下的前 5 个小类,"添加"操作与来源国分析类似。

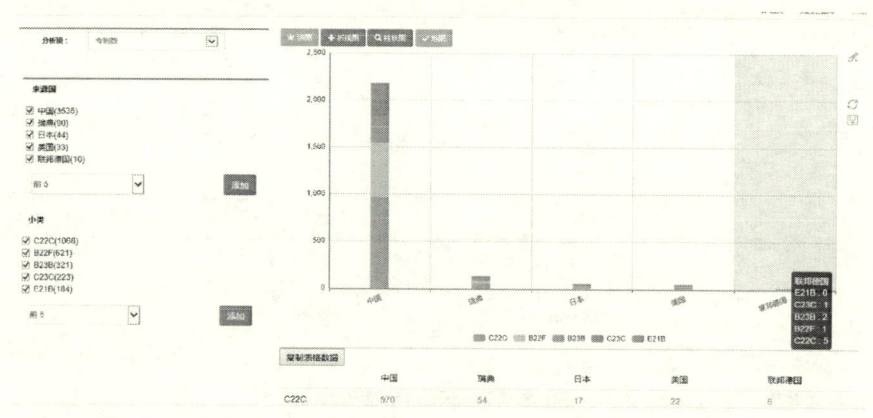

图 5-23　来源国 IPC 分析

(11) 来源国关键词分析。

来源国关键词分析显示分析项、来源国及关键词间的曲线关系,如图 5-24 所示。默认分析项为专利数,其中分析项可以选择专利数、申请人数、发明人数、权利要求数、独权数、从权数、决定次数、无效次数、再审次数、异议次数。来源国默认为该分析项下的前 5 国,"添加"用户在来源国列表中,添加感兴趣的来源国。关键词默认为该分析项下的前 5 个,"添加"操作与来源国分析类似。

(12) 来源国申请人分析。

来源国申请人分析显示分析项、来源国及申请人间的曲线关系,如图

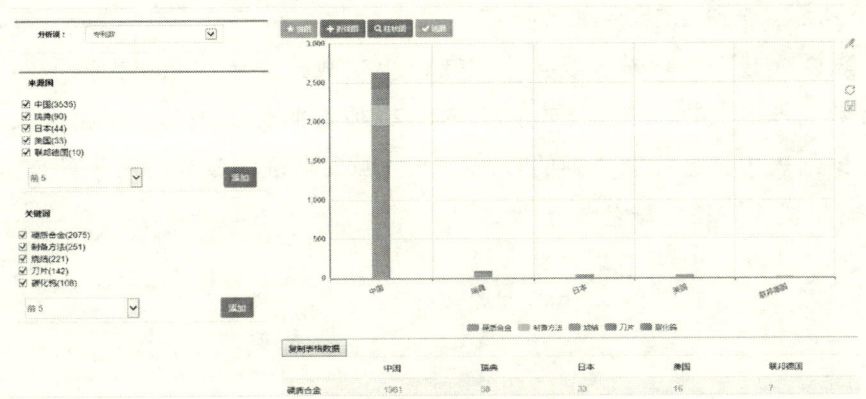

图 5-24　来源国关键词分析

5-25 所示。默认分析项为专利数,其中分析项可以选择专利数、申请人数、发明人数、权利要求数、独权数、从权数、决定次数、无效次数、再审次数、异议次数。来源国默认为该分析项下的前 5 国,"添加"用户在来源国列表中,添加感兴趣的来源国。申请人默认为该分析项下的前 5 个,"添加"操作与来源国分析类似。

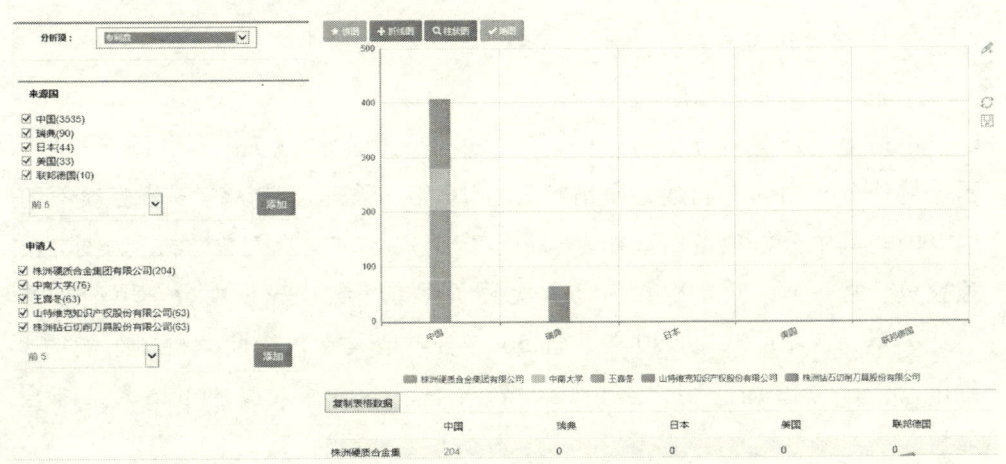

图 5-25　来源国申请人分析

(13) 来源国发明人分析。

来源国发明人分析显示分析项、来源国及发明人间的曲线关系,如图

5-26所示。默认分析项为专利数,其中分析项可以选择专利数、申请人数、发明人数、权利要求数、独权数、从权数、决定次数、无效次数、再审次数、异议次数。来源国默认为该分析项下的前5国,"添加"用户在来源国列表中,添加感兴趣的来源国。发明人默认为该分析项下的前5个,"添加"操作与来源国分析类似。

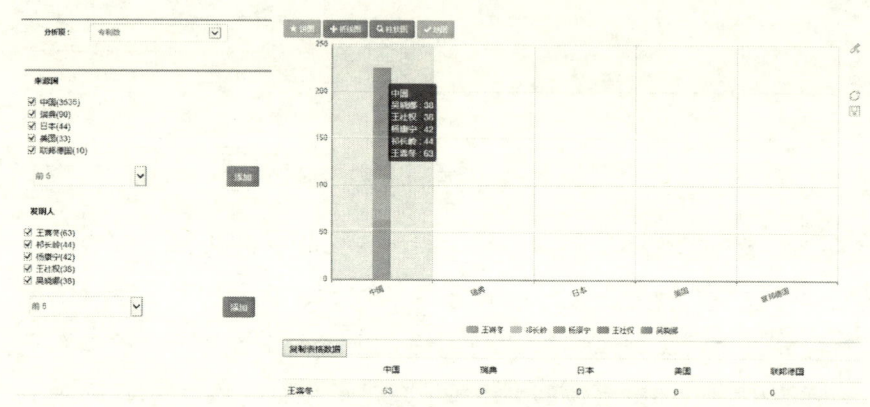

图 5-26　来源国发明人分析

3. 申请人情况分析

(1) 申请人趋势分析。

申请人趋势显示分析项、申请年及申请人间的曲线关系,如图5-27所示。默认分析项为专利数,申请年为近10年,受理国默认为该分析项下的前5国。其中分析项可以选择专利数、申请人数、发明人数、权利要求数、独权数、从权数、决定次数、无效次数、再审次数、异议次数。申请年按照近5年、近10年、近20年、近50年。申请人默认为此分析项下的前5位申请人。"添加"用户在申请人列表中,添加感兴趣的申请人,综合分析。

(2) 申请人构成分析。

申请人构成显示分析项与申请人间的关系,如图5-28所示。默认分析项为专利数,申请人默认为该分析项下的前5位。其中分析项可以选择专利数、申请人数、发明人数、权利要求数、独权数、从权数、决定次数、

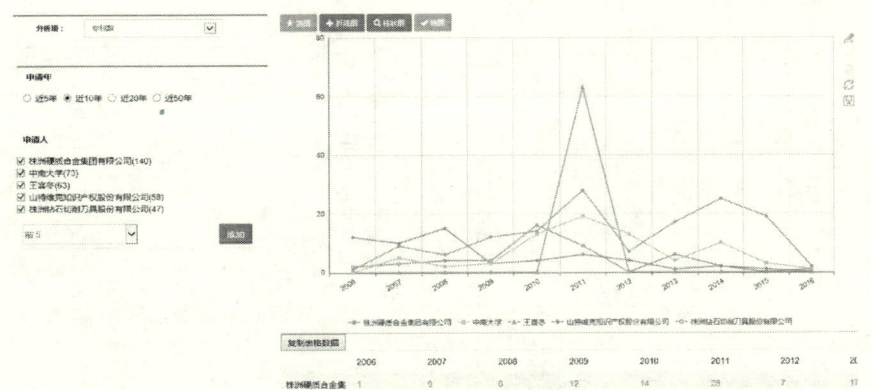

图 5-27 申请人趋势分析

无效次数、再审次数、异议次数。申请人默认为前 5 位申请人。"添加"用户在申请人列表中,添加感兴趣的申请人,综合分析。

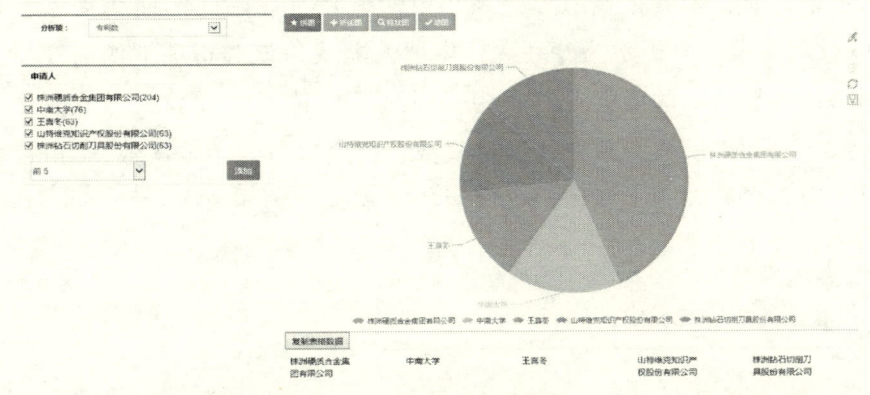

图 5-28 申请人构成分析

(3) 申请人受理国分析。

申请人受理国分析显示分析项、申请人及受理国间的曲线关系,如图 5-29 所示。默认分析项为专利数,申请人默认为该分析项下的前 5 位,受理国为该分析项下的前 5 个。其中分析项可以选择专利数、申请人数、发明人数、权利要求数、独权数、从权数、决定次数、无效次数、再审次数、异议次数。申请人通过"添加"感兴趣的申请人,综合分析。受理国与申请人类似。

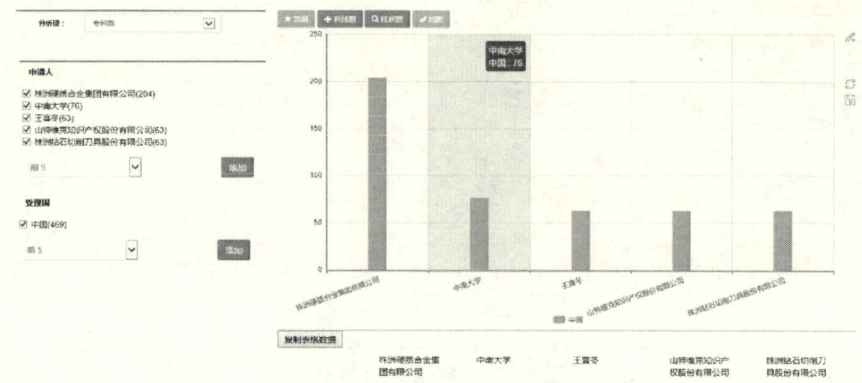

图 5-29 申请人受理国分析

（4）申请人所在国分析。

申请人所在国分析显示分析项、申请人及所在国间的曲线关系，如图 5-30 所示。默认分析项为专利数，申请人默认为该分析项下的前 5 位，所在国为该分析项下的前 5 个。其中分析项可以选择专利数、申请人数、发明人数、权利要求数、独权数、从权数、决定次数、无效次数、再审次数、异议次数。申请人和来源国都可以通过"添加"自定义。

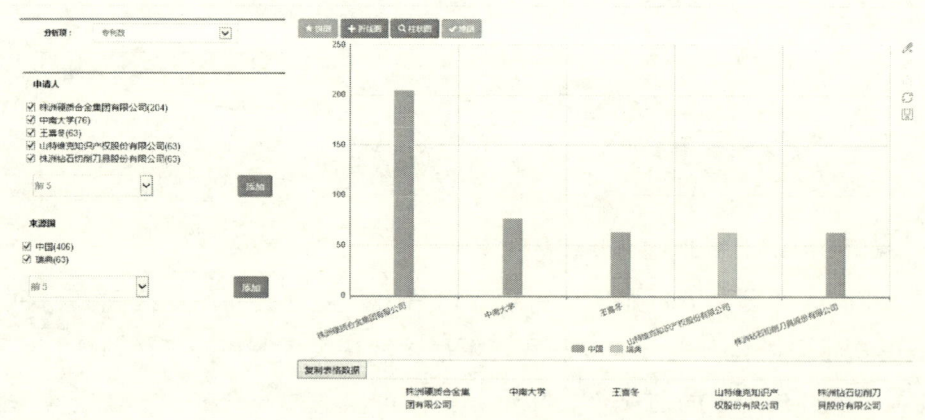

图 5-30 申请人所在国分析

(5) 申请人类型分析。

申请人类型分析显示分析项、申请人及申请人类型间的曲线关系,如图 5-31 所示。默认分析项为专利数,申请人默认为该分析项下的前 5 位,所在国为该分析项下的前 5 个。其中分析项可以选择专利数、申请人数、发明人数、权利要求数、独权数、从权数、决定次数、无效次数、再审次数、异议次数。申请人和申请人类型都可以通过"添加"自定义。

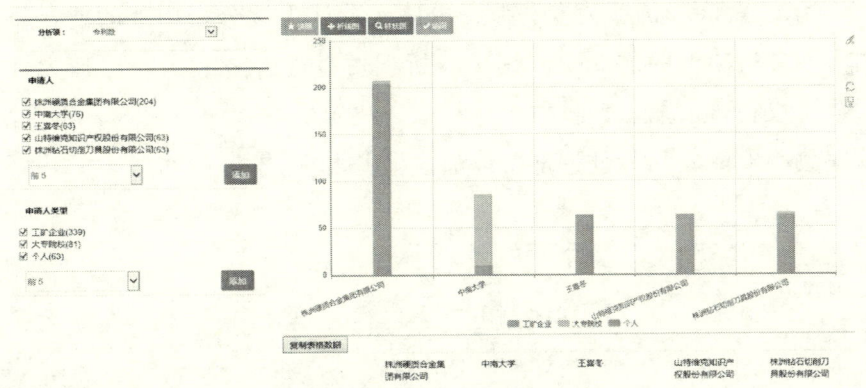

图 5-31　申请人类型分析

(6) 申请人 IPC 分析。

申请人 IPC 分析显示分析项、申请人及 IPC 间的曲线关系,如图 5-32

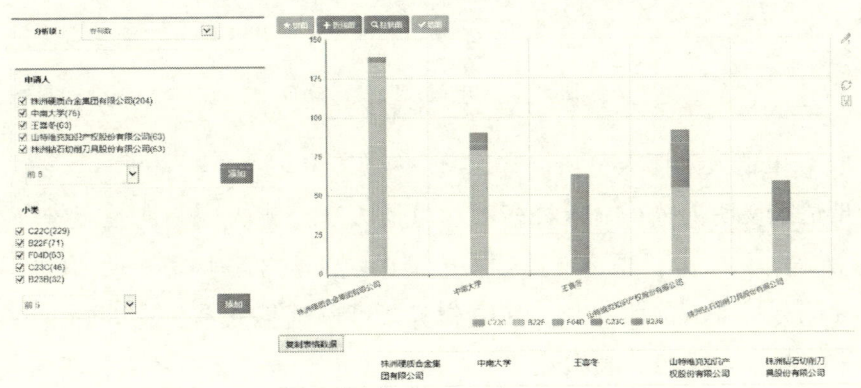

图 5-32　申请人 IPC 分析

所示。默认分析项为专利数,申请人默认为该分析项下的前 5 位,所在国为该分析项下的前 5 个。其中分析项可以选择专利数、申请人数、发明人数、权利要求数、独权数、从权数、决定次数、无效次数、再审次数、异议次数。申请人和 IPC 都可以通过"添加"自定义。

(7) 申请人关键词分析。

申请人关键词分析显示分析项、申请人及关键词间的曲线关系,如图 5-33 所示。默认分析项为专利数,申请人默认为该分析项下的前 5 位,所在国为该分析项下的前 5 个。其中分析项可以选择专利数、申请人数、发明人数、权利要求数、独权数、从权数、决定次数、无效次数、再审次数、异议次数。申请人和关键词都可以通过"添加"自定义。

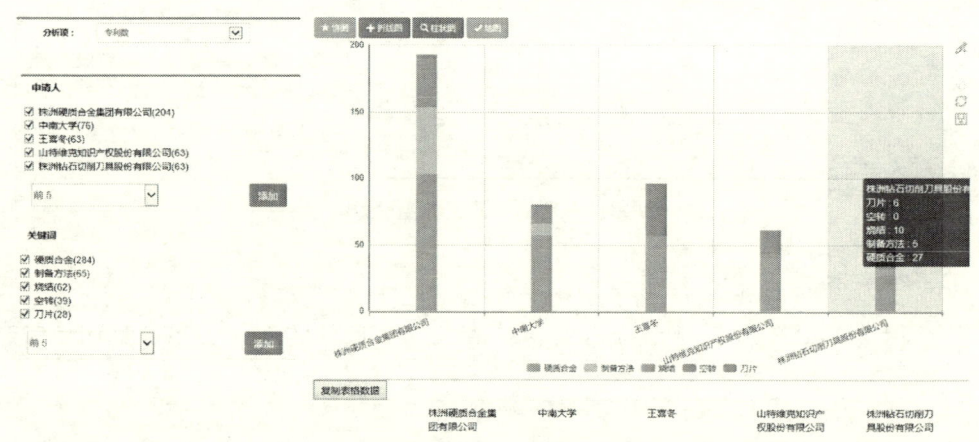

图 5-33　申请人关键词分析

(8) 申请人发明人分析。

申请人发明人分析显示分析项、申请人及发明人间的曲线关系,如图 5-34 所示。默认分析项为专利数,申请人默认为该分析项下的前 5 位,发明人为该分析项下的前 5 个。其中分析项可以选择专利数、申请人数、发明人数、权利要求数、独权数、从权数、决定次数、无效次数、再审次数、异议次数。申请人和发明人都可以通过"添加"自定义。

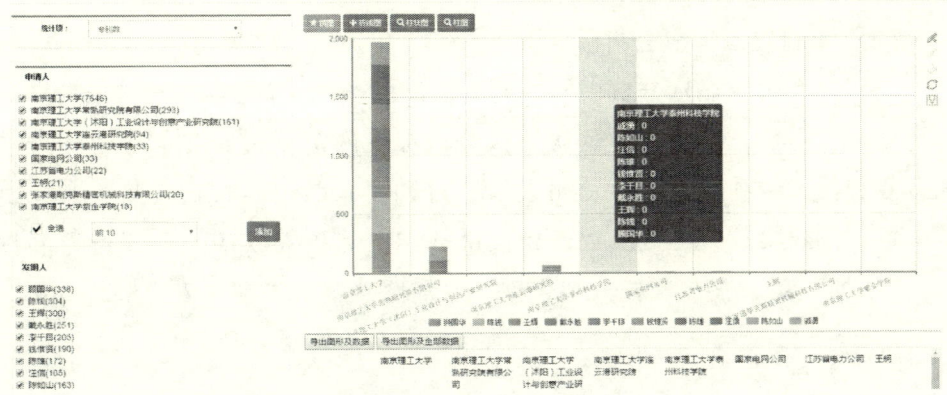

图 5-34 申请人发明人分析

4. 专利权人人情况分析

（1）专利权人趋势分析。

专利权人趋势显示分析项、申请年及专利权人间的曲线关系，如图 5-35 所示。默认分析项为专利数，申请年为近 10 年，受理国默认为该分析项下的前 5 国。其中分析项可以选择专利数、专利权人数、发明人数、权利要求数、独权数、从权数、决定次数、无效次数、再审次数、异议次数。申请年按照近 5 年、近 10 年、近 20 年、近 50 年。专利权人默认为此分析项下的前 5 位专利权人。"添加"用户在专利权人列表中，添加感兴趣的

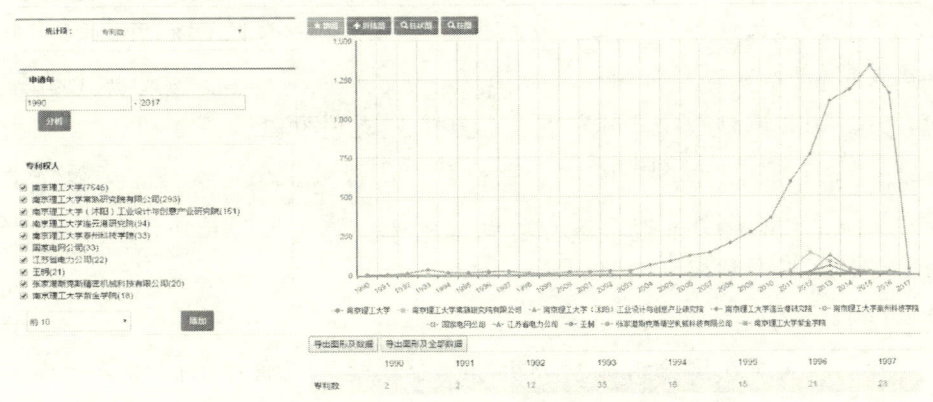

图 5-35 专利权人趋势分析

专利权人,综合分析。

(2) 专利权人构成分析。

专利权人构成显示分析项与专利权人间的关系,如图5-36所示。默认分析项为专利数,专利权人默认为该分析项下的前5位。其中分析项可以选择专利数、专利权人数、发明人数、权利要求数、独权数、从权数、决定次数、无效次数、再审次数、异议次数。专利权人默认为前5位专利权人。"添加"用户在专利权人列表中,添加感兴趣的专利权人,综合分析。

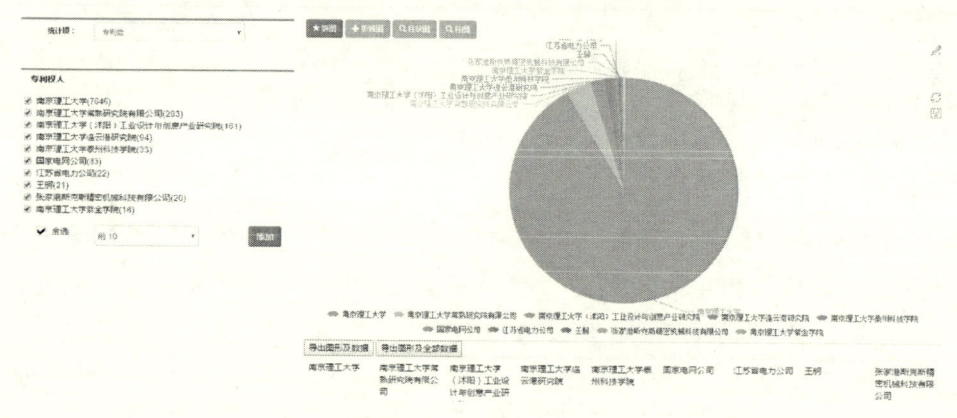

图5-36 专利权人构成分析

(3) 专利权人受理国分析。

专利权人受理国分析显示分析项、专利权人及受理国间的曲线关系,如图5-37所示。默认分析项为专利数,专利权人默认为该分析项下的前5位,受理国为该分析项下的前5个。其中分析项可以选择专利数、专利权人数、发明人数、权利要求数、独权数、从权数、决定次数、无效次数、再审次数、异议次数。专利权人通过"添加"感兴趣的专利权人,综合分析。受理国与专利权人类似。

(4) 专利权人所在国分析。

专利权人所在国分析显示分析项、专利权人及所在国间的曲线关系,如图5-38所示。默认分析项为专利数,专利权人默认为该分析项下的前5位,所在国为该分析项下的前5个。其中分析项可以选择专利数、专利权

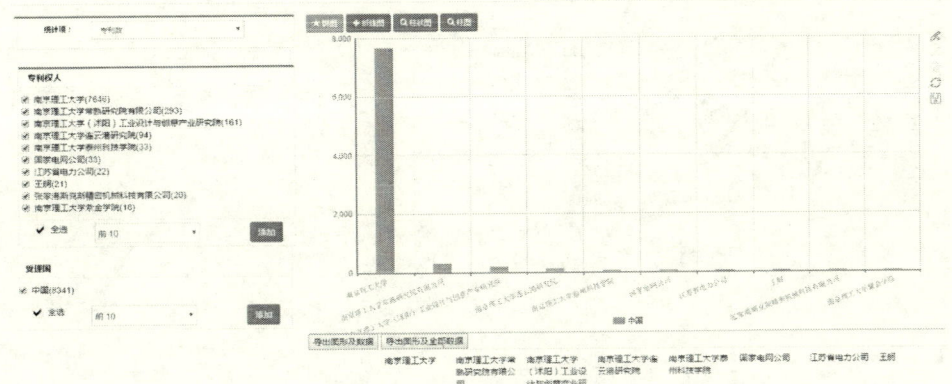

图 5-37 专利权人受理国分析

人数、发明人数、权利要求数、独权数、从权数、决定次数、无效次数、再审次数、异议次数。专利权人和来源国都可以通过"添加"自定义。

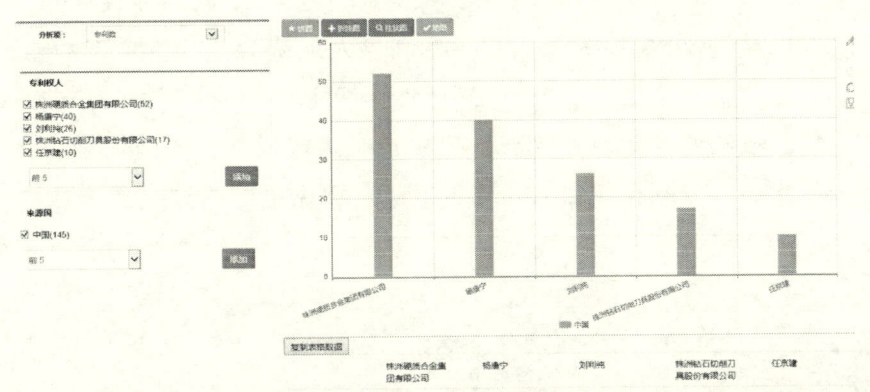

图 5-38 专利权人所在国分析

(5) 专利权人类型分析。

专利权人类型分析显示分析项、专利权人及专利权人类型间的曲线关系，如图 5-39 所示。默认分析项为专利数，专利权人默认为该分析项下的前 5 位，所在国为该分析项下的前 5 个。其中分析项可以选择专利数、专利权人数、发明人数、权利要求数、独权数、从权数、决定次数、无效次数、再审次数、异议次数。专利权人和专利权人类型都可以通过"添加"

自定义。

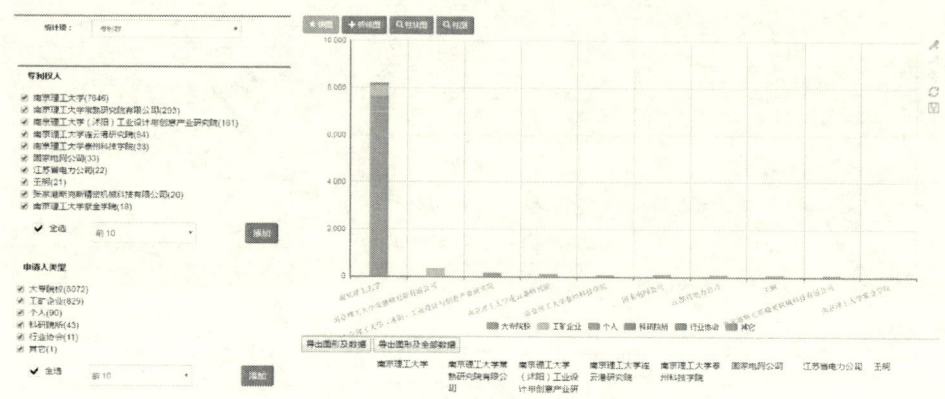

图 5-39 专利权人类型分析

(6) 专利权人 IPC 分析。

专利权人 IPC 分析显示分析项、专利权人及 IPC 间的曲线关系，如图 5-40 所示。默认分析项为专利数，专利权人默认为该分析项下的前 5 位，所在国为该分析项下的前 5 个。其中分析项可以选择专利数、专利权人数、发明人数、权利要求数、独权数、从权数、决定次数、无效次数、再审次数、异议次数。专利权人和 IPC 都可以通过"添加"自定义。

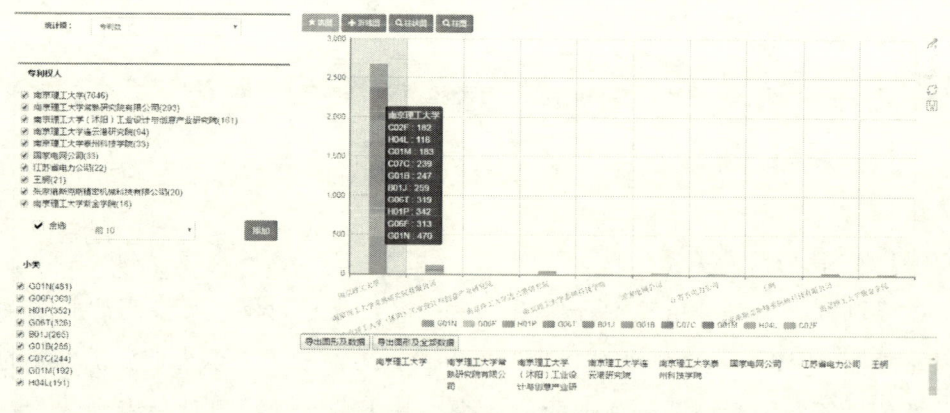

图 5-40 专利权人 IPC 分析

(7) 专利权人关键词分析。

专利权人关键词分析显示分析项、专利权人及关键词间的曲线关系，如图5-41所示。默认分析项为专利数，专利权人默认为该分析项下的前5位，所在国为该分析项下的前5个。其中分析项可以选择专利数、专利权人数、发明人数、权利要求数、独权数、从权数、决定次数、无效次数、再审次数、异议次数。专利权人和关键词都可以通过"添加"自定义。

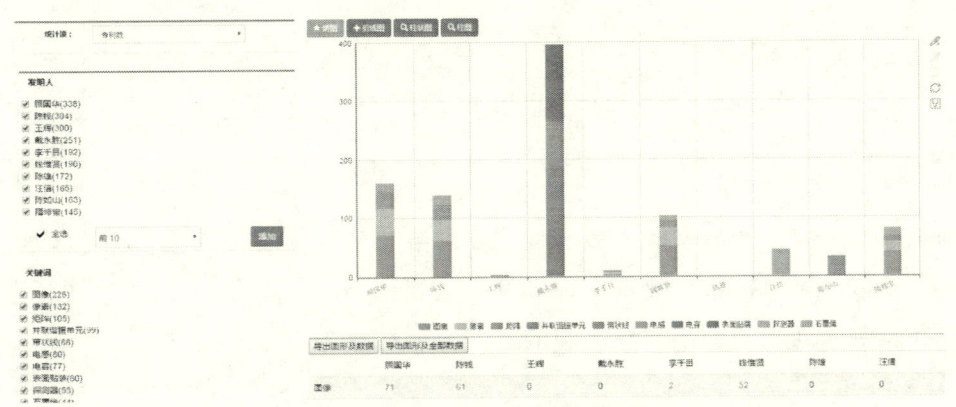

图5-41 专利权人关键词分析

5. 发明人情况分析

（1）发明人趋势分析。

发明人趋势显示分析项、申请年及发明人间的曲线关系，如图5-42所示。默认分析项为专利数，申请年为近10年，受理国默认为该分析项下的前5国。其中分析项可以选择专利数、专利权人数、发明人数、权利要求数、独权数、从权数、决定次数、无效次数、再审次数、异议次数。申请年按照近5年、近10年、近20年、近50年。发明人默认为此分析项下的前5位发明人。"添加"用户在发明人列表中，添加感兴趣的发明人，综合分析。

（2）发明人构成分析。

发明人构成显示分析项与发明人间的关系，如图5-43所示。默认分析项为专利数，发明人默认为该分析项下的前5位。其中分析项可以选择专

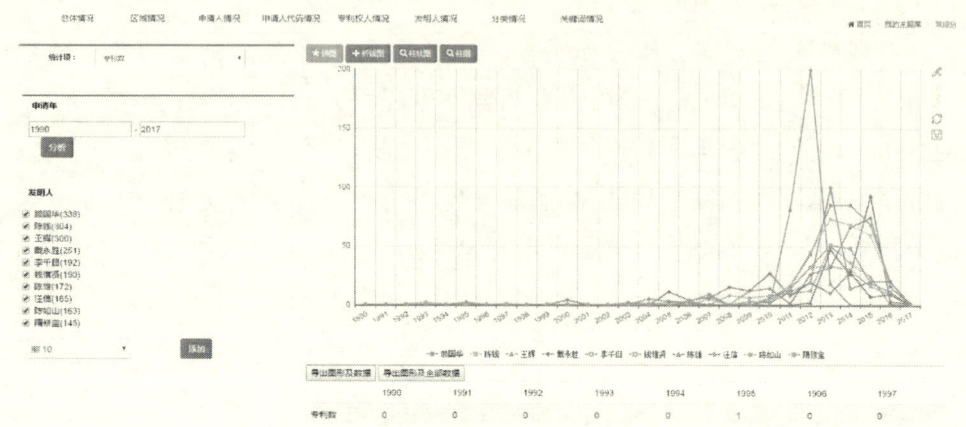

图 5-42 发明人趋势分析

利数、专利权人数、发明人数、权利要求数、独权数、从权数、决定次数、无效次数、再审次数、异议次数。发明人默认为前5位发明人。"添加"用户在发明人列表中,添加感兴趣的发明人,综合分析。

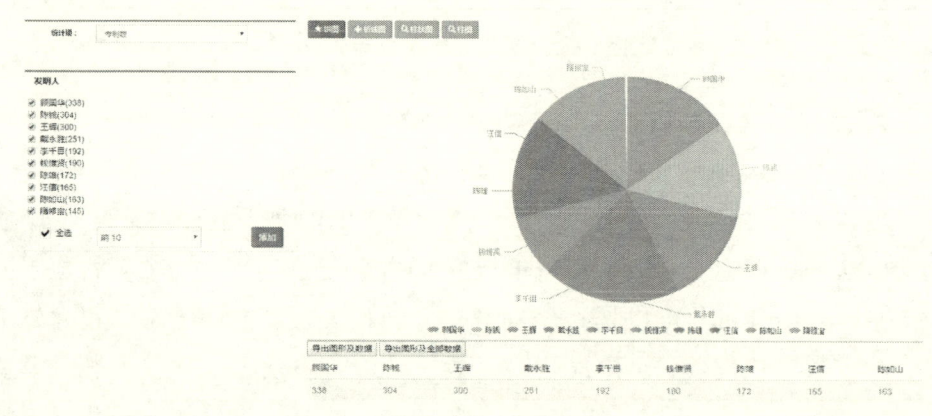

图 5-43 发明人构成分析

(3) 发明人受理国分析。

发明人受理国分析显示分析项、发明人及受理国间的曲线关系,如图5-44 所示。默认分析项为专利数,发明人默认为该分析项下的前5位,受理国为该分析项下的前5个。其中分析项可以选择专利数、专利权人数、发明人数、权利要求数、独权数、从权数、决定次数、无效次数、再审次数、异议次数。发明人通过"添加"感兴趣的发明人，综合分析。受理国与发明人类似。

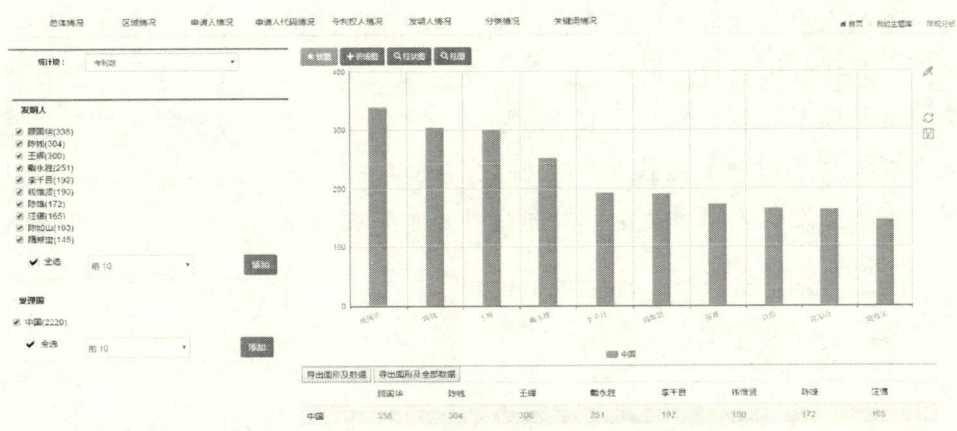

图 5-44　发明人受理国分析

（4）发明人所在国分析。

发明人所在国分析显示分析项、发明人及所在国间的曲线关系，如图 5-45 所示。默认分析项为专利数，发明人默认为该分析项下的前 5 位，所在国为该分析项下的前 5 个。其中分析项可以选择专利数、专利权人数、

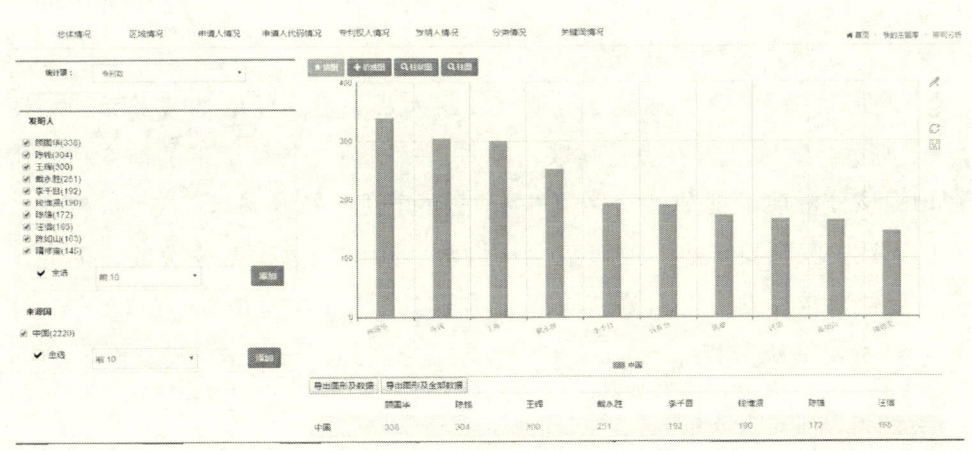

图 5-45　发明人所在国分析

发明人数、权利要求数、独权数、从权数、决定次数、无效次数、再审次数、异议次数。发明人和来源国都可以通过"添加"自定义。

（5）发明人 IPC 分析。

发明人 IPC 分析显示分析项、发明人及 IPC 间的曲线关系，如图 5-46 所示。默认分析项为专利数，发明人默认为该分析项下的前 5 位，所在国为该分析项下的前 5 个。其中分析项可以选择专利数、专利权人数、发明人数、权利要求数、独权数、从权数、决定次数、无效次数、再审次数、异议次数。发明人和 IPC 都可以通过"添加"自定义。

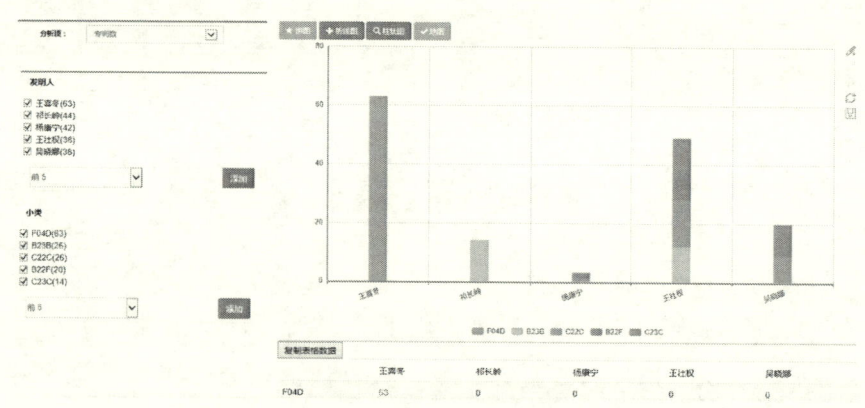

图 5-46　发明人 IPC 分析

（6）发明人关键词分析。

发明人关键词分析显示分析项、发明人及关键词间的曲线关系，如图 5-47 所示。默认分析项为专利数，发明人默认为该分析项下的前 5 位，所在国为该分析项下的前 5 个。其中分析项可以选择专利数、专利权人数、发明人数、权利要求数、独权数、从权数、决定次数、无效次数、再审次数、异议次数。发明人和关键词都可以通过"添加"自定义。

6. 分类情况分析

（1）IPC 趋势分析。

IPC 趋势显示分析项、申请年及 IPC 间的曲线关系，如图 5-48 所示。默认分析项为专利数，申请年为近 10 年，受理国默认为该分析项下的前 5

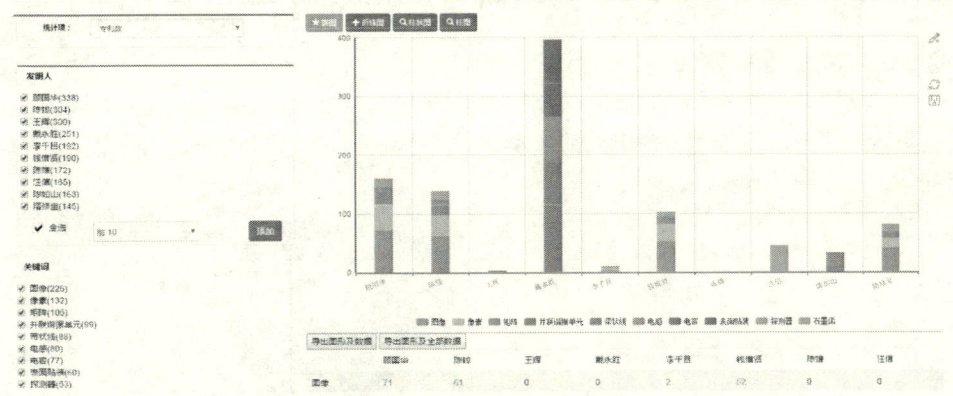

图 5-47　发明人关键词分析

国。其中分析项可以选择专利数、IPC 数、发明人数、权利要求数、独权数、从权数、决定次数、无效次数、再审次数、异议次数。申请年按照近 5 年、近 10 年、近 20 年、近 50 年。IPC 默认为此分析项下的前 5 位 IPC。"添加"用户在 IPC 列表中，添加感兴趣的 IPC，综合分析。

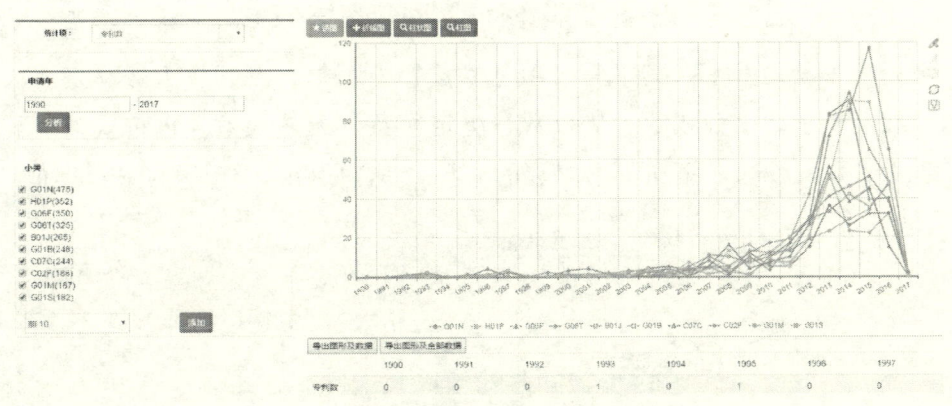

图 5-48　IPC 趋势分析

（2）IPC 构成分析。

IPC 构成显示分析项与 IPC 间的关系，如图 5-49 所示。默认分析项为专利数，IPC 默认为该分析项下的前 5 位。其中分析项可以选择专利数、专利权人数、发明人数、权利要求数、独权数、从权数、决定次数、无效次数、再审次数、异议次数。IPC 默认为前 5 位 IPC。"添加"用户在 IPC 列表中,添加感兴趣的 IPC,综合分析。

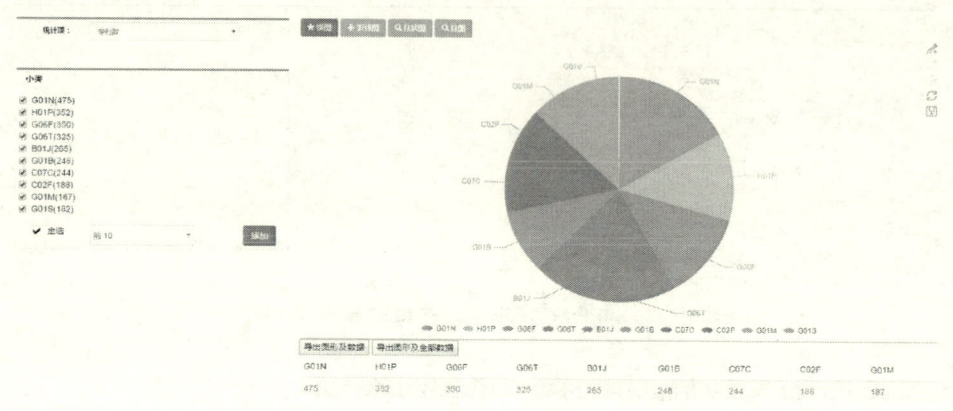

图 5-49 IPC 构成分析

(3) IPC 受理国分析。

IPC 受理国分析显示分析项、IPC 及受理国间的曲线关系,如图 5-50 所示。默认分析项为专利数,IPC 默认为该分析项下的前 5 位,受理国为该分析项下的前 5 个。其中分析项可以选择专利数、专利权人数、发明人数、权利要求数、独权数、从权数、决定次数、无效次数、再审次数、异议次数。IPC 通过"添加"感兴趣的 IPC,综合分析。受理国与 IPC 类似。

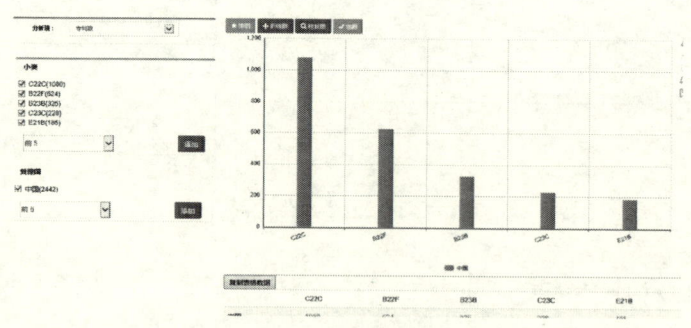

图 5-50 IPC 受理国分析

(4) IPC 所在国分析。

IPC 所在国分析显示分析项、IPC 及所在国间的曲线关系,如图 5-51

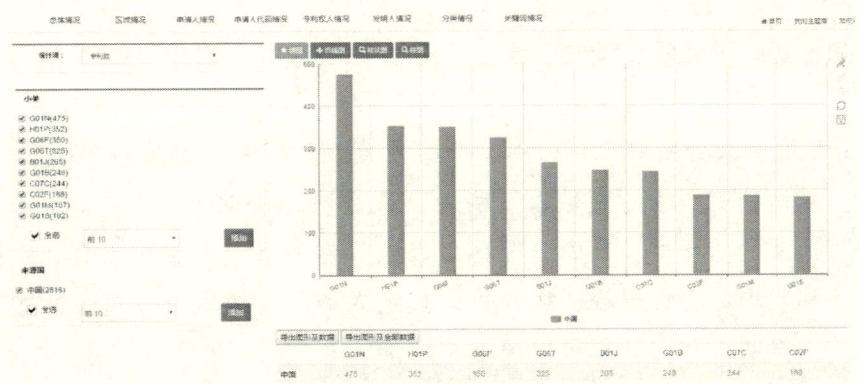

图 5-51　IPC 所在国分析

所示。默认分析项为专利数，IPC 默认为该分析项下的前 5 位，所在国为该分析项下的前 5 个。其中分析项可以选择专利数、专利权人数、发明人数、权利要求数、独权数、从权数、决定次数、无效次数、再审次数、异议次数。IPC 和来源国都可以通过"添加"自定义。

（5）IPC 申请人分析。

IPC 申请人分析显示分析项、IPC 及申请人间的曲线关系，如图 5-52 所示。默认分析项为专利数，IPC 默认为该分析项下的前 5 位，申请人为该分析项下的前 5 个。其中分析项可以选择专利数、专利权人数、发明人

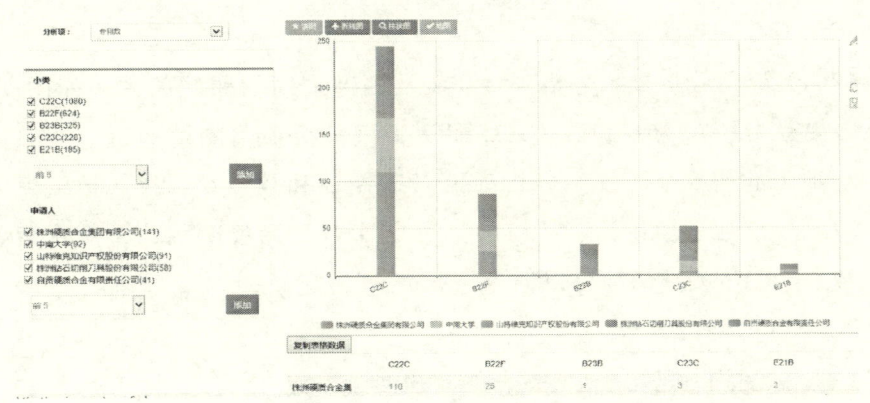

图 5-52　IPC 申请人分析

数、权利要求数、独权数、从权数、决定次数、无效次数、再审次数、异议次数。IPC 和申请人都可以通过"添加"自定义。

(6) IPC 发明人分析。

IPC 发明人分析显示分析项、发明人及 IPC 间的曲线关系，如图 5-53 所示。默认分析项为专利数，发明人默认为该分析项下的前 5 位，IPC 为该分析项下的前 5 个。其中分析项可以选择专利数、专利权人数、发明人数、权利要求数、独权数、从权数、决定次数、无效次数、再审次数、异议次数。发明人和 IPC 都可以通过"添加"自定义。

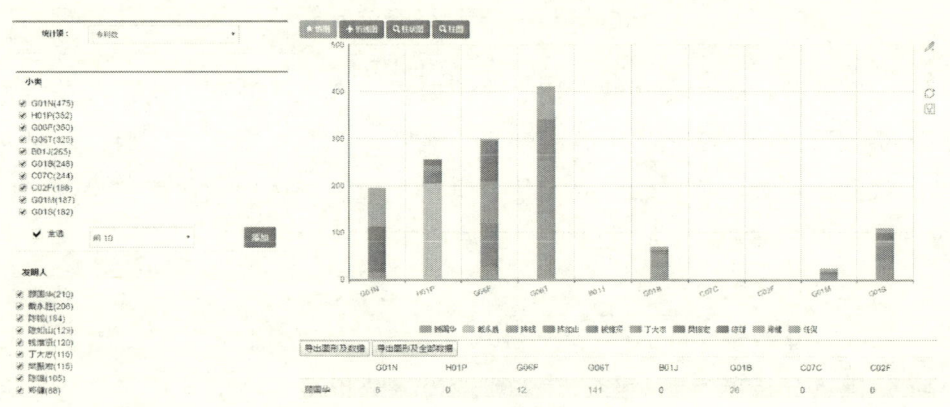

图 5-53　IPC 发明人分析

(7) IPC 关键词分析。

IPC 关键词分析显示分析项、IPC 及关键词间的曲线关系，如图 5-54 所示。默认分析项为专利数，IPC 默认为该分析项下的前 5 位，所在国为该分析项下的前 5 个。其中分析项可以选择专利数、专利权人数、发明人数、权利要求数、独权数、从权数、决定次数、无效次数、再审次数、异议次数。IPC 和关键词都可以通过"添加"自定义。

7. 关键词情况分析

(1) 关键词趋势分析。

关键词趋势显示分析项、申请年及关键词间的曲线关系，如图 5-55 所示。默认分析项为专利数，申请年为近 10 年，受理国默认为该分析项下的前

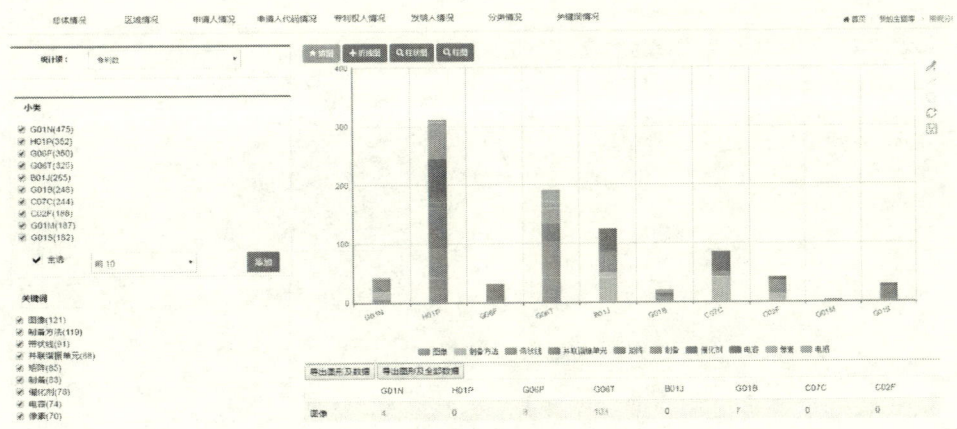

图 5-54　IPC 关键词分析

5 国。其中分析项可以选择专利数、申请人数、发明人数、权利要求数、独权数、从权数、决定次数、无效次数、再审次数、异议次数。申请年按照近 5 年、近 10 年、近 20 年、近 50 年。关键词默认为此分析项下的前 5 位关键词。"添加"用户在关键词列表中，添加感兴趣的关键词，综合分析。

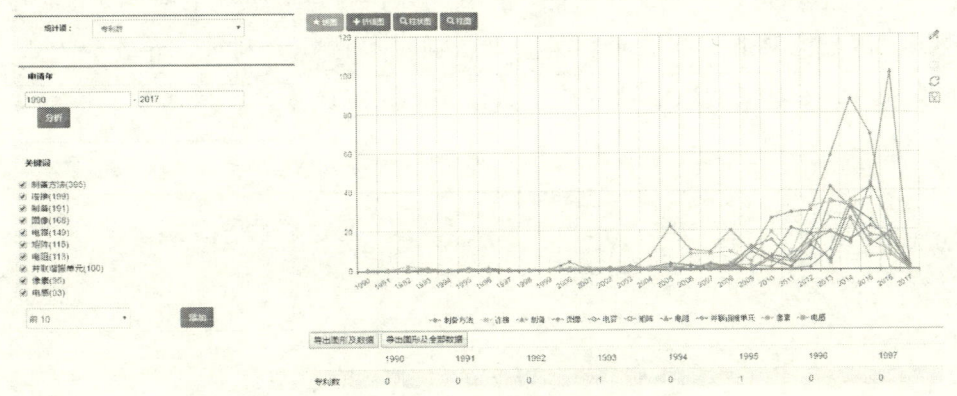

图 5-55　关键词趋势分析

（2）关键词构成分析。

关键词构成显示分析项与关键词间的关系，如图 5-56 所示。默认分析项为专利数，关键词默认为该分析项下的前 5 位。其中分析项可以选择专利数、专利权人数、发明人数、权利要求数、独权数、从权数、决定次数、

181

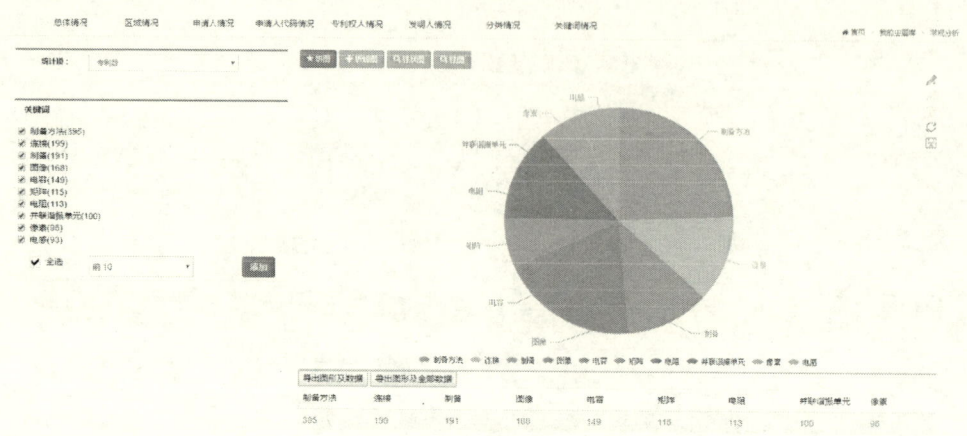

图 5-56 关键词构成分析

无效次数、再审次数、异议次数。关键词默认为前5位关键词。"添加"用户在关键词列表中,添加感兴趣的关键词,综合分析。

(3) 关键词受理国分析。

关键词受理国分析显示分析项、关键词及受理国间的曲线关系,如图5-57所示。默认分析项为专利数,关键词默认为该分析项下的前5位,受理国为该分析项下的前5个。其中分析项可以选择专利数、专利权人数、发明人数、权利要求数、独权数、从权数、决定次数、无效次数、再审次

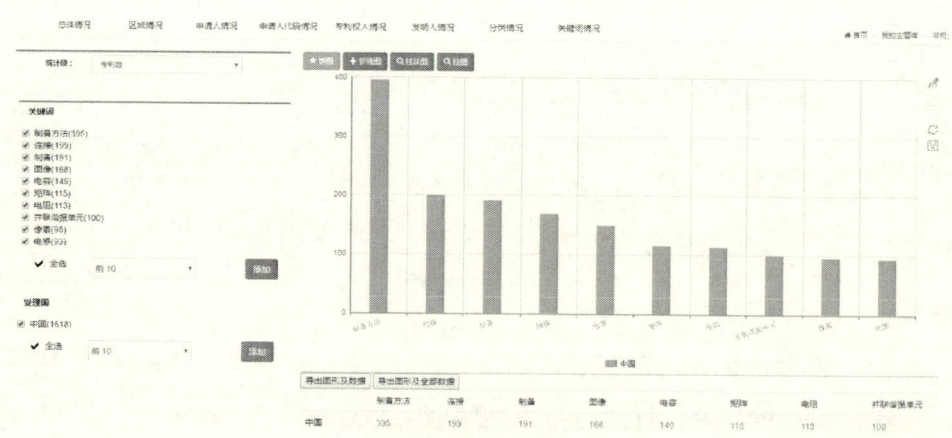

图 5-57 关键词受理国分析

数、异议次数。关键词通过"添加"感兴趣的关键词，综合分析。受理国与关键词类似。

(4) 关键词所在国分析。

关键词所在国分析显示分析项、关键词及所在国间的曲线关系，如图5-58所示。默认分析项为专利数，关键词默认为该分析项下的前5位，所在国为该分析项下的前5个。其中分析项可以选择专利数、关键词数、发明人数、权利要求数、独权数、从权数、决定次数、无效次数、再审次数、异议次数。关键词和来源国都可以通过"添加"自定义。

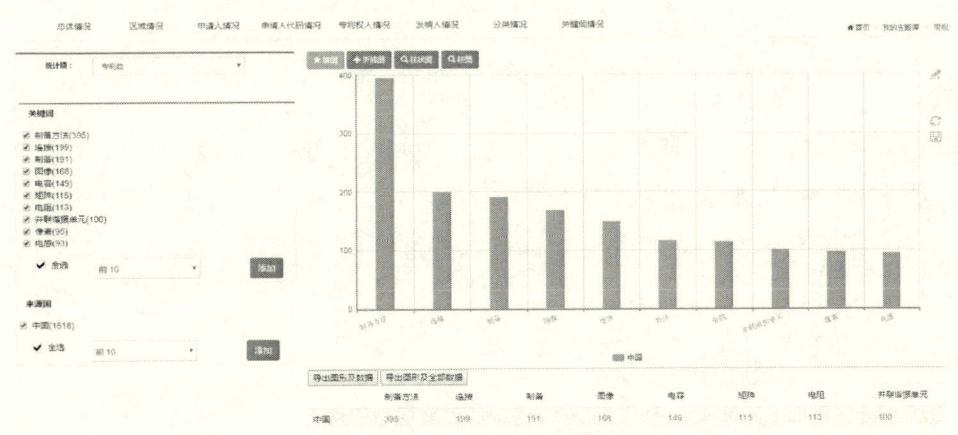

图 5-58　关键词所在国分析

(5) 关键词申请人分析。

关键词申请人分析显示分析项、关键词及申请人间的曲线关系，如图5-59所示。默认分析项为专利数，申请人默认为该分析项下的前5位，关键词为该分析项下的前5个。其中分析项可以选择专利数、专利权人数、发明人数、权利要求数、独权数、从权数、决定次数、无效次数、再审次数、异议次数。关键词和申请人都可以通过"添加"自定义。

(6) 关键词发明人分析。

关键词发明人分析显示分析项、关键词及发明人间的曲线关系，如图5-60所示。默认分析项为专利数，发明人默认为该分析项下的前5位，关

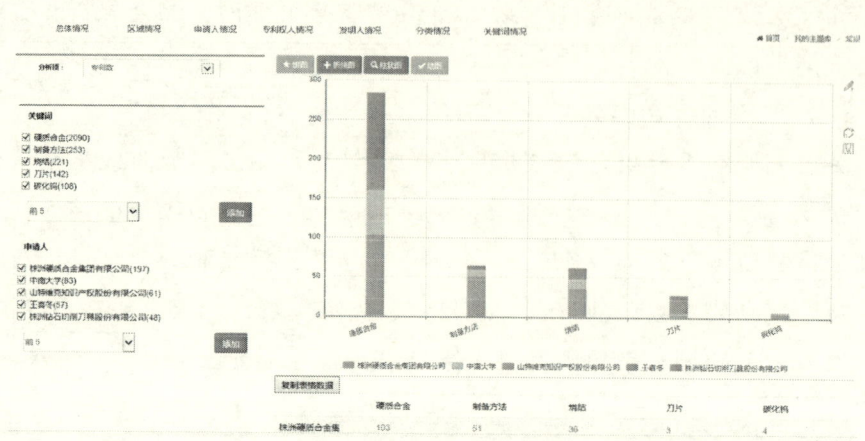

图 5-59 关键词申请人分析

键词为该分析项下的前 5 个。其中分析项可以选择专利数、专利权人数、发明人数、权利要求数、独权数、从权数、决定次数、无效次数、再审次数、异议次数。发明人和关键词都可以通过"添加"自定义。

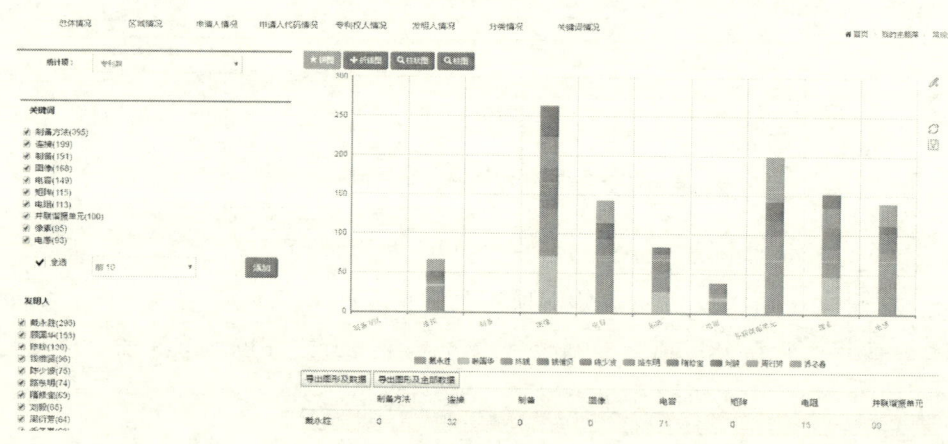

图 5-60 关键词发明人分析

（二）自定义分析

通过分析项设置，用户自行组配字段进行分析，如图 5-61 所示。有 29 个分析维度可以选择，如图 5-62 所示。

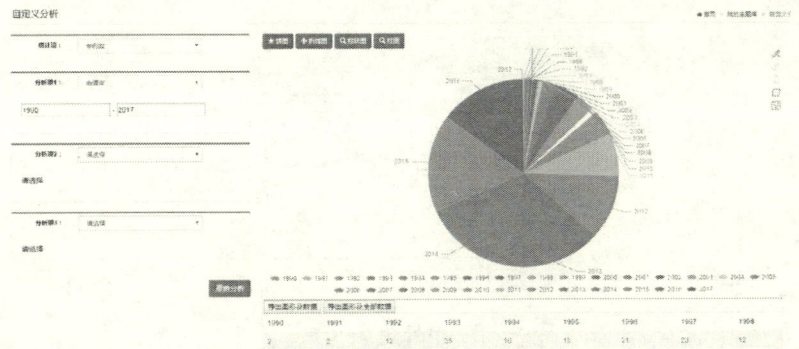

图 5-61 自定义分析

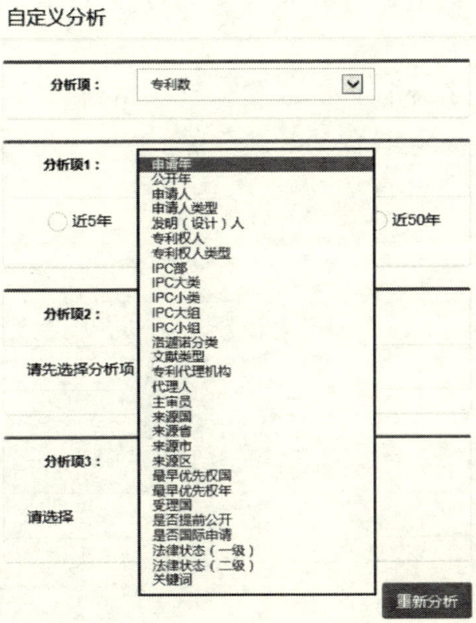

图 5-62 自定义分析维度

另外，有 10 个统计维度可供选择，默认为专利数量，如图 5-63 所示。

所谓统计维度，是指分析结果的数值是按什么统计的，比如申请人趋势分析，统计量选择专利数量表示，申请人趋势的数值是按专利数来统计的，也就是申请人的专利申请趋势图。注意：统计量中申请人数量、发明

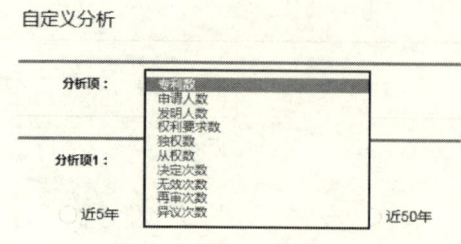

图 5-63 自定义分析统计维度

人数量,在统计分析结果时,是按照每件专利的申请人数量或发明人数量来累积求和所得,并没有对申请人或发明人进行去重。

(三) 关联分析

关联分析可以选择不同的关联实体(如申请人),选择不同的关联关系(如合作次数)进行实体间的关联分析,如图 5-64 所示。

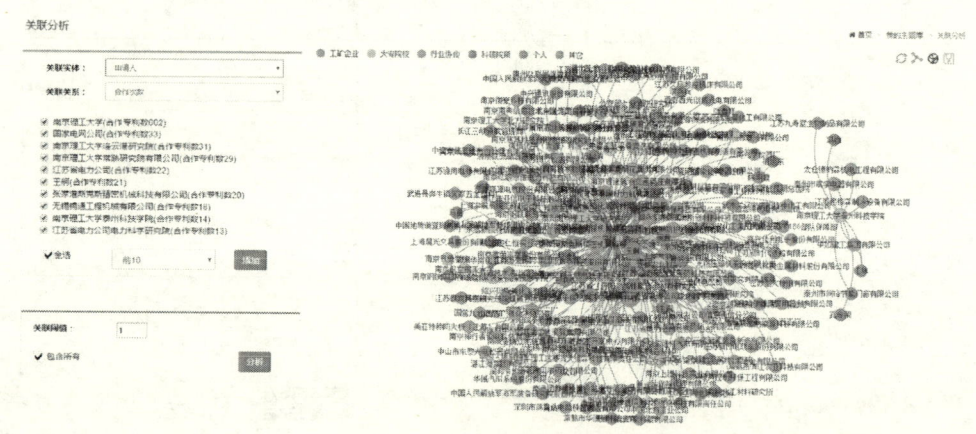

图 5-64 关联分析

另外,可以设置关联关系的强度阈值,设置阈值后,只分析强度大于等于阈值的关系。关联阈值的含义,随着关联关系而变化。选择合作次数或共现次数,关联阈值表示合作或共现的次数;选择 IPC 相似度,关联阈值表示实体间重合 IPC 小类的数量;选择关键词相似度,关联阈值表示实体间相同关键词的数量。

关联分析是用来分析实体之间的关系及其强弱，实体可以是申请人、发明人等，并且通过可视化的方式将关系展示出来。

（四）运营分析

运营分析提供对专利权人的专利运营情况进行分析的功能，包括转让、许可和质押分析。图 5-65 为专利权人的专利转让分析。

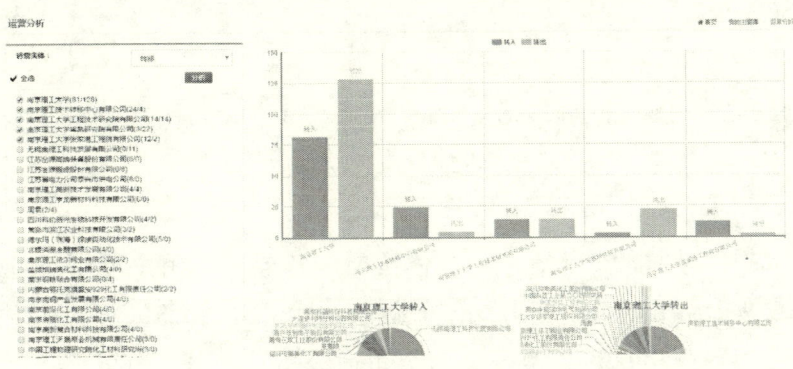

图 5-65　运营分析

（五）对比分析

对比分析可以选择不同的比对实体，如申请人，选择不同的比对维度进行比对分析，如图 5-66 所示。

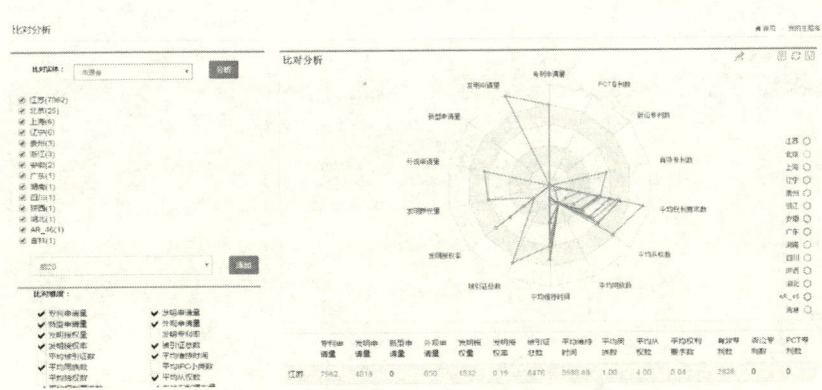

图 5-66　对比分析

其中比对实体的选择包括 7 个，如图 5-67 所示。

比对维度的选择包括 21 个，如图 5-68 所示。

比对分析

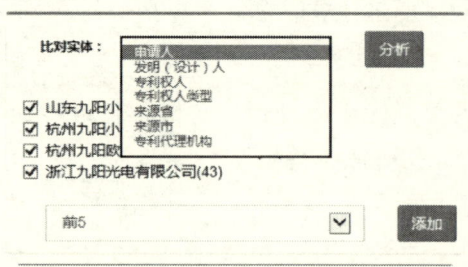

图 5-67 对比分析的实体对象

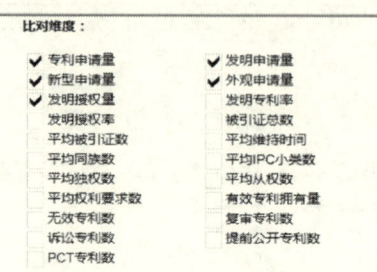

图 5-68 对比分析的比对维度

（六）一键报告

一键报告是对待分析专利的总体情况进行展示，用户可以通过"报告导出"功能，导出为 Word 形式。一键报告分析项主要包括：总体趋势分析，从专利趋势和专利类型趋势两个角度分析，如图 5-69 所示；区域分析，从受理国构成、受理国趋势、来源省市构成、来源国构成四个角度分析；申请人分析，从申请人趋势、申请人构成、申请人 IPC 构成、申请人类型四个角度分析，如图 5-70 所示；分类号分析，从分类号趋势和分类号构成两个角度分析，如图 5-71 所示。

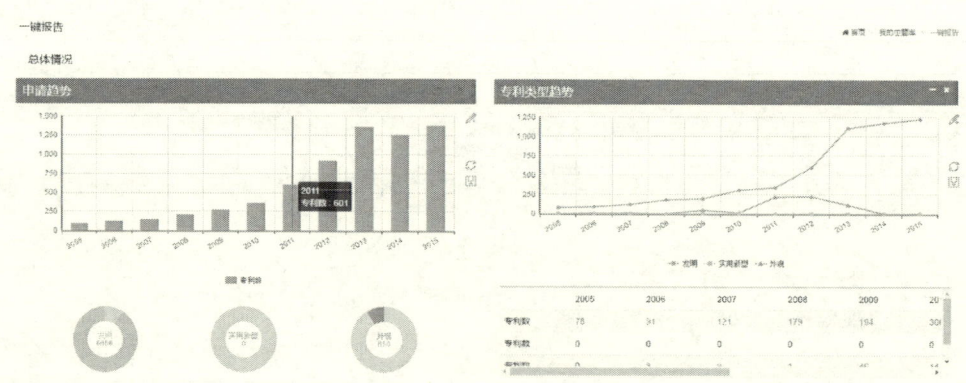

图 5-69 一键报告的总体趋势分析

另有一个绘图工具，可根据用户输入的统计数据绘制图表，如图 5-72 所示。

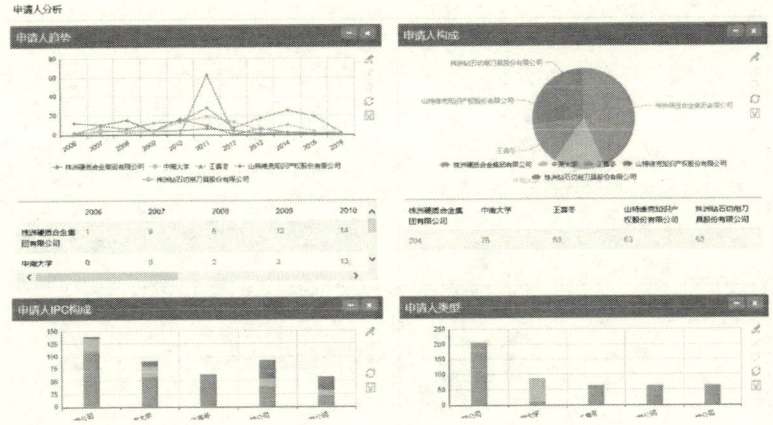

图 5-70　一键报告的申请人分析

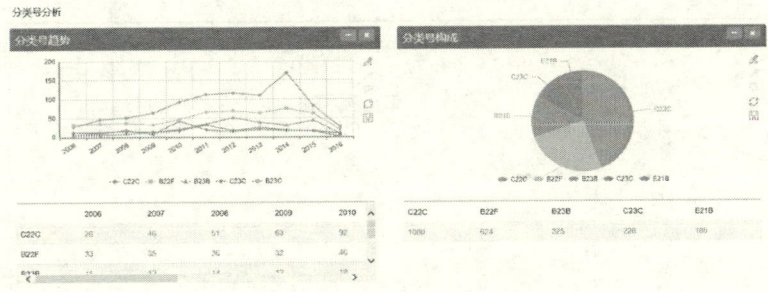

图 5-71　一键报告的分类号分析

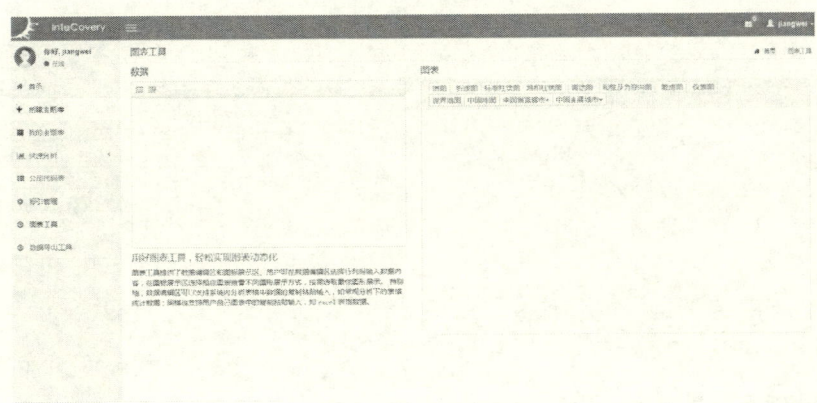

图 5-72　图表工具

第六章　科睿唯安

【导读】

以高质量的德温特世界专利索引和 100 多个国家的原始专利数据为基础，结合基于大数据的情报发掘和智能的追踪预警，科睿唯安 Thomson Innovation 平台助力发现新想法，保护创新成果，促进创新成果商业化，全流程支撑创新发展。

科睿唯安（Clarivate Analytics，原汤森路透知识产权与科技事业部）长期以来一直致力于为全球学术界与企业界的研发和创新提供强大的科技与知识产权信息解决方案。其智能研究平台和服务将权威、准确与及时的信息和分析工具相结合：帮助科研人员发现相关的学术文献，跟踪最新的科学成果；加速医药企业发现新的药物并更快地推向市场；助力企业迅速获取研发所需的关键信息，跟踪行业与竞争对手的动态，发展和优化企业的知识资产。

科睿唯安旗下的主要产品包括：德温特世界专利索引（Derwent World Patents Index®）、Derwent Innovation®、Thomson CompumarkTM、Markmonitor®等。Web of ScienceTM 平台（包含科学引文索引，即 SCI 在内的数据库平台）、InCitesTM 平台、Cortellis 等。其主要业务包括：学术研究、出版与科研分析服务；生命科学与药物研发相关信息与服务、企业研发创新信息与知识产权服务。

第一节　科睿唯安专利产品

一、Derwent Innovation® 产品介绍

Derwent Innovation® 拥有超过 90 个国家和地区（见表 6-1）逾亿条专利数据，并提供独有的分析、合作和预警等工具，是业内知名的科技创新解决方案。Derwent Innovation® 面向机构的研发、知识产权和相关决策部门，助力机构创新发展，帮助机构更快更好地作出决策。

1. Derwent Innovation® 的数据范围

表 6-1　Derwent Innovation® 数据覆盖范围

全球唯一深度加工的增值专利数据	
德温特世界专利索引（DWPI）	德温特专利引文索引（DPCI）

欧美核心专利全文			
美国申请/授权专利	欧洲申请/授权专利	德国申请/授权/实用新型	澳大利亚申请/授权
英国申请/授权专利	法国申请/授权专利	WIPO 专利申请	加拿大申请/授权专利

INPADOC 数据库
90 多家专利授予机构的著录项目数据和部分摘要

英译亚洲专利集合			
中国申请/授权/实用新型	日本申请/授权/实用新型	韩国申请/授权/实用新型	越南申请/授权专利	印度申请/授权
印尼申请/实用新型专利	新加坡申请/授权专利	马来西亚授权专利	泰国授权/已审专利	WIPO 中日韩专利申请

英译拉丁美洲专利集合		
阿根廷申请/实用新型专利	巴西申请/授权/实用新型专利	墨西哥申请/授权专利

专利法律状态数据库	
美国专利法律状态数据库	INPADOC 专利法律状态数据库

资料来源：Derwent Innovation 平台截图，以下图表资料均来源于此，不再说明。

2. Derwent Innovation® 的特点

（1）全球化视野：为您提供全球化研发视野，确保研发的高起点。

（2）高质量的信息：全面把握全球市场动态，获得最全面的技术信息。

(3) 深度加工的数据：人工改写英文标题和摘要、深度分类标引的德温特世界专利索引（DWPI），帮您轻松掌握全球企业研发和专利布局状况。

(4) 强大的分析工具：帮助您既能纵观全局、制定有效战略，又可快速获取技术方案，解决具体研发难题。

(5) 灵活的功能模块：快速构建企业自有行业数据库，跨部门协同共享信息。有效监控行业动态，专利全文自动翻译成中文，批量下载专利全文。

二、德温特世界专利索引 Derwent World Patents Index® 产品介绍

对来自全球 50 个专利授予机构的专利文献和 2 个科技信息披露期刊，由专家进行深度加工改写生成（Derwent World Patents Index®，DWPI^{SM}）和德温特专利引文索引（Derwent Patent Citation Index®，DPCI）。

1. 现阶段专利检索工作现状

专利制度激励技术创新活动，全球每年数以百万计的专利申请、审查和授权，汇集成海量的专利文献资源，蕴藏着丰富的技术、法律和市场信息，并可在各国专利局网站免费检索和下载。

然而，利用好专利信息并非易事。直接检索，阅读以及分析原始专利文献有多重困难：

（1）信息数量大，重复公开，造成阅读量巨大：专利保护具有地域性，企业为了使一项发明获得全球保护，需要在专利文献的语种不同国家进行申请，造成专利文献公开重复。

（2）语言障碍：不同国家专利文献的语种不同，找出检索和阅读时存在语言障碍，也给企业增加了翻译的费用。

（3）文字难读难懂：专利文献属于技术与法律结合的文件，导致其撰写时通常会使用晦涩难懂的法律用语或非本领域词汇描述技术特征，来扩大保护范围。

（4）信息复杂：即使具备相关专业技术背景，来读懂和提炼出一项专利的技术创新点、先进性和用途，也将费时耗力。做一个竞争情报分析会

涉及公司名称不同拼写和子公司专利的合并，专利家族的合并（同一项发明在多国申请专利形成专利家族），若不做好这些工作，得出的分析可能误导决策。

（5）检索分析人员对成千上万的检索结果无从下手。

2. 德温特世界专利索引的优势

为了克服上述问题，科睿唯安不断对专利文献数据进行翻译、纠错、整理和改写，从1963年，蒙迪·海姆斯（Monty Hyams）建立药物专利信息的订阅服务 Farmdoc 开始，建立了化学专利索引（CPI）、进而扩展到全部技术领域的德温特世界专利索引（DWPI）以及德温特专利引文索引（DPCI）。至今，DWPI 已经积累了50余年的数据加工成果，覆盖超过6000万条专利，3000万个专利家族，全球50个专利授予机构的数据。

德温特世界专利索引的独特价值包括：

（1）人工编辑的英语标题和摘要。

科睿唯安的技术专家在仔细阅读专利原文后，用英语改写的描述性专利标题和文摘。

①编辑团队由具有相应技术背景的技术专家组成，并经过科睿唯安严格的培训。

②覆盖涉及近50个国家/地区的、各种语言公布的专利（如德国、法国、日本、西班牙、葡萄牙等非英语国家专利），经过阅读后统一用英语编辑改写成 DWPI 专利数据。

③用简单的语言或本领域的技术词汇替换宽泛抽象的用词和拗口的法律用语，以便于普通技术人员的阅读理解。

④结构型的摘要提炼出专利的新颖性、用途和优势等要点，方便检索、阅读和分析。

⑤从专利附图中选择最具说明性的附图作为德温特摘要附图，并提供英文的附图说明。

⑥例如，表6-2所示的美国专利申请 US20060197753A$_1$ 是一篇采用多触点技术（Multi-Touch）的手机专利。利用 Multi-Touch 作为关键词检索专

利，在 DWPI 中很快可以找到这篇专利，而专利原文的标题和文摘并没有提到 Multi-Touch。

表 6-2 给出了专利原文标题和文摘与德温特标题和摘要的对比。通过对比我们可以发现，DWPI 经过改写的标题和文摘包含了更多的信息量，包括这项发明的新颖性、详细描述、用途和优势。由于该手机的操作是通过多触点技术来实现的。因此通过 DWPI，用户不但可以进行准确的检索，而且无需阅读整篇专利，即可很快的了解到这篇专利的技术内容，大大节省了阅读的时间。

表 6-2 德温特标题和摘要举例

Original title	DWPI Tile
Multi-functional hand-held device	Hand-held electronic device e. g. mobile phone, has processing unit receiving set of concurrent touch inputs from user via input surface and discriminating user requested action from multi- touch inputs
Disclosed herein is a multifunctional hand-held device capable of configuring user inputs based on how the device is to be used. Preferably, the multifunctional hand-held device has at most only a few physical buttons, keys, or switches so that its display size can be substantially increased.	新颖性 The device (100) has a processing unit operatively connected to a multi- touch input surface. The processing unit receives a set of concurrent touch inputs from a user via the input surface and discriminates a user requested action from the touch inputs, where the input surface serves as the primary input unit. A display device is operatively coupled to the processing unit and configured to present a user interface. 详细描述 An INDEPENDENT CLAIM is also included for a method performed in a computing device with a display and a touch screen positioned over a display. 用途 Hand-held electronic device e. g. mobile phone, PDA, media player, camera, game player, handtop, Internet terminal, GPS receiver, and remote controller. 优势 The processing unit receives the set of concurrent touch inputs from the user via the input surface and discriminates the user requested action from the multi-touch inputs, thus limiting the number of mechanical buttons, physical buttons and switches at the surface of the device to maximize the size of the display, and hence greatly improving the functionality and appearance of the portable electronic device.

续表

Original title	DWPI Tile
	附图说明 The drawing shows a simplified representation of a multi-functional hand-held device. 100-Multi-functional hand-held device. 104-Hardware components. 106-Software components. 110-Switch.
附图	（附图：示意图，包含 DEVICE 1（HARDWARE 104、SOFTWARE 106）、DEVICE 2（HARDWARE 104、SOFTWARE 106）及 SWITCHING MEANS 110，整体标号 100，设备编号 102A、102B）

（2）德温特专利分类法，面向信息检索分析，侧重专利的用途。

①德温特分类和德温特手工代码分类是面向信息的检索分析和利用而设计的分类法。

②由科睿唯安统一的分类标引流程完成分类标引，保证分类法使用的一致性。

③侧重按专利的用途分类，有效补充侧重按专利技术内容分类的 IPC 分类法。

④德温特的数据加工团队积极追踪新技术发展并及时更新分类表以反映技术的更迭。

⑤德温特手工代码中的化学专利索引（Chemical Patent Index，CPI），特别是深度标引（Deep Index）对化学结构作深入的标引。

例：下一代数据存储技术能量辅助磁记录（包括 HAMR、微波辅助）技术的分类位置
    T03-A06N［2013］   Energy-assisted magnetic recording
    T03-A06N1［2013］   Thermo-assisted magnetic recording
    T03-A06N1C［2013］   Heat source for thermo-assisted magnetic recording
    T03-A06N1E［2013］   Optical system for thermo-assisted magnetic recording
    T03-A06N3［2013］   Microwave-assisted magnetic recording

T03-A06N3A [2013]　　Microwave-assisted magnetic recording methods
T03-A06N9 [2013]　　Other energy-assisted magnetic recording

2013年德温特手工代码修订版中修订了下一代数据存储技术能量辅助磁记录技术的分类位置，该位置包括目前热辅助、微波辅助磁记录技术的分类位置，这些分类位置也反映出该领域技术的发展方向。德温特手工代码的修订原则之一就是反映技术的新的发展方向，2012~2013年修订的手工代码中就清晰的反映出不同领域的新技术发展方向，如 L04-E11 Memristor（忆电阻）、T01-N01D3A Network Only Systems（虚拟网络系统例如云计算、虚拟系统等）、X21-B01E Battery Exchange/Leasing（电池更换/租赁）。

（3）德温特专利同族的标引和归并。

一项发明在不同国家申请的专利可以被认为是专利同族，但由于认定规则的不同可能导致专利同族不同。

①德温特专利的创始人蒙迪先生在德温特数据加工过程中发现了专利同族的存在，并首次对专利同族信息进行加工，因此，他被认为是"专利同族之父"。

②科睿唯安在加工过程中始终把"同一发明内容"作为判断的最终标准，这使德温特同族区别于其他仅依据优先权号作为评判标准的其他专利数据库。阅读和基于德温特专利同族进行分析能有效减少阅读中的重复和避免检索分析中的重复计算，但也可以有效避免其他数据库中专利同族过大过宽导致的信息丢失。

③每条德温特记录提供各专利家族成员的专利号及相应的号，便于了解该专利在各国的保护情况，按不同国家的专利分类法扩展检索，找出中文或英文的专利全文来阅读。

④科睿唯安加工和追溯非常规等同专利，即使因为某些原因导致特定专利没有使用或能够享受优先权，也会按照同族的方式进行标引和加工。

（4）专利权人代码：规范化的公司名称代码，正确分析和精准跟踪竞争对手。

一些大公司有很多不同名称的子公司，这给监控竞争对手专利造成很大的困难，很有可能会导致漏检。德温特为此推出规范化的公司名称代码（专利权人代码），用4位代码来表示一个公司及其分支机构。例如用UNIL来表示联合利华公司（Unilever）所有的专利，如图6-1所示：HINDUSTAN LEVER LTD，CONOPCO INC等公司均属于联合利华公司（Unilever），但用户用UNIL检索时，无须输入Unilever公式众多不同的名称，即可将这些名称中未出现Unilever的公司也能检索到，从而提高了检索的准确性和全面性。

名称	代码	类型
UNILEVER NV	UNIL	C
UNILEVER PLC	UNIL	C
HINDUSTAN LEVER LTD	UNIL	C
HINDUSTAN UNILEVER LTD	UNIL	C
CONOPCO INC DBA UNILEVER	UNIL	C
UNILEVER LTD	UNIL	C
UNILEVER HOME & PERSONAL CARE USA DIV CO	UNIL	C
CONOPCO INC	UNIL	C
LEVER BROS CO DIV CONOPCO INC	UNIL	C
LEVER BROS CO	UNIL	C
UNILEVER PATENT HOLDINGS BV	UNIL	C
QUEST INT BV	UNIL	C

图6-1 专利权人代码举例

①科睿唯安对21 000家专利数量超过1000件的公司建立了标准公司名称代码。

②用户在专利权人检索时的好处，可以由此查全和有效跟踪竞争对手的专利申请情况。

③用户在专利权人分析时，可以正确判断市场领域的竞争态势。

（5）全面的收录，完善和严格的质量控制体系。

来自全球50个国家和地区的专利，3250余万条基本发明专利，覆盖6900万条专利，每年增加200多万篇专利。DWPI覆盖了各个领域的专利：①药物（1963年至今）；②农业和兽药（1965年至今）；③聚合物（1966年至今）；④化工（1970年至今）；⑤其他所有技术领域（1974年至今）。

在超过 50 年深加工数据过程中，科睿唯安已经总结并建立了一套严格的数据编辑流程和编辑规则。目前 DWPI 数据的编辑规则超过 5000 条，每一条数据产品需要经过 5 名编辑专家阅读并给出相应的增值信息。这些严格的编辑规则和编辑流程帮助并确保 DWPI© 数据始终保持极高的编辑质量因而深受使用者的欢迎。

三、集成的德温特专利引文索引（Derwent Patents Citation Index©，DPCI）产品介绍

德温特专利引文索引（DPCI）是科睿唯安公司 1995 年开始的一项针对专利文献的引证信息数据进行加工的增值数据，该数据作为 DWPI 的补充，提供了基于 DWPI 同族的专利引证信息。该引证信息包括：

（1）发明人在专利背景技术介绍时提供参考文献；

（2）专利审查员在审查专利新颖性和创造性过程中检索得到的，被认为与该专利类似的参考文献；

（3）第三方意见证据（欧专局）；

（4）异议程序中提供的异议证据（欧专局）；

（5）引证文献包括专利文献和非专利文献（如科技论文）。

专利文献分析和检索过程中，专利的引证信息的检索和分析也非常的重要，通过引证信息能帮助使用者快速获取该专利技术的发展脉络和发展方向，获取无效专利的有力证据或找到专利转化可能的对象以及发现可能的侵权者。

如图 6-2 的案例中，一项发明中包括如下同族：EP1065020B1、US6387149、DE60019682、JP2001226723、CA2312607、EP1065020A1，且同族之间被引证的文献明显不同，美国同族 US6387149 的引证文献数达到 16 篇，而同族成员 DE60019682 和 CA2312607 引证文献的数量为 0，这样在利用引证文献检索时，会出现因同族选择不同，得到的信息量会差别较大。

而在 DPCI 数据中，同族被合并（无论是本专利还是引证专利），该专

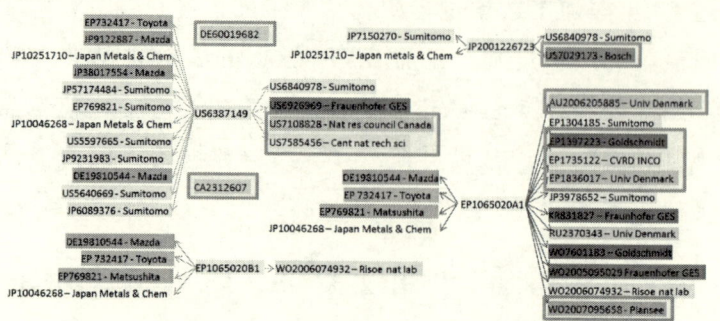

图 6-2 未经梳理的专利引用示意

利同族总共引用的专利数量达到 32 篇（见图 6-3）。这些经过整合的信息将提供给检索者更为完整的引证信息，避免检索者出现重大遗漏。

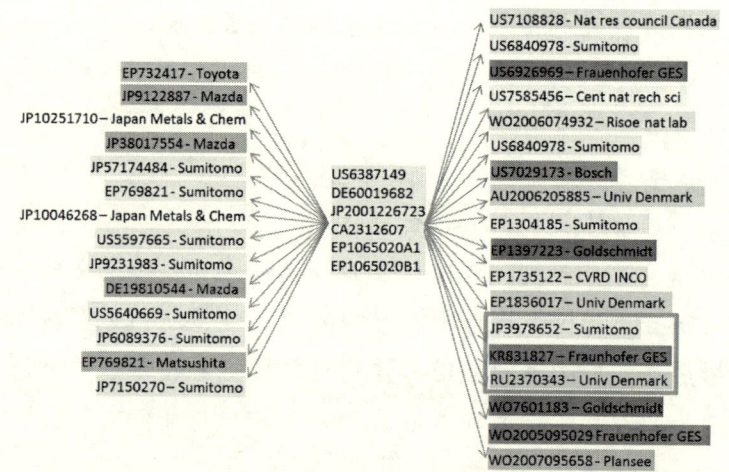

图 6-3 DPCI 中专利引用梳理示意

四、检索功能，保证数据获取全面性准确性

Thomson Innovation© 整合专利、表单检索提供 115 个检索字段，覆盖 DWPI 字段、文本、法律状态、诉讼、分类号、引用、专利权人、PCT、国家、优先权、日期年份、相关专利、指定国、美国政府投资研发、审查员、代理人等字段，满足不同检索需求。

(1) 多个检索入口,满足不同检索需求。

Thomson Innovation© 提供表单检索、公开号检索和专家检索三种专利检索的入口。其中常用的表单检索提供 115 个检索字段,覆盖 DWPI 字段、文本、法律状态、诉讼、分类号、引用、专利权人、PCT、国家、优先权、日期年份、相关专利、指定国、美国政府投资研发、审查员、代理人等字段,满足不同检索需求,如图 6-4 所示。

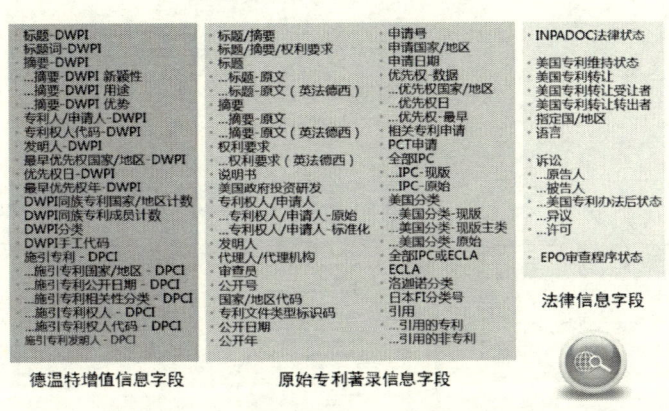

图 6-4 Thomson Innovation 检索字段

用户还可以利用德温特专利引文索引(Derwent Patents Citation Index©,DPCI)基于一篇专利,通过其引证及同族关系,进行扩展检索,找到更多的共被引相关专利。

(2) 德温特专利分类体系,面向信息检索分析,侧重专利的用途。

德温特分类和德温特手工代码是面向信息的检索分析和利用来设计的分类体系,由科睿唯安统一的分类标引流程完成,保证分类法使用的一致性,侧重按专利的用途分类(图 6-5 为 Near field systems 技术的德温特手工代码分类)。

(3) 规范化的公司名称代码,精确检索和跟踪竞争对手。

科睿唯安对 21 000 家专利数量超过 1000 件的公司建立了标准公司名称代码,用 4 位代码来标示该公司的全部专利。使用专利权人公司树,用户可以方便找到由不再作为法人实体存在申请、且已转让给"新"所有者的专利（图6-6所示为苹果公司的公司树）。

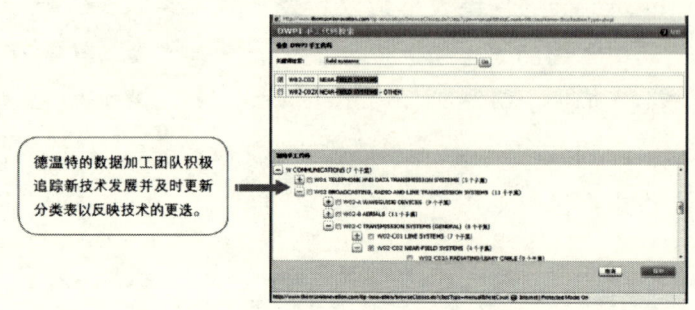

图6-5 德温特世界专利分类

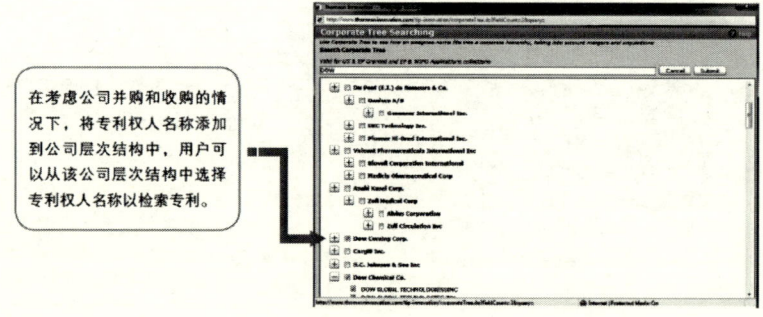

图6-6 专利权人公司树

五、可视化分析工具，揭示海量信息中的知识

科睿唯安集团通过数十年的研发，开发出全球领先的专利引证树、专利地图和文本聚类等分析工具。通过分析工具，仅需数分钟，即可从纷繁的信息中挖掘出最有价值的科技情报，如技术总体分布、竞争态势、技术发展趋势等，帮助企业在更高的高度上把握全局，从而更快地做出更好的决策。

（1）专利地图：把握技术总体概况。

在竞争日益激烈的今天，迅速把握全局情况对于决策者而言越来越重要。专利地图可帮助用户在很短时间迅速了解技术分布、竞争态势、目前研发热点等关键信息，支持企业制定研发战略和知识产权战略，如图6-7所示。

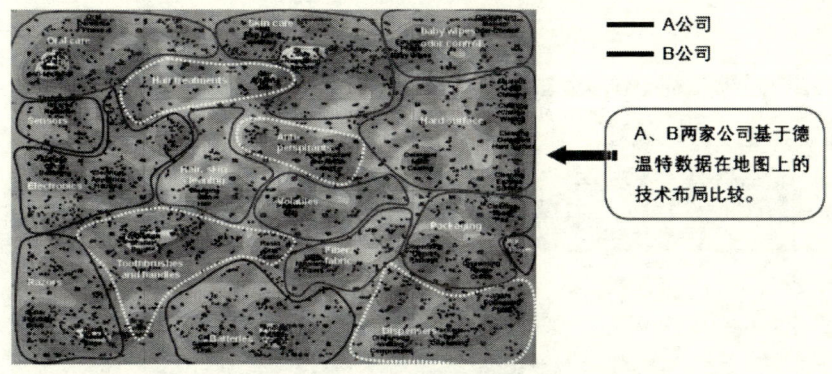

图 6-7　Derwent Innovation 专利地图

（2）专利引证：识别技术最新应用/保护策略。

基于 DPCI 专利家族的专利引证图，快速了解某公司核心专利的技术演进。如图 6-8 所示，基于一篇来自丰田公司的核心专利，爱信公司申请了大量的外围专利，同时在爱信二代技术的基础上，不同公司对其技术做了引用和改进。

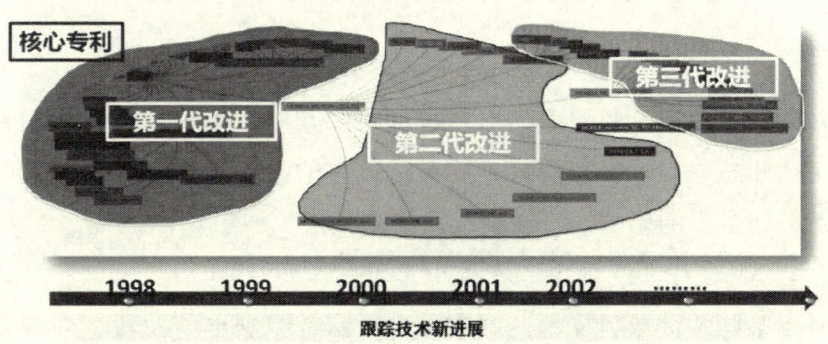

图 6-8　Derwent Innovation 专利引证关系

（3）统计图表：了解技术领域概况。

通过 Derwent Innovation® 的统计图表功能，用户可以快速了解某技术领域中主要的技术持有者，潜在的合作伙伴，技术发展趋势等关键情报，如图 6-9 所示。

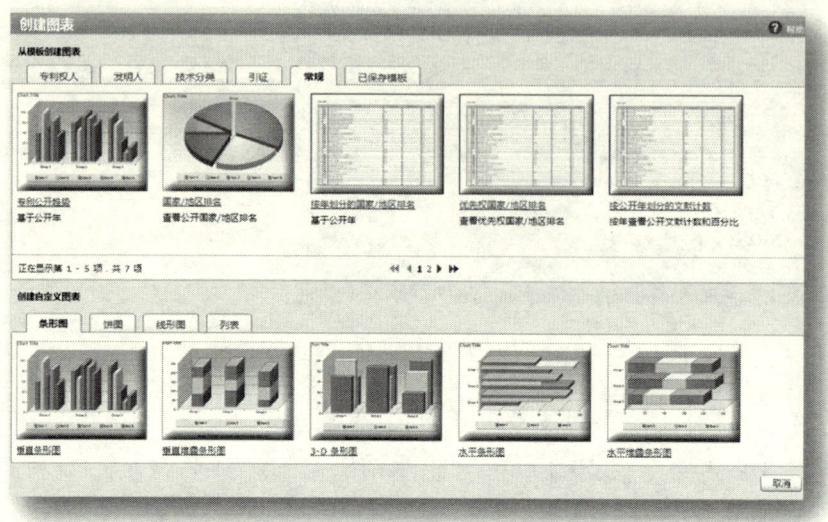

图 6-9　Derwent Innovation 专利分析统计图

六、功能模块，支持研发创新协同的工作流

（一）监控关键专利最新动态

对于某些关键专利技术，用户通过跟踪其专利申请阶段、同族专利变化、法律状态变更、引证信息、技术转让等信息，帮助企业在第一时间评估其对公司带来的影响，将专利风险降到最低，如图 6-10 所示。

（二）监控行业最新技术动态

对于某些关键专利技术，用户通过跟踪其专利申请阶段、同族专利变化、法律状态变更、引证信息、技术转让等信息，帮助企业在第一时间评估其对公司带来的影响，将专利风险降到最低，如图 6-11 所示。所有的信息将会通过 E-mail 在第一时间发送给用户邮箱，如图 6-12 所示。

（三）建立行业科技文献数据库，加强不同部门协同工作

Thomson Innovation 提供目录模块，帮助企业建立适合企业使用的行业

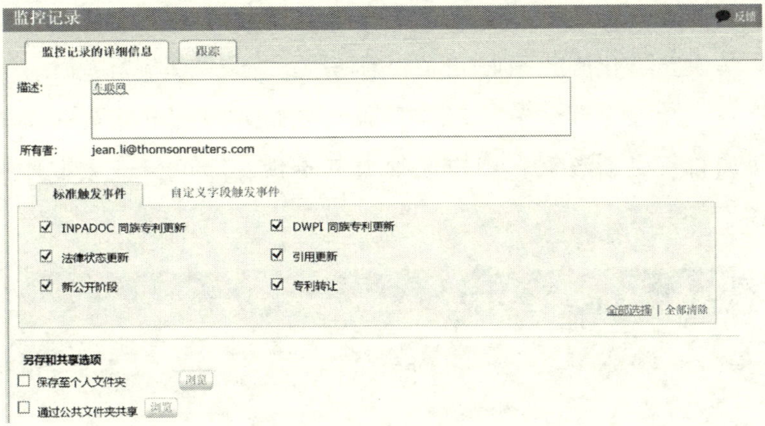

图 6-10　Thomson Innovation 专利监控界面示意

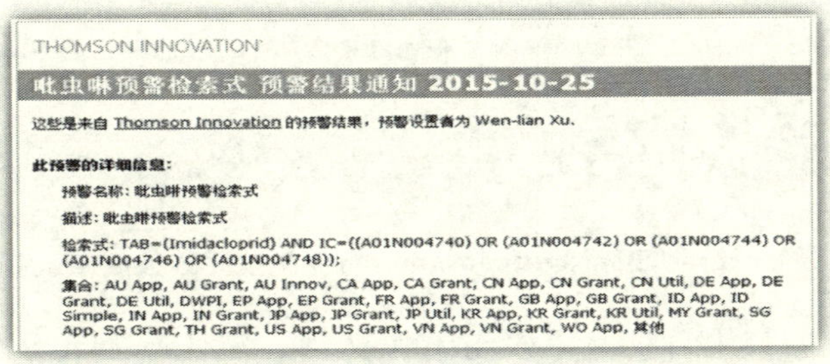

图 6-11　Thomson Innovation 领域预警界面示意

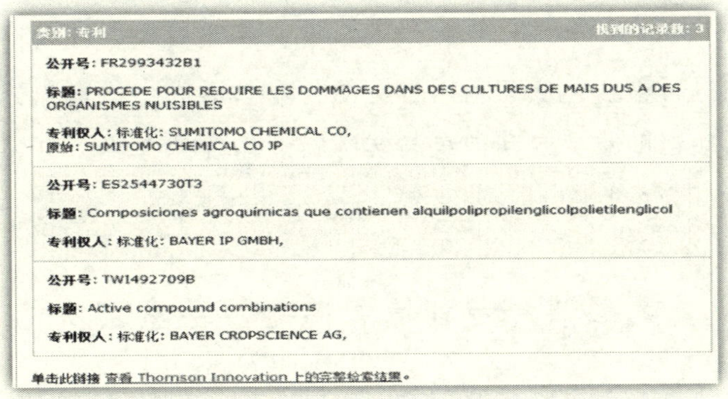

图 6-12　Thomson Innovation 预警结果反馈

数据库。如图 6-13 所示，用户可针对化工领域的各个部件建立相对应目录，如化学农药、化肥、橡胶相关、种子等，生成专题数据库。而后，用户即可将检索相关专利并放入对应目录，在企业内部共享。相关专题数据库还可每周自行更新数据，用户无须人工干预，即可保证数据库的及时性和全面性。

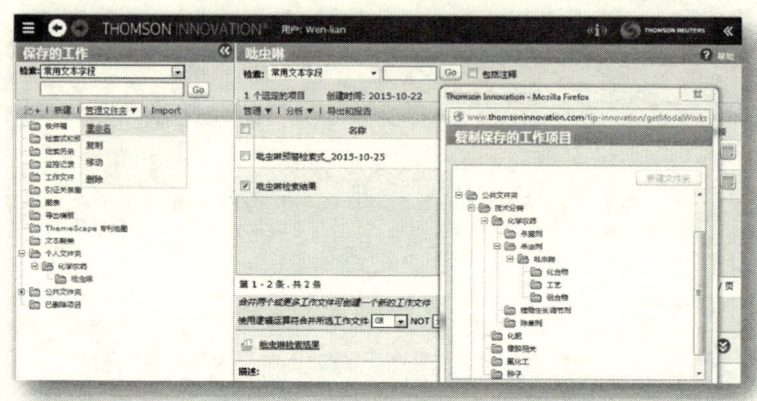

图 6-13 Thomson Innovation 行业科技文献数据库示意

用户还可以利用自定义字段与工作文档，在 Thomson Innovation 平台上创建符合企业特色的工作流。

（四）自定义字段——作出更准确、自信的决策

通过 Derwent Innovation® 提供的自定义字段模块，可以将用户数据与全球的专利进行整合，从而利用自有的行业术语进行检索和分析专利。自定义字段模块帮助减少专利信息与实际行业需要的差距，更好的管理和利用专利信息，为企业服务。

第二节　专利信息挖掘及检索实例

一、Thomson Innovation 避免漏掉重要信息

专利检索常常需要对一个特定的技术领域进行分析。拥有深度加工的

专利索引——德温特世界专利索引的 Thomson Innovation 平台可以有效的帮助我们避免漏检重要专利信息，降低做出错误决策的风险。以目前业内公认的优质免费专利信息检索平台 Espacenet 作为对照为例。

当我们需要检索飞机用热塑性材料这一技术主题时，用同样的检索式"thermoplastic? and (aircraft? or aeroplane? or airplane?)"，在 Espacenet 的"标题或摘要（title or abstract）"字段中检索，同时在 Thomson Innovation 的"title or abstract（TAB）"字段检索，检索结果如图 6-14 所示。

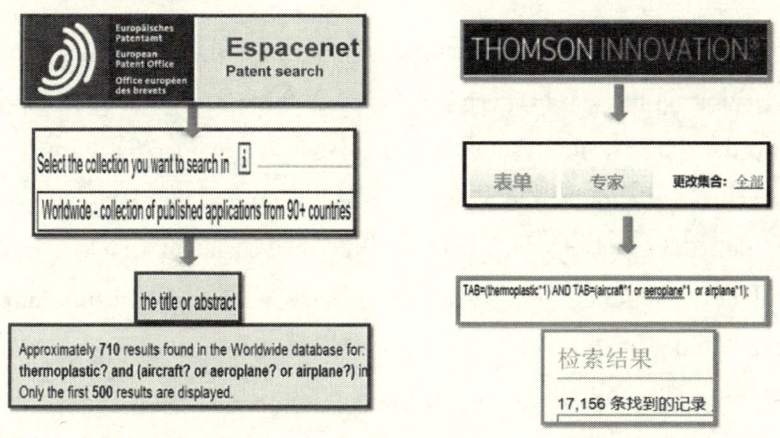

图 6-14　Thomson Innovation 助力检全领域内的相关专利

可以看出，在 Espacenet 中检索结果有 710 条，而在 Thomson Innovation 的检索结果有 17 156 条，浏览结果可知，仅仅是空客（Airbus）一家公司申请的飞机用热塑性材料的检索结果相比，Thomson Innovation 中的检索结果就比 Espacenet 的检索结果多了 642 件专利记录，其中包括已经获得授权的美国专利 US8579236B2，其涉及飞机的前缘缝翼。

然而，没有检索到这篇专利文献，并非 Espacenet 的检索结果不准确，而是这篇文献的标题和摘要中确实没有包含 thermoplastic 这一表述，而其德温特深加工数据中也将这一在说明中出现的重要信息忠实的体现在了重新编写后的摘要中。

原文标题

Aircraft slatassembly with anti-icing system

德温特　标题

Aircraft slat assembly for aircraft wing, has anti-icing system which includes pair of piccolo tubes each housed within one of outboard slats and having spray holes for delivering hot gas to leading edge of slat.

摘要

An aircraft slat assembly comprising a pair of slats separated by a gap. A weather seal seals the gap between the slats and forms part of an outer aerodynamic surface of the slat assembly. An anti-icing system is provided with a pair of piccolo tubes, each tube being housed within a respective one of the slats and having spray holes for delivering hot gas to a leading edge of the slat in which it is housed. A flexible duct delivers hot gas between the piccolo tubes, the flexible duct passing across the gap between the slats. A vent in the weather seal can open to permit hot gas from the anti-icing system to exit the gap between the slats.

德温特　摘要

新颖性

An aircraft slat assembly has an anti-icing system including a pair of piccolo tubes (20, 21), a flexible duct comprising bellows (25) passing across the gap (15) between outboard slats (1, 2) to deliver hot gas between the tubes, and a vent in the weather seal between outboard slats. Each piccolo tube is housed within one of the slats and includes spray holes (22) for delivering hot gas to the slat leading edge. The vent opens to permit hot gas to exit the gap, and includes a thermoplastic thermal fuse. The seal and the duct are formed of elastomeric material.

详细描述

INDEPENDENT CLAIMS are included for the following: an aircraft wing; and a method of venting a gap between a pair of slats on an aircraft wing.

用途

Aircraft slat assembly for aircraft wing (claimed).

优势

The anti-icing system may be operated to prevent build-up of ice on the leading edges of the slats and or to remove ice build-up. The venting of the hot gas via the gap between slats protects the composite material of the wing main body from damage due to hot gas.

附图说明

The drawing shows the sectional view through part of two adjacent slats.

1，2-Outboard slats.

15-Gap.

20，21-Piccolo tubes.

22-Spray holes.

25-Bellows.

技术要点

POLYMERS- The aircraft wing main body may be formed of composite material such as fiber-reinforced polymer.

二、利用 Thomson Innovation 准确对标竞争对手

在复杂的专利权人检索时，常常会遇到例如专利权人信息公开的不完全，许多专利信息仅以子公司名称公开发表，专利权人（公司）有许多不同的名字、别名，简称很多，专利所有权可能已转让给其他公司等困难。Thomson Innovation 中有效提供多种字段，以帮助检索全面竞争对手的专利。例如，我们需要检索波音公司的专利，如图 6-15 所示。

利用常规的专利权人字段检索"Boeing"，得到 52 288 条记录，但是显而易见，这会漏掉一些同样是波音公司的子公司，但名称中并没有含有"Boeing"的专利，例如，Argon ST 的专利信息，这家波音公司 2010 年 6 月收购的作战系统供应商在波音公司的作战情报提取和分析方面具有举足

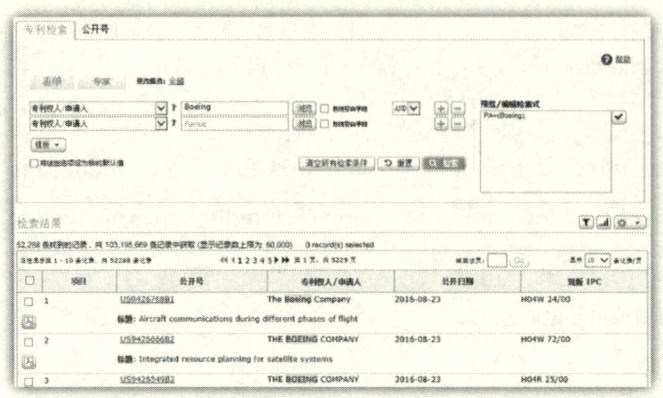

图 6-15 Thomson Innovation 对标竞争对手检索示意图

轻重的地位，显然不能被忽略。Thomson Innovation 的公司树检索提供欧美重要公司的架构更新，可以有效地避免漏检竞争对手的重要信息。公司树覆盖排名前 6000 多名的拥有专利的公司，并且每年还会增加新的公司，覆盖新颁发的专利和新覆盖的公司拥有的较旧专利，排名前 500 名的公司信息每 6 个月进行一次审查和更新，其余公司的信息每 18 个月进行一次审查和更新，如图 6-16 所示。

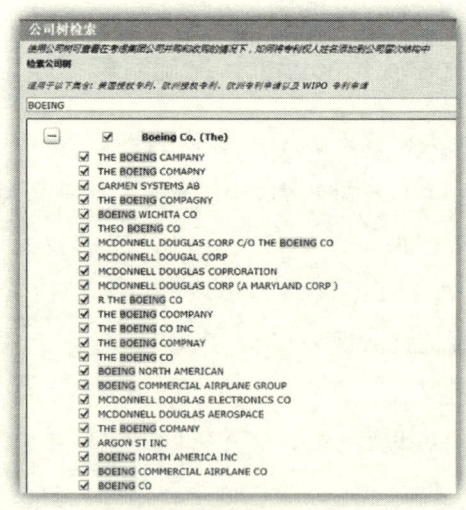

图 6-16 Thomson Innovation 公司树

如图 6-17 所示，在添加公司树和德温特专利权人代码字段后，波音公司的专利记录变成了 54 440 条，相比之前增加了 2112 条。当然为了检全波音公司的专利，我们还应该考虑专利权的转让情况，因此，还应当添加 Thomson Innovation 平台中的"美国专利权转让"字段的检索。这种多字段的检索可以有效避免漏检重要信息。

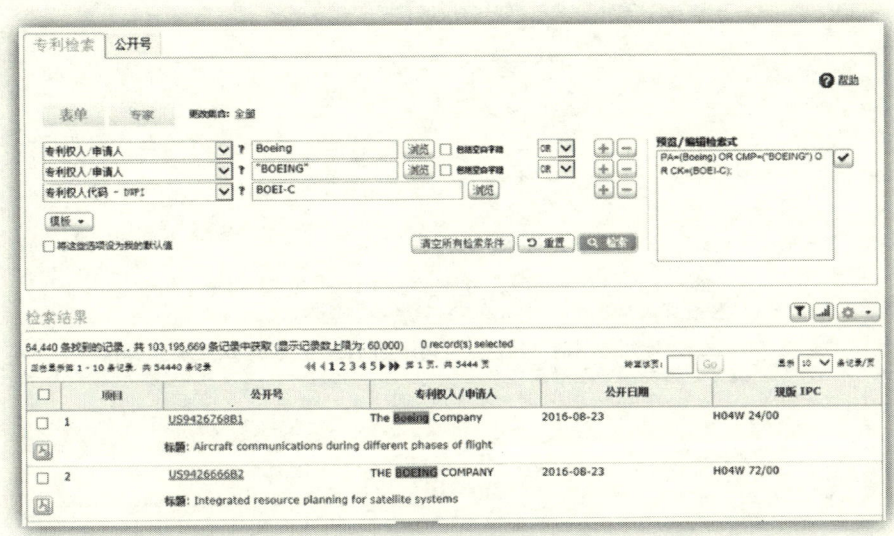

图 6-17　Thomson Innovation 专利权人代码

三、利用 Thomson Innovation 发现无效证据

在利用知识产权的过程中，常常会遭遇专利纠纷。在快速发展的过程中，随着中国市场的开放和中国企业走出去，无论是"337 调查"，还是来自国内法院的传票都对企业知识产权人员或法务人员提出更高的要求。作为被告（或被调查对象），应对专利权纠纷的最便利措施是无效发起诉讼或调查的一方的专利，因此，对专利无效证据的收集提出了更快和更高的要求。

在进行无效证据的收集过程中，专利申请人申请专利时涉及的引用文献，以及审查员在审查其专利时给出的对比文件是快速获得无效证据的重要来源。Thomson Innovation 基于德温特世界专利引文索引提供的引用检索可以帮助快速获得无效证据。以国内公司无效礼来公司的专利 CN1229331C 为例。如图 6-18 所示，该专利是礼来公司的一件涉及基础化合物的专利，如果得以维持有效将会对国内公司产生重大影响。

1. 下式I的化合物或其可药用的盐：

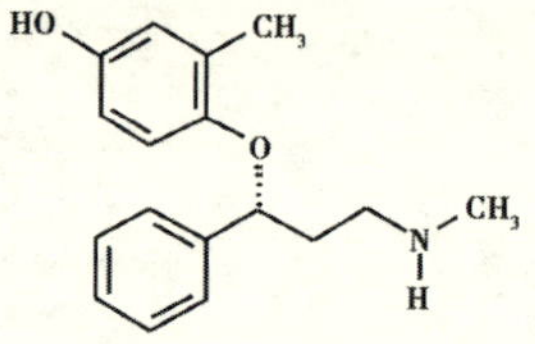

I

2. 权利要求1的化合物，它是R-（-）-N-甲基-3-（（2-甲基-4-羟基苯基）氧基）-3-苯基-1-氨基丙烷盐酸盐。

3. 一种药物制剂，其包含下式I的化合物或其可药用的盐及药用载体、稀释剂或赋形剂：

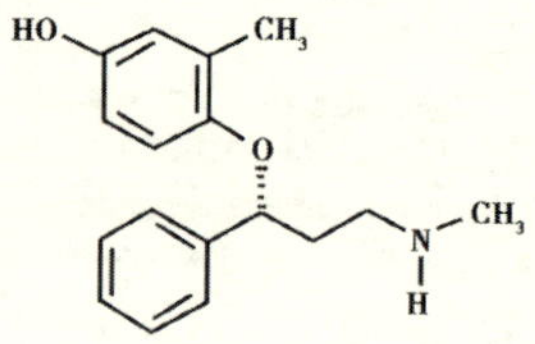

I

图 6-18　目标专利权利要求

由于在中国申请专利并不需要提供引用的参考文献，因此，如图 6-19 所示其专利本身并没有可用的引用数据，但如果我们以这件专利所在的专利家族为单位进行考量，发现其整个家族引用了 9 篇专利文献和 4 篇非专利文献，如图 6-20 所示。在 4 篇非专利文献中发现了重要的无效证据"Single-Dose and Steady-State Pharmacokinetics of Tomoxetine in Normal Subjects"，如图 6-21 所示，国家知识产权局专利复审委员会的无效决定依据这篇证据最终无效了该专利。

第六章　科睿唯安

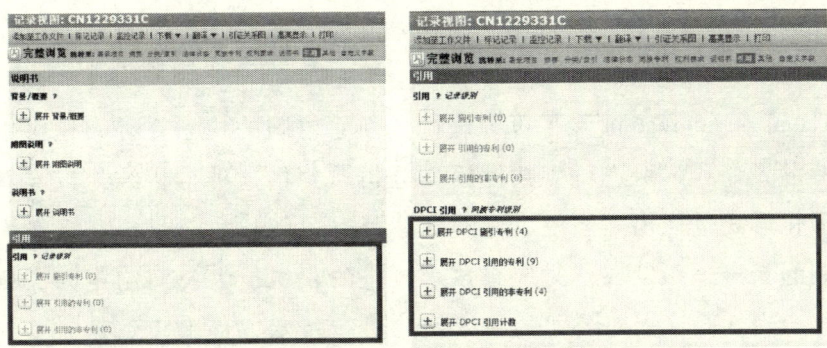

图 6-19　单篇专利引用和专利家族引用对比

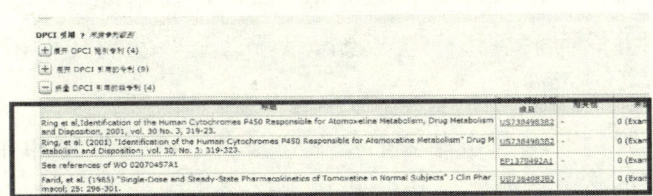

图 6-20　Thomon Innovation 引证关系内容示意

图 6-21　目标专利无效通知书正文

213

四、利用 Thomson Innovation 专利地图发现创新点

Thomson Innovation 除了可以进行全面、精确的检索之外,还可以基于德温特世界专利索引进行大数据语义分析,并将这种分析结果以专利地图的图形化形式呈现出来。使用专利地图可以了解技术领域全貌、激发创造新专利的新概念和发现,对现有技术改进的领域、为公司制定的大研发项目进行合理性验证、对公司的技术策略进行技术方面的审慎调查,提供决策依据密切关注竞争者的研究动态并发现新的竞争者、通过研究也可以发现在技术相对密集的领域的技术发展机会点、帮助制定避免专利侵权的策略或可以专利诉讼的策略和打击对象。以帮助企业发现技术相对密集领域的技术发展机会点为例。

富士胶片股份有限公司是著名的日本胶片、存储媒体和相机生产商,但随着数码相机的迅速普及和传统胶片市场的急剧萎缩,富士胶片的业务受到很大的冲击。为了解决这一困境,富士胶片在数年之前对自己密集的技术进行梳理,制作了专利地图(见图 6-22)。并从中发现了一个重要的、从未涉及过的"化妆品和医疗健康领域"。结合商业评估,富士决定进军这一领域,2014 年,Health Care 这一领域的营业额达到了 4000 亿日元,占富士当年营业额的 16%。目前,这一领域已经是富士高级优先商业领域与核心技术的第一位。专利地图的大数据分析,帮助富士找到了一条有效的创新之路。

五、利用 Thomson Innovation 引证关系图分析重要专利的价值

无论是签订专利许可合同、购买专利、技术合作谈判,还是对于自己的重要专利,都可以通过该专利被其他专利所引用的情况来判断专利的实际价值。一般来说,被引次数较高的专利通常是该领域中基础专利,属于难以避开的技术,称为高被引专利。作为高被引专利的所有者,应该进行持续研发有效的保证对该技术的控制程度,并且还应设计专利池,全方位、立体的保护我们的技术,进而获得法定的市场垄断。

第六章　科睿唯安

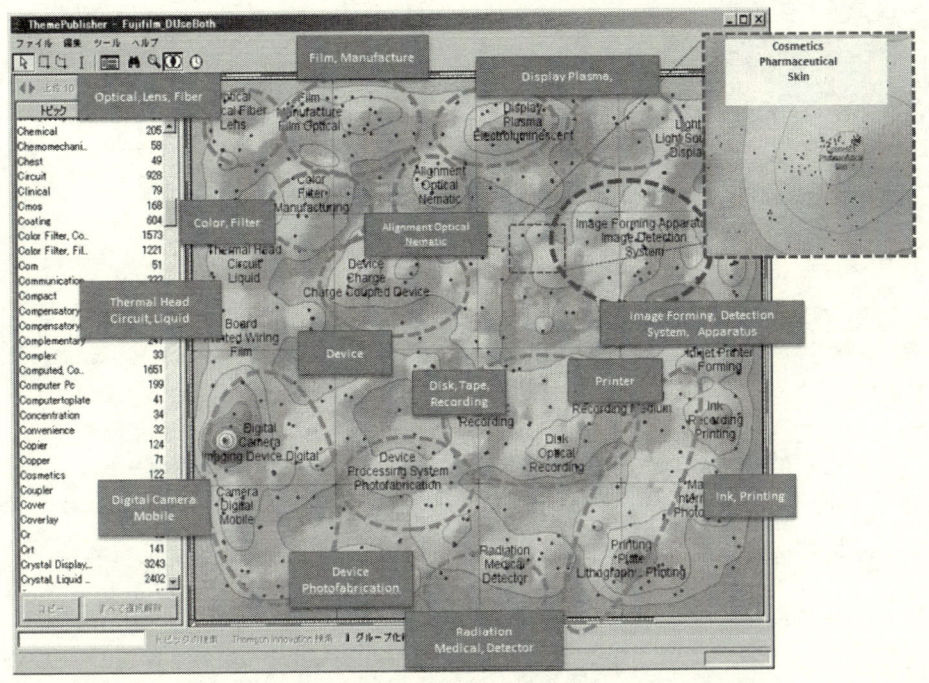

图 6-22　富士胶片自有专利资产盘点

作为高被引专利的所有者的竞争对手，可以采用专利围栏，通过后续研究对该专利的市场应用前景进行全方位围堵，以增加与竞争对手的专利砝码。通过引证关系图可以快速判断专利权人对于专利的重视程度，结合引用该专利的专利权人的分析，可以判断这件专利的实际价值以及未来的应用前景。

以 EP2053078A1 专利为例，该专利是日本东丽株式会社关于"预浸坯料和碳纤维强化复合材料"的专利，美国赫氏公司在日本东丽株式会社碳纤维技术的基础上进行了大量的二次开发。东丽株式会社对这项技术并没有形成良好的专利布局，如果需要引用该技术，在谈判时可以利用这一点压低技术许可或转让的价格，同时还需要请法务部门核实这项专利的后续市场应用是否需要与美国赫氏公司进行交叉许可。

215

第七章 合享汇智

【导读】

本章从数据收录及加工、检索功能、分析功能、专题库功能和监视功能等方面对 incoPat 数据库的特色和操作方法进行介绍,并通过案例将 incoPat 相关功能的操作进行串联介绍,以帮助读者高效解决专利检索和分析过程中的常见需求。

合享汇智信息科技集团有限公司(原北京合享新创信息科技有限公司)是亚洲领先的知识产权信息服务商,致力于为全球创新机构的技术创新、专利战略制定、市场竞争、专利管理与运营等工作提供专业的提供技术情报平台及咨询服务解决方案。

公司已自主研发了 incoPat 科技创新情报平台、incoMonitor 合享创新监测系统、合享智慧 APP 等多项明星产品,此外还拥有一支具备多行业技术背景和丰富从业经验的知识产权咨询团队,能够为客户提供专利检索、专利分析、专利价值评估、专利文献翻译、专利数据库建设、知识产权战略管理和运营等服务。

公司已经获得"国家知识产权分析评议服务示范创建机构""国家高新技术企业""全国知识产权示范城市专利分析能力提升计划战略合作伙伴""16 个省市知识产权局指定国际专利检索服务机构""第 8 届 APEC 中小企业技术交流会知识产权支持单位""首届知识产权工具大赛总冠军"等多项荣誉与资质。客户覆盖高科技企业、科研院所和政府机关。

第一节　产品特色

为了更好地满足用户需求，incoPat 科技创新情报平台（网址：www.incopat.com，简称 incoPat）自 2013 年推出以来，平均每两周进行一次小版本更新，每年进行一次大版本更新。

最新的 incoPat4.0 版本包含原始数据库和同族数据库两个数据库，可实现数据库的自由切换。其中原始数据库可按照专利申请的国家/地域，将每件专利文献分开进行检索和展示；同族数据库可将每个专利家族作为一项进行检索和展示。

一、数据覆盖全面、深度加工、快速更新

数据的全面性、准确性、及时性是获取有效情报的基础。incoPat 收录了全球 102 个国家/组织/地区超过一亿件的专利文献数据，对 22 个主要国家的专利数据进行特殊收录和加工处理。数据采购自官方和商业数据提供商，并且将专利著录信息、法律、运营、同族、引证等信息进行了深度加工及整合，每周至少动态更新 3 次。

对于法律和运营数据收录的范围如图 7-1 所示。

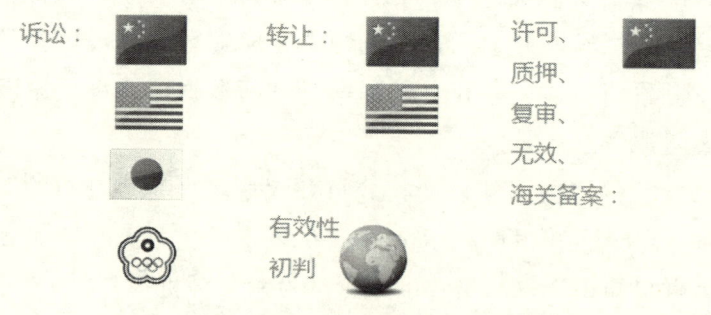

图 7-1　incoPat 法律和运营数据收录范围

（1）中国大陆、美国、日本和中国台湾地区的诉讼数据。

(2) 中国大陆和美国的转让数据。

(3) 中国大陆的许可、质押、复审、无效和海关备案数据。

此外，对于中文专利，incoPat 收录了中文和英文的著录信息；非中文专利不仅收录了英文著录信息，部分小语种的标题和摘要信息，还对英文标题和摘要预先机器翻译成了中文，从而实现了中、英文检索和浏览全球专利，有助于用户提高检索和阅读的效率（见图 7-2）。

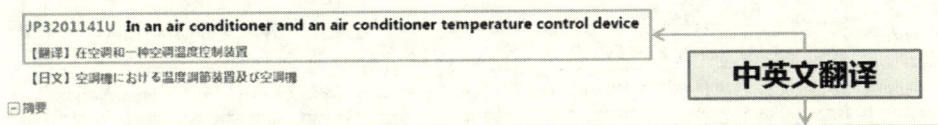

图 7-2　incoPat 三种语言的标题和摘要信息

incoPat 通过全面的数据整合加工，仅原始数据库的可以检索的字段已达到 237 个，多维度的专利法律、引用、运营信息，可以帮助用户得到更清晰的竞争视野（见表 7-1）。

表 7-1　incoPat 特色数据

数据内容	说明
中英文标题摘要翻译	对全部 102 个国家提供中文和英文版本的标题摘要，支持中文检索全球专利
中文全文翻译	美国、德国、俄罗斯专利全文中文翻译
诉讼信息	中国、美国、日本、中国台湾的诉讼信息，可以通过诉讼当事人、法院、审判文书、专利原始信息等方式检索
转让信息	中国、美国专利转让信息，支持按转让人或受让人检索
专利许可	中国专利的许可信息，支持按许可人或被许可人检索
专利质押	中国专利的质押信息，支持按出质人或质权人检索

续 表

数据内容	说明
专利复审信息	中国专利的复审决定和复审口审信息,支持无效宣告决定全文检索
专利无效信息	中国专利的无效决定和无效口审信息,支持无效申请人检索和无效宣告决定全文检索
专利引证信息	引证信息进行加工处理,提取了专利引证、被引证信息和同族引证信息,通过引证申请人信息的搜索可以迅速聚焦竞争公司间的关联技术
申请人名称代码表	收集重点企业和机构的不同别名、子公司名和译名,建立标准化的申请人名称代码表,包含10 000余个标准化专利权人,90 000余个公司名称
申请人类型	支持中国专利按申请人类型进行检索,申请人类型包括:企业、大专院校、科研单位、机关团体、个人
专利分类	提供国际专利分类IPC、洛迦诺分类以及CPC/EC/UC/ FI/F-term等检索入口
专利价值度	支持按专利价值度进行检索和筛选,快速聚焦高价值专利
国民经济行业分类	支持按国民经济行业分类进行检索
申请人国家省市区县	支持中国专利按申请人所在国家、省、地市或区县进行检索
专利寿命	中国专利的授权日到失效日的时长
专利审查时长	中国发明专利的实质审查生效日到授权公告日的时长
专利基本参数	支持按说明书页数、权利要求次数、同族个数、被引证次数等角度进行检索
中国专利奖获奖情况	支持检索中国专利奖获奖情况
中国海关备案专利	当前中国海关备案状态为有效的知识产权海关备案数据

二、多元的检索入口

incoPat原始数据库提供了简单检索、高级检索、批量检索、引证检索、法律检索、语义检索和扩展检索7种检索入口。

（一）简单检索

简单检索是一种较模糊的检索方式,在检索框中输入任意信息即可实现同时对多个字段的检索,快速获取检索结果（见图7-3）。

（二）高级检索

高级检索入口不仅可以实现准确字段的检索,而且字段内部以及字段间可以实现逻辑运算,从而编写复杂逻辑关系的检索表达式。

高级检索的界面分为"选择数据范围""表格检索"和"指令检索"

图 7-3　incoPat 简单检索界面

三个区域。在"选择数据范围"区域，incoPat 不仅将专利申请国家/地区进行区分，而且对专利的类型和文本进行区分；在"表格检索"区域，选择指定的字段输入检索要素即可实现检索；在"指令检索"区域，可以自行编辑逻辑关系较为复杂的检索表达式（见图 7-4）。

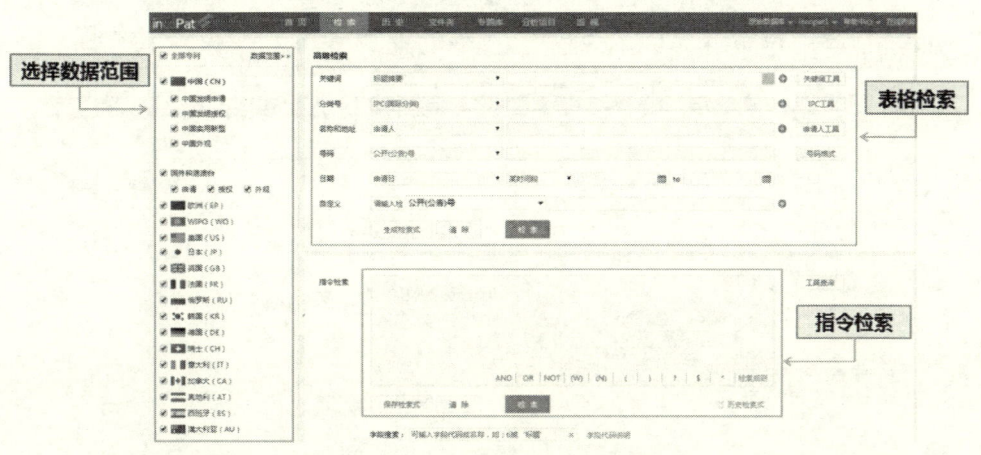

图 7-4　incoPat 高级检索界面

（三）批量检索

批量检索可以实现一次输入 500 个号码进行检索，或者输入 100 个号码提取 PDF 格式的专利说明书，支持的号码格式包括公开（公告）号、申请号、优先权号。系统支持查看号码的匹配情况，对未查到的号码可以通过模糊匹配检索是否有其他公开版本（见图 7-5）。

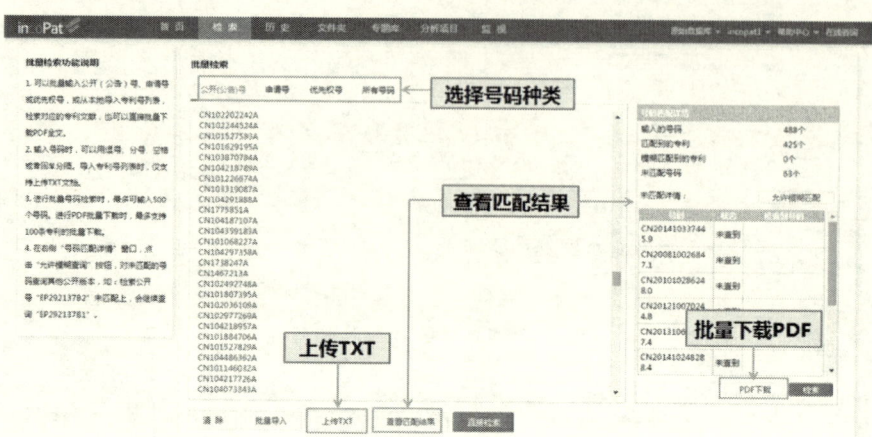

图 7-5 incoPat 批量检索界面

(四) 引证检索

在引证检索入口,可以通过表格检索和指令检索的方式来实现多种引证相关信息的检索(见图 7-6)。

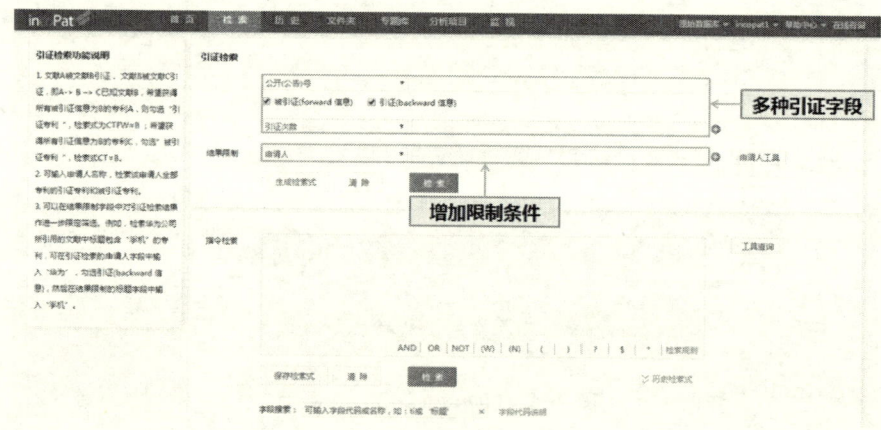

图 7-6 incoPat 引证检索界面

(五) 法律检索

法律检索入口包含 6 个子入口,分别为"法律状态检索""专利诉讼检索""中国专利许可检索""专利转让检索""中国专利质押检索"和"中国复审无效检索"。

（1）在"法律状态检索"入口可检索三种不同细致程度的法律状态信息：检索法律状态全文中所包含的文字信息；检索专利的有效性，包含有效（获得授权且法律状态全文中未公布失效）、失效和审中三种状态；检索中国专利当前的详细法律状态（见图 7-7）。

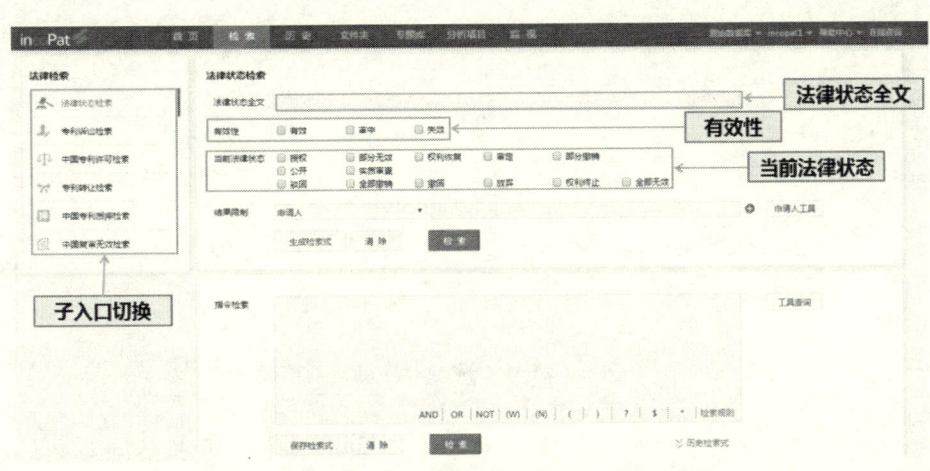

图 7-7　incoPat 法律状态检索界面

（2）在"专利诉讼检索"入口可以利用表格检索中国大陆、美国、日本和中国台湾地区的诉讼信息，也可将诉讼当事人、法律文书内容、裁决发生地等信息与专利基本著录信息进行联合检索（见图 7-8）。

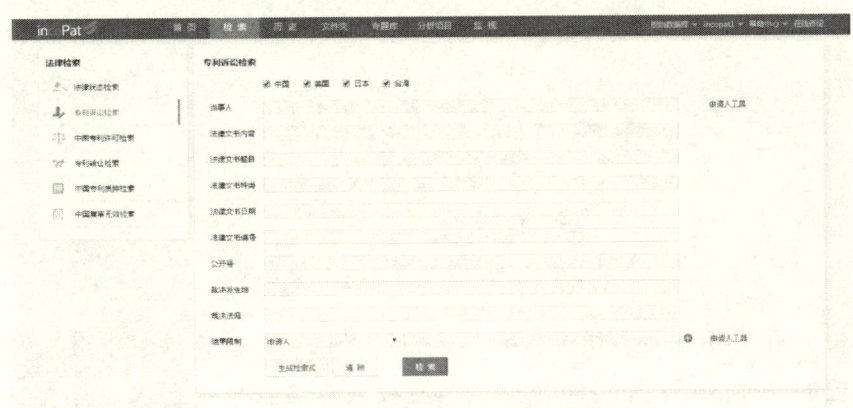

图 7-8　incoPat 专利诉讼检索界面

223

(3) 在"中国专利许可检索"入口可以利用表格检索在中国知识产权局进行许可备案的数据,也可将许可人、被许可人与专利基本著录信息进行联合检索(见图 7-9)。

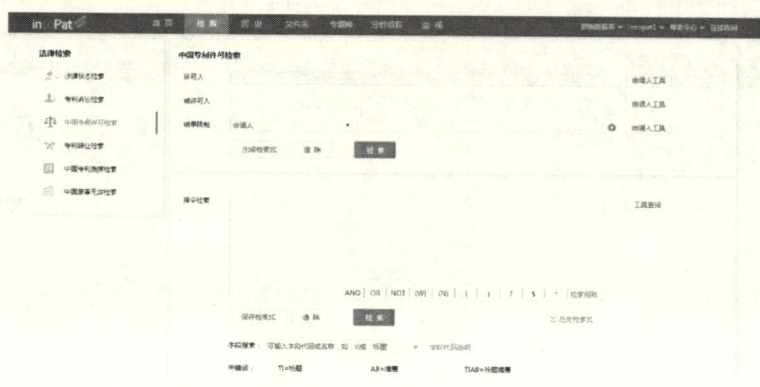

图 7-9　incoPat 中国专利许可检索界面

(4) 在"专利转让检索"入口可以利用表格检索中国和美国专利的转让数据,也可将转让人、受让人与专利基本著录信息进行联合检索(见图 7-10)。

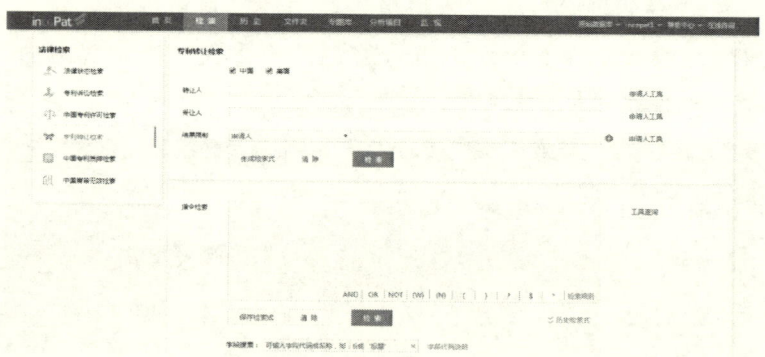

图 7-10　incoPat 专利转让检索界面

(5) 在"中国专利质押检索"入口,可以利用表格检索中国知识产权局登记的质押信息,也可将出质人、质权人等信息与专利基本著录信息进行联合检索(见图 7-11)。

(6) 在"中国复审无效检索"入口,incoPat 将复审申请和无效宣告申

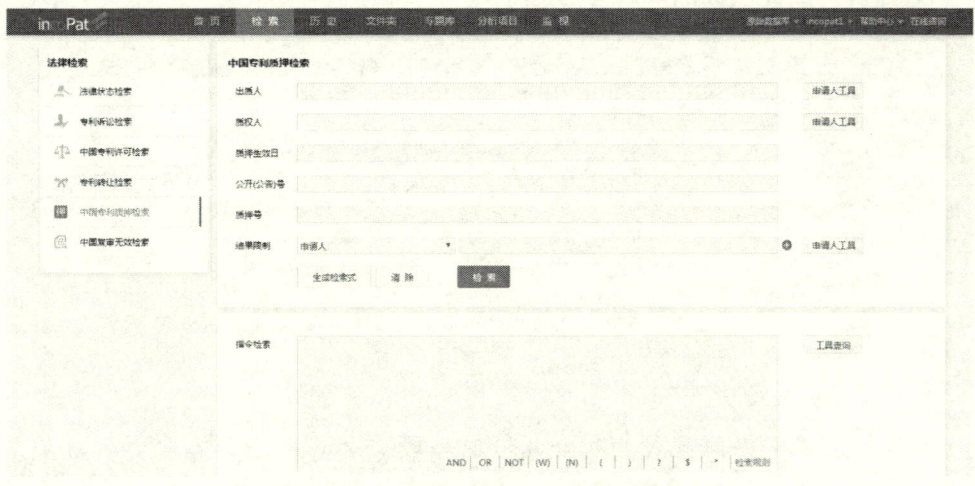

图 7-11 incoPat 中国专利质押检索界面

请进行区分,可以通过表格检索的方式将请求人、决定全文等信息与专利基本著录信息进行联合检索(见图 7-12)。

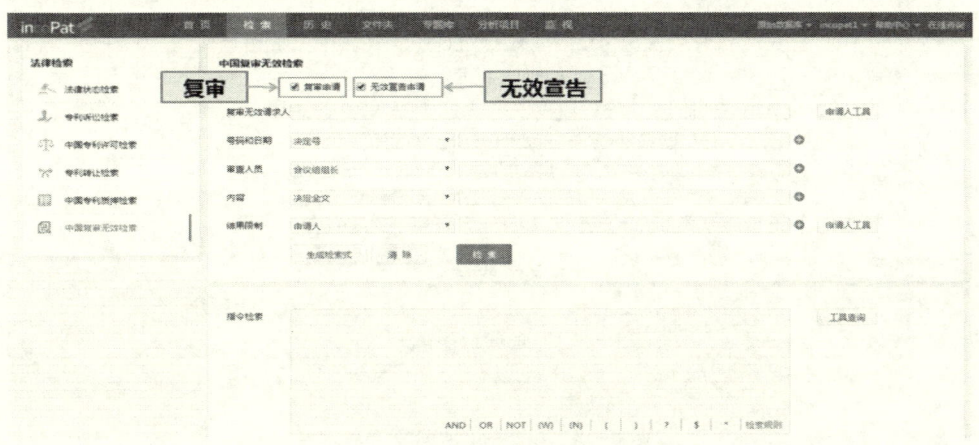

图 7-12 incoPat 中国复审无效检索界面

(六)语义检索

incoPat 的语义检索采用了国际领先的深度学习算法,支持输入专利公开号或一段文字,系统可根据语义算法模型自动匹配出一些相关度较高的专利。语义检索无须花费较多时间选择检索关键词及编写检索表达式,是

225

查新和无效宣告检索的一种较好辅助手段（见图7-13）。

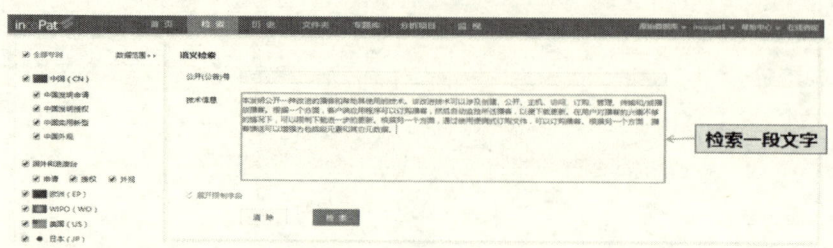

图7-13 incoPat语义检索界面

（七）扩展检索

在扩展检索界面输入专利公开号或一段文字，系统会提取出一批关键词，并列出这些关键词的扩展相关词（包含同义词、近义词、关联概念、上下位概念等），供用户选取编写检索表达式（见图7-14）。

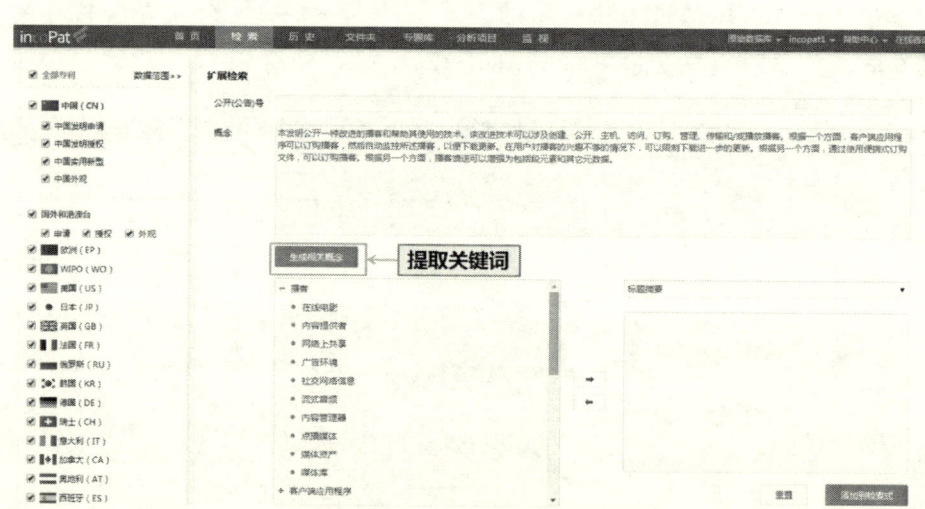

图7-14 incoPat扩展检索界面

三、丰富的辅助查询工具

（一）申请人辅助查询工具

为帮助用户快速查全申请人的全部专利，incoPat对超过一万家公司的中文和英文名称进行梳理，并提供申请人辅助查询工具。

在申请人辅助查询工具中，用户可使用申请人名称的中文或者英文关键词查找相关名称，然后选择指定的名称在申请人和受让人字段中检索（见图 7-15）。

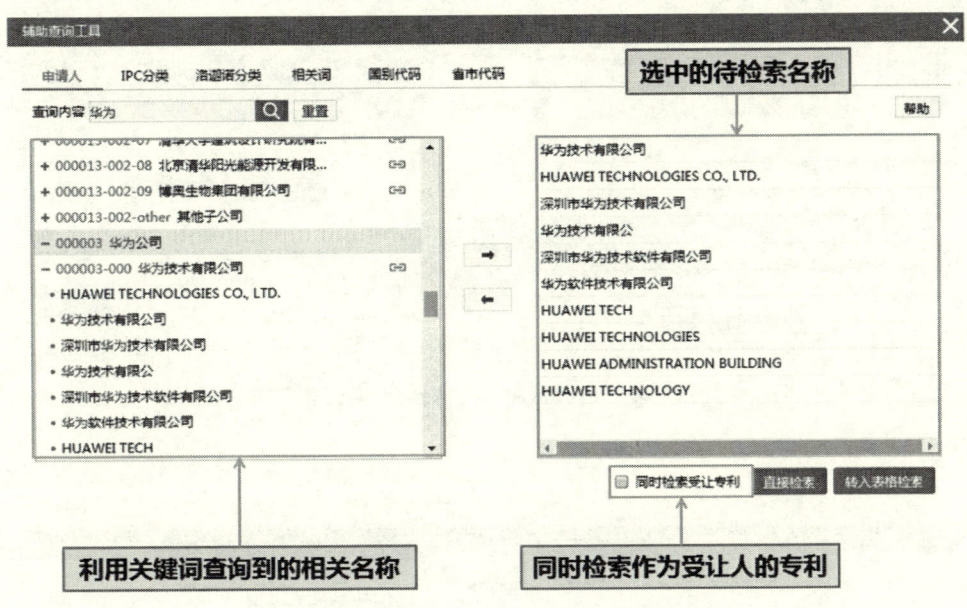

图 7-15　incoPat 申请人辅助查询工具界面

（二）IPC、洛迦诺分类辅助查询工具

在 IPC、洛迦诺分类辅助查询工具中，可通过分类号查找到相应的中文说明，通过中文关键词查找到相应的分类号（见图 7-16）。

（三）相关词辅助查询工具

为帮助用户编写检索表达式时进行词汇扩展，incoPat 对专利中的词汇进行了抽取及语义关联，提供了相关词辅助查询工具。

在相关词辅助查询工具中，可以输入关键词查找其相关的词汇（包含同义词、近义词、上下位概念或者相关概念等），用于选取编写检索表达式（见图 7-17）。

227

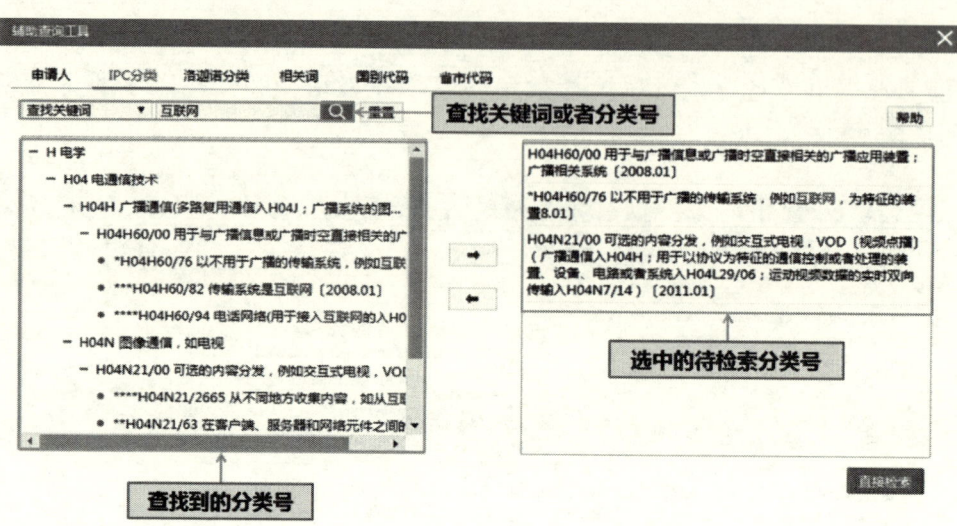

图 7-16 incoPat 的 IPC 辅助查询工具界面

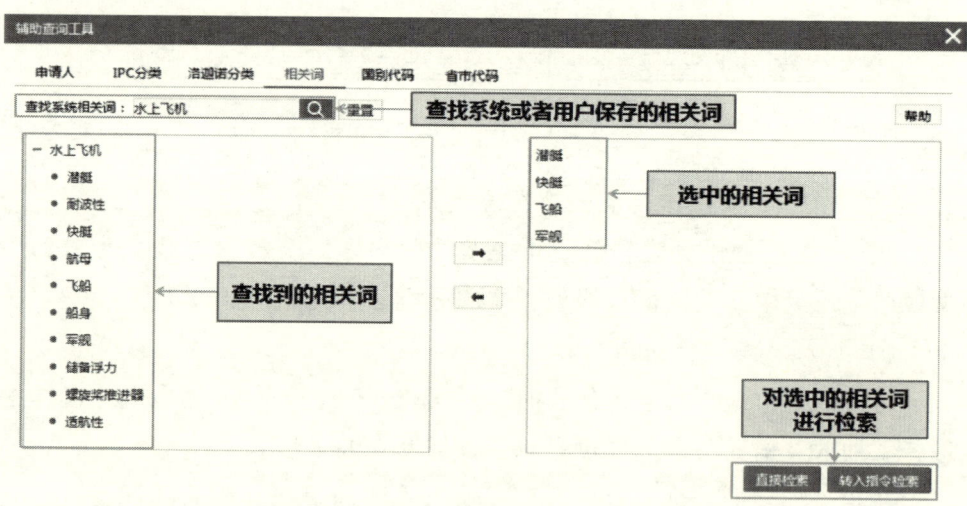

图 7-17 incoPat 相关词辅助查询工具界面

四、便捷的数据查看方式

（一）检索结果的个性化显示

在检索结果显示界面，为更好满足个性化的阅读需求，用户可自行设置检索结果的排序方式、显示方式、显示字段和关键词高亮（见图7-18）。

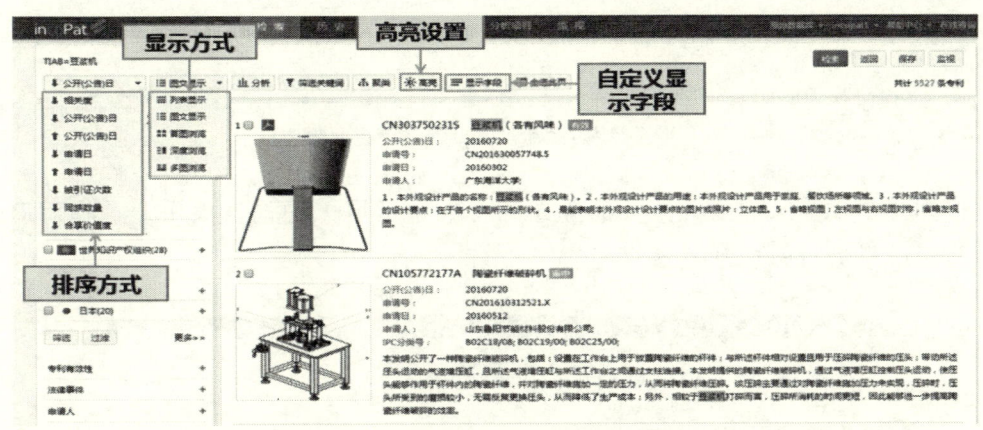

图7-18　incoPat检索结果显示界面

incoPat提供的八种检索结果排序方式中，除相关度、公开（公告日）、申请日排序外，还可以按照被引证次数、同族数量和合享价值度排序，一定程度上帮助用户从众多的检索结果中快速找出重要程度较高的专利。

其中，合享价值度是合享汇智公司制作的专利价值度评估体系，利用数据挖掘、迭代优化的方法，利用专利的20多个参数，创建了一套客观的价值度评价体系，从技术稳定性、技术先进性和保护范围三个维度综合衡量专利的价值度。用户可以通过专利价值度排序，第一时间聚焦最重要的技术情报，提高专利运用效率（见图7-19）。

（二）二次检索和筛选

在"列表显示""图文显示"和"多图浏览"这三种显示方式下，用户可以对检索结果进行二次检索、统计筛选和筛选关键词。

其中，原始数据库目前支持对73个字段进行统计筛选和过滤；筛选关

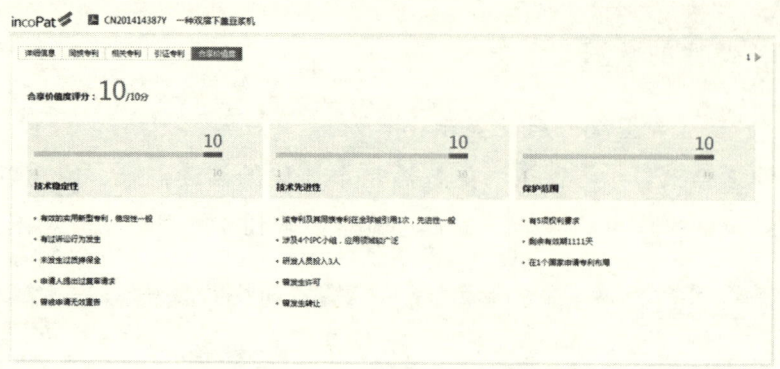

图 7-19　合享价值度评估结果示例

键词是基于语义算法,从当前界面的专利中提取关键词,供用户选择后对检索结果进行筛选和过滤(见图 7-20)。

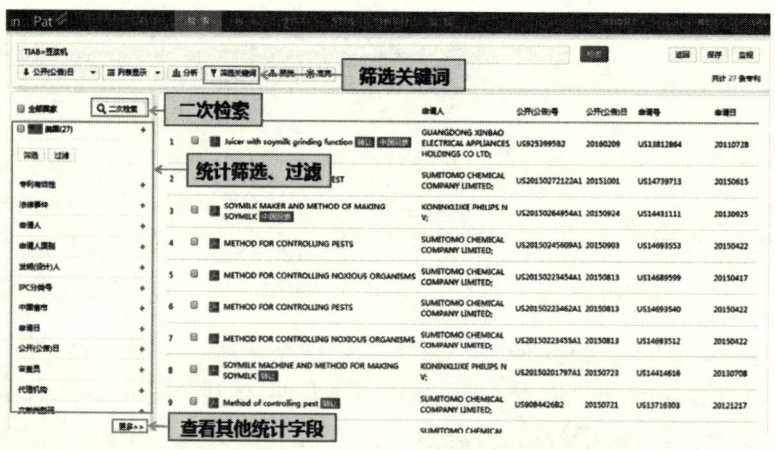

图 7-20　incoPat 二次检索和筛选界面

(三)专利详览

在检索结果的显示界面,点击专利相关信息可进入单件专利详览界面。在专利详览界面不仅可以点击不同的标签来查看单件专利著录项目、法律信息(法律状态、转让、诉讼、复审无效等)、附图、说明书 PDF 原始文件、同族专利等信息,还可以进行单双页显示方式的切换,以及设置关键词高亮(见图 7-21)。

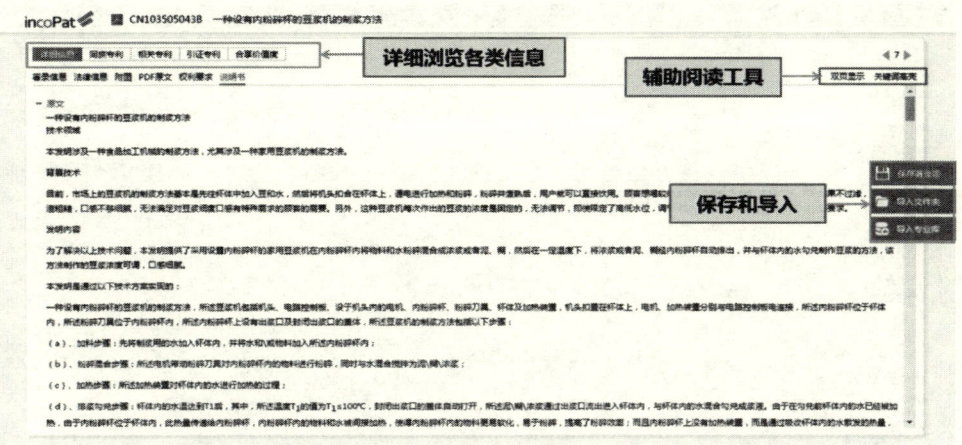

图 7-21 incoPat 专利详览界面

五、多维的分析功能

(一) 统计分析

统计分析是对专利常用著录信息进行量化统计,并将分析结果以图表形式展示。incoPat 不仅提供了 40 余个常用的统计分析模板,可分析时间趋势、区域、技术分类、法律及运营信息等指标,而且可实现 40 多个自定义字段的组合分析。2016 年年底最新推出了"一键生成分析报告"的功能,可以根据用户的分析需求提供 60 种不同分析报告模板,直接生成分析报告,大大提升了分析工作的效率。

在 incoPat 的统计分析界面,用户不仅可以点击左侧的常用分析模板进行结果的快速查看,也可以自定义分析维度、字段及数据范围(见图 7-22)。

(二) 聚类分析

聚类分析是基于语义算法,提取专利标题、摘要和权利要求中的关键词,根据语义相关度聚出不同类别的主题,从而进行个性化的技术类别分析。

incoPat 的聚类分析结果有地图、分子图、矩阵图和饼图这四种呈现方

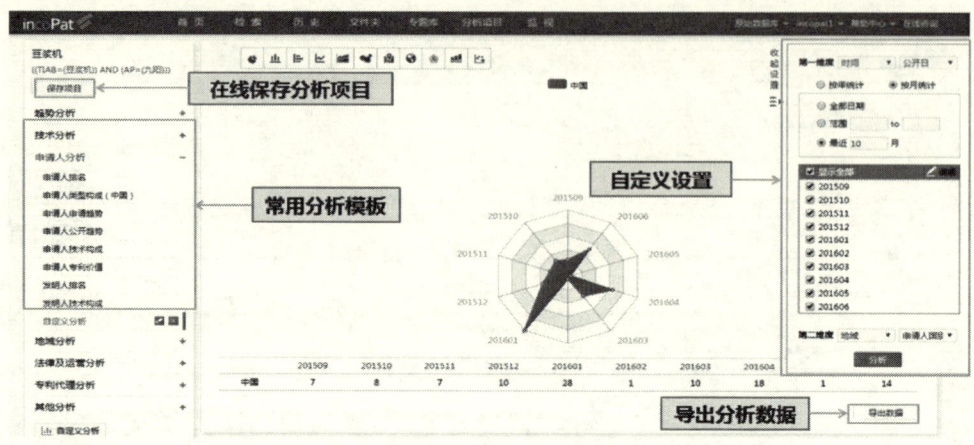

图 7-22　incoPat 统计分析界面

式,其中:

(1) 聚类地图的颜色深浅代表专利密集程度,既可以使用"刷子"和"铅笔"工具选择指定区域进行专利统计,也可以按照不同统计类别在专利地图上呈现相应专利数据点(见图 7-23)。

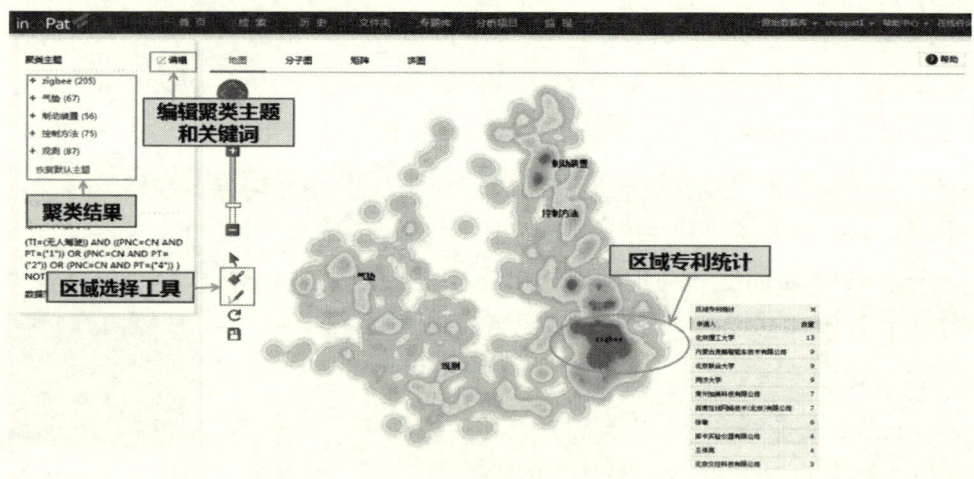

图 7-23　incoPat 聚类地图界面

(2) 聚类分子图的圆圈大小代表不同聚类主题的专利数量多少,一个圆点代表一件专利,与地图方式类似,可以根据不同类别进行统计并在图中呈现(见图7-24)。

图7-24 incoPat 聚类分子图界面

(3)聚类矩阵图是以矩阵的形式展示各聚类技术主题的不同著录信息统计结果(见图7-25)。

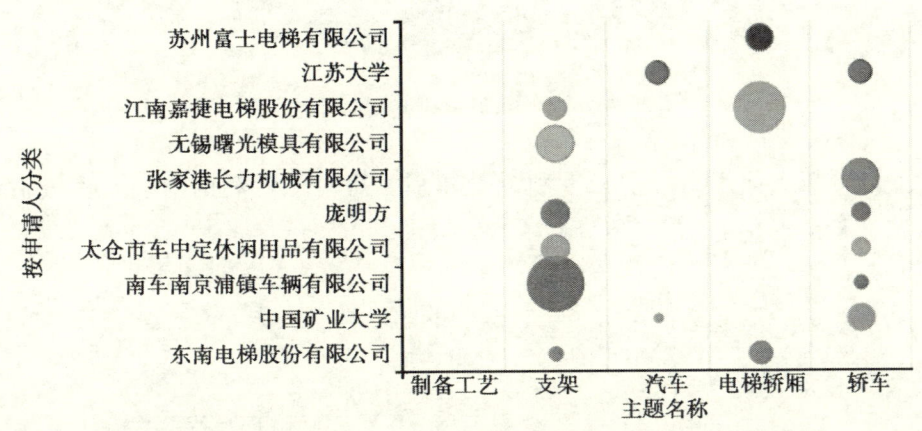

图7-25 incoPat 聚类矩阵图界面

(4)聚类饼图是以圆环的形式展示各聚类技术主题专利数量分布情况。饼图内侧的圆环代表一级聚类主题的数量分布情况,外侧圆环代表二级聚类主题的数量分布情况(见图7-26)。

(三)引证分析

引证分析是基于专利的前后引用情况生成通过引证关系图,通过引证分析可以达到查看技术相关专利,了解技术发展脉络等目的。在 incoPat 单

233

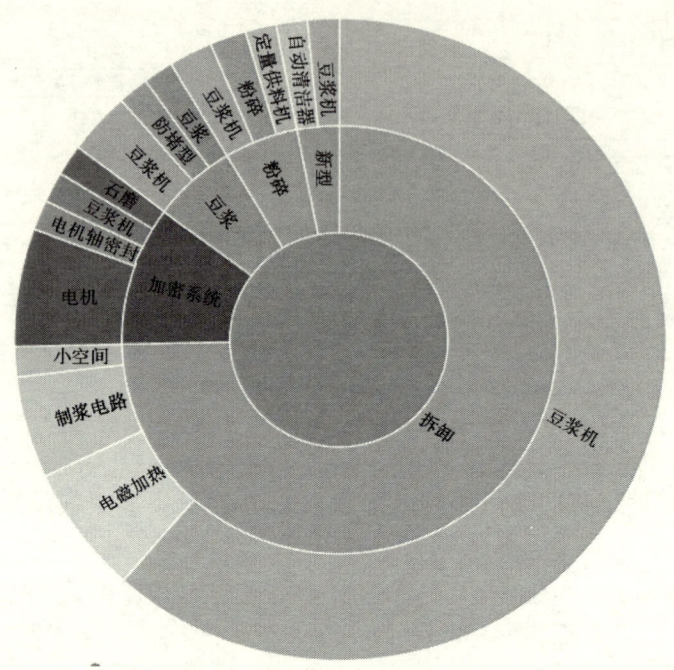

图 7-26 incoPat 聚类饼图界面

件专利详览页面点击"引证专利"菜单后，可对该专利的前、后多级引证情况进行图形化的展示（见图 7-27）。

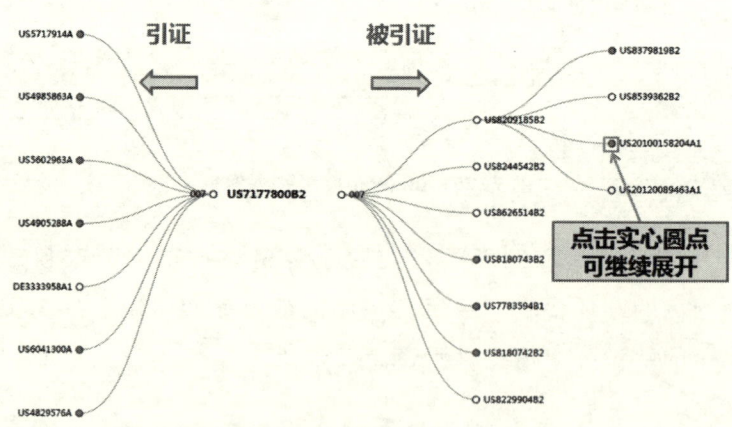

图 7-27 incoPat 引证分析结果示例

六、灵活共享的专题数据库

如果将检索表达式或者专利数据在线保存至专题库的话,不仅检索表达式命中和专利数据状态与 incoPat 的最新数据同步,而且还可以实现不同账号间的数据共享和标引功能。

(一) 基础库

用户可以根据需求建立基础库的树形菜单结构(如从技术类别、竞争对手等不同角度来建立),为结构中的节点编辑一个检索表达式,从而每次点击节点时可看到最新的检索结果(见图 7-28)。

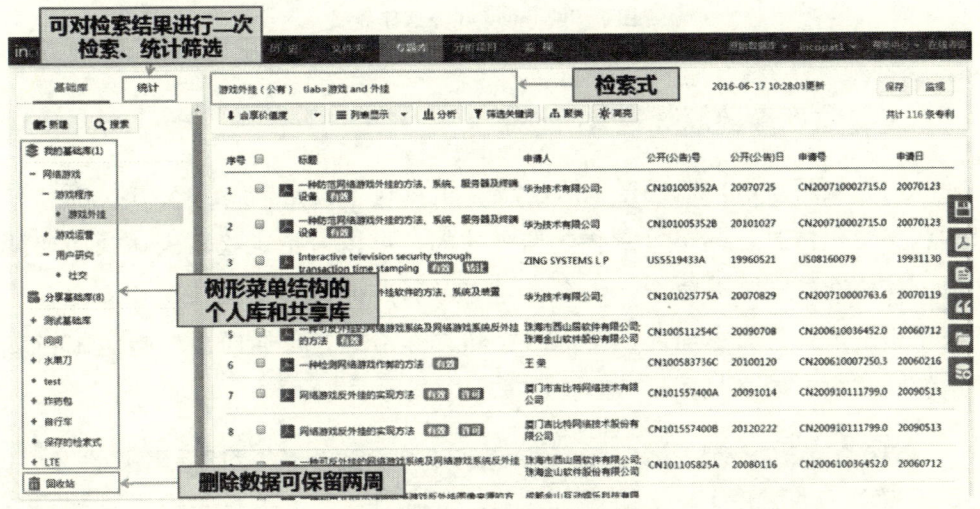

图 7-28 incoPat 基础库界面

(二) 专业库

与基础库类似,用户可以根据需求建立专业库的树形菜单结构,结构中的节点可导入指定的专利数据,从而每次点击节点时看到的均为数据最新状态(法律、同族、引证等状态信息)。

此外,专业库还拥有标引(根据需求对专利数据标记类别及相应的标签)和评论功能,对标引的结果支持统一编辑和统计分析(见图 7-29)。

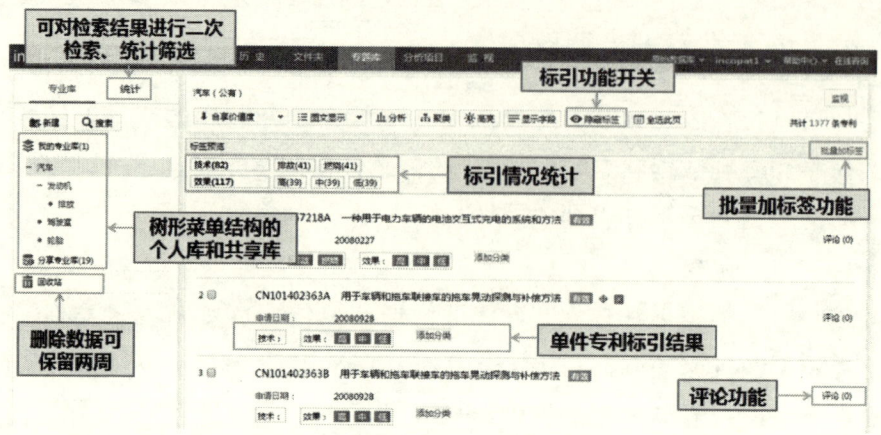

图 7-29 incoPat 专业库界面

七、全方位的监视预警

为方便用户定期监视竞争对手或者重点技术的最新专利公开情况和专利状态变化情况，incoPat 提供了监视功能，可以对指定检索表达式周期性地监控最新检索结果命中，或者对指定专利数据周期性监控状态变化，并根据用户设置的监视周期、发送内容和文件格式，定期向用户指定邮箱发送专利监视结果（见图 7-30、图 7-31）。

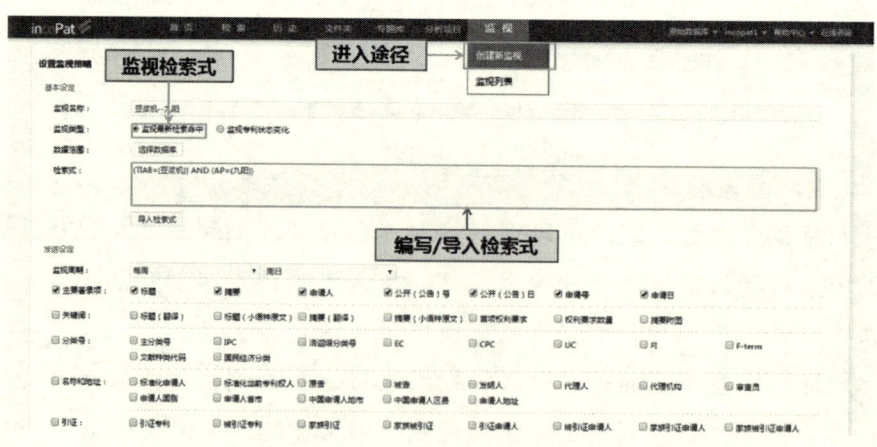

图 7-30 incoPat 监视最新检索命中界面

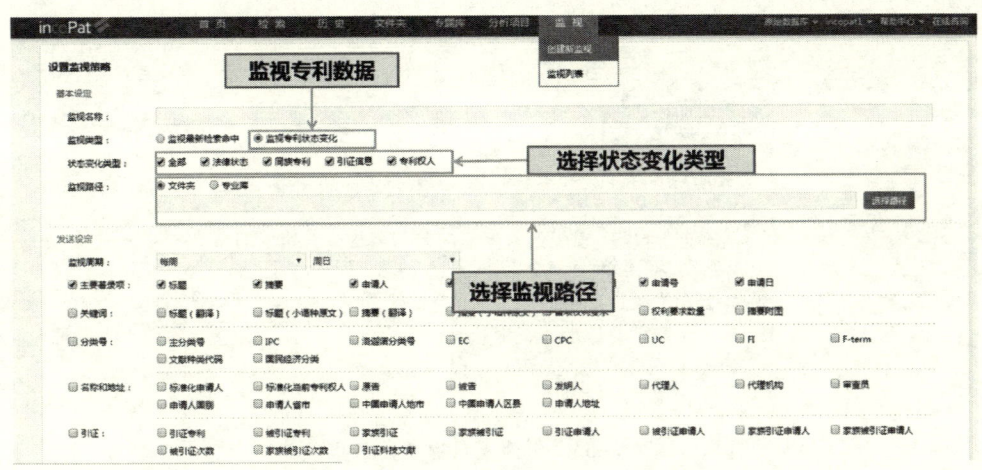

图 7-31　incoPat 监视专利状态变化界面

第二节　用户体验

一、场景一：检索 SMS 集团相关专利

检索目标简介：SMS 集团（西马克集团）是由多家在钢铁和有色金属工业领域从事机械设计和设备制造业务的跨国公司组成的集团公司，在冶炼、轧制等多个领域处于世界领先地位。SMS 集团总部位于德国，已成立两百余年，在中国的业务可追溯至 20 世纪初的 1904 年。

第一步：从"空间"和"时间"维度查找 SMS 集团可能进行专利申请的名称。

"空间"维度是指通过了解 SMS 集团的现有架构，如分公司、子公司、控股公司等，得到 SMS 集团当前进行专利申请时可能使用的名称。

"时间"维度是指通过了解 SMS 集团的发展历史，如名称变更、兼并、收购或重组等，得到专利文献数据中并未显示为 SMS 集团现有的相关名称，但是权利可能属于 SMS 集团的其他名称。

具体的相关申请人名称查找思路可参照图 7-32，通常的查找途径主要通过查阅网站、年报和相关新闻报道等。

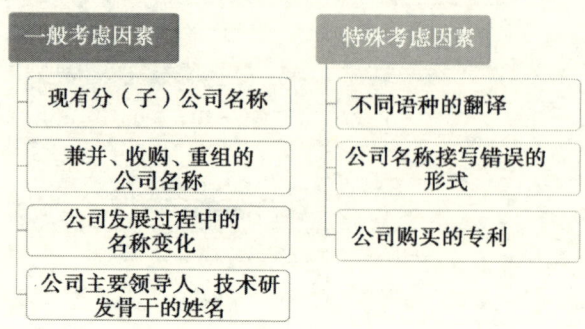

图 7-32　申请人名称查找思路

在 incoPat 中检索时，可初步利用申请人辅助查询工具查找系统预先收集整理好的一些关联公司名称，从中选取相关的名称（因为有可能列出的部分公司业务并非所需关注的业务，无须进行检索）构造初步检索表达式进行检索（见图 7-33）。

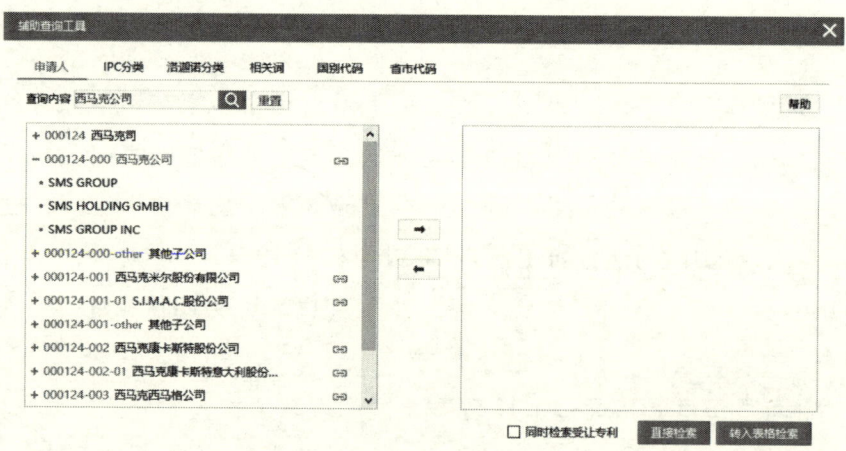

图 7-33　incoPat 申请人辅助查询工具查找出的相关公司名称

第二步：利用检索系统对可能进行专利申请的名称进行补充完善。
一方面由于专利数据与商业数据并非完全对应，例如同一家国外公司在中国进行专利申请时可能被翻译成多种名称,部分美国专利公开的数据显示专利权人为个人;另一方面由于检索系统的申请人辅助查询工具很难保证100%完整收录最新最全的相关公司名称,因此为了尽可能提高查全率,还需利用检索系统进一步补充相关名称。

参考技巧如下:

(1)在incoPat申请人辅助查询工具中,点击相关公司名称后方的图标"GO",可链接至该公司的网站进一步了解其发展历史、业务现状等情况,如最近名称是否发生了变化,有无成立或者收购了其他公司,公司的主要领导人或者创始人有哪些。可利用新查找出来的名称对初步检索表达式进行优化。

(2)使用已知的名称在incoPat中进行初步检索(如利用incoPat申请人辅助查询工具生成的检索表达式),通过对检索结果的统计找出技术研发骨干(有可能以这些人的姓名进行专利申请),然后利用这些技术研发骨干的姓名对初步检索表达式进行优化。incoPat中统计筛选示例如图7-34所示。

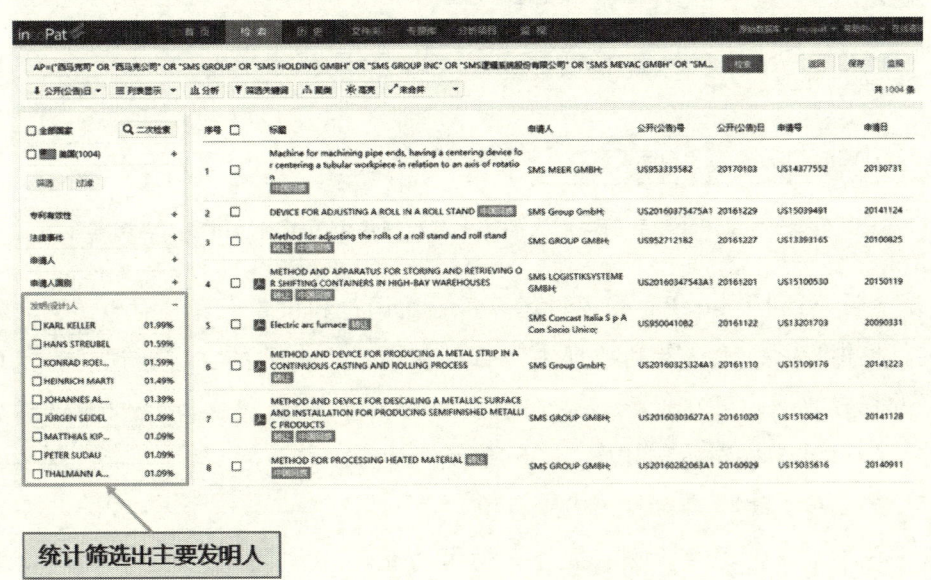

图 7-34 incoPat 中统计筛选主要发明人

(3)由于国外申请人在中国申请专利需要使用中文名称,检索SMS集团的中国专利申请在大部分数据库中需要使用各种形式的中文翻译名称，但是 incoPat 中同时收录了中国专利申请人的中文名称和英文名称。因此为了尽可能全面且准确的找出各种中文名称，可使用 SMS 集团的相关英文名称在 incoPat 申请人字段中进行检索，通过对检索结果的统计对初步检索表达式进行优化。incoPat 中检索及统计筛选示例如图 7-35 所示。

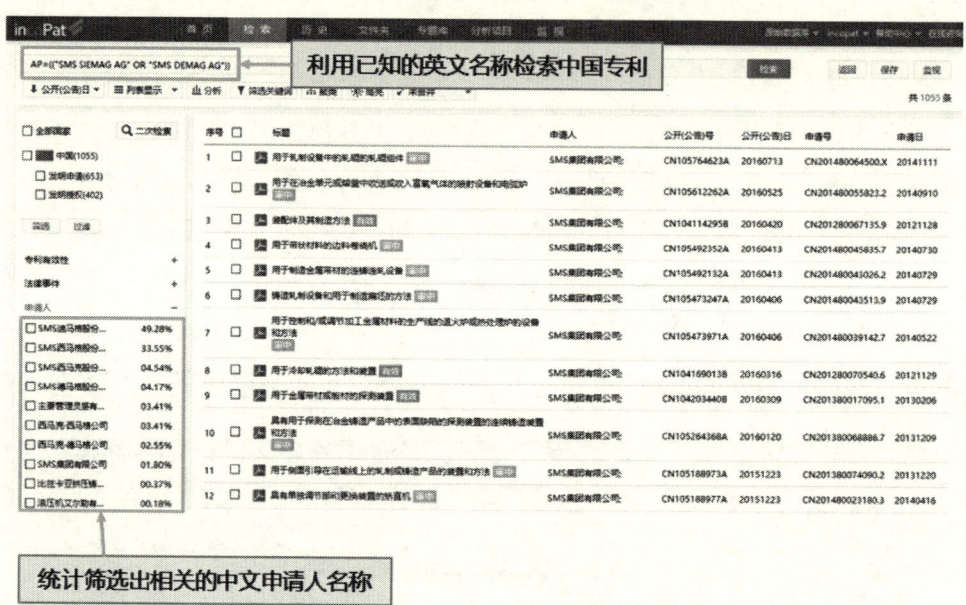

图 7-35　incoPat 中利用申请人的英文名称查找中国专利的申请人名称翻译

（4）可利用 incoPat 的逻辑运算符、截词符和位置运算符对申请人名称进行模糊检索，确认专利数据中是否存在申请人名称的文字错误。为了更好的查看数据，可在检索表达式中使用"not"运算符去除已知的正确名称，incoPat 中检索示例如图 7-36 所示。

第三步：编写检索表达式进行检索。

在不出现较多噪音的前提下，为了防止出现"漏网之鱼"，编写检索表达式时可适当对名称进行"模糊"处理，例如：

（1）检索表达式中仅选取名称中较为特殊的部分，不包含"股份有限公司""株式会社""LTD""AG"等随处可见的词汇。

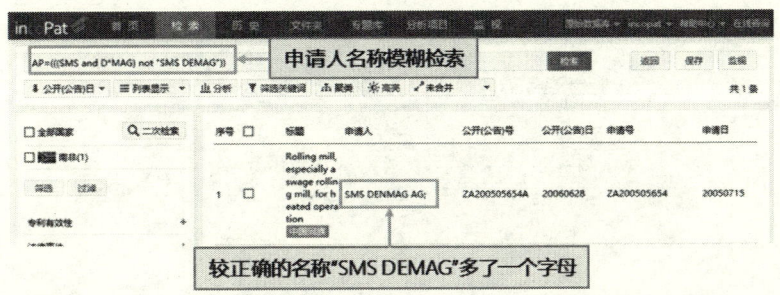

图 7-36　incoPat 中利用模糊检索查找公司名称在专利中可能拼写错误的形式

（2）词与词之间使用位置算符（incoPat 的有序位置算符为"W"，无序位置算符为"N"）或者逻辑运算符连接。

此外，由于专利数据中"专利申请人/专利权人"通常收录的是公开/公告文本中的信息，公开/公告后发生了权利转让不会进行"专利申请人/专利权人"的变更。针对专利转让，incoPat 做了专门的数据加工，不仅能支持中、美专利数据的"受让人"检索，而且还支持中国专利的"当前专利权人"检索，因此为提高检索结果的查全率，在 incoPat 中编写检索表达式时，可将收集整理好的关键词在"专利申请人"和"专利受让人"两个字段中同时进行检索，得到最终的检索表达式。例如：AP =（"SMS DEMAG"）OR AEE =（"SMS DEMAG"）。

二、场景二：检索对折菜板相关中国专利

检索目标简介：Bambleu 对菜板结构做了优化，可以根据食材多少选择菜板大小，水果、蔬菜、肉类等不同食材可以使用不同面，并且切完菜后直接对折一下就顺利倒入锅中（见图 7-37）。

第一步：利用已知的关键词进行初步检索。

为了完整检索出某一产品和技术相关的专利，在检索时需要尽可能全面的查找相关词汇。例如可通过前期的技术理解及查阅相关技术文档，从产品的名称、功能、特点、基本正常、作用对象等多个角度进行收集整理。

在进行"对折菜板"的检索时，如果一时难以想到相关的词汇，可使

图 7-37 对折菜板产品

用 incoPat 的扩展检索功能,该功能可利用机器学习的手段在专利数据库中获取与输入词相关的关键词,从而供用户选取编写检索表达式。

具体方法为:在 incoPat 扩展检索入口首先输入"对折菜板",点击生成相关概念后,从系统生成的相关词汇中选取关键词,从而利用选取的关键词编写检索表达式进行初步检索(见图 7-38)。

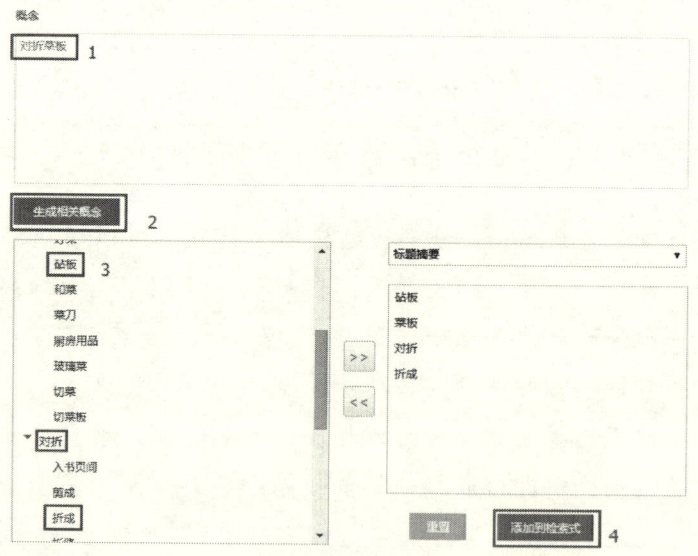

图 7-38 incoPat 中利用扩展检索查找关键词

第二步：从检索结果中提取新的关键词。

为了提高检索结果的查全率，在获取初步检索结果后，可通过人工查阅相关专利提取新的关键词；也可使用 incoPat 的"筛选关键词"功能，从系统自动提取的关键词中找出新的关键词，示例如图 7-39 所示。

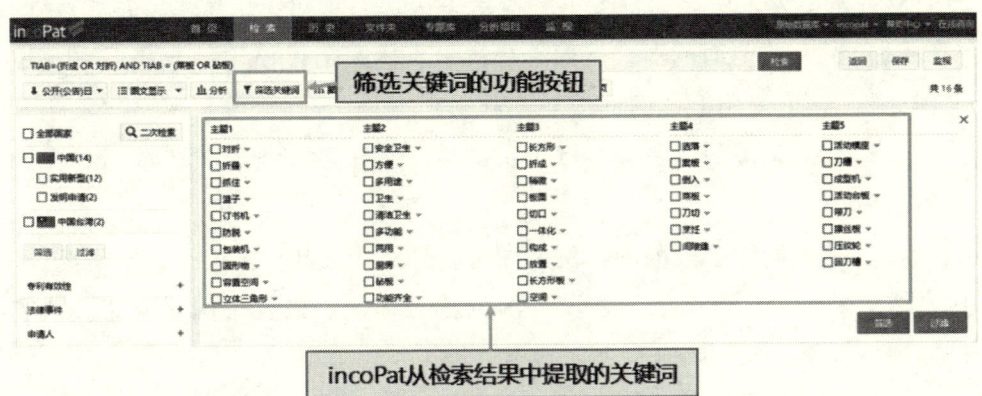

图 7-39　incoPat 中从检索结果筛选关键词

此外，由于 incoPat 同时收录了专利中文和英文版本的标题和摘要信息，还可通过英文关键词来查找对应的中文关键词，从而提取新的关键词。为了更好的查看数据，可在检索表达式中使用"not"运算符去除已知的关键词，incoPat 中检索示例如图 7-40 所示。

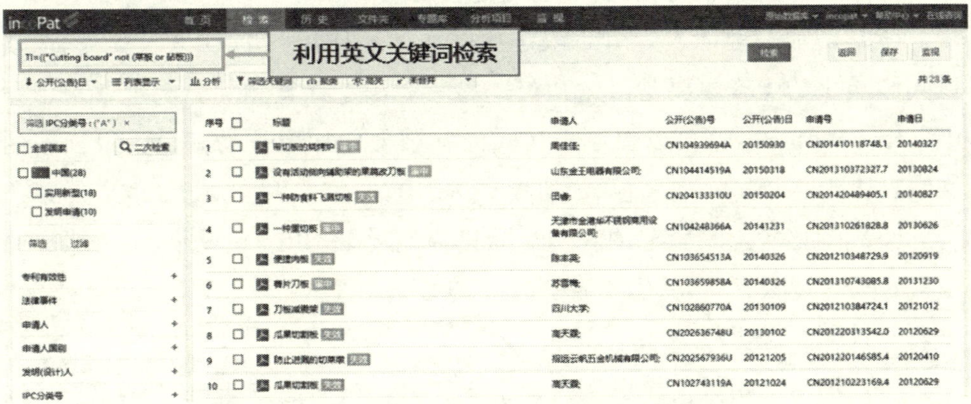

图 7-40　incoPat 中利用英文关键词检索中国专利

第三步：编写检索表达式进行检索。

由于不同的检索目的对检索表达式的查全率和查准率有不同要求，因此收集整理完关键词后，针对检索目的可在多次试检索的基础上编写相应的检索表达式。

对查全率要求较高的情况下，检索表达式编写和优化参考思路有：

（1）扩大关键词范围：例如编写检索表达式不仅使用"菜板"的同义词"砧板"，也使用上位的词汇"切板"。

（2）减少关键词或者IPC限定：即减少词汇的组合，扩大检索结果命中的范围。

（3）扩大检索字段范围：例如如果在标题中使用"（折叠 and 菜板）"检索的结果太少，可考虑将字段范围调整为标题、摘要中同时检索，或者是标题、摘要、权利要求中同时检索。

（4）多角度编写检索表达式：例如可使用"折叠菜板"的技术关键词编写检索表达式，还可使用折叠菜板领域的重点公司名称编写检索表达式。

与之对应的，对查准率要求较高的情况下，检索表达式编写和优化参考思路有：

（1）使用相关度较高的关键词：例如如果使用"TIAB =（菜板 or 切板）"检索的噪音主要是由"切板"检索得出，并且相关专利中较少使用"切板"这一关键词，则可以考虑不使用该词汇。

（2）增加关键词或者IPC限定：例如如果使用"TIAB =（菜板 or 切板）"检索的噪音主要是由"切板"检索得出，并且相关专利主要集中在IPC大类A部中，则可以在原表达式的基础上增加IPC的限定，得到新的检索表达式"TIAB =（菜板 or 切板）and IPC = A"。

（3）调整检索字段范围：例如如果使用"TIABC =（菜板 or 切板）"检索的噪音过大，可考虑将字段范围调整为"TIAB =（菜板 or 切板）"或者"TI =（菜板 or 切板）"。

（4）灵活使用数据库提供的检索运算符：例如如果使用"TIAB =（折叠 and 菜板）"进行检索，两个关键词的位置可能在专利摘要中相隔较远，可使用 incoPat 系统中的位置算符"W"或者"N"来限定两个关键词之间相隔多少个汉字。

三、场景三：分析输入法领域的相关专利

目的简介：完成输入法领域的检索表达式编写后，如何在 incoPat 中实现检索结果的在线去噪、自定义标引及统计分析。

第一步：将检索结果导入专业库或者文件夹中。

完成检索表达式的编写后（本场景中的检索表达式仅为示例），可将检索结果在线保存至 incoPat 的专业库或者文件夹中。可预先自定义设置不同级别的树状导航结构，将检索结果导入相应的导航节点中，示例如图7-41所示。

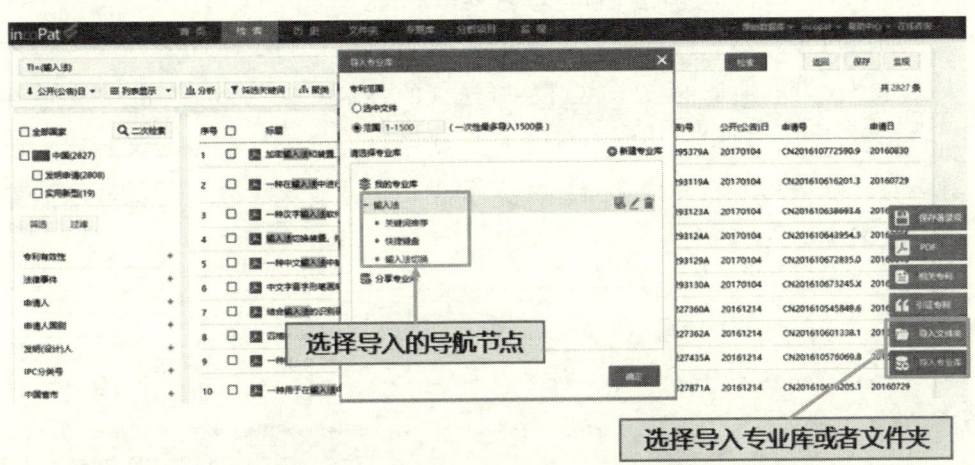

图 7-41　incoPat 中将检索结果在线保存

第二步：利用专业库或者文件夹的统计筛选功能对数据进行去噪。

完成检索结果的导入后，通过界面顶部的菜单进入专业库或者文件夹，选中导入的导航节点即可查看所导入的数据。

对导入的数据可利用统计筛选功能批量筛选出噪音，也可用过人工阅读筛选出噪音（在专利标题前方打钩），然后将噪音数据删除或者移除至其他节点中，示例如图 7-42 所示。

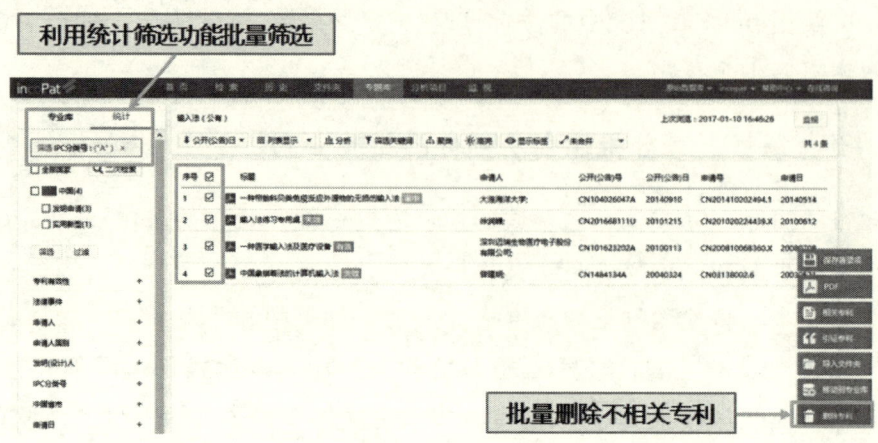

图 7-42　incoPat 在专业库中对检索结果批量去噪

第三步：对重点专利进行自定义标记。

如需对重点专利进行自定义标记（例如制作专利技术功效矩阵，需要人工标引出专利所属的技术类别及所达到的技术效果），可在 incoPat 中开启打标签功能。利用该功能不仅能对重点专利进行个性化自定义标记，而且可对已标记的内容进行统计分析。incoPat 在专业库中开启打标签功能界面参见图 7-43。

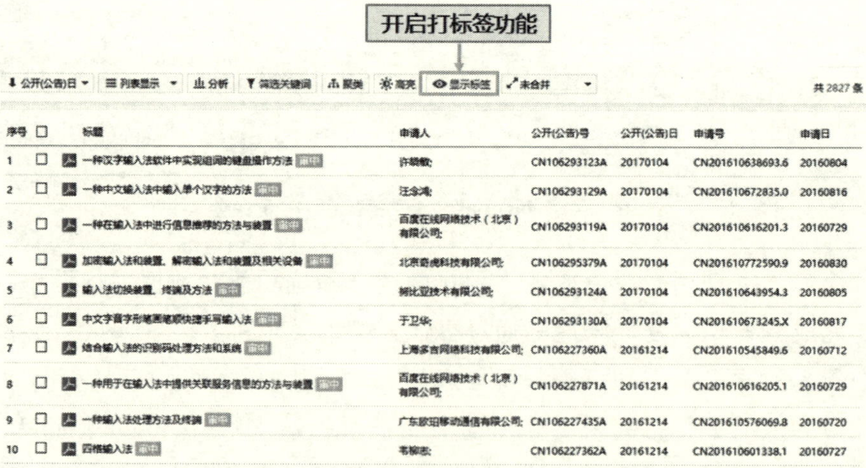

图 7-43　incoPat 在专业库中开启打标签功能

第四步：对相关专利进行统计分析。

完成数据的去噪及标引后，点击专利列表上方的" 分析 "按钮，incoPat 可对所列出专利的主要著录项目和标引的内容进行统计，并生成相应的图表，从而可通过对图表的进一步人工解读得到相应的分析结论。incoPat 统计分析的界面及主要功能可参见图 7-44。

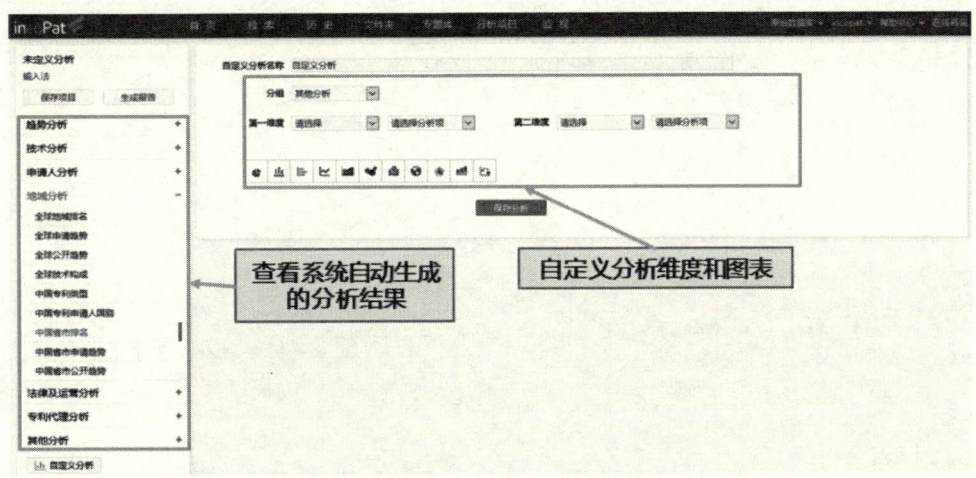

图 7-44　incoPat 中对相关专利进行统计分析

第八章 Questel

【导读】

Questel 是知识产权信息行业的先驱者,从 20 世纪 90 年代开始为各国专利授权机构提供审查员用专利检索系统并沿用至今,公司保持了最先进的专利信息检索和分析技术,Orbit.com 平台数据收录广泛完整、更新迅速,以专利家族/多语言检索为主体,提供智能检索、类似专利检索、关键词和分类检索助手等各种便利功能,为世界范围 7000 家以上用户提供持续 40 年以上的优质产品和服务。

Questel 公司总部位于法国巴黎,在世界 30 个国家及地区设有服务团队。自 20 世纪 70 年代以来,Questel 一直专注于知识产权方面的核心业务,为世界各地用户提供知识产权相关服务。

作为全球领先的信息服务供应商,Questel 围绕创新生命周期做出了所有的产品和服务,即从创意阶段、知识产权风险保护阶段、知识产权资产管理和运营阶段均可提供对应的解决方案,帮助知识产权工作者更科学更高效地工作,也致力于为全球知识产权行业添砖加瓦。Orbit Intelligence 收录了世界上最全面、最新的专利、外观设计及商标专利情报等。

Orbit 在线知识产权服务平台为用户提供在线数据库和分析管理软件,其用户包括世界各地的专利审查员、专利代理人及知识产权工作者。从 20 世纪 90 年代至今,Orbit 服务的国家级知识产权授权机构包括:美国专利商标局、欧洲专利局、中国国家知识产权局、加拿大国家知识产权局、巴西国家知识产权局等。用户达 7000 家以上，遍布全球，其中包括世界财富 500 强企业等。中国的用户数量增长迅速，包括国家及地方知识产权局、科研院所、大学及大中小型企业都在使用 Orbit 作为知识产权信息获取及分析工具。

第一节 Orbit 专利产品

一、Questel 公司产品

Orbit IPBI 包括专利检索专业版本及快捷版本（Orbit Express），Orbit 专业版及快捷版本只是检索入口难易度有区别，但都包含世界上最全面、最新的专利情报数据库。用户可以快速挖掘科技创新、知识产权及商业竞争情报。

Orbit IPBI 另外一位家族成员 Orbit WebMonitor，囊括了 2 万个信息数据源，快速收集相关信息情报，对特定技术领域、公司机构，以及一些热门情报监控，为预警分析打下良好基础。

Intellixir 工具可同时分析专利及非专利文献，包括文章、医疗试验、药物研究报告及并购信息等，可在 SaaS 模式下运行，对所有分析需求定制分类生成特定分析，包括可以进行化学式检索及分析，用户并发数无限制，支持多用户同时登录使用。

Orbit IAM 通过对内部创意、发明及专利等进行专业流程的设定来帮助企业实现对其知识产权资产的管理。公司内部可以自由共享信息，共同完成公司的挑战目标。相关技术人员可以参与提交自己的创意以及为别人的创意投票。虚拟评委会的设定可以快速高效地找到公司内部有价值发明，加快申请或申请保护。对已有专利资产可做成本管控、预算评估等。

DIGIPAT 可对所有历史文件进行人工调取，响应速度快，文件质量高。

Research Disclosure 帮助客户快速披露公开，成本低，该杂志也成为各地审查员必查文档。

二、Orbit 数据收录

（一）数据收录及数据更新

Orbit 数据库包含世界上最全面、最新的专利及外观设计专利情报。它收录了 105 个国家及组织的专利数据、23 个国家及组织的全文专利数据、50 个国家及组织的外观设计专利数据，同时提供德法美中的专利诉讼信息、美国专利许可、全球 13 个专利相关标准信息等（数据截至 2017 年 9 月）。

（二）FamPat、FullPat、FullText 三大数据库特征及构成

FamPat 数据库：以发明为基础的世界同族专利数据库，包含 105 个国家和地区的专利书志目录数据及 23 个国家全文数据库（见图 8-1）。

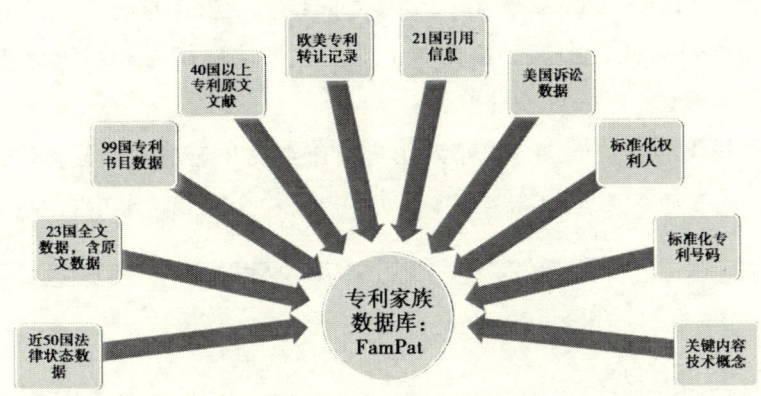

图 8-1　FamPat 数据库

FullPat 数据库：以专利为单位，按国家单独显示，包含 105 个国家和地区的专利书志目录数据及 23 个国家全文数据库。

FullText 数据库：以专利申请为单位，包含 23 个国家专利全文的数据库。

三、专利检索

Orbit支持专利引用数据、法律状态等检索、浏览、下载和定制,提供"摘要、关键词、技术分类、发明人、专利权人、引证"等400多种检索字段,帮助用户检索到全面、精准的数据。

(一)简单检索

配备基本检索表格、简单界面,清晰好用,帮助用户快速找寻相关技术或企业。

(二)高级检索

配备表格检索、命令行检索、二次检索、引证检索、Inpadoc及FamPat同族检索、类似专利检索、法律状态检索等,同时还提供各种辅助工具,如关键词检索助手(相关概念、多语言词典)、关键词高亮、公司树、引证图表、Inpadoc同族图表、数据导出等。此模块提供专利高级分析功能。

1. 相关概念

Orbit提供的相关概念可以帮助用户快速查找和确定技术关键词,拓展检索思路,提高工作效率,降低检索难度,提高检全率和检准率(见图8-2)。

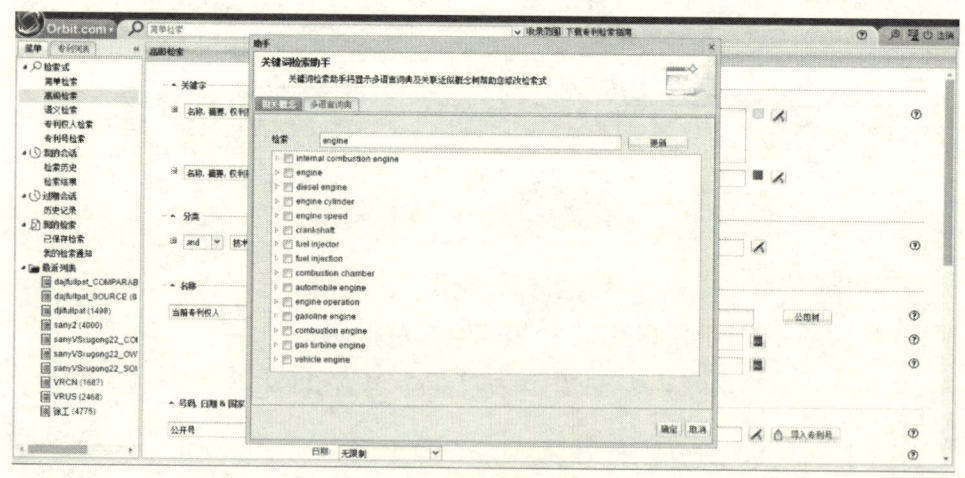

图8-2 相关概念检索界面

2. 多语言词典

欧洲专利局的官方申请语言是英语、法语和德语，Orbit 多语言词典提供英语、法语和德语三种语言的同义词、近义词互译，帮助用户降低欧洲专利的漏检率（见图 8-3）。

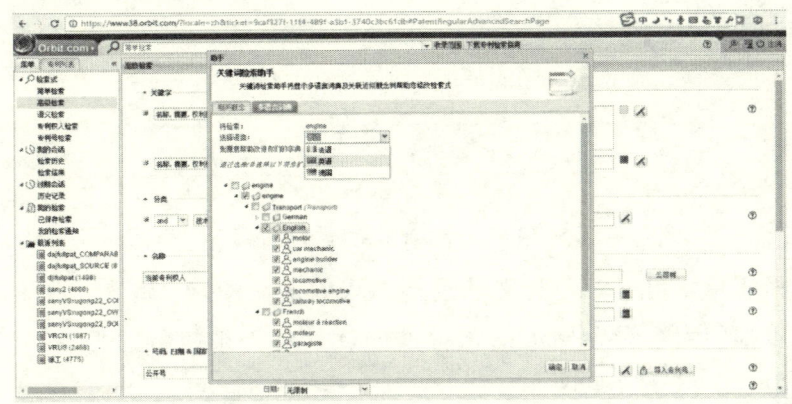

图 8-3　多语言同义词词典界面

3. 法律状态检索

Orbit 提供法律状态检索，依托 Questel 深加工 50 多个国家法律状态数据，可进行"有效"（包括"申请中""授权"）和"无效"（包括"过期""撤销""被授权机构驳回"）等法律状态进行检索，同时还支持"专利权转让""专利许可授权""异议""延长"等法律事件检索，帮助用户挖掘所关注的信息，高效应对诉讼、收集相关证据、查找技术市场趋势、进行技术价值判断、筛选重要专利，跟踪竞争对手技术策略，为后续分析提供有力支撑（见图 8-4）。

（三）语义检索

Orbit 语义检索不仅提供传统的关键词检索方式，还通过其概念搜索引擎实现了专利文献的语义检索，使检索不局限于关键词本身，而是对关键词表达含义的检索。用户既可以输入某些关键词实施语义检索，还可以输入一段文字内容，甚至一篇专利文献号实施语义检索。

例如，采用关键词"BIOS"直接进行检索，得到 9281 个专利族；采用关键词"BIOS"进行概念检索，得到 21 290 个专利族。Orbit 语义检索

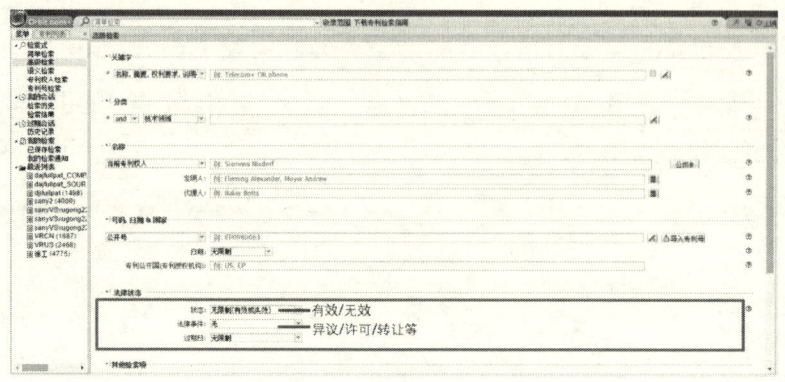

图 8-4　法律状态检索界面

提供的概念检索可以对专利文献进行深入的语义检索。输入"一种使游戏机安全以便使大容量存储上的未批准的软件将不被执行的方法",页面会自动提取相关概念(见图 8-5)。

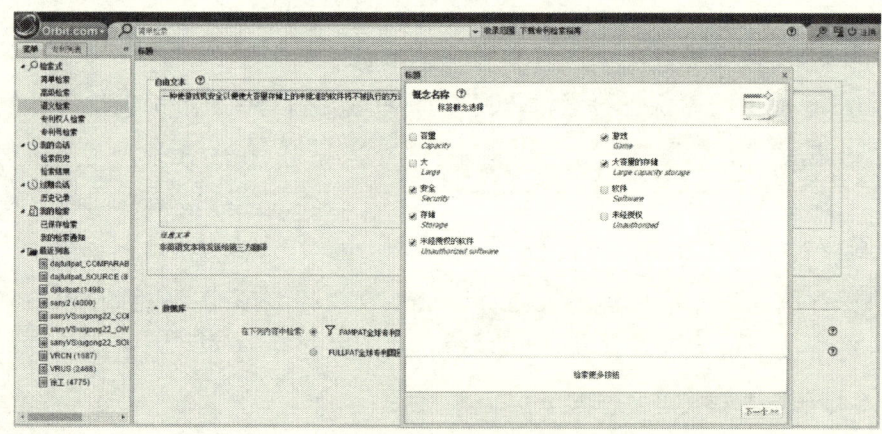

图 8-5　语义检索

(四) 专利权人检索

可输入当前的专利权人、初始专利权人以及中间的专利权人检索专利文献。同时,可利用 Orbit 提供的公司树功能,帮助用户快速查全、确认申请公司、子公司及其隶属关系,保障检索策略全面性,特别适用于对竞争对手进行"申请/专利权人"的检索(见图 8-6)。

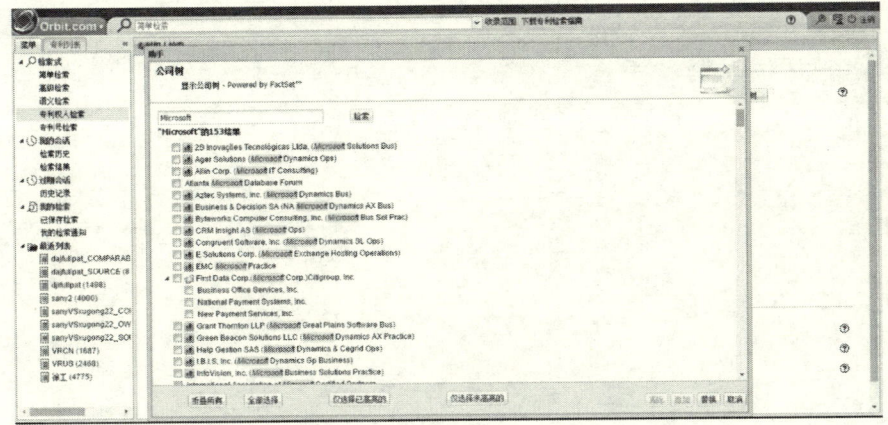

图 8-6 公司树检索界面

（五）专利号检索

在专利号检索模式下，用户只需直接输入待检索的专利公开号，Orbit 会按照 Questel 标准化格式对输入的专利公开号进行标准化，即可检索到相应的专利文档（见图 8-7）。当检索专利申请号和优先权号时，需要更改为 WIPO 标准格式后方可进行检索，标准格式为：YYYYCC-NNNNNNN（其中 YYYY 为申请/优先权年份，CC 为国家代码，NNNNNNN 为申请/优先权序列号，序列号不够 7 位时，以 0 代替）（见图 8-8）。

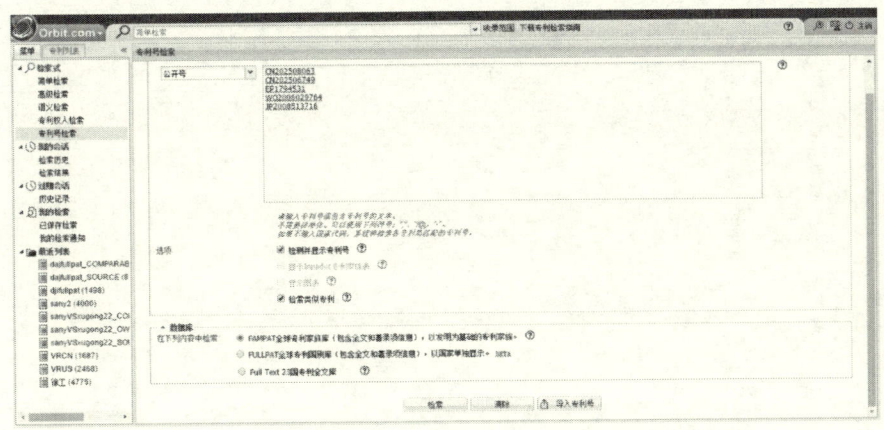

图 8-7 输入专利号检索类似专利

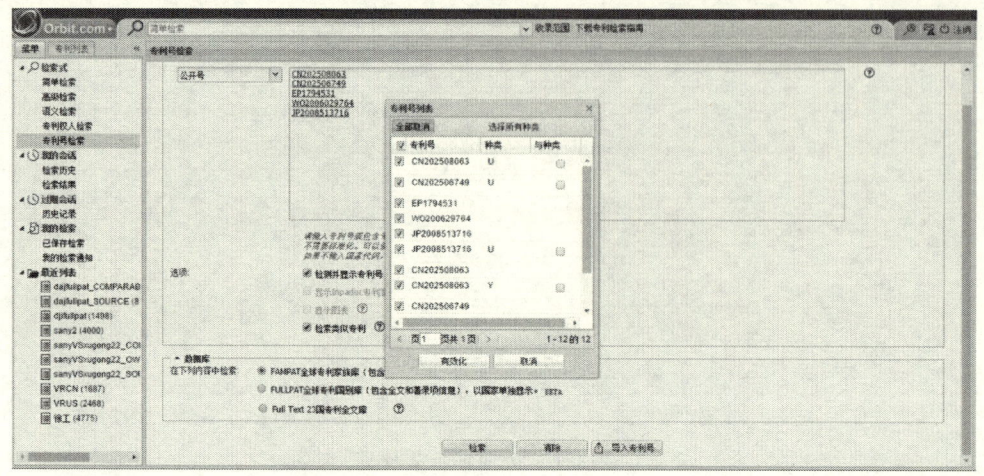

图 8-8 专利公开号自动标准化

(六) 智能检索

Orbit 提供智能检索,如果用户输入的是号码,系统会自动匹配所有的号码字段,包括公开号、申请号、优先权号。如果用户输入的是文本,系统会自动在所有文本字段中进行检索,包括标题、摘要、权利要求、说明书、专利权人等。智能检索可以帮助用户进行快速高效匹配检索对象的工具(见图 8-9)。

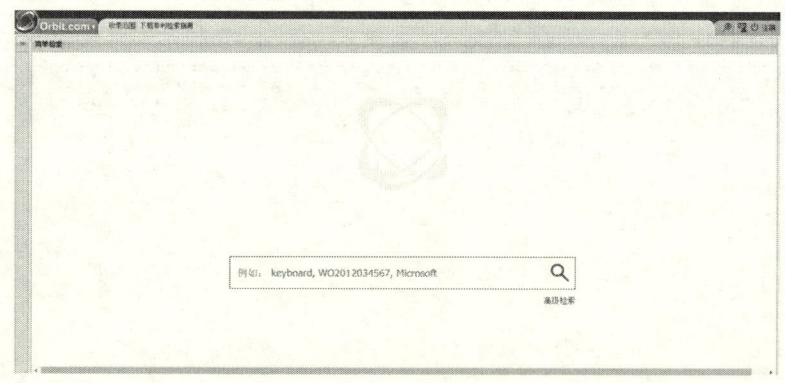

图 8-9 智能检索

(七) 外观设计检索

Orbit 外观设计专利库覆盖 43 个国家或地区的数据,是世界上目前最全的外观设计数据库。配备简单检索和高级检索两种检索界面(见图 8-10)。

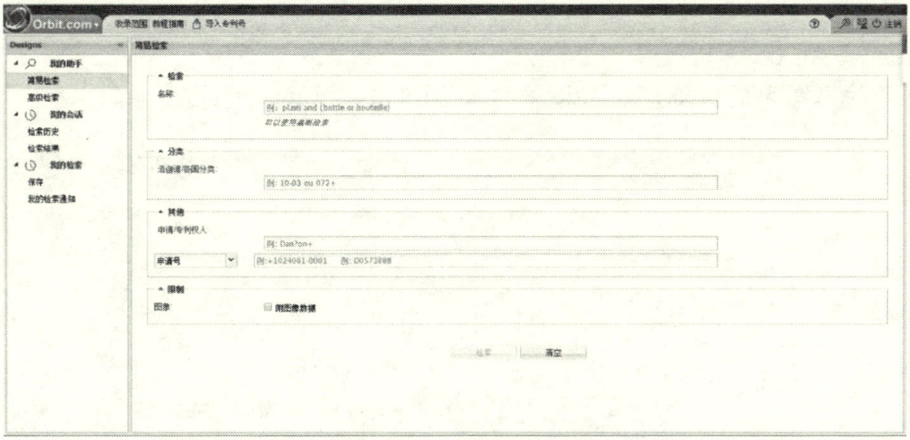

图 8-10 外观设计检索

(八) 专利诉讼检索

Orbit 收录了美国和中国的专利诉讼信息,用户可对美国专利诉讼信息,通过诉讼当事人、法庭信息、日期、发明人等入口进行检索,对中美诉讼信息可在检索结果中筛选有诉讼记录的专利(见图 8-11)。

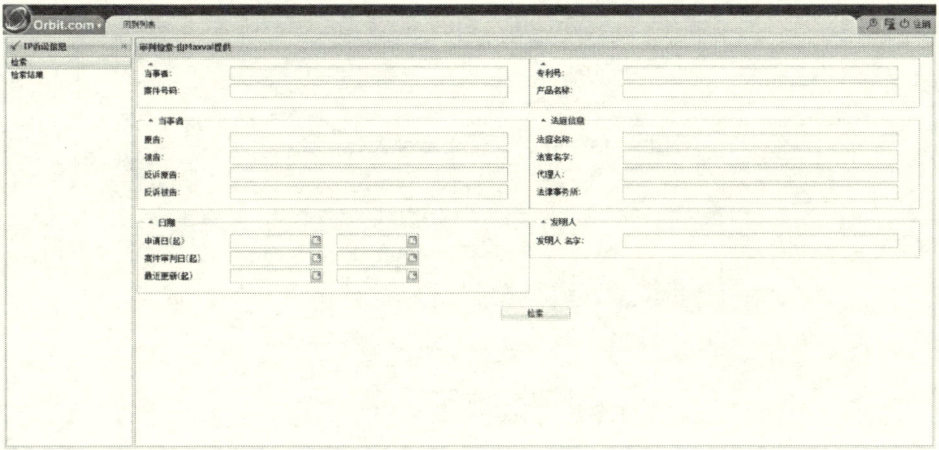

图 8-11 美国诉讼检索

四、检索结果

(一) 页面浏览

检索结果的页面浏览如图 8-12~图 8-14 所示。

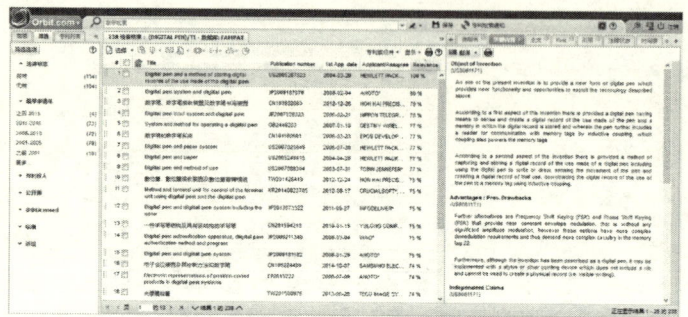

图 8-12 结果页面

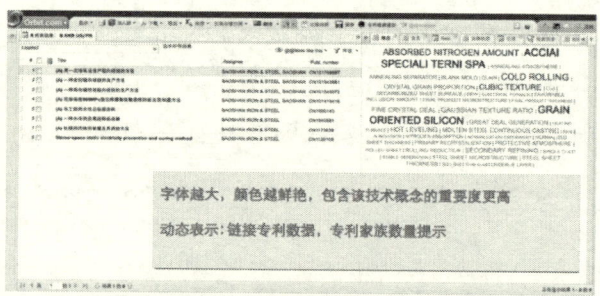

图 8-13 概念(技术关键词快速定位)

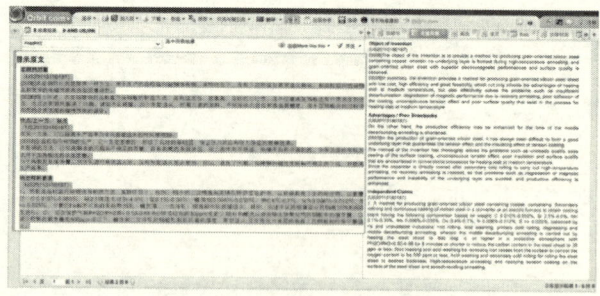

图 8-14 关键内容查看

第八章　Questel

（二）保存和检索通知

提供发明专利、实用新型专利和外观专利的监控，以及法律状态监控。

专利和外观检索通知：用户可以通过检索策略对某个专利权人或某个技术进行监控，并每周/每月通过邮件的方式接收更新内容。

法律状态监控：用户可以对重要专利号进行法律状态的监控，实时监控专利及其家族成员的法律状态信息。

（三）导出、下载、工作文件

Orbit 支持用户进行专利数据无限制导出，可以多种电子格式导出，还可以批量下载专利原文 PDF 文档，方便技术人员学习和使用。

用户还可以根据检索项目的需求，自己选择想要导出的字段内容。新版的 Excel BETA 版本还支持客户在选择字段之后再对字段内容做选择。例如：选择专利权人（Assignee）字段之后，还可以进一步选择"当前专利权人"（Current assignee）、"专利权人历史"（Assignee history）等详细字段内容，如图 8-15 所示。

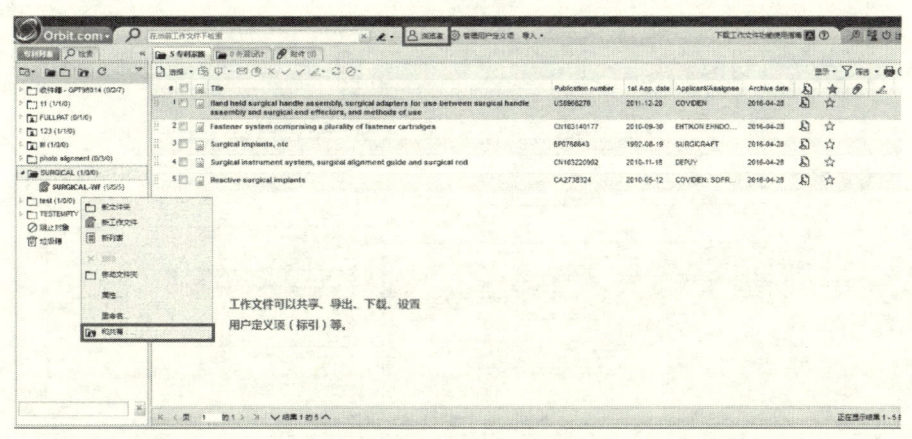

图 8-15　共享工作文件

用户可自行创建工作文件，将检索结果中的数据选择存储其中，还可以将保存的工作文件共享出去，从而合理应用资源，节省资金，提高工作效率。

(四) 标准信息

Orbit 新添加的"标准信息",可使用户迅速找到纳入技术标准的价值专利信息。用户可以通过查看专利是否被标准引用及所有标准引用的全部专利家族,还可以查看所有引用该专利或专利族的标准信息(见图 8-16、图 8-17)。

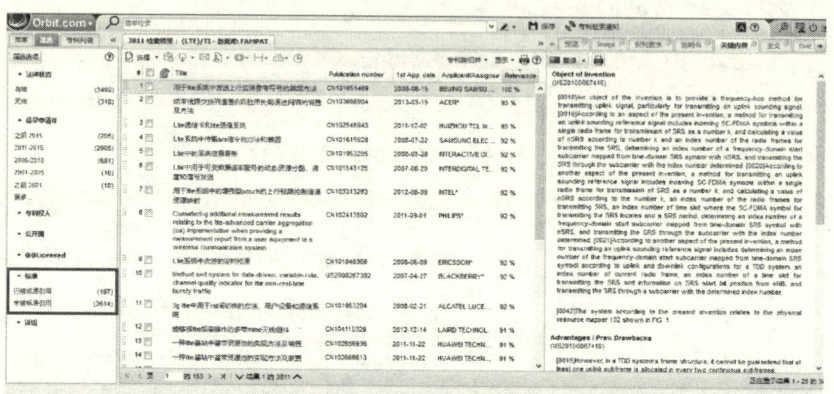

图 8-16 筛选"标准"信息

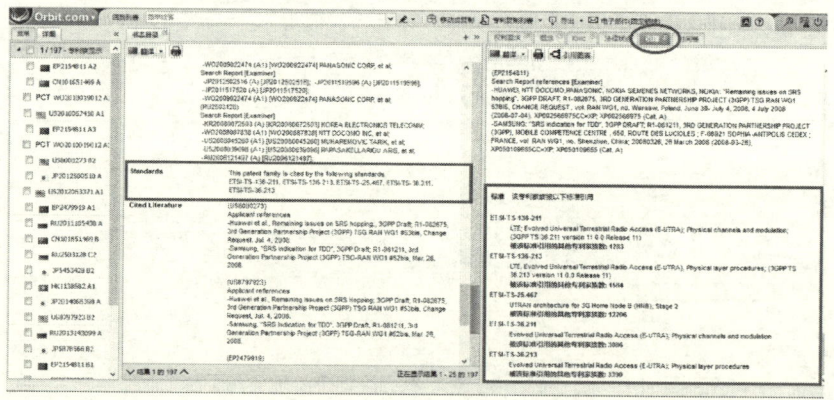

图 8-17 详细页面及引用标签中查看详细"标准"信息

目前 Orbit 收录的是 ETSI(欧洲电信标准协会)发布的 2600 多项标准,计划在未来增加 ITC(国际电工委员会)、IETF(互联网工程任务组)以及 OMA(开放移动联盟)发布的标准。

五、分析模块

Orbit 分析平台提供基础图表分析功能，表现形式包括条形图、柱状图、饼图、气泡图、气温图、树图、圈状树图、世界地图、专利权人引用/合作图等上千种分析图。用户可根据自己的需求自由选择表现形式，设定分析的主题及参数范围（例如，最早优先权年份、公开国、IPC 等），并对感兴趣的信息设置不同颜色的高亮（例如，申请人、IPC、法律状态、概念等）。Orbit 在中高级分析模块，还提供云图、分析轴自定义、专利地图等功能（见图 8-18、图 8-19）。

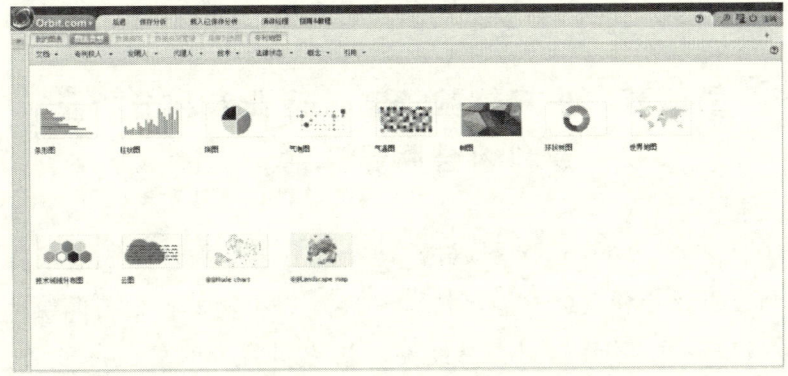

图 8-18　各种分析图

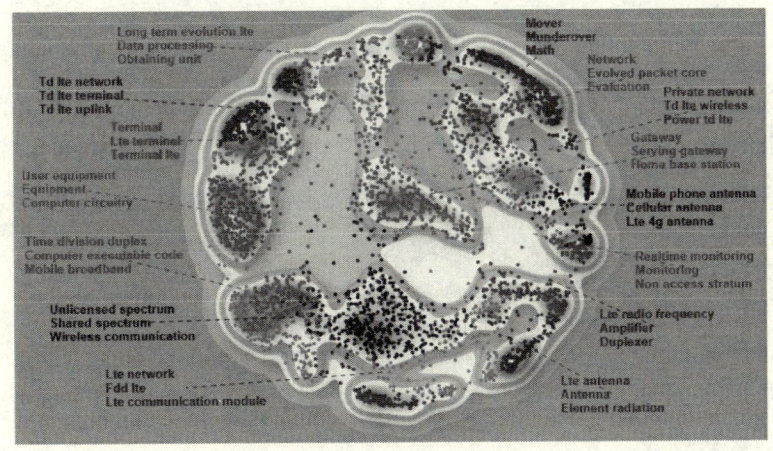

图 8-19　专利地图

六、导航模块

导航模块包含技术定位分析、对内许可、商业案例评估、法律风险评估、独占市场分析、专利组合评估、许可机会分析、对外许可八个小模块,200种以上指标,从专利的有效性和所有权、技术和使用以及地域覆盖等维度,对专利组合进行评估,可满足公司机构及政府知识产权部门对知识产权战略的决策分析需求。

这些度量指标包括通用性、原创性、辐射度、转让频率、前向引用、IPC分散性等。

第二节 用户体验:芯片行业专利分析及专利组合质量评估

2016年4月,Questel公司通过Orbit信息服务平台完成的报告《芯片行业专利分析及专利组合质量评估》一经发表,就被各大新闻媒体包括中国知识产权报、中国通信网、财经网、新浪科技、网易财经等节选转载。该报告指出中国近10年芯片专利增长惊人,已成为芯片专利申请第一大国。中国企业在芯片专利数量上已逐步赶上国外老牌企业,在全球芯片专利前30位专利权人中,来自中国大陆的中兴通讯、华为分别位居第23位、第27位。

该报告以Orbit专利数据库收录的99个国家及组织的专利数据为数据源,检索截至2016年4月6日的数据。报告显示,首先全球芯片专利数量在过去18年里实现了6倍的惊人增长,中国芯片专利申请量在过去18年里则实现了23倍的惊人增长。数量上中国已成为芯片专利申请第一大国,这也与中国的专利申请总量连续5年蝉联全球第一大环境相符。其次是传统芯片技术强国日本、美国,然后是欧洲、澳大利亚,以及印度、巴西和俄罗斯等金砖国家。

在全球芯片专利申请量前30位专利权人中,日本公司居多,日立、东芝和 NEC 排名前 3 位,其次是美国的 IBM、英特尔、德州仪器、高通等老牌企业。中兴通讯、华为的专利申请在国内企业当中排名靠前。在中国芯片专利申请量前 30 位专利权人中,中国台湾鸿海、韩国三星和中兴通讯分列前 3 位。科研院校代表浙江大学和清华大学表现抢眼。

报告还指出,经过多年的技术积累和专利积累,国内以中兴通讯、华为等为代表的企业已经初步具备与国际领先企业竞争合作的技术基础和知识产权基础。但国外企业无论从市场还是专利数量来说,仍然在全球占据了大部分席位。本土企业在诸多方面都与国际领先企业存在较大差距。图 8-20 为搜狐财经引用的该报告中的雷达图进行对比。

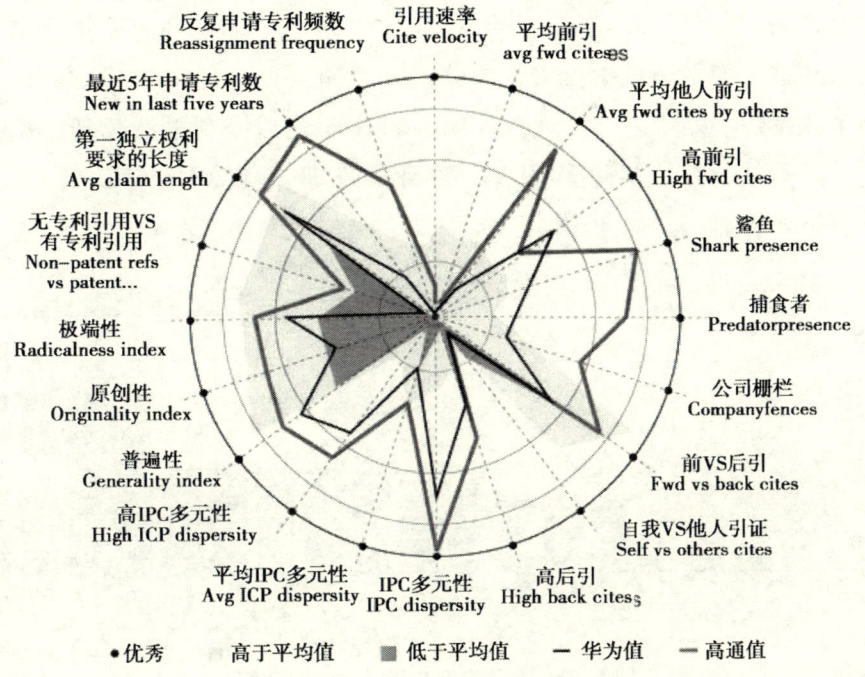

图 8-20　华为 vs 高通专利技术和使用度量雷达对比

图片来源:Orbit 专利数据库。

以下为该报告的详细内容。

一、芯片行业专利分析

(一) 投资趋势

专利申请优先权项中的申请日是最早申请专利时间,对优先权申请日进行排序,以统计年度专利申请量,并得到芯片领域的年申请数量分布图。由于专利从申请到公开一般需要持续一段时间,甚至可能长达 18 个月,如果申请人通过 PCT 程序提出国际申请,则进入国家阶段的周期还可延长到 30 个月。因此,2014 年及以后的专利申请有部分还没有被公开,为保证分析质量,仅对 2014 年之前的数据进行了统计分析。

图 8-21 是芯片专利申请的总体趋势分析图,从中可以看出,芯片专利数量在过去 18 年里实现了 6 倍的惊人增长,有三个不同的时期决定了专利权利人在这个技术领域中投资的方式。产业萌发期,从 1995~2000 年,专利申请数量还不是很多;产业成长期,2001 年之后专利申请数量出现稳定的增长,而且一直持续到 2009 年;产业爆发期,自 2010 年以来,专利申请的节奏显著加速,到 2012 年突破 4 万件大关。

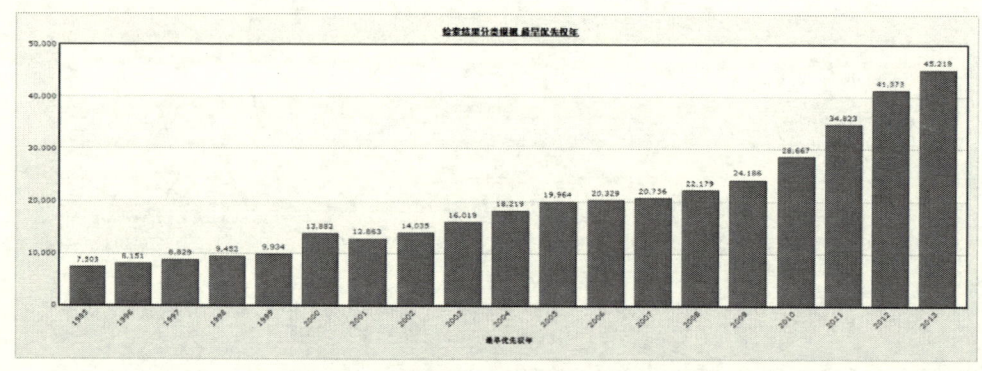

图 8-21 芯片专利申请总体趋势分析

如果进一步观察专利申请量排名前 30 的企业及机构,可以更深入地了解一直以来获得最多专利的企业和机构(见图 8-22)。

日本公司,如日立公司、东芝和 NEC 的申请数量逐年减少,其投资热

图 8-22　按最早优先权年/专利权人划分的专利申请热力

度逐步降温。美国公司，如英特尔和 IBM 保持了稳定的专利申请，专利总量和增速都比较稳定。中国台湾企业，如鸿海集团和台湾半导体，中国大陆的中兴通讯（含中兴微电子）、华为，在这个行业不断提高专利申请量，投资热度显著升温。其中中兴通讯专利申请年均复合增长率 58%，在中国内地企业/机构中排名第一。

（二）全球技术分布

从全球专利的原始申请国可以看出芯片领域的技术分布趋势，专利申请人一般首先在其所在国或地区申请专利，然后在一年内利用优先权申请国外专利。从专利申请人优先权所属国或地区的数量分布上可以了解各国家在该领域的技术实力。

从优先权专利申请的国家或地区分布来看，在数量上中国占据第一位，这也与中国的专利申请数量连续 5 年蝉联全球第一的大环境相符，下文将对专利质量做进一步研究。其次，是日本、美国，这也是传统的芯片行业

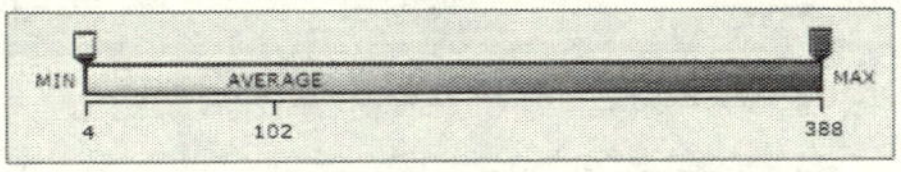

的技术强国,然后是欧洲、澳大利亚以及印度、巴西和俄罗斯等金砖国家。

(三)行业领先企业

使用 Orbit 数据库,通过对芯片专利进行分类排序,考察该领域专利申请量最多的企业,一般认为这些企业就是行业的知识产权领先者。

在芯片专利数量前 30 位专利权人中,日本公司居多,日立、东芝和 NEC,排名前三位,其次是美国的 IBM、英特尔、德州仪器、高通等老牌企业,中兴通讯、华为的专利申请在国内企业当中排名靠前。

可见,经过多年的技术积累和专利积累,国内企业已经初步具备了与国际企业竞争合作的技术基础和知识产权基础,最近几年,国内企业从专利数量上来说已逐步赶上国外老牌企业。

专利的权利状态表明该专利现在处于何等阶段,其是否属于一件有效或可运作的专利。

日本企业的无效专利较多,因为芯片产业技术的发展较快,技术更迭时间短,日本企业在早期的投入较大,专利时间比较早,因此无效的专利较多。

二、芯片行业中国大陆专利分析

(一)投资趋势

图 8-23 是在中国大陆申请公开专利的总体趋势分析图,可以看出,芯片专利数量在过去 18 年里实现了 23 倍的惊人增长,有三个不同的时期决定了专利权利人在这个技术中投资的方式。产业萌发期,从 1995～2000 年,专利申请数量还不是很多;产业成长期,2001 年之后专利申请数量出现稳定的增长,而且一直持续到 2009 年;产业爆发期,自 2010 年以来,专利申请的节奏显著加速,到 2012 年突破 3 万件大关。大体趋势和全球总趋势一致,但中国大陆的专利增长更惊人。中国大陆芯片产业在近 10 年间技术发展迅速,尤其是 2010 年以后,技术创新越来越活跃,整体水平越来

第八章　Questel

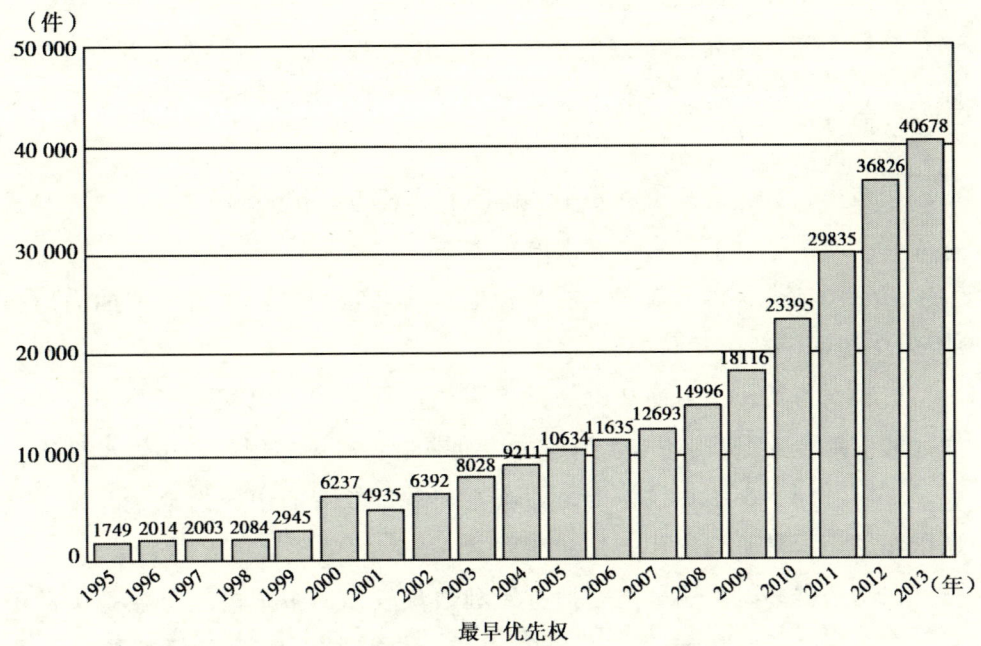

图 8-23　在中国大陆申请公开专利的总体趋势分析

图片来源：Orbit 专利数据库分析模块。

越高，对芯片行业的知识产权保护更加重视。

（二）行业领先企业

在芯片中国大陆专利数量前 30 位专利权人中，中国台湾鸿海、韩国三星和中国中兴通讯分列前 3 位。中兴通讯是大陆该行业专利数量第一的企业，另外专利数量较多的企业有华为和长电科技，科研院校代表浙江大学和清华大学表现抢眼。

将检索到的芯片专利分类标引成四大类：设计类、制造类、封装测试类和材料设备类，其中设计类再细分为模拟电路小类、逻辑电路小类、存储器小类和处理器小类，并建立专题数据库。

统计细分领域的专利数量排名，结果显示：在设计类—模拟电路小类，排名前 2 位的是中兴通讯和华为，排名靠前的内地企业/机构还有东南大学和清华大学；设计类—逻辑电路小类，排名前 2 位的是三星和索尼，排名

267

靠前的内地企业/机构还有中兴通讯、华为、清华大学和浙江大学；设计类——存储器小类，排名前 2 位的是三星和 IBM；设计类——处理器小类，排名前 2 位的是 IBM 和英特尔，排名靠前的内地企业/机构还有中兴通讯和华为。

制造类，排名前 2 位的是中芯国际和台积电，排名靠前的内地企业/机构还有上海华虹、上海宏力和上海华力。

封装测试类，排名前 2 位的是长电科技和台积电，排名靠前的内地企业/机构还有中芯国际和中科院。

材料设备类，排名前 2 位的是美国应用材料和上海微电子公司，排名靠前的内地企业/机构还有上海华虹、北京七星、中芯国际和中微半导体。

可以看到，在芯片设计类，拥有专利数量较多的中国内地企业是中兴通讯和华为，科研院校代表是浙江大学、东南大学和清华大学。

在制造类和封装测试类，拥有专利数量较多的中国内地企业是中芯国际、上海华虹、上海宏力、上海华力和长电科技，以及科研院校代表中科院。

（三）法律状态分析

如图 8-24 所示，总体来看，国内芯片领域无效专利较少，只有部分高校的无效专利稍多，如浙江大学有 680 个无效专利，复旦大学有 454 个无效。事实证明，企业才是专利技术产业化开发的主体，加大产、学、研的合作力度，发挥各自的优势，共同促进芯片专利技术的产业化发展是实现产业突破的重要途径。

三、国内企业专利组合的质量评估

接下来利用 Orbit 系统的导航模块，选取国内专利数量排名靠前的企业的专利组合进行度量，评估其专利组合的质量。限于篇幅，仅选取专利总体数量较多的中兴通讯和华为作为分析对象。

任何专利战略的依据都在于专利组合（专利包）。知识产权战略的成功实施表明专利组合贡献的价值，并且明确哪些专利可以用于专利战略。在将

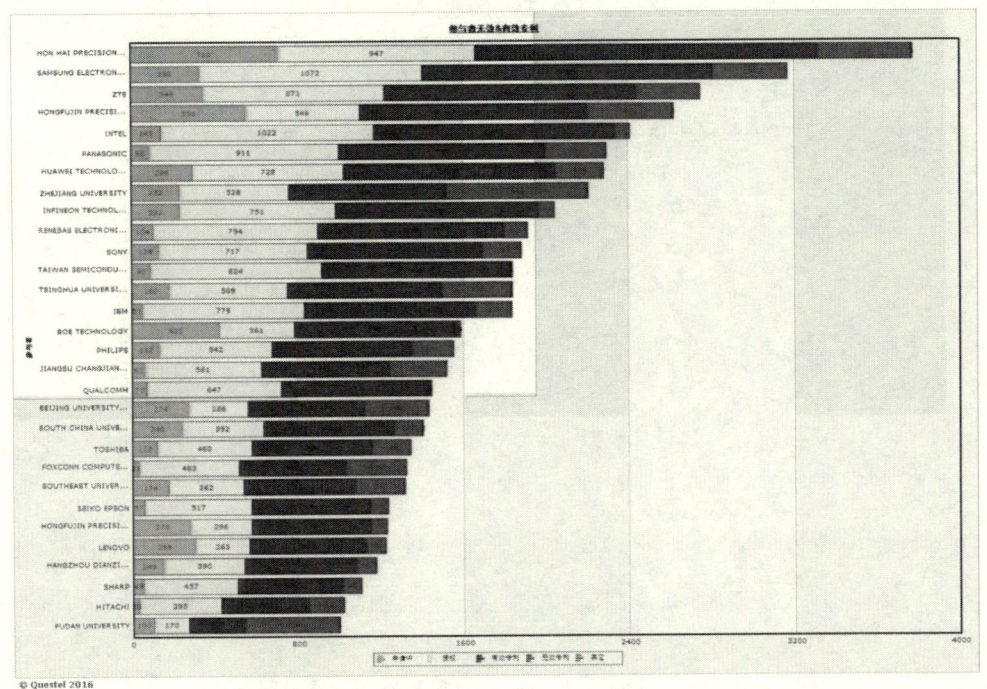

图 8-24　前 30 位专利权人专利法律状态分析

图片来源：Orbit 专利数据库分析模块。

这些专利纳入专利战略之前，必须要准确地认识到专利组合结构以及技术内容和销售的产品或服务之间的关系。为了证明专利组合能够产生价值，知识产权战略必须与中长期经营战略相统一。实际上，这意味着将每个专利映射到公司的产品和/或服务、技术环境和经营模式，然后可以通过在相应的环境或市场中以比较的方式定位和度量专利来估算知识产权的价值。

与现有技术相比较进行专利组合的优劣势分析，能够评估一个特定专利组合的优缺点。专利组合的对标取决于相关度量指标的选择以及专利组合绩效水平的评估。

（一）中兴通讯专利组合

下面利用 Orbit 系统的导航模块，筛选 45 个度量指标，评估中兴通讯专利组合（1238 个有效专利族），并且将其与类似技术的更大专利组合（12 408个专利族）进行比较（见图 8-25）。

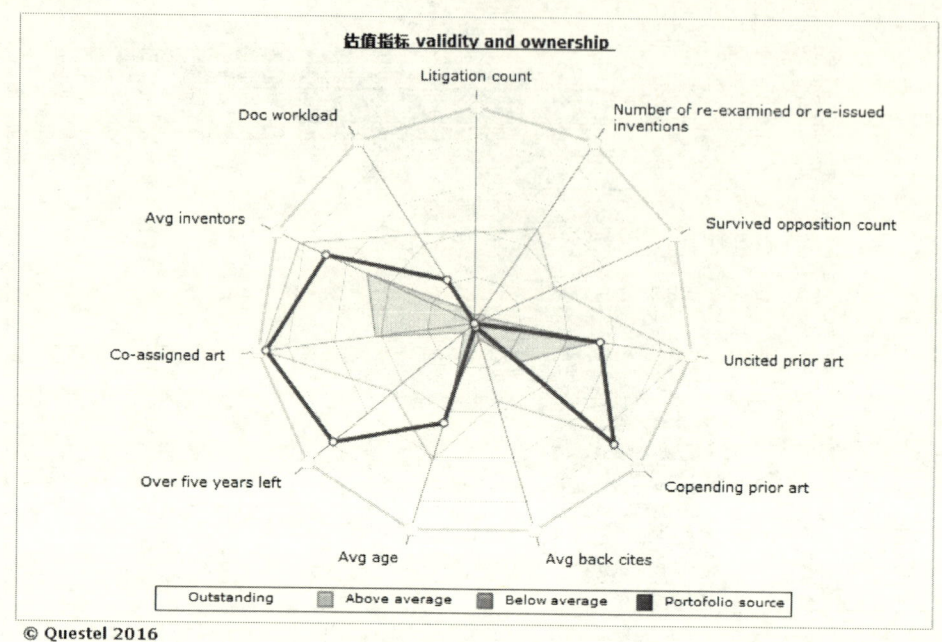

图 8-25　中兴通讯专利有效性和所有权度量雷达

图片来源：Orbit 专利数据库导航模块。

1. 有效性和所有权

第一组度量指标包括 11 个指标，这些指标与被分析的专利组合的有效性和所有权有关，粗线表示中兴通讯的专利组合。如果这条粗线恰好是在浅色区域内，这表明专利技术高于平均水平。

中兴通讯的专利组合与这个市场中现有技术相比，要年轻得多，有效的专利权期限较长，这是一个显著的优势。无引用的先前技术高于行业平均水平，未来产生的诉讼问题会较少。但是，存在一些相关的缺点。与其他专利权人共同签署的技术较多，如果各方没有顺利合作，这将有可能会带来专利实施问题。平均返回引用水平低，可以被视为一种劣势，专利的有效性会因为有效性流程中采用的参考文献较少而面临危险。专利复审计数和无效计数缺失，大部分专利未经历复审和无效程序。

2. 技术和使用

第二组指标针对的是专利自身的结构。计算权力要求的长度、前向引证和后向引证以及类别等指标，可以表明专利组合的绩效与可比专利组合绩效的差异。图 8-26 显示，中兴通讯的专利组合与世界范围内的业界平均水平相比，表现出一些优势和劣势，总体而言，深色区域大部分高于浅色区域——表明中兴通讯专利组合值高于可比的专利组合。在所有指标中，中兴通讯专利的普遍性指数高于平均值，与高普遍性指数有关的专利与多个技术领域中的后期发明相关。这是一个积极的迹象，因为它表明中兴通讯的技术对于其他行业中的其他应用具有相关性。

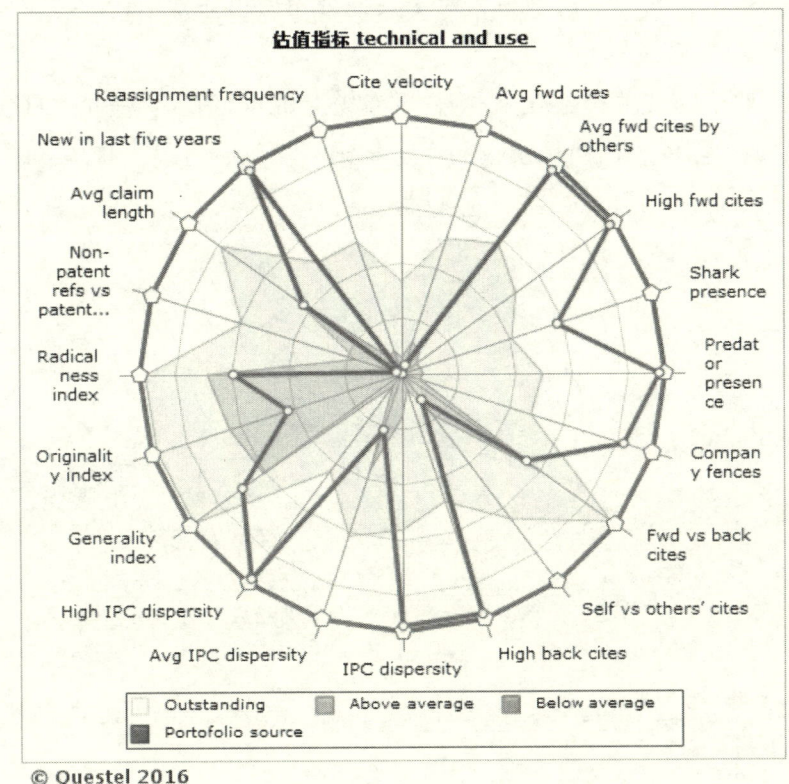

图 8-26　中兴通讯专利技术和使用度量雷达

图片来源：Orbit 专利数据库导航模块。

"鲨鱼"(shark presence,30%的前引专利来自同一个实体/专利权人，且非专利权人自己)和"捕食者"(predator presence,15%的前引专利来自同一个实体/专利权人，且非专利权人自己)指标表明，中兴通讯的技术在该行业是一些企业的参考标准，再次显示出专利组合的价值。两个指标都表明，选定的技术被另外一个实体/专利权人引用的次数超过总引用次数的15%或30%。沿着同样的路线，IPC的多元性表明中兴通讯技术的广泛性，这给对外许可方面提供了更多的机会。

最后，可以看到中兴通讯专利在后向引证和"公司栅栏"(company fences,30%的前引专利来自专利权人自己)方面也高于平均值。总体来看，中兴通讯专利的二次创新相对于其他公司做得非常不错。

3. 地理度量指标

中兴通讯的技术得益于各个主要市场上的广泛的保护范围（见图8-27）：中国、印度、巴西、澳大利亚、韩国、法国、丹麦、日本、美国，不

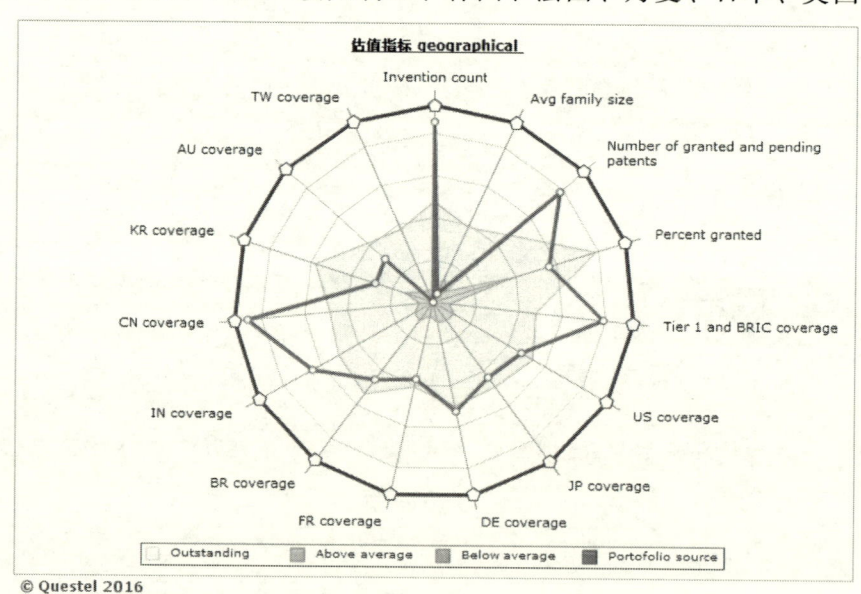

图8-27 中兴通讯专利地理度量雷达

图片来源：Orbit专利数据库导航模块。

仅在发达国家，而且在金砖四国中的覆盖率也很高。总体而言，中兴通讯公司在芯片行业中的专利组合具有地理意义上的重要价值，因为它覆盖诸多国家，而这些国家可能对于跨国企业具有重大意义。

（二）华为专利组合

下面同样利用 Orbit 系统的导航模块，筛选 45 个度量指标，评估华为专利组合（1049 个有效专利族），并且将其与类似技术的更大专利组合（11 539个专利族）进行比较。

1. 有效性和所有权

第一组度量指标包括 11 个指标，这些指标与被分析的专利组合的有效性和所有权有关，粗线表示华为的专利组合。如果这条粗线恰好是在浅色区域内，这表明专利技术高于平均水平（见图 8-28）。

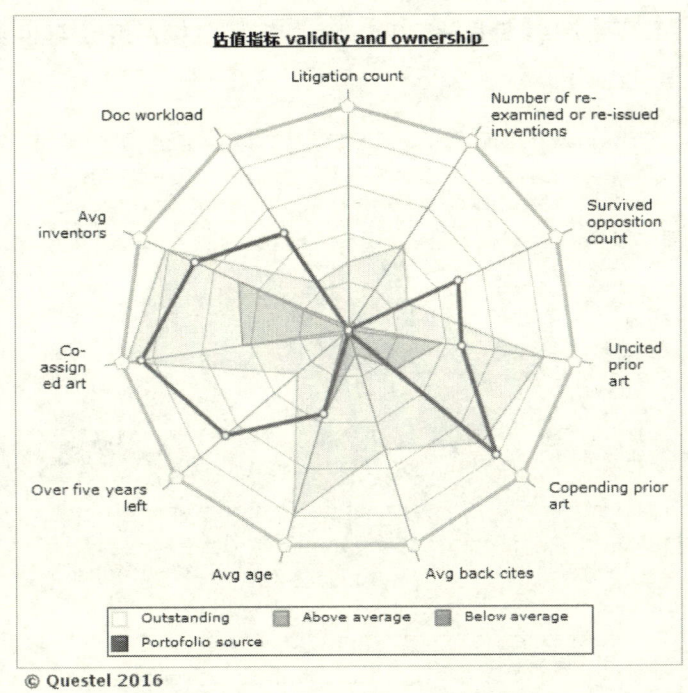

图 8-28 华为专利有效性和所有权度量雷达

图片来源：Orbit 专利数据库导航模块。

华为的专利组合与中兴通讯的专利组合一样，与这个市场中现有技术相比，要年轻得多，有效的专利权期限较长，这是一个显著的优势。其他的积极方面包括专利被无效的存活率高于平均值，这表明，华为的专利组合比较强，因为它经历了无效程序而存活的专利高于行业平均水平。另外，无引用的先前技术高于行业平均水平，未来产生的诉讼问题会较少。存在的相关缺点有，与其他专利权人共同签署的技术较多，意味着如果各方没有顺利合作，会带来专利实施问题。平均返回引用水平低，可以被视为一种劣势，专利的有效性会因为有效性流程中采用的参考文献较少而面临危险。

2. 技术和使用

第二组指标针对的是专利自身的结构。计算权力要求的长度、前向引证和后向引证以及类别，可以表明专利组合的绩效与可比专利组合绩效的差异。该雷达图（见图8-29）显示华为的专利组合与世界范围内的

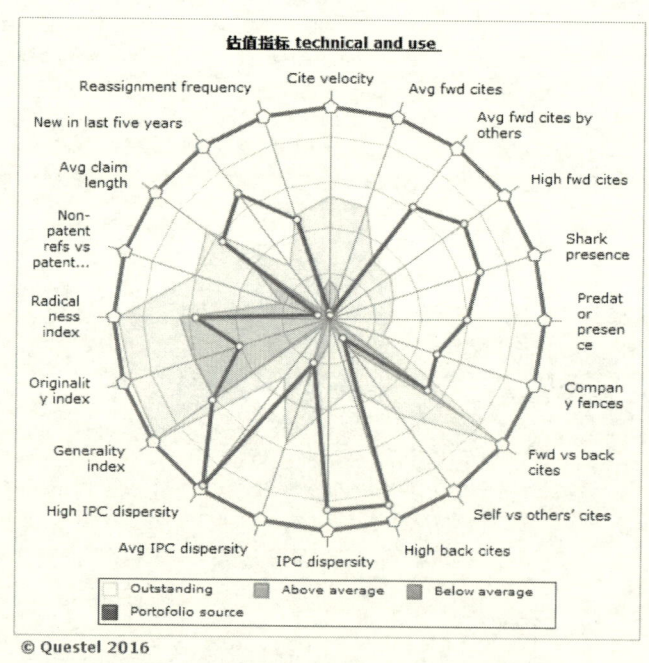

图8-29 华为专利技术和使用度量雷达

图片来源：Orbit专利数据库导航模块。

业界平均水平相比，选定的专利组合表现出一些优势和劣势。粗线大部分高于浅色区域——表明华为专利组合值高于可比的专利组合。在所有指标中，虽然华为专利的原创性低于平均值，但普遍性指数略高于平均值。与高普遍性指数有关的专利与多个技术领域中的后期发明相关。这是一个积极的迹象，因为它表明华为的技术对于其他行业中的其他应用具有相关性。

"鲨鱼"和"捕食者"指标表明，华为的技术在该行业是一些企业的参考标准，再次显示出专利组合的价值。两个指标都表明，选定的技术被另外一个实体/专利权人引用的次数超过总引用次数的15%或30%。沿着同样的路线，IPC的多元性表明华为技术的广泛性，这在对外许可方面提供了更多的机会。

最后，可以看到华为专利在后向引证和"公司栅栏"方面也高于平均水平。总体来看，虽然华为专利的原创性不高，但二次创新的实力值得期待。

3. 地理度量指标

华为的技术得益于各个主要市场上的广泛的保护范围（见图8-30）：中国、印度、巴西、澳大利亚、韩国、法国、丹麦、日本、美国，不仅在发达国家，而且在金砖四国中的覆盖率也很高。总体而言，华为在芯片行业中的专利组合具有地理意义上的重要价值，因为它覆盖了那么多的国家，而这些国家可能对于跨国企业具有重大意义。

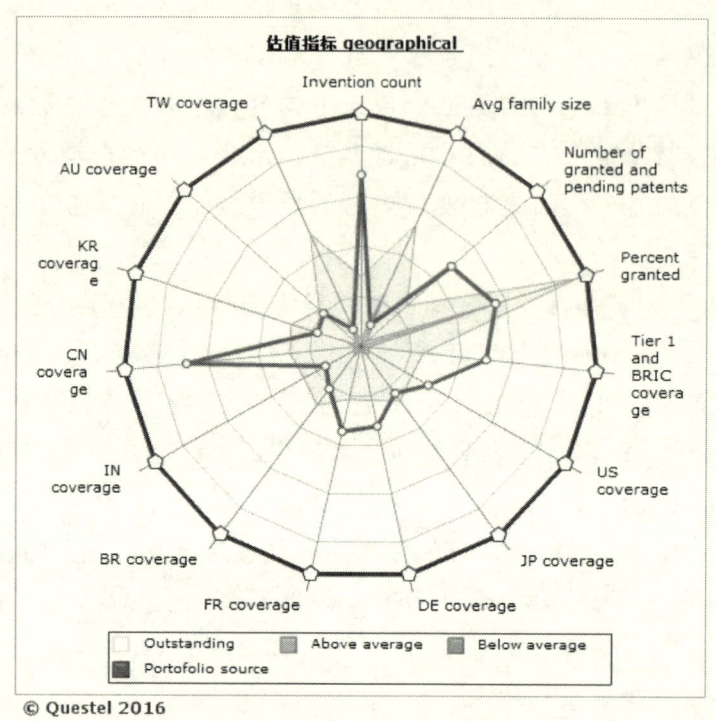

图 8-30　华为专利地理度量雷达

图片来源：Orbit 专利数据库导航模块。

第九章　东方灵盾

【导读】

　　东方灵盾专利数据平台，以专利数据自身特点为根本，以雄厚的专利数据深加工经验为支撑，从数据挖掘及专利应用角度出发，具有针对性、专业性和实用性的特点；其中世界传统药物专利数据库更是具有方剂相似性检索、化合物结构检索，以及技术主题快速分析等独一无二的功能。

　　北京东方灵盾科技有限公司（以下简称"东方灵盾"）创立于2003年，是国内最早一批从事多语种专利信息深加工、具有专业化知识产权信息服务的公司，成功入选首批"全国知识产权服务品牌机构培育单位"名单。

　　东方灵盾以专利数据深加工为特色，以促进专利信息的有效利用，提升我国企事业单位的科技创新能力和知识产权战略管理水平为目标，致力于对世界专利信息及科技文献进行收集和加工，并基于此打造各种专业情报数据库及多数据联机检索分析平台，为社会各界提供全方位、专业化的专利战略分析、侵权分析、专利预警咨询和知识产权管理咨询等高端服务。

　　东方灵盾拥有一支高素质的信息深度加工、软件开发以及检索咨询队伍，有资深的专利检索专家、专利代理人、各学科专业技术人员、专业的数据标引人员、多语种翻译人员等，团队成员多具有交叉的专业背景和丰富的知识产权工作经验。

　　公司拥有海量的世界专利数据储备、国际先进的数据深加工技术、雄厚的软件研发实力、专业的专利战略分析及知识产权咨询服务能力，服务领域涵盖电子信息、医药、石油、化学化工、生物技术、机械、新材料等行业，具备承接政府大型项目、自主开发数据库及专利分析报告产品、为企业提供个性化专利信息咨询服务的实力。

第一节 东方灵盾专利产品

东方灵盾重要的具有代表性的产品分别是，其一，历经十年心血和巨大投资精心打造的专业型深加工的专利数据库——世界传统药物专利数据库；其二，在知识产权领域专利数据检索平台逐渐趋于成熟后打造的功能优异的全领域大数据库检索分析平台——lindenpat专利信息搜索平台。

一、世界传统药物专利数据库——WTM

世界传统药物专利数据库（以下简称WTM，http://www.wtmpd.com）是我国第一个自主研发的涉及世界各国天然药物专利的经过深度加工标引的中英文双语专利数据库。该数据库收录了1985年以来中、美、日、韩以及法国、德国、英国、俄罗斯等20余个国家、地区以及欧洲专利局、世界知识产权组织等国际组织以中药为核心的所有天然药物及其提取物方面的专利信息，包括中药（日本汉方）、藏药、印度药和西方国家的天然药物专利。

截至2016年8月，该数据库数据量达到38万条；其中中文专利数据达到29万多条，外文专利数据9万多条。中药方剂信息总数达到21万多条。天然药物达到近2万种。

该数据库提供了30个检索入口，除传统的检索入口外还提供了针对传统药物数据特点、可提高检索效率的专业检索入口，如扩展检索、天然药物检索、化学物质检索、化学结构图形检索、方剂检索、方剂相似性检索及其相应的辅助数据库。

该数据库中的数据信息按月进行更新，考虑到数据标引的延时性，为了保证最大限度的查全率，本数据库还将筛选后未加工的中英文专利数据信息补充到数据库中并提供文摘和名称的检索。

该数据库由专利题录数据库、法律状态数据库、专利说明书原文数据库、方剂信息数据库、化合物登记数据库、天然药物登记数据库、主题词（含同义词）库、专利权人词表等8个基础/深加工数据库组成。

二、世界传统药物专利数据库产品特色

WTM为中、英文双语种深加工专业数据库，该数据库是在原始专利信息基础上经过专业人员深度标引加工而成，其中数据加工人员来自医药、生物、化学等领域，专业性强，并具有良好的英语、日语、韩语、俄语、法语、德语等的语言能力，保证数据的专业性和准确性。经过专业人员深加工的数据既充分体现出专利的三性（新颖性、创造性和实用性），又提供专业领域重要的特征性信息。

WTM主要特点在于：对专利题录信息、主题词标引、专业词表的建立、技术主题分类等多方面内容进行规范的深加工处理。

（一）深加工数据特色

1. 改写题目、摘要

通常而言，相当数量的专利其原始题目和摘要存在叙述含糊、笼统、过于口语化以及信息概括不全无法充分描述发明技术特征等不足的问题，不但对检索容易造成漏检、误检，而且检索到的专利有很大一部分仍然很难仅仅通过阅读原始题目和摘要即可获得技术关键信息。而按照统一规则深加工后的题目和摘要恰恰弥补了以上弊端。

经专业人员改写后的题目和摘要，可以清楚、准确地表达发明技术的主题，改写后的内容包括技术问题、技术方案、用途（作用机制、治疗疾病等）、有益效果等能体现专利"三性"（新颖性、创造性、实用性）的内容，达到使检索人员通过浏览题目和摘要即可迅速掌握该篇专利核心内容的目的。表9-1为数据加工单种某专利题目和摘要改写前后对照（表中内容来自WTM网站该篇专利展示的内容）。

表 9-1　专利题目/摘要改写前后示例

PN/AP	CN01111554
原题目	康治（内服外用）
改写后题目	两种内服外用具有保健作用的中药组合物及其制备方法
原摘要	本发明是李能清根据祖国医学治疗法则，苦心专研中医三十余年，标本兼治，采用纯正的名贵中药，因时、因地采集，具有特种高效的中草药，精心泡制而成，不断地研究、观察，对五脏多种疾病功能性，器质性都有准确明显的效果，疗效 90% 以上。并具有保健延寿作用，外用药酒具有活血化瘀通经络，消炎、止疼。确实有立杆见影之效。凡使用过的患者，无不认可
改写后摘要	一种中药组合物——康治，内服药由虎骨、鹿茸、人参、当归、生地、熟地、大云、党参、白芷、川椒、白芍、五加皮、官桂、小茴香、大枣、苍竹用纯粮白酒、板油、猪肉浸泡后制成酒剂；外用药由麝香、熊胆、红花、川乌、草乌、姜黄、斗草、半夏用纯粮酒、食用醋浸泡制成酒剂。本品可大补气血、生精固髓、行气化瘀、生阳除湿、消炎止痛、防癌治癌、保健强身、延年益寿、舒筋活血、去风去湿，主治年老体衰、心、肝、胃、肾、肺、脾功能下降，如原发、间发性心脏病、高血压、脉管炎、迁延性肝炎、慢性肝炎、慢性支气管炎、各种内出血、血栓阻滞、各种早、中期癌症。并可治疗跌打损伤、风湿麻木、骨质增生、肌肉酸痛、闭合性的炎症

表 9-1 展示原始题目和摘要含糊笼统，过于口语化，未突出发明内容，改写后的题目和摘要增加与发明技术方案相关内容，充分体现发明内容。

2. 建立天然药物数据库

通过收集国内外专利文献中出现的天然药物，包括药物英文名称、英文别名、中文名称、中文别名、拉丁名、拉丁动植物名、汉语拼音名、药性归经等信息，建立了天然药物数据库。

数据库制定了中药的唯一代码系统——传统药物分类编码（Traditional Chinese Medicine Classification，TCMC）。采用药物自然属性和亲缘关系分类的方法，参考国际专利分类表（IPC）的等级结构，根据《中华人民共和国药典》中名称或专利文献中的通用名，确定传统天然药物的正名和别名，对每一种传统药物进行分类编码，使药物正名与编码二者一一对应，利用不同的分类编码，把同名异物和同物异名的数据区分开，实现一物一名，一名一码，物、名、码统一。为传统药物专利的检索提供简单、快捷的查询方式，提高专利检索的效率和准确性，从而减少或避免漏检、错检情况的发生。

天然药物登记号为四级八位结构,分别由大写英文字母和阿拉伯数字组成,分为四个级别3大部分,即前4位代表种类,第5位、第6位代表药物的药用部位和自然属性,第7位、第8位是对传统药物的性状或炮制方法的区分,ANNN-NX-NN(A表示大写英文字母,N表示数字,X表示数字或者字母)。

表9-2展示了传统药物分类编码结构,表9-3展示了药物登记库中某位药物登记所包含的信息。

表9-2 天然药物登记号结构

级别	TCMC各级别意义	位数	代码
第1级	传统天然药物的整体及来源分类	1	A-Z
第2级	传统天然药物的种	3	000-999
第3级	传统药物的属性分类(药用部位)	2	00-ZZ (0-9, A-Z)
第4级	传统药物的特殊性状分类(如:炮制方法)以及前三级无法区分情况下的分类	2	00-99

表9-3 天然药物登记数据库记录样例

药物登记号	C003-14-00	C003-14-01	C003-14-30	C003-16-00
中文名称	巴豆	巴豆油	巴豆霜	巴豆壳
中文别名	江子;八百力;双眼龙;双眼虾;巴豆肉;巴豆仁		豆双	
英文名称	croton fruit	Croton Oil	efatted croton seed powder	
英文别称	croton seed			
拉丁名	Semen Crotonis; Fructus Crotonis	Oleum Tiglii	Semen Crotonis Pulveratum	Pericarppium Crotonis
拉丁植物名	Croton tiglium L.	Croton tiglium L.	Croton tiglium L.	Croton tiglium L.
汉语拼音	BADOU	BADOUYOU	BADOUSHUANG	BADOUKE
科名	Euphorbiaceae	Euphorbiaceae	Euphorbiaceae	Euphorbiaceae
属名	Croton	Croton	Croton	Croton
药效分类	峻下逐水药			
性	热			

续表

药物登记号	C003-14-00	C003-14-01	C003-14-30	C003-16-00
味	辛			
毒性	大毒			
归经	大肠；胃			

3. 多层次主题标引

主题标引是指根据天然药物专利的特点，把所有涉及天然药物的专利分为8个发明技术主题，并用主题代码进行标识（见表9-4）。该方法可以帮助检索人员在不需阅读专利情况下即可确定该专利涉及的技术主题；也可以帮助检索人员对所检索到的专利群进行分类，预判所关注的药物当前技术研发情况、研发趋势。

表9-4　传统药物专利技术主题代码分类表

主题代码	专利主题	英文说明
COM	联合用药	COMBINATION
NTU	新用途	NEW THERAPEUTIC USE
FOR	制剂方法	FORMULATION
EXT	提取方法	EXTRACTION
PHY	物理方法	PHYSICAL PROCESS
ANA	分析方法	ANALYTIC PROCESS
BIO	生物方法	BIOLOGICAL PROCESS
PLA	种植方法	PLANTING TECHNIQUE

4. 专利权人深加工数据库

专利权人深加工数据库主要是对国外公司音译后造成同一公司不同名称混乱情况进行收集整理，以及对子、母公司进行关系处理，达到对同一专利权人的专利及技术信息快速准确检索的目的。

例如对"葛兰素史克公司"作为专利权人深加工，如表9-5所示。

表 9-5　WTM 专利权人加工样例

规范后名称	其他音译名称
葛兰素史克公司	
	史密丝克莱恩比彻姆有限公司
	史密丝克莱恩比彻姆公司
	史密丝克莱恩比彻姆生物有限公司
	史密斯克莱恩比彻姆药物实验室
	葛兰素集团有限公司
	葛兰素史密丝克莱恩有限公司
	葛兰素史密斯克兰实验室
	葛兰素惠尔康公司
	……

5. 疾病词表与疗效标引

在进行疾病标引过程中，需要不断收集疾病同义词、别名等信息，建立完整全面的疾病词表，从而为检索以及疗效标引给予支撑和服务（见表9-6）。

表 9-6　WTM 疾病词表登记样例

IPC	正式词	同义词	英文正式词	英文同义词
A61P009/12	高血压	动脉高血压；降血压；高血压病；原发性高血压；遗传性高血压；自发性高血压；眩晕型高血压；顽固性高血压；持续性高血压；恶性高血压；急进型高血压；神经性高血压；特发性高血压；重度高血压；单纯性高血压；ii级高血压	HYPERTEN-SION	antihypertensive；essential hypertension；refractory hypertension；accelerated hypertension；borderline hypertension；idiopathic hypertension；labile hypertension；malignant hypertension；neurogenic hypertension；severe hypertension；sustained hypertension；hypertensive disease；juxani hun；type ii hypertension

（二）检索平台的特色

1. 方剂检索

方剂是传统药物专利中的重要信息，专门针对方剂进行检索是本数据库的特色功能之一。

该检索功能提供了方剂信息检索输入框，即在该框中输入药材名称进行逻辑运算实现检索；还提供了可以限制方剂中包含的中草药的数量的辅助检索条件框，以及治疗作用的条件限制输入框，从方便使用人员快速准确找到所需方剂信息。

如检索含有丹参、三七和冰片并且方剂中药材数量为 5-10 的方剂，其检索情况如图 9-1（本章图片均来自 WTM 网站检索，下不另注）所示。

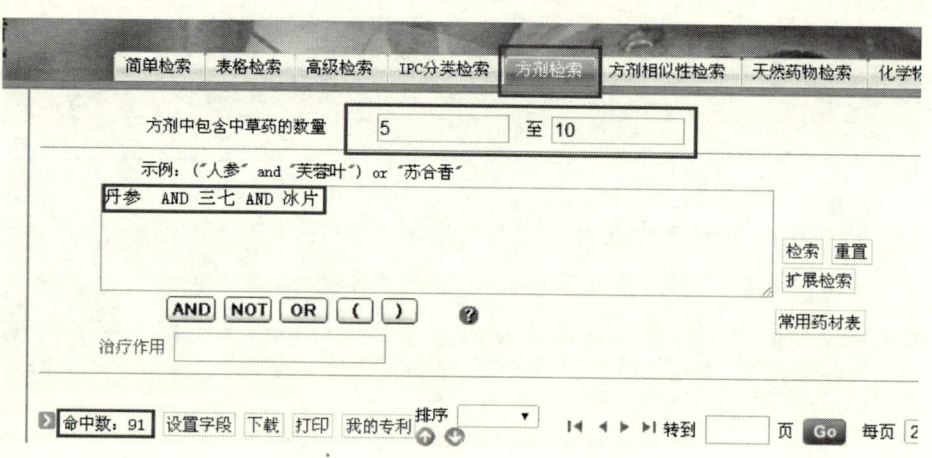

图 9-1　WTM 平台方剂检索功能

2. 方剂相似性检索

方剂相似性检索是本数据库的特色功能之一，为中药方剂研究（如加减方的研究）提供了方便的手段。

在中药制剂的创新研究和专利审查中，经常遇到一些涉及中药方剂相似性的检索问题。例如，要求查找的中药方剂中有 7 味中药与指定的 10 味中药中的任意 7 味中药相同。如果用一般的逻辑算符方法检索，需要排列组合检索 120 次。而要求查找的中药方剂中至少有 7 味中药与指定的 10 味中药中的任意中药相同，用一般的逻辑算符方法需要检索 176 次，这个数字随着药味增多将会呈几何级数增大。这种检索需求对一般人来说简直就无法检索。利用方剂相似性检索功能即可以十分灵活简单的方式解决这类复杂的检索问题（见图 9-2）。

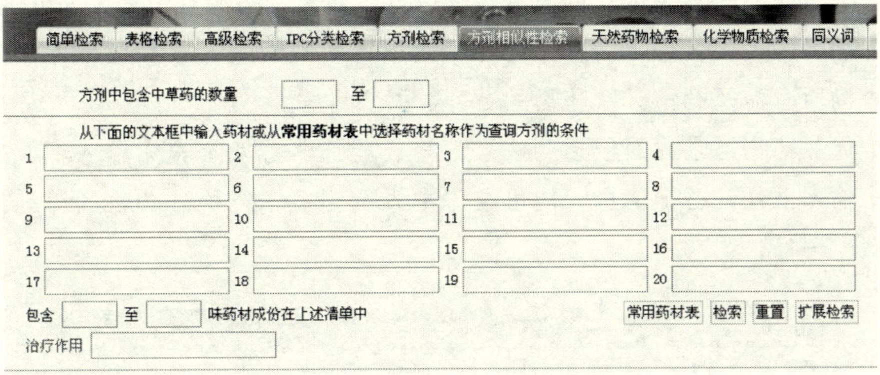

图 9-2　WTM 平台方剂相似性检索界面

方剂相似性检索界面包括药材、方剂大小（所含药材味数）、用于限定目标方剂中包含的目标药材的数以及治疗作用共 4 个可供选择设定的检索条件框。

如查找和小柴胡汤（柴胡、黄芩、人参、半夏、炙甘草、生姜、大枣）中至少有 5-7 味药材相同的最多含有 10 味药物的方剂的专利（见图 9-3）。

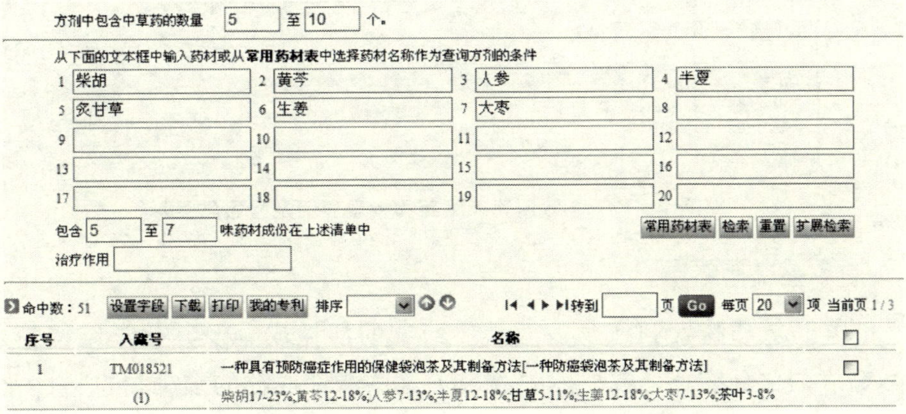

图 9-3　WTM 平台方剂相似性检索功能举例

3. 天然药物检索

天然药物检索用于查询天然药物信息，如天然药物登记号、药物的科、属、别名、英文名等等信息，同时可通过转库检索进入专利数据库实现一步查询所有涉及到该天然药物的专利数据。

天然药物检索界面包括药物登记号、药物名称两个检索输入框，通过两个输入框任何已知信息，均可在库中查询到关于待检索药物的详细信息（见图9-4）。

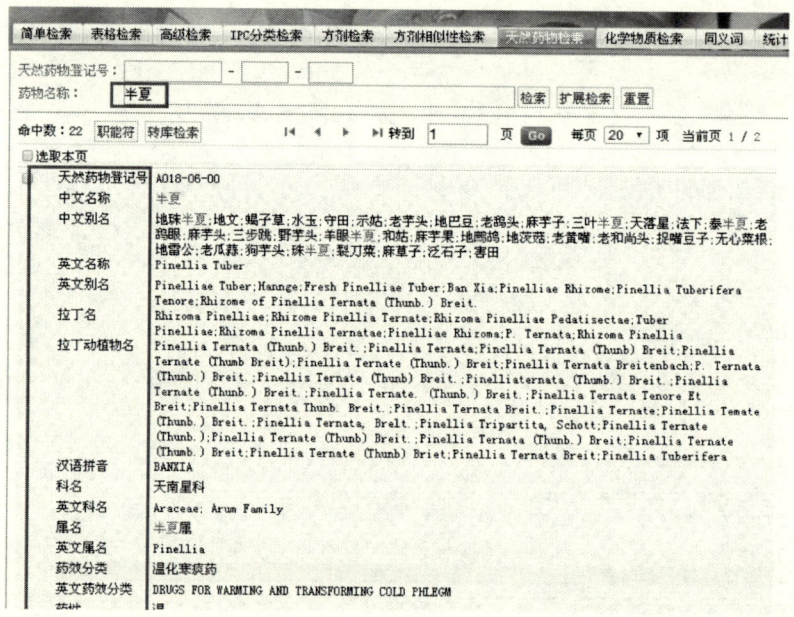

图 9-4 WTM 数据库天然药物检索界面及检索结果

4. 化学物质检索

很多传统药物专利文献涉及天然药物的活性成分及其化学结构信息，本数据库的化合物登记数据库中收录了这些活性成分的多种信息。该化合物数据库包括化学物质登记号、CA 登记号、分子式、药物名称、和化学结构图形检索共 5 个检索框。

化学结构图形检索支持确定结构检索和子结构检索两种检索方式，其中，确定结构检索用于检索与所绘结构完全一致的化合物，子结构检索用于检索包含所绘结构的化合物。检索人员可以可在绘图框中自行绘制需要检索的化学结构，也可点击快捷键组建化学结构图。

如绘制如下化合物结构图形，选择确定结构检索，则可以检索到关于该结构的化合物及其相关信息，如图9-5、图9-6所示，该化合物中文名称为丹参酮IIA等信息。

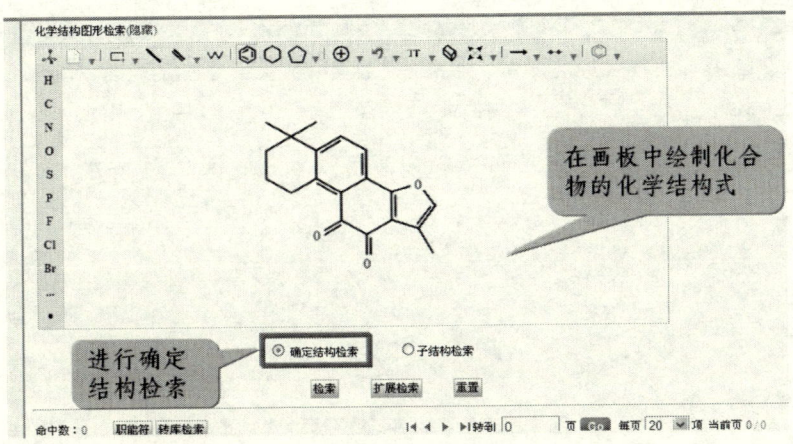

图9-5　WTM平台化合物确定结构图形检索示例

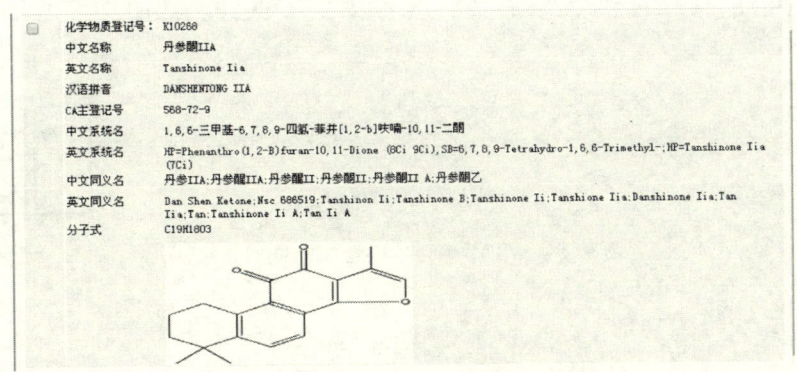

图9-6　WTM平台化合物确定结构图形检索功能

5. 扩展功能

WTM 在简单检索、表格检索、高级检索、方剂检索、方剂相似性检索、天然药物检索几个检索界面均设有"扩展检索"功能，该功能可实现对所输入的药物名称和疾病名称进行扩展检索，即将与检索词相关的同义词、别名、异名甚至常用错别字等名称均扩展为关键词进行检索，提高查全率降低漏检率（见图 9-7）。

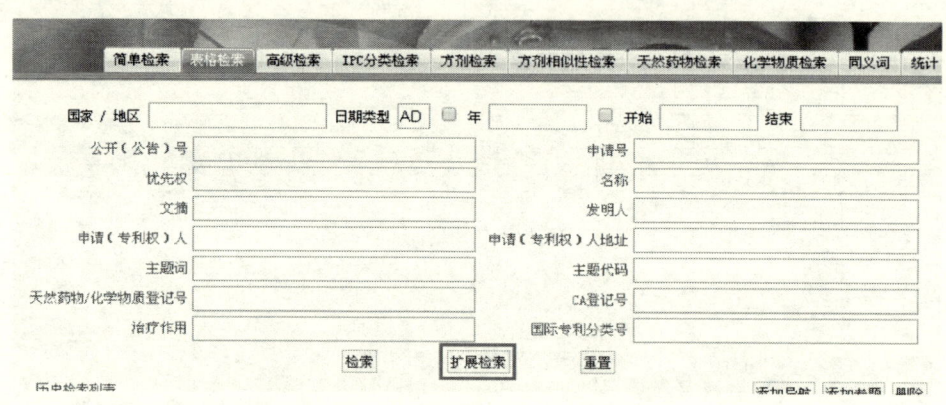

图 9-7　WTM 平台扩展检索功能

如检索与"牡丹皮"和"大黄"相关的专利，不使用扩展检索时其结果为 746 件，应用扩展检索后则检索结果为 1668 件，如图 9-8 所示。

序号	检索内容	扩展	命中数
1	AB=（牡丹皮 AND 大黄）	N	746
2	AB=（牡丹皮 AND 大黄）	Y	1668

图 9-8　WTM 平台扩展检索功能对比示例

6. 二次检索功能

WTM 检索平台设计有"二次检索"功能，实现对检索结果缩小范围、进一步精确检索。

如对于实施例中扩展检索与"牡丹皮"和"大黄"相关的专利得到的 1632 件专利进行二次检索，检索其中用于治疗"炎症"的专利，结果可以检索到 24 篇。该二次检索功能方便准确快速，免去编写逻辑语句的过程，对于非专业高级检索人员来说，方便有效（见图 9-9）。

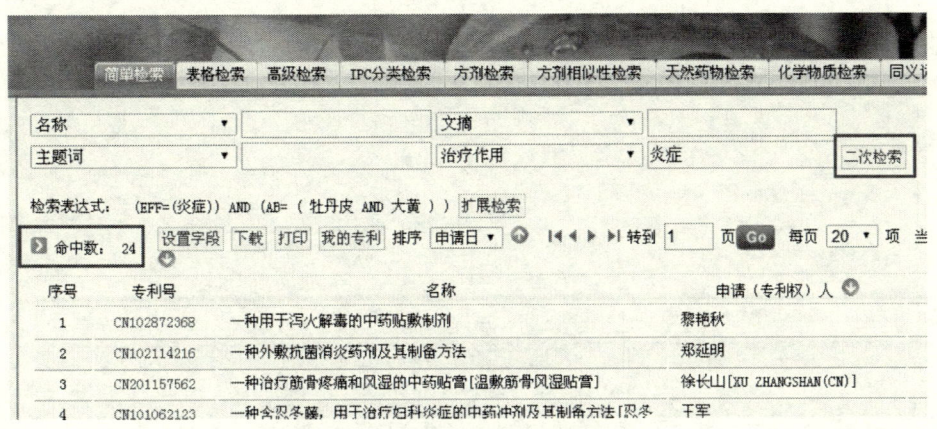

图 9-9 WTM 平台二次检索功能

（三）检索结果的特色统计字段

WTM 对检索结果进行统计分析功能中，除了可以对常用题录信息内容进行统计外，还具有特色性统计项目，如主题词、主题代码、治疗作用、药物登记号、职能符。同时还可以通过主题词统计进行药物词频统计、通过主题代码统计，可以迅速分析出检索结果中各个技术主题的申请情况。

例如，了解天士力公司所有传统药物专利中关于技术主题申请情况，则可以在表格检索中输入"天士力"，然后对检索到的 940 篇专利进行统计，其操作过程为：点击统计，进入待统计的检索结果界面，选中刚刚检索的申请人为天士力的检索结果，在自定义统计字段中选择"主题代码"，然后进行统计，即可获得关于天士力公司在天然药物领域技术主题申请分布情况（见图 9-10、图 9-11）。

（四）世界传统药物专利数据库使用技巧综合举例

【应用示例 1】查找与葛根用于解酒及治疗宿醉、乙醇中毒、酒精中毒相关的专利

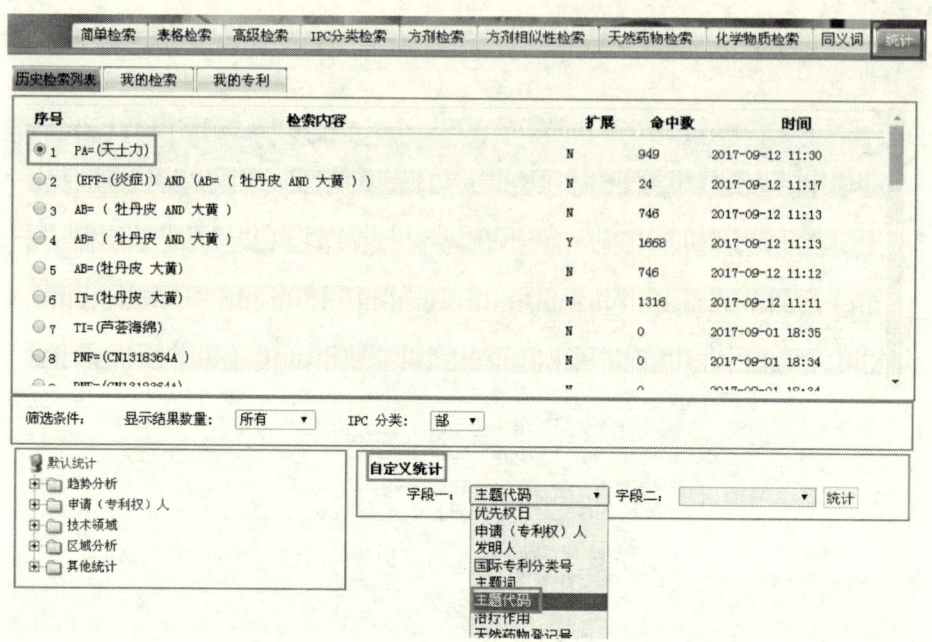

图 9-10　WTM 平台技术主题统计功能

序号	代码描述	统计项	结果
1	联合用药	COM	529
2	制剂方法	FOR	279
3	提取方法	EXT	225
4	新治疗应用	NTU	131
5	分析筛选方法	ANA	72
6	物理方法	PHY	8
7	生物方法	BIO	2

图 9-11　WTM 平台技术主题统计示例

检索策略与操作：

（1）在"天然药物检索"界面，检索到葛根正式的中文名称为"葛根"，药物登记号为 E028-04-00。

（2）在同义词界面进行查询，检索解酒、乙醇中毒、酒精中毒的正式词为"酒精中毒"。

（3）在表格检索界面的主题词框输入药物正式的中文名称"葛根"或在药物登记号输入框中输入葛根的药物登记号 E028-04-00，在治疗作用输入框中输入"宿醉 or 酒精中毒"进行检索；或是在高级检索界面，输入逻辑表达式"（IT=葛根 or RN=E028-04-00）and EFF=（宿醉 or 酒精中毒）"进行检索（见图9-12）。

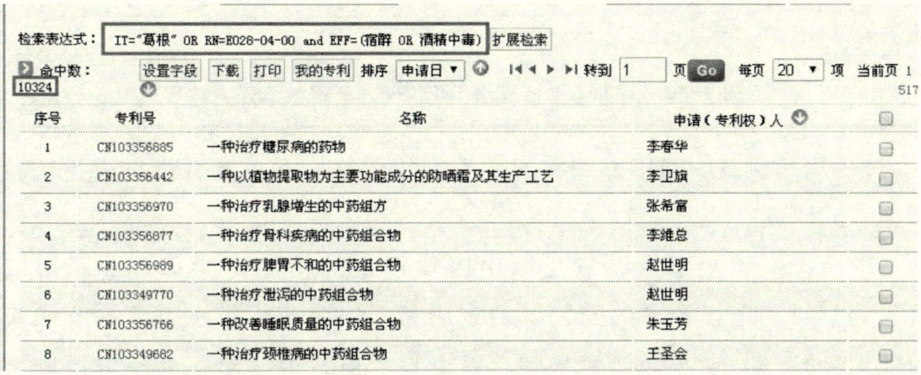

图 9-12　WTM 平台应用示例 1——检索结果显示

【应用示例 2】结合国际专利分类号查找 1997~2001 年公开的与栀子用于治疗皮肤疾病相关的韩国专利

检索策略与操作：

（1）在"天然药物检索"界面，检索到栀子的中文名称"栀子"或药物登记号 D063-14-00。

（2）在 IPC 分类检索界面，在说明框中输入"皮肤"进行检索，从检索结果中找到"治疗皮肤疾病的药物"的国际专利分类号大组为 A61P017/00。

（3）在表格检索界面，国家/地区选择框中选择 KR，在日期类型中选择公开（公告）日，在开始栏输入 1997-01-01，在结束栏输入 2001-12-31，在主题词输入框输入栀子的中文名称"栀子"或在药物登记号输入框中输入栀子的药物登记号"D063-14-00"，在国际专利分类号输入框中输入分类号"A61P017"，进行检索（见图9-13）。

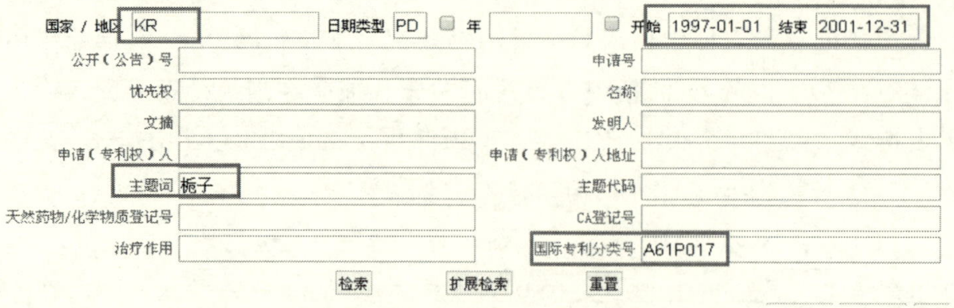

图 9-13　WTM 平台应用示例 2——表格检索输入内容

【应用示例 3】利用方剂检索或方剂相似性检索对已有组方进行比较或新组方的研发

中药方剂历史悠久，它是以中医学理论的精髓"整体现念、辨证论治"为指导，选择合适的药物，酌定用量，以医药学家千百年来临床实践的宝贵经验——成方制剂为基础，以"君、臣、佐、使"的组方原则来配伍，具有符合客观的指导理论，及扎实可靠的基础成方和系统有机的配伍原则。例如：六味地黄丸（由熟地黄、山茱萸、牡丹皮、山药、茯苓、泽泻制成），在该基础方上加减药物形成一系列地黄类药物，如知柏地黄丸（添加知母、黄柏）、八味地黄丸或桂附地黄丸或金匮肾气丸（添加桂枝、附子）、杞菊地黄丸（添加枸杞子、菊花）、麦味地黄丸（添加麦冬、五味子）。

检索六味地黄加减方相关专利的检索策略与操作：

六味地黄丸与六味地黄加减方都具有补肾的功效，但是所针对的病症各不相同，因此，可通过查找主要组分相同的处方，根据相应症状加减药材进行专利侵权检索或专利申报前的新颖性检索或新药研发前的主题检索。

（1）在方剂检索输入框中输入"熟地黄 and 山茱萸 and 牡丹皮 and 山药 and 茯苓 and 泽泻"，将方剂中包含中草药的数量限定为 6~10 味，进行扩展检索。

（2）在方剂相似性检索界面的文本框中依次输入熟地黄、山茱萸、牡丹皮、山药、茯苓、泽泻，限定方剂中包含中草药的数量为 4~10 味，并限定至少包含上述药材中的 4~6 种，进行扩展检索。

检索结果显示：在熟地黄、山茱萸、牡丹皮、山药、茯苓、泽泻的基础上添加 1~4 味药材或减少 1~2 味药材，并对剂量作相应的调整后，可用于治疗腰肌劳损、腰椎间盘突出、发育不良、糖尿病等各种病症（见图 9-14）。

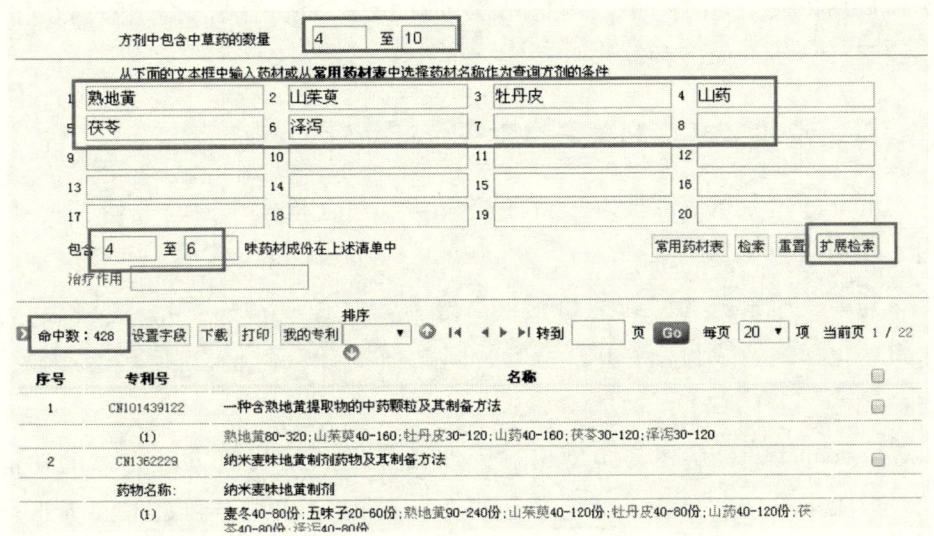

图 9-14　WTM 平台应用示例 3—检索输入及结果显示

三、专利信息搜索平台简介

东方灵盾的 lindenpat 专利检索平台 (http://www.lindenpat.com/) 是在近 10 年数据库深加工与建设的雄厚的实践经验上，以及 100 多个专题库建设的成果累积基础上，开发而成的专利数据平台。该平台汇集世界近 103 个国家和地区及知识产权组织约 1 亿多条专利数据，数据类型包括著录项目、权力要求书、说明书全文、附图、法律状态等数据，同时加工整理了世界多国专利引证信息、同族专利信息、重点行业词表、公司代码表等信息。

本平台的应用功能包含检索、专利分析、收藏夹和专利导航四大类。

其中，检索分为：智能检索、高级检索（即表格检索）、逻辑表达式检索、化学结构式检索、IPC 检索、同义词检索、企业关联检索、国家代码检索。

该平台可以为企业创新服务，提高企业创新起点，帮助企业准确把握市场动态、及时发现有利商机，有助于企业避免和防范知识产权风险。该平台数据内容、检索功能、分析功能设计合理、使用灵活，充分满足用户在检索、分析方面多种需求。

四、lindenpat 专利信息搜索平台产品特色

lindenpat 专利信息搜索平台的应用功能包含检索、专利分析、收藏夹和专利导航四大类。

其中，检索分为：智能检索、高级检索（即表格检索）、逻辑表达式检索、化学结构式检索、IPC 检索、同义词检索、企业关联检索、国家代码检索。

lindenpat 平台从用户角度出发，涉及开发一系列更方便有效的功能，最终形成集检索、分析、标引、管理于一体的一站式专利数据服务平台。该平台具有海量数据，强大的检索功能，具体包括以下特色。

（一）多组合检索方式

lindenpat 设有智能检索、高级检索、逻辑表达式检索等多种专利内容检索，还设有化学结构检索、同义词检索、企业关联检索等检索项目。

lindenpat 可使用户轻松完成关键词多字段组合检索。即平台充分把握专利数据库及检索特点，为客户预设好常用的关键词字段出现的位置，用户使用时，只需在设定好的项目中勾选即可。例如，可以设置关键词在专利的名称、摘要、权利要求书或说明书中任何部分及上述位置的组合中出现；同时关键词检索功能还提供"包含全部关键词""包含至少一个关键词"和"不包含关键词"三个方便灵活的选项，使得表格检索达到的检索结果更加精确。

如在名称中检索包含"汽车",但不包含"电动汽车"的专利文献,可在以下检索项目中直接进行勾选,轻松实现检索需求(见图9-15)(以下图片均来自 lindenPat 检索平台,下不另注)。

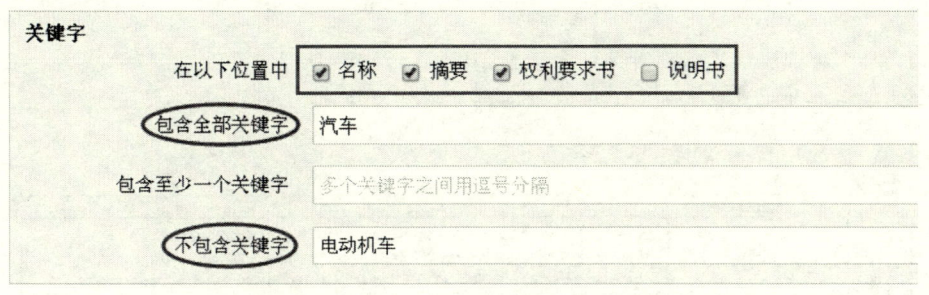

图 9-15　lindenpat 平台高级检索功能

(二)法律状态归一处理

lindenpat 平台的高级检索系统不仅支持著录项目检索,还支持法律状态检索,且法律状态可与著录项目、权利要求书、说明书全文数据进行组合检索。

lindenpat 平台将专利法律状态分为当前法律状态和历史法律事件,其中当前法律状态包括有权、审中、失效三个状态;历史法律事件则包括申请的撤回、实质审查请求的生效、专利申请的驳回、授权、专利权的视为放弃、专利权的无效宣告、专利申请权、专利权的转移等20多种法律事件内容。

lindenpat 平台将法律状态进行归一化处理,解决了复杂多样的法律状态表述方式,便于找出发生过无效宣告、权利转移、实施许可等法律事件的重要专利。

与其他检索分析引擎不同的是,当前法律状态、历史法律事件、剩余存活期、被引证次数、同族专利数量这5个统计字段为本系统所特有的统计字段,利用这5个特有的统计字段,用户可以对检索结果:(1)按照有权、审中、失效进行分类;(2)找出检索结果中发生过无效宣告、技术转移、专利许可、质押的专利;(3)对专利的剩余存活期进行统计,从而在专利效期届满前提前布局；(4) 找出被引证次数、同族专利数量多的重要专利列表（见图9-16）。

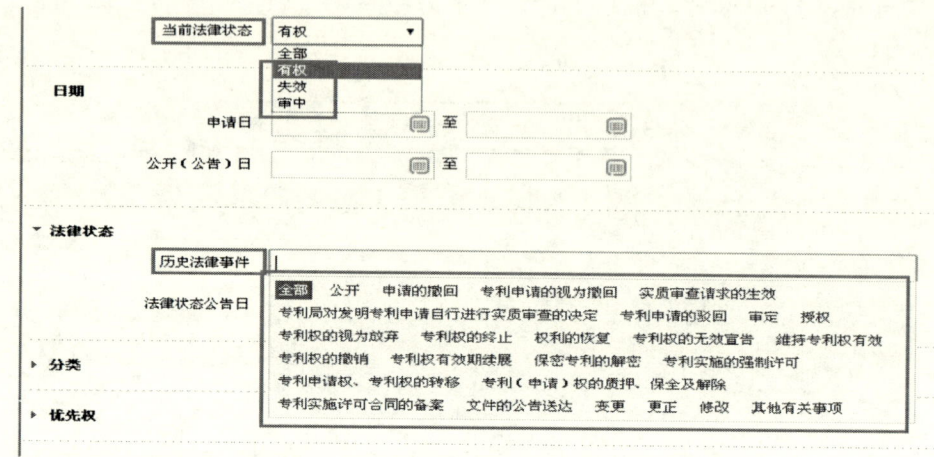

图9-16　lindenpat平台法律状态项目内容

（三）检索结果多种查看方式

lindenpat平台检索结果具有多种排序、多种视图查看方式：

（1）四种检索结果浏览模式，分别为摘要浏览模式、表格浏览模式、摘要附图浏览模式和说明书附图浏览模式。

（2）每页显示条数可选项有10条、30条、50条三种选择范围。

（3）检索结果可根据需求提供以下五种方式进行排序：按相关度、申请日、公开日、被引证次数、同族专利数量排序。

（4）检索结果显示字段根据个人需要可进行选择，在检索结果页面的下方，利用 + 列表内容设置 或 - 收起列表内容设置 按钮设置检索结果显示的字段。

（5）检索结果可按申请国、专利类型、当前法律状态、申请人、发明人、公开年度、申请年度、IPC分类对检索结果进行单次或复合筛选。

（6）摘要附图或说明书附图可放大，附图细节更清晰。

当将鼠标移至附图上时，会出现放大的附图。点击附图时，会新打开一个新页面显示所点击的附图，在打开的新附图页面中，在需要放大的部位点击鼠标，能够对该部位局部放大（见图9-17）。

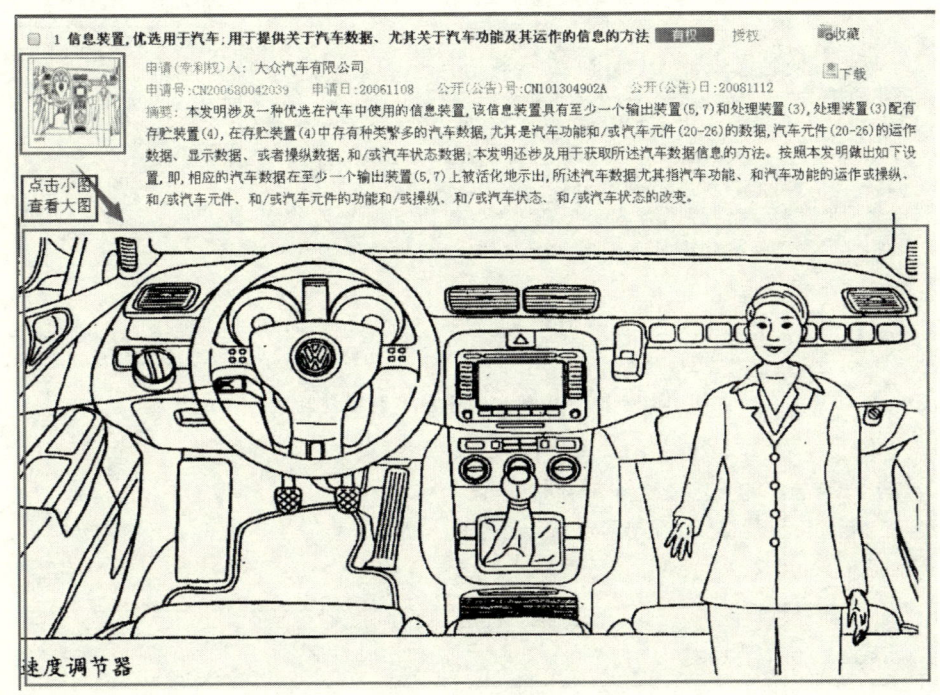

图 9-17　lindenpat 平台附图局部放大功能

（7）专利标注功能：阅读过程中，允许研发人员随时添加专利标签，如图 9-18 所示。

（四）检索结果即时统计功能

lindenpat 检索平台可对检索结果进行分类筛选，该分类功能对检索结果从专利类型、当前法律状态、申请人、发明人、申请人所述地区、公开年度、申请年度、IPC 分类和主分类几个方面进行分类筛选，如图 9-19 所示。

点击分类筛选栏下的相应统计字段，即可出现前 10 名统计结果（专利库、专利类型、当前法律状态除外），如图 9-20 所示。

点击▶专利类型，出现对当前检索结果所属专利类型的统计分析结果

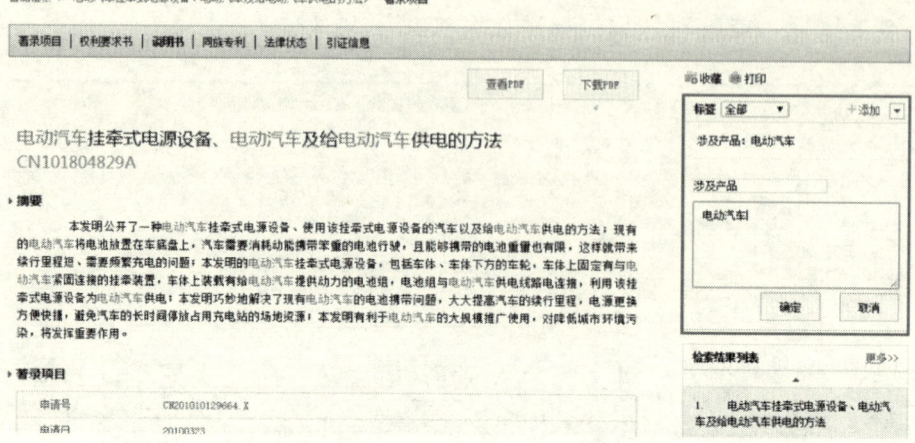

图 9-18　lindenpat 平台专利标注功能

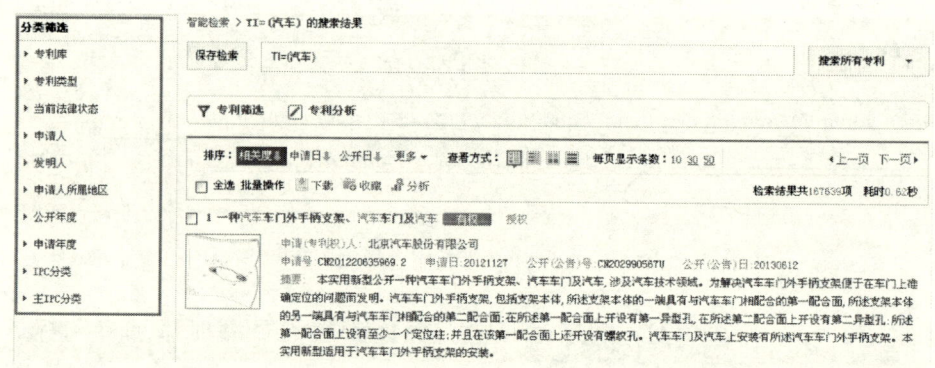

图 9-19　lindenpat 平台检索结果分类筛选功能

（共三类），如图 9-20 所示。

点击▶当前法律状态，出现对当前检索结果的当前法律状态的统计分析结果（共三类），如图 9-20 所示。

点击▼申请人，出现对当前检索结果的申请人的统计分析结果（前十位），如图 9-20 所示。

（五）分析报告自动生成功能

lindenpat 检索平台可以对当前检索结果、已保存检索、已保存专利、

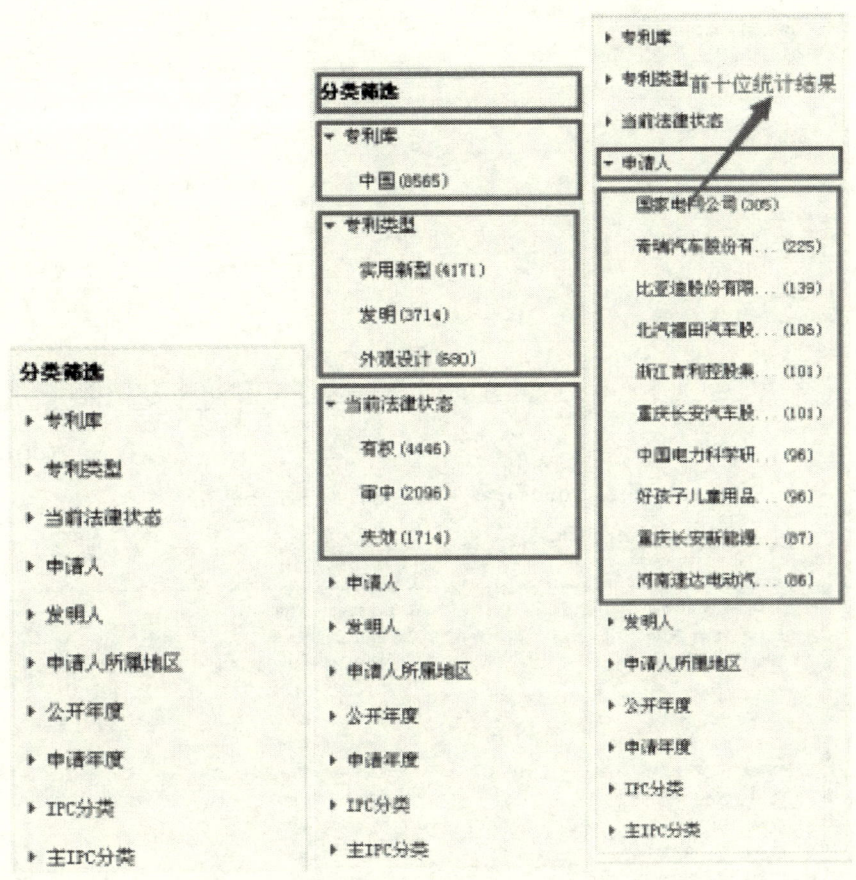

图 9-20　lindenpat 平台检索结果分类筛选功能

历史检索记录等数据集进行分析。并生成概览或完整分析报告；用户也可根据需要选择相应分析字段，进行自定义分析。

1. 专利概览分析

用户能够从以下常用视角浏览某一行业专利申请的概貌，这些分析内容包括：日期分布分析（见图 9-21）；申请人所属地域分布分析；技术分布分析、申请人排行分析（见图 9-22）。

2. 报告中机构名称自动归一功能

lindenpat 检索平台对申请人为机构的进行了机构归一处理，即根据需

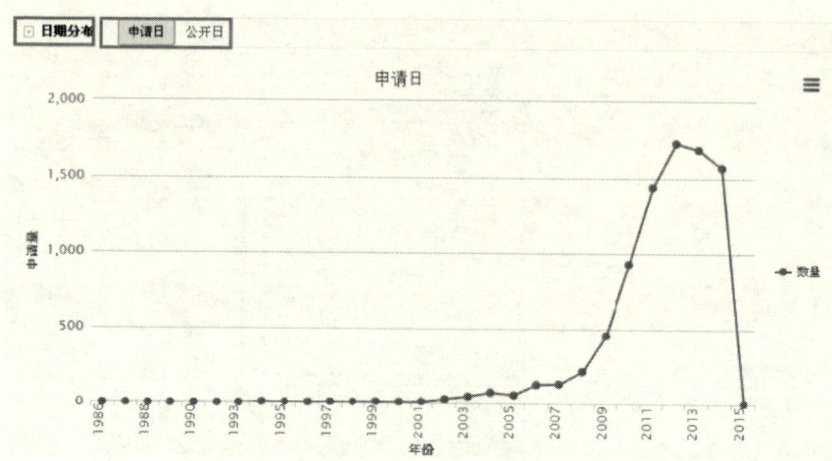

图 9-21 lindenpat 平台专利日期分布分析功能

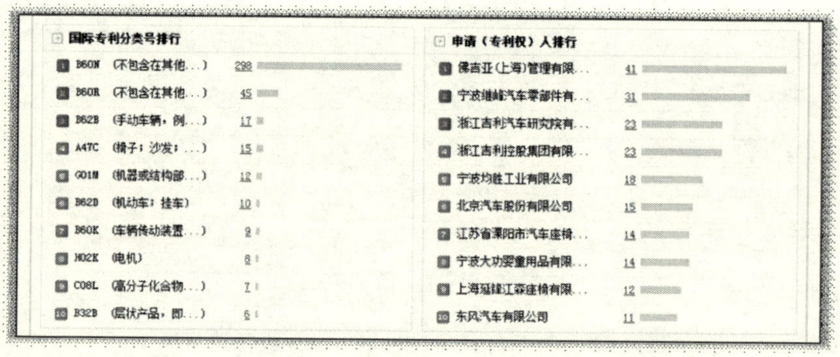

图 9-22 lindenpat 平台专利技术分布分析功能

要可选择对同一机构的不同名称进行合并统计，如对雅虎公司、奥弗图尔服务公司、Yahool Inc.、Yahoo! Inc. 的专利进行合并统计；不勾选该选项时，则对同一机构的不同名称分别进行统计。

3. 分析图表的个性化选择

用户可以根据自己的喜好，对分析图表的样式、颜色进行调整，自由调整图表前景色和背景色（见图 9-23）。

（六）专利提醒功能

本系统具有专利提醒功能，当发现用户关心的某个技术领域出现新专

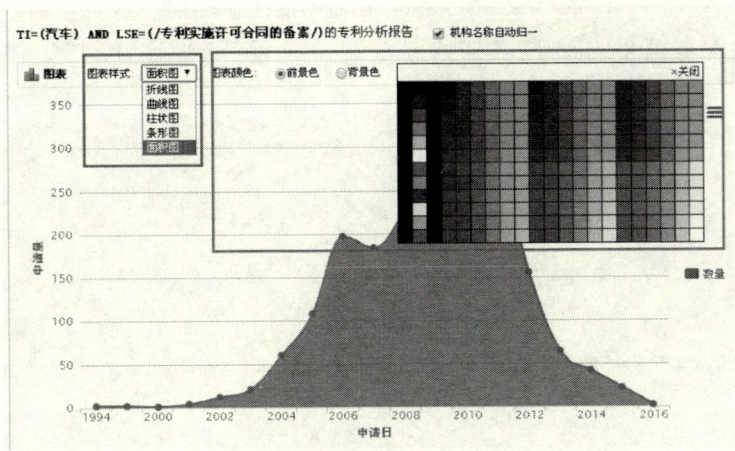

图 9-23 lindenpat 平台多种图表样式选择功能

利或某项专利的法律状态发生变化时，将及时发送给用户。用户可以从检索结果页面的"保存检索"或"收藏"设置中设置专利提醒功能自动提醒重要专利法律状态变化、行业新技术、竞争对手新申请。

1. 新专利提醒功能

利用检索结果页面的"保存检索"按钮，设置当某检索式出现新专利时给予提醒（见图 9-24）。

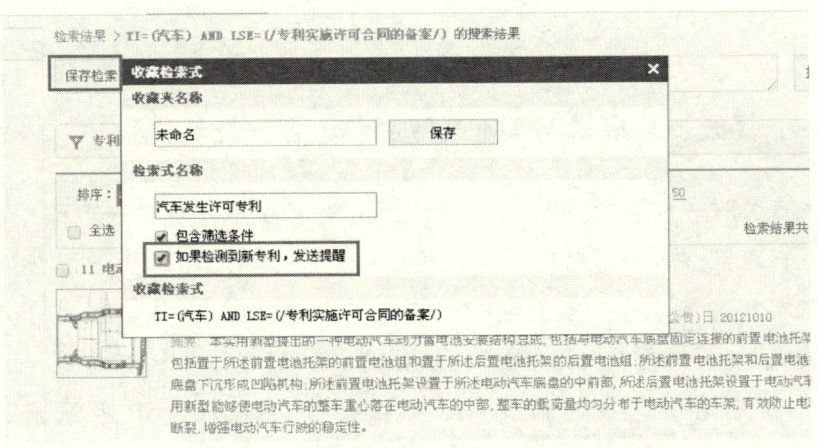

图 9-24 lindenpat 平台新专利提醒功能

2. 收藏的专利法律状态发生变化时给予提醒功能

利用检索结果页面的"收藏"按钮,设置当收藏的专利法律状态发生变化时给予提醒(见图9-25)。

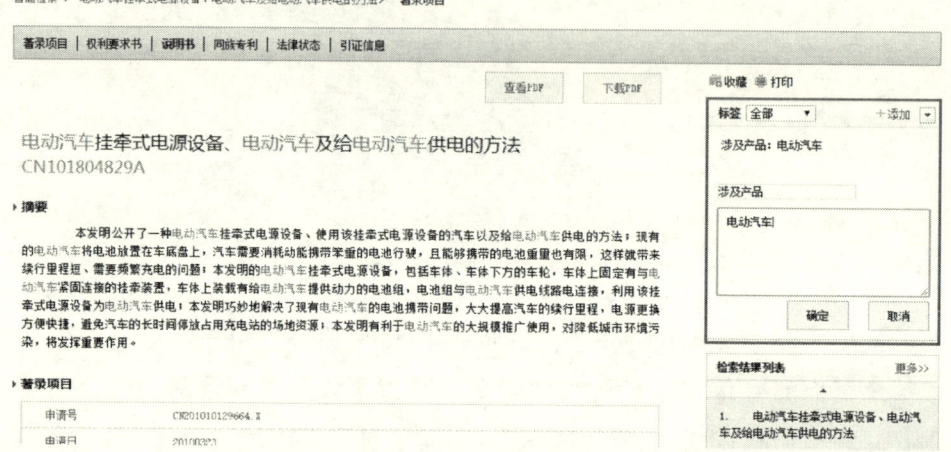

图 9-25　lindenpat 平台专利法律状态提醒功能

第二节　用户体验

一、场景一:应用 WTM 进行中药组合物查新检索

审查员对一件组合物的新申请进行实质审查时,需对该申请中的组合物进行查新检索,获得对比文件,例如对下述申请的组合物进行查新检索。

专利权利要求 1:一种治疗鼻炎的中药组合物,其特征在于该中药组合物是由下述重量份的原料药制成:辛夷 100~300 重量份,白芷 100~300 重量份,薄荷脑 5~15 重量份,黄连 20~80 重量份,白矾 20~80 重量份。

第九章　东方灵盾

本案例权利要求 1 涉及中药复方，通常选择中药材名称作为检索要素。在中药材存在较多同药异名的情况下，通常需要对中药组合物中的各药材扩展之后再进行检索。扩展时需要考虑异名、同音字、派生字、拼写错误等情况。现有众多数据库检索系统都不支持对中药名称的扩展检索，因此检索时不仅要考虑关键词扩展，还要考虑不同扩展词之间的组合，较为烦琐，针对本案也很难迅速找到合适的对比文件。

针对本案例，审查员使用 WTM 的方剂相似性检索对上述权利要求内容进行检索，在方剂相似性检索界面分别输入如图 9-26 所示信息，并获得 30 条结果。

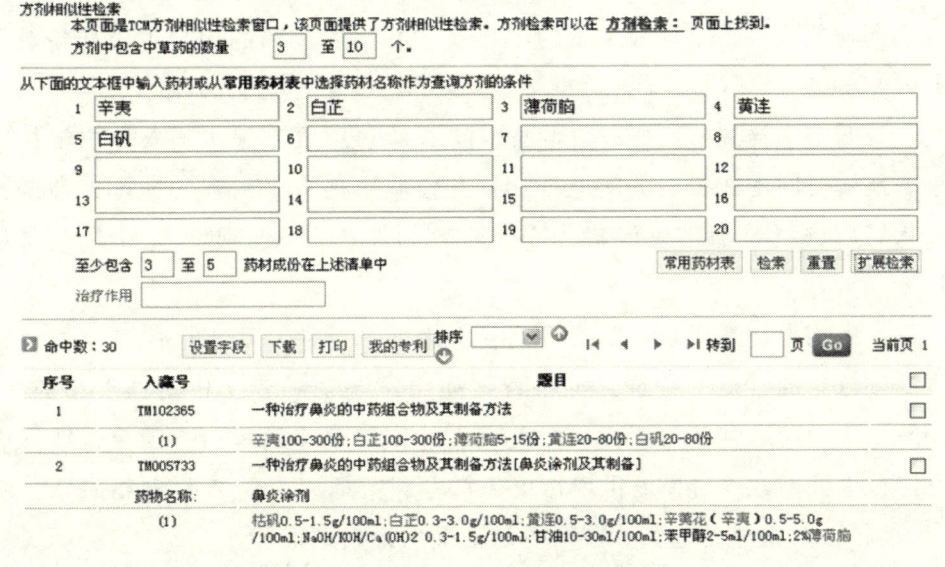

图 9-26　WTM 平台方剂相似性检索应用

从检索结果中可迅速找到"TM005733"——"鼻炎涂剂及其制备"这篇对比文件。通过分析可知，在其他数据库中不容易命中结果的原因在于：相关文献"TM005733"中记载的组方与本申请使用了不同的异名、炮制品和同一植物来源药物，如辛夷的对应药材异名为辛夷花，白矾的对应不同炮制品为枯矾，薄荷脑的对应原料来源为薄荷。

通过本案例可以看出，在世界传统药物专利数据库中只需要输入一个简单的检索式就能检出相应的对比文献，并且不需要对关键词进行扩展，充分体现世界传统药物专利数据库的检索效率和准确性。

二、场景二：审查员应用 WTM 获取对比文件

审查员需要对如下所述的发明内容进行检索，获取对比文件。

权利要求：山药粉作为辅料在制备中药水丸中用途，其特征在于其经由以下步骤制备而成：

（1）将中药处方中的中药置粉碎机中进行粗粉碎，放入萃取机萃取。

（2）取萃取液，然后与山药粉及淀粉充分混合并干燥，制成水丸，其中山药粉的用量占萃取液重量的 100%～1000%，淀粉的用量占山药粉重量的 0～90%。

说明书中描述，所要解决的技术问题是"用以克服中药水丸崩解速度慢，崩解时间不能控制的问题，加快并控制中药水丸的崩解速度，使药丸在入胃后按照要求迅速崩解，增强药效的发挥，从而使药丸疗效趋于最佳"。

本申请中检索要素主要为山药粉、水丸和淀粉，该三个检索要素均是中药领域中的常规关键词，如果直接使用"与"检索，检索结果非常多，同时由于山药通常作为活性成分使用而非本申请中的辅料，因此，结果中噪声很大。因此，可借助世界传统药物专利数据库中的"药物登记号"和"职能符"功能进行检索，获取更加准确的检索结果。

检索策略：登录世界传统药物专利数据库，进入"天然药物检索"界面，输入关键词"山药"，获取对应该山药的登记号 E010-06-00，勾选。点击"职能符"按钮，选择"赋形剂 E"，进行检索，获得 14 篇山药作为赋形剂使用的专利，通过浏览得到与本申请非常相关的对比文件（CN100998608A）"一种可速溶并可控释的中药水丸制作方法"（见图 9-27）。

通过该案例可以看出，在世界传统药物专利数据库中，药物登记号具有非常准确的特点，即使来源于相同植物的药物，药用部分不同、炮制方

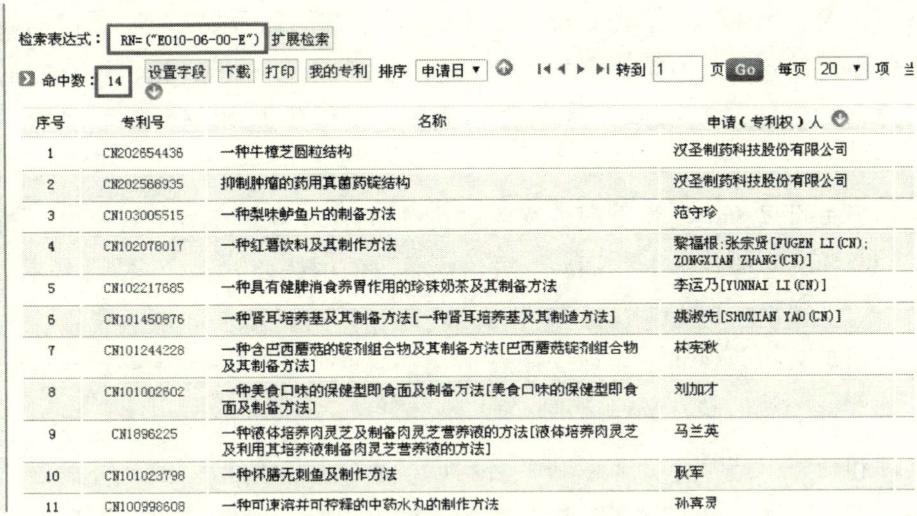

检索表达式：RN=("E010-06-00-E") 扩展检索

命中数：14 设置字段 下载 打印 我的专利 排序 申请日 转到 1 页 Go 每页 20 项

序号	专利号	名称	申请(专利权)人
1	CN202654436	一种牛樟芝圆粒结构	汉圣制药科技股份有限公司
2	CN202568935	抑制肿瘤的药用真菌药锭结构	汉圣制药科技股份有限公司
3	CN103005515	一种梨味鲈鱼片的制备方法	范守珍
4	CN102078017	一种红薯饮料及其制作方法	黎福根;张宗贤[FUGEN LI(CN); ZONGXIAN ZHANG(CN)]
5	CN102217685	一种具有健脾消食养胃作用的珍珠奶茶及其制备方法	李运乃[YUNNAI LI(CN)]
6	CN101450876	一种肾耳培养基及其制备方法[一种肾耳培养基及其制造方法]	姚淑先[SHUXIAN YAO(CN)]
7	CN101244228	一种含巴西蘑菇的锭剂组合物及其制备方法[巴西蘑菇锭剂组合物及其制备方法]	林宪秋
8	CN101002602	一种美食口味的保健型即食面及制备方法[美食口味的保健型即食面及制备方法]	刘加才
9	CN1896225	一种液体培养肉灵芝及制备肉灵芝营养液的方法[液体培养肉灵芝及利用其培养液制备肉灵芝营养液的方法]	马兰英
10	CN101023798	一种怀膳无刺鱼及制作方法	耿军
11	CN100996608	一种可速溶并可控释的中药水丸的制作方法	孙真灵

图 9-27 WTM 平台药物登记号和职能符功能应用

法不同均有不同的登记号。因此，当检索结果过多时，可以考虑采取药物登记号来缩小检索结果的范围，并且可以利用“职能符”来寻找天然药物发挥特定功能的文献。

三、场景三：应用 WTM 设计中药组方

WTM 可用于通过数据挖掘方法进行中药组方设计研发。其主要思路为：从植物化药数据库中检索治疗某疾病的化学药物，通过对化学药物的结构进行研究，进行活性片段搜索，以生物活性明确的化学药物分子作为模板，将其结构与中药数据库中其他分子结构进行相似性检索获得活性成分，在专利中进行检索获得高频用药，结合中医治法治则，进行合理组方。

2009 年，美籍华人科学家利用世界传统药物数据库，结合西方药物设计技术，提出了新的抗甲型流感中药复方。

该技术从研究抗甲流小分子药物与 N1 蛋白的结合模式开始，逐步发现抗甲流病毒的药效团，并依次推导相应的小分子结构；再从中药结构数据库进行查询，结果表明：有十几种天然产物小分子（按照结构特征，分

为多酚类、联苯胺、醌类、甾体类和色烯），它们都可以与 N1 蛋白晶体产生类似的结合，且有抗感冒病毒的活性。筛选十几种化合物，寻查它们的母体药材，共 100 多种。分析功效，发现它们中的近 40 种中药材具有清热解毒作用。

通过世界传统药物专利数据库对获得的近 40 种中药材进行检索，获得近 300 种具有清热解毒、抗病毒或治疗感冒的中药处方。

对上述中药处方进行数据挖掘，获取母体药材在已知清热解毒、抗病毒或用于治疗感冒的中药处方中被使用的频数分布。取前几名频数最高具有统计意义的中药材，根据中医理论重新组方。综合世界传统药物专利数据库和赛方中药综合（非专利）数据库检索结果和数据挖掘分析报告的结论（意见基本一致），推荐 5 味中草药组成新方。根据检索报告、中医理论和临床经验，提出以下 2 个处方：

第一方

组成：黄芩、鱼腥草、虎杖、辛夷花、甘草。

功效：清热解毒，清肺解表。

方解：黄芩苦寒，清热解表，鱼腥草辛寒，清肺止咳，两药均入肺经，为君药；虎杖苦寒，入肺经，助君药清肺，为臣药；辛夷花辛温，通鼻窍，抗过敏，防止其他药物因药性过寒而伤肺，为佐药；甘草甘平，祛痰止咳，调和诸药，为使药。上述药物均入肺经。全方"君臣佐使"合理搭配，起到清热解毒，祛风解表作用。

现代研究：黄芩对肺炎球菌、流感病毒 PR8 株等有抑制作用；鱼腥草对肺炎球菌有抑制作用，并能止咳消炎、提高白细胞吞噬功能；虎杖对金黄色葡萄球菌等有抑制作用，并能解痉平喘、升高白细胞；辛夷花对多种致病菌有抑制作用，并能抗过敏、促进炎性分泌物吸收；甘草具有与糖皮质激素相似的作用，有消炎、抗过敏、镇咳作用。

说明：本方既符合权威数据库信息检索分析报告，又符合中医

"理法方药"原则和临床疗效规律。黄芩、鱼腥草、虎杖是信息检索提供的高频优选药,辛夷花抗过敏,甘草有激素样作用,又能清肺止咳。

第二方

组成:黄芩、鱼腥草、甘草。

说明:这一组方不如上方完善,但能起到相近的作用,开发成本可大大减少。

通过该案例可以看出,这种利用数据挖掘方法获得的新药方成果,为我国药物研发机构和制药企业探索出一条高效率低成本的药物设计新途径。

四、场景四:WTM与其他网站检索情况对比

东方灵盾曾对用户进行"关于WTM用户使用意见"的调查,其中有近100家单位参与并给予积极反馈,调查显示用户使用WTM进行检索和分析的主要目的为产品立项和专利布局、申请、侵权预警,其次是技术现状分析和市场需求分析。上述调查也反馈一些综合使用情况:使用WTM与使用其他网站获得结果对比。

经过规范筛选和深度加工的世界传统药物专利数据库,借助检索平台专业化的检索分析功能,可以获得一般数据库和检索系统无法达到的检索效果。经过深度加工的专利信息产品,能够很好地确保专利信息检索的准确性和全面性,从而全面提高社会公众对专利信息的应用水平。

第十章 Minesoft

【导读】

全球专利专家英国 Minesoft 以丰富的经验处理大集合的复杂数据,创造出创新、简化和使用方便的研究平台。全球在线专利检索数据库 PatBase 集合了最全面的数据以及检索、审查、共享、分析、预警等功能,成为全球领先企业和律师事务所日常使用的首要检索工具。使用 PatBase 快速精确直观地检索、更快更有效地审查文件、确定新的趋势和机会、追踪技术和竞争情报,确保始终走在专利前沿。

英国 Minesoft 成立于 1996 年,是全球专利解决方案供应商,总部位于伦敦里士满,致力于为专利研究、监控和分析,知识产权文献检索,专利存档和竞争情报以及工程和技术研究提供在线产品和服务。Minesoft 的智能解决方案能够帮助企业在创新过程中充分利用知识产权的商业价值和科学信息。

2003 年 5 月,Minesoft 推出全球专利检索数据库 PatBase。

2008 年非拉丁文检索引擎被添加到 PatBase 中,这也是全球商用数据库中的第一个结合非拉丁文检索的产品。

Minesoft 继续扩展创新专利信息产品的组合,包括终端用户版本的全球专利检索平台 PatBase Express、专利文件订购服务 PatentOrder、专利追踪工具 PatentTracker、引用文献追踪工具 CiteTracker、法律状态追踪工具 Legal Status Tracker、专利归档平台 PatentArchive 等。

2013 年 9 月 Minesoft 发布全功能中文界面的 PatBase 和 PatBase Express

为中国用户实现本地语言导航。

2014 年高级专利分析软件 PatBase Analytics 被整合到 PatBase 中。

2015 年 PatBase Express 重新改版，界面更加简洁流畅，用户能够用手机、平板电脑等不同设备进行专利检索。

2016 年 Minesoft 开发了化学结构式检索工具 Chemical Explorer，在全球范围内首个通过智能预处理专利信息中的化学信息从而低成本高质量快速地实现化学结构式检索。

PatBase 数据集不断扩展，至 2016 年年底已经覆盖全球 105 个国家和地区的专利数据和 42 个国家和地区的专利全文，是全球专利检索数据库中数据覆盖范围最广的数据库。

第一节　Minesoft 专利产品

PatBase 是全球专利数据库，包含 1 亿多份公开文献，并组织到 5600 多万个可检索专利族记录中。PatBase 覆盖了来自全球 100 多个专利发行机构的专利文献，提供了一个用于检索、审查、共享和分析专利信息的强大平台。内建的分析软件、内建的多语言检索、机器翻译工具和复杂的文件审查功能对于专利信息和检索专业人员来说能够对全球专利文献进行全面、深度、精确的检索。

PatBase Express 是用于检索全球专利文献的简单、直观的方法。与 PatBase 提供一样的广泛数据，精简的界面和方便使用的功能被设计用来使企业各层都能访问专利信息：从工程师、研发人员到许可专业人员和商业分析师，7 种语言可用。

PatentOrder 是高速专利文件传输服务。它从 60 多个国家或地区检索完整的专利文件并将它们在几分钟内以 PDF 格式的文件直接传到查询者的邮箱或本地文件。能够接触到主要集合，包括美国专利商标局（USPTO）、欧洲专利局（EPO）、Depatisnet 和 Minesoft 自己的扩展存档。PatentOrder 提供增值的功能包括可检索的 PDF、机器翻译、重要存档以及与 PatBase

等其他 Minesoft 解决方案的整合。

PatentArchive 是专利知识管理解决方案，结合高质量的全球专利数据和用于企业内相关专利记录的监控、分类和传播；能够获取最新的竞争情报，针对新公开的全球专利数据的规律预警能够提高当前意识，从而作出更好、更快的专利相关的战略决策。

Chemical Explorer 是一个化学数据库，能够允许检索员即时地获取千万件专利文件全文和图片中的化合物并在几秒中内开始审查结果。Chemical Explorer 是基于网络的专利全文化学结构式检索工具并覆盖以英语、法语、德语、日语、中文和韩语语言公开的所有主要的专利机构。Chemical Explorer 有完整的化学结构式绘制功能，该功能可以导入/导出化学结构式，灵活的检索选项允许用户进行基于同一性、相似性或子结构的检索。

TextMine 是由 Minesoft 开发的强大软件，用于研究专利文件的全文。TextMine 自动识别任何专利全文中的化学品、基因 & 蛋白质、物理参数、疾病和聚合物。用户可以在整个全文中有效地识别和导航术语，自动高亮功能能够加快审查进程，并发现可能会遗漏的新术语或同义词。

PatentTracker 是专利登记监控服务，提供了一种有效的、没有压力的方法用来跟进完整的 INPADOC 专利族和法律状态以及欧洲和北美多个详细的专利登记簿。人工追踪申请文件状态这个费时的任务已经移除——用户能够在被监控专利申请被检测出程序变化时收到邮件。追踪美国专利商标局 USPTO、欧洲专利局 EPO、德国、英国、加拿大登记簿等的变化。

CiteTracker 是用于监控该专利引用文献的预警服务。这个简洁、全自动的服务通过自动提醒收件人新公开的引用和被引用专利文献并传输精简的报告，从而节省很多宝贵的时间。CiteTracker 对于知识产权专业人员、研发人员、检索事务所和技术转让局来说是理想的竞争情报资源，能够全球范围内追踪谁引用了以及引用了什么专利。

Legal Status Tracker 是用于监控专利申请文件、已授权专利和专利族的法律状态变化的提醒服务。这个自动的服务追踪欧洲专利局 INPADOC 法律状态文件每周公开的变化，该文件跨越全球 60 个专利机构。对匹配感兴趣的法律状态组和国家或地区的变化保持广泛的概述或使用指定国家的欧洲专利局（EPO）法律状态代码获取详情。自动的邮件提醒能够节省几个小时的时间。

Minesoft Inspec 是一个被设计用来精确、快速研究工程和技术领域的动态、现代的网页平台。能够访问 1600 多个全球的、同行评议的文章，Minesoft Inspec 对于新产品和技术研究、现有技术检索、技术预测和竞争情报来说是一个重要的工具。

Tempus IP 提供知识产权文件服务的范围完整，快速周转、有竞争的价格和无与伦比的客户服务。由 Minesoft 开发的这个交互网站允许订购美国和非美国的文件历史、认证文件、非专利文献和很难找到的专利副本。

第二节　PatBase 产品特色

Minesoft PatBase 从 2003 年面世以来，已经吸引了全球 5 万多名来自各行各业的用户，包括从事于知识产权法律、授权和技术转让、商业开发、信息管理和研发的专业人员。2013 年随着 PatBase 全中文界面的推出，Minesoft 宣布 PatBase 正式进入中国市场，不仅为中国本地企业带来一款国际化的专业检索数据库，也在与中国企业的接触中不断完善。

Minesoft PatBase 由经验丰富的专利检索员设计，是一款处理大集合复杂数据、创新、简化和使用方便的检索平台，覆盖来自 105 个国家或地区的专利数据和 41 个国家或地区的专利全文数据（截至 2017 年 1 月 3 日的数据），是全球专利检索数据库中覆盖范围最广的数据库。专利数据经过严格的质量监控和标准化后，根据它们的优先权号组合成专利族，从而包含共有优先权的专利公开就被放入同一个专利族中，这样一个专利族就是一个发明。PatBase 提供多种检索表单，能够满足用户不同的检索需求。作为一款全球性的数据库，为了满足不同国家用户的需求，PatBase 目前不仅提供全英文、全中文和全日文的界面，还与 WIPO 合作，推出跨语言检索工具，允许用户用多种语言检索专利原文，如英语、法语等拉丁语，以及中文、日语、韩语、泰语、俄罗斯语等非拉丁语，术语翻译器、PatBase 词典等辅助工具能够帮助用户使用不熟悉的非母语语言进行专利检索，同时也给检索员更广泛的跨语言检索的可能。用户不仅能够进行精确的字段检索，对于不确定的检索内容，还可以通过检索辅助工具如公司树数据库、编号向导、语言浏览器、分类查找器等帮助确定检索内容。PatBase 语义检索则能够自动识别关键词、所属技术领域，从而找到相关专利。针对特殊技术领域的专利检索，PatBase 也提供了特殊的检索方式，例如与 GenomeQuest 合作能够识别和审查专利公开文本中的遗传序列信息，以及为化学领域专门设计的化学名称/CAS 号检索和化学结构式检索。此外，PatBase 命令行的设计能够帮助专业检索员用最便捷的方式进行复杂检索或优化检索。检索结果以专利族为单位，这样的设计不仅大大减少检索结果的数量、避免重复，还能参考到更多相关内容，避免内容遗漏。PatBase 的专利全文浏览、实时翻译功能、多种法律状态查看视图、转让信息、相关诉讼案件、引用关系视图等专利相关信息的多维度显示帮助用户从不同的角度审查感兴趣的专利公开。PatBase 不仅在用户审查检索结果过程中提供了文本高亮功能，帮助快速定位关键词和浏览全文，还提供了文件夹功能，帮助用户更好地管理检索结果，通过添加注释、星标等操作，根据自身的需要处理检索结果。为了方便同事间或与客户间的信息交互，用户能够将检索结果或文件夹内容与他人共享，帮助促进团队合作和信息交流。检索结果的内容也可以导出不同格式的本地文件，方便用户根据自己的需求进一步编辑内容，从而生成检索报告等。要想宏观地了解检索结果的情况，可以使用 PatBase 分析功能对检索结果进行统计分析并生成可视化图表，从而帮助用户从各个角度了解相关领域的情况，有助于了解相关技术的发展态势、竞争对手的技术动态，从而发现潜在的商业机会。监控预警功能能够帮助用户追踪感兴趣领域的新专利公开、专利的法律状态变化等，在第一时间给用户发出预警，帮助用户及时发现变化、针对变化作出响应和判断，从而迅速准确地作出应对策略、规避风险、抓住最佳时机。

一、专业版 PatBase 与精简版 PatBase Express

PatBase 提供多语言界面、多角度检索、多层次结果浏览、可视化分析报告、多种保存导出共享预警功能,可靠的数据和强大的功能能够在专业检索员的日常工作中为他们提供及时有效的数据集并节省宝贵时间。但随着专利检索的实际运用范围越来越广,越来越多的人在工作中需要通过专利检索来完成或辅助完成工作。充分考虑到工程师、研发人员、高校师生等偶尔需要进行专利检索的非专业检索员能够使用一款数据、功能同样齐备但使用更方便的数据库,继 PatBase 之后,Minesoft 开发了一款更加轻便的可检索专利数据库 PatBase Express(见图 10-1、图 10-2)。PatBase Express 保留了 PatBase 完整的数据资源、严格的数据质量监控、可靠的预处理、多种检索方式、多维结果浏览、可视化分析图表、数据管理、分享导出等常用功能,移除了命令行、检索历史等复杂的功能。2015 年被重新设计过的 PatBase Express 界面更清楚简洁、更模块化,无须培训,用户就能轻松导航整个系统。为多设备设计的用户接口允许用户在手机、平板电脑等多种小界面设备上清楚流畅地使用 PatBase Express(本章所有图片均来自 PatBase,下不另注)。

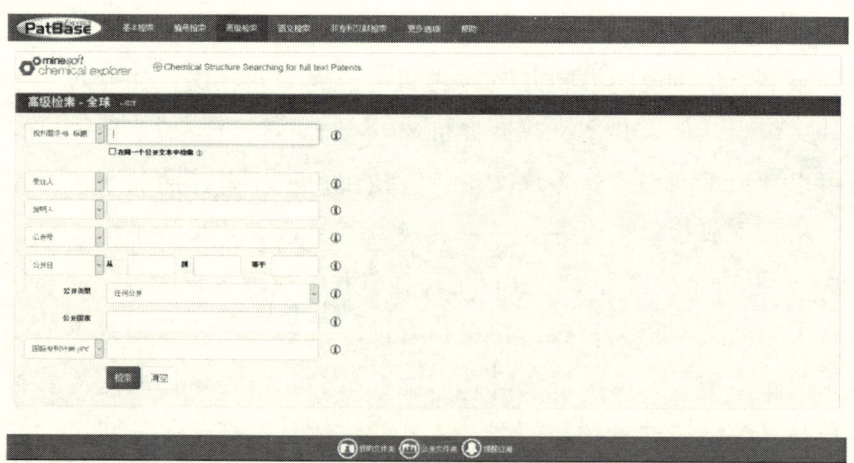

图 10-1 PatBase Express 高级检索界面

第十章　Minesoft

图 10-2　可自由切换的 7 种 PatBase Express 界面语言

二、更新及时、覆盖最广的数据资源

全球专利局都免费开放在本国申请的专利数据，但是当需要检索多个国家的专利时，不得不费时地前往各个国家专利局分多次进行检索，除了多次重复检索造成的时间浪费之外，浏览国外网站面临的网速慢等各种限制也可能会造成检索工作的搁浅。PatBase 通过与全球 105 个专利发行机构合作（截至 2017 年 1 月），在专利公开的第一时间获取公开数据，通过对数据进行严格的检查、标准化和预加工，之后存储至 PatBase 数据库，用户通过一个 PatBase 平台就能检索到全球 105 个国家和地区的专利公开数据。除了收录 105 个国家和地区的专利著录项目，其中 41 个国家和地区的可检索全文文本也被收录在 PatBase 中（截至 2017 年 1 月：非洲地区工业产权组织、奥地利、澳大利亚、比利时、巴西、加拿大、瑞士、智利、中国、哥伦比亚、东德、德国、丹麦、欧亚专利组织、欧洲专利局、西班牙、芬兰、法国、英国、爱尔兰、以色列、印度、日本、韩国、卢森堡、摩洛哥、摩纳哥、墨西哥、荷兰、挪威、新西兰、非洲知识产权组织、菲律宾、俄罗斯、瑞典、苏联、泰国、突尼斯、中国台湾地区、美国、世界知识产权组织）。PatBase 更新页面随着后台数据的变化而实时变化，能够帮助用户了解各个国家和地区的数据更新情况（见图10-3、图10-4）。

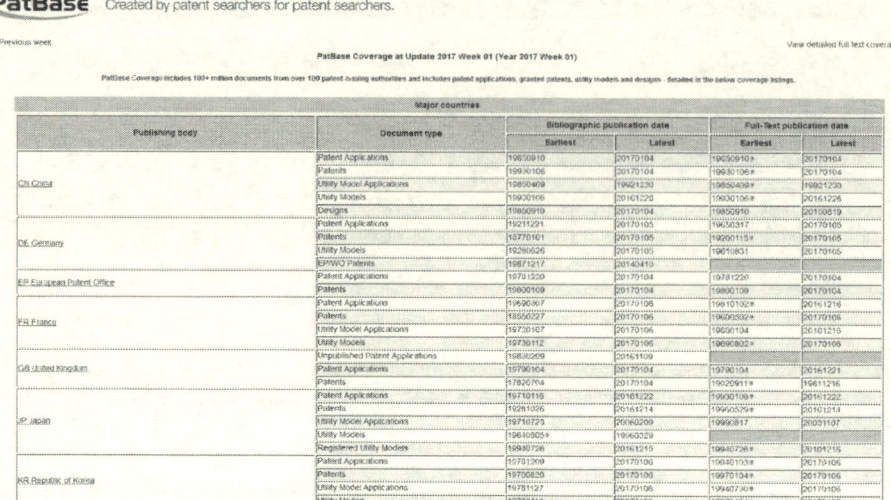

图10-3　PatBase数据覆盖更新页面

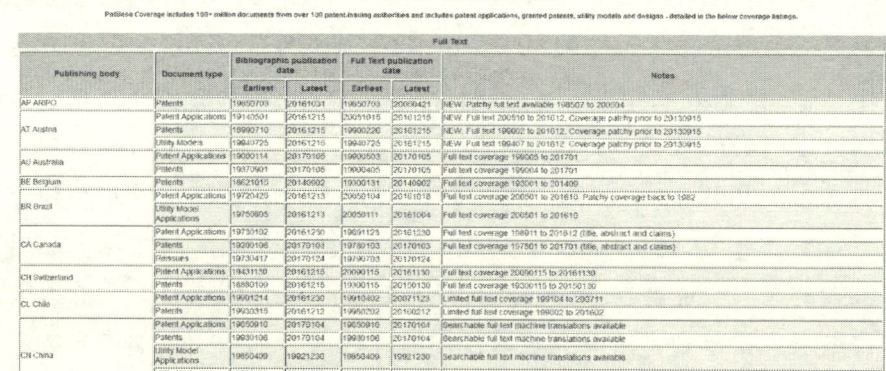

图10-4　PatBase全文数据覆盖更新页面

三、多元化的检索功能

随着专利系统的日趋完善,计算机技术日益发达,专利检索应用领域越来越广,用户能够从更多角度通过多种途径来检索一篇专利公开,从而满足其日益复杂的检索需求(见图10-5)。PatBase的多语言检索可以允许用户用英文等拉丁语进行检索,也可以用中文、日语、韩语等非拉丁语来检索源语言为非拉丁语的专利(见图10-6),为了让检索员在检索和浏览专利信息时克服语言障碍,用非母语的语言进行检索,PatBase还与世界知识产权组织(WIPO)合作,引入了WIPO的创新跨语言信息检索CLIR作为技术支持,开发了独一无二的术语翻译器(见图10-7),不仅能够帮助检索员完成翻译,还能找到中文、日语、韩语等的同义词,扩大关键词范围,避免遗漏,帮助用户更好地使用广泛扩展的亚洲专利文献。

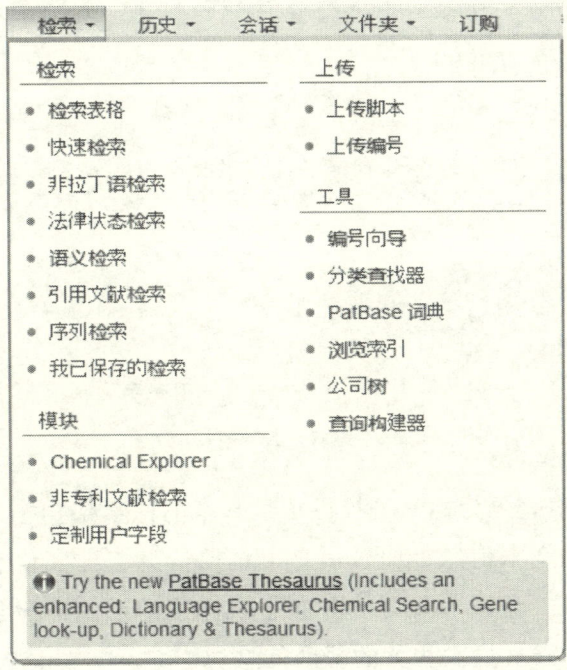

图10-5 PatBase提供多种检索表单和检索辅助工具

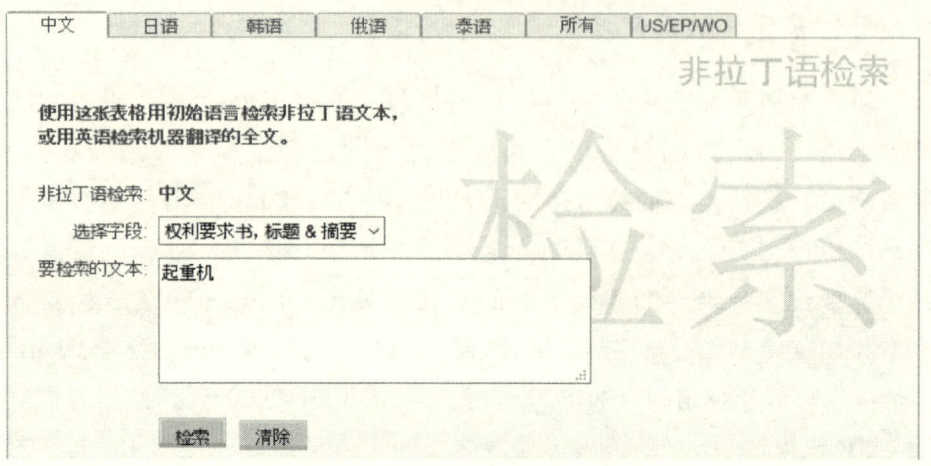

图 10-6　PatBase 非拉丁语检索

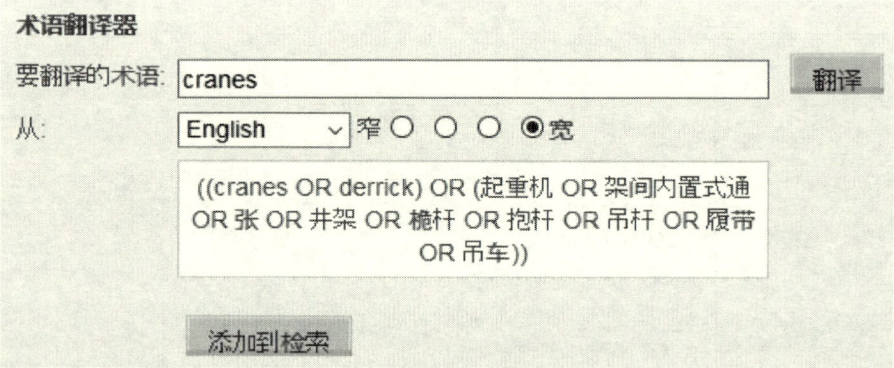

图 10-7　PatBase 术语翻译器

（一）检索表单

PatBase 检索表单为检索员提供了最基本的检索架构，让检索员能够检索著录项目中的文本信息、编号信息、日期信息、国家信息，以及多个分类系统的分类号（见图 10-8）。对应字段旁边的示例、检索图标、问号图标的设计能为检索员提供相关的帮助信息。

（二）上传编号

PatBase 提供多编号检索方式，当用户有一列公开号、申请号或专利族

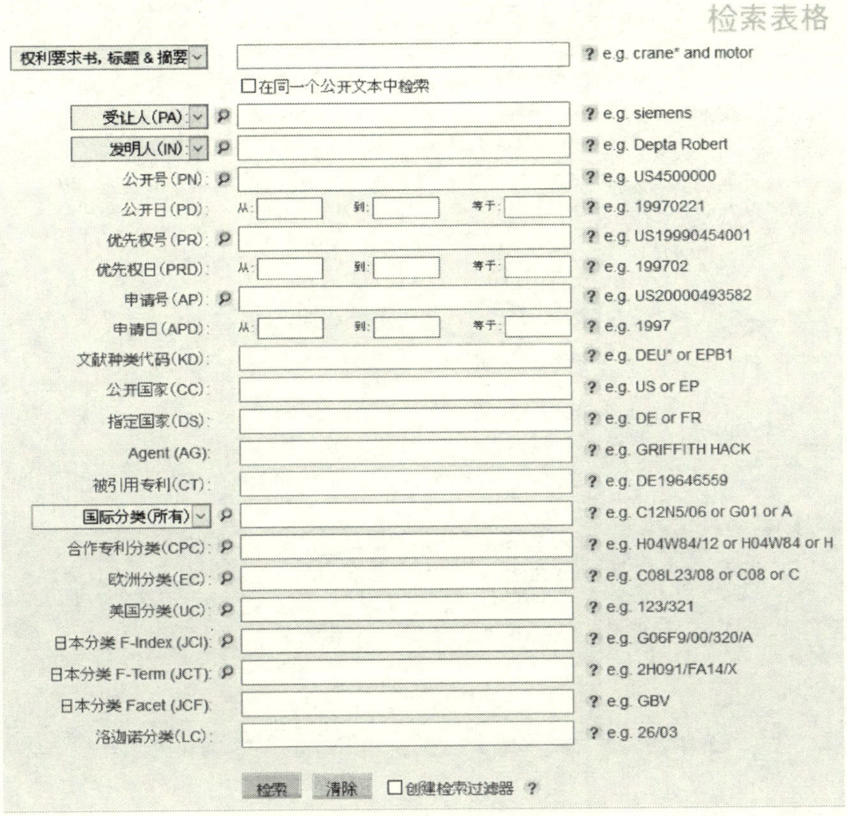

图 10-8　PatBase 检索表单

号需要检索时，用户可以使用 PatBase 上传编号，只需一步就可以同时检索多个编号，不仅能够查看这些编号对应的专利内容，而且"命中报告"会显示每个编号在 PatBase 数据库中的匹配数量，从而了解哪些是有效编号，哪些可能是无效编号（见图 10-9、图 10-10）。

（三）法律状态检索

除了能够检索著录项目和公开信息的文本内容外，PatBase 还收录了其他可检索的相关信息，如法律状态、诉讼案件信息、引用文献信息等。通过检索已知的这些信息，找到满足检索条件的相关专利。

通过对专利或专利申请当前所处的状态进行检索，了解专利申请是否

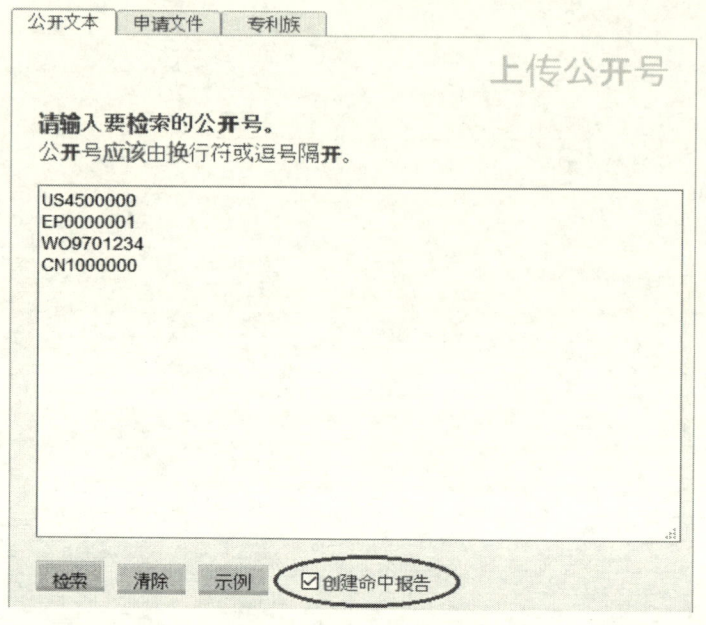

图 10-9　PatBase 上传编号

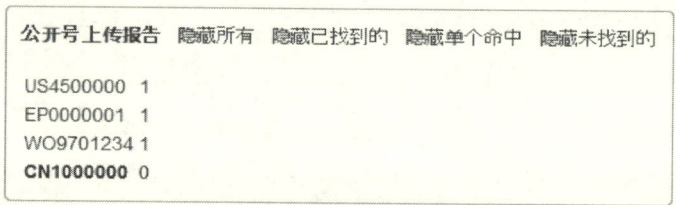

图 10-10　上传编号　命中报告

授权、授权专利是否有效、专利权人是否变更以及与专利法律状态相关的信息。PatBase 法律状态检索允许用户通过输入感兴趣的法律事件、事件发生的国家以及事件发生的日期来检索含有该状态的专利。法律状态有很多，包括专利权有效、专利权有效期届满、专利申请尚未授权、专利申请撤回、专利申请被驳回、专利权终止、专利权无效、专利权转移等。而 PatBase 将无数种法律状态归为图 10-11 所示的几个事件组，用户可以从中选择感兴趣的法律状态，从而检索该状态的专利。

- 上诉
- 再转移
- 视为撤回 / 视为废弃 / 视为取消
- 经过审查 / 发布补充检索报告
- 付过续费
- 授权 / 扩展（补充保护证书）
- 失效 / 届满 / 终止 / 作废
- 许可
- 未进入国家阶段
- 进入国家阶段
- 提出异议 / 撤销请求，废止
- 公开
- 恢复 / 回复 / 修正 / 部分修正
- 取消 / 驳回 / 废止 / 无效
- 重审
- 撤回 / 放弃的 / 取消 / 退回 / 未决 / 终结 / 无效

图 10-11　PatBase 法律状态事件组

PatBase 同时保留了原始的具体的法律状态数据供用户检索，通过提供感兴趣的国家，可以查看并选择该国家专利的所有精确的法律状态代码，如图 10-12、图 10-13 所示，输入 cn 和 grant 查找中国“授权”相关的法律状态，系统将返回“专利授权”“实用新型授权”等具体的法律状态和对应的代码。

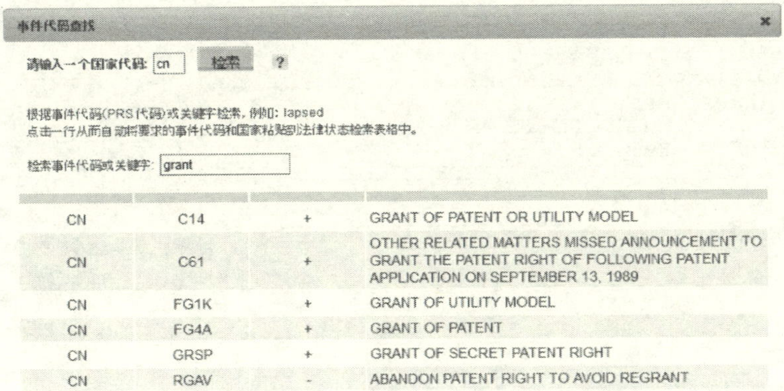
事件代码查找

请输入一个国家代码: cn　检索　?

根据事件代码(PRS 代码)或关键字检索，例如: lapsed
点击一行从而自动将要求的事件代码和国家粘贴到法律状态检索表格中。

检索事件代码或关键字: grant

CN	C14	+	GRANT OF PATENT OR UTILITY MODEL
CN	C61	+	OTHER RELATED MATTERS MISSED ANNOUNCEMENT TO GRANT THE PATENT RIGHT OF FOLLOWING PATENT APPLICATION ON SEPTEMBER 13, 1989
CN	FG1K	+	GRANT OF UTILITY MODEL
CN	FG4A	+	GRANT OF PATENT
CN	GRSP	+	GRANT OF SECRET PATENT RIGHT
CN	RGAV	-	ABANDON PATENT RIGHT TO AVOID REGRANT

图 10-12　PatBase 法律状态事件代码查找

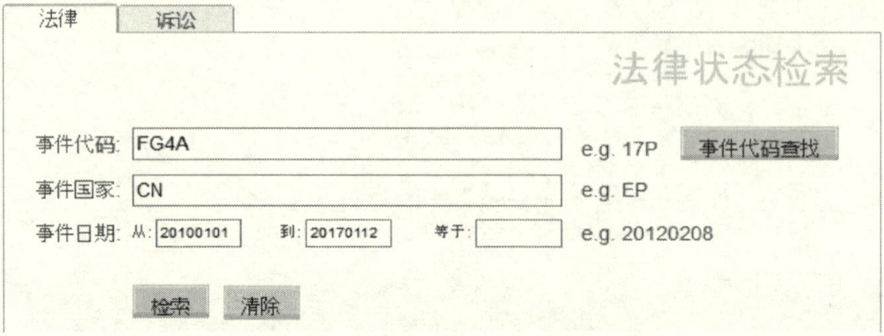

图 10-13　PatBase 法律状态检索

（四）诉讼案件检索

当专利被授权后，未经专利权人的同意，对发明进行商业性制造、使用、许诺销售、销售或者进口等行为，会侵害专利权，那么专利权人可以通过协商、请求专利行政部门干预或诉讼的方法保护专利权。当专利检索被应用于专利侵权相关工作时，用户可能希望在做专利检索时能够了解相关的诉讼案件信息，也可能希望了解与某件诉讼案件相关的专利。PatBase 诉讼检索能够根据提供的诉讼案件信息，找到与它们相关的专利（见图 10-14）。

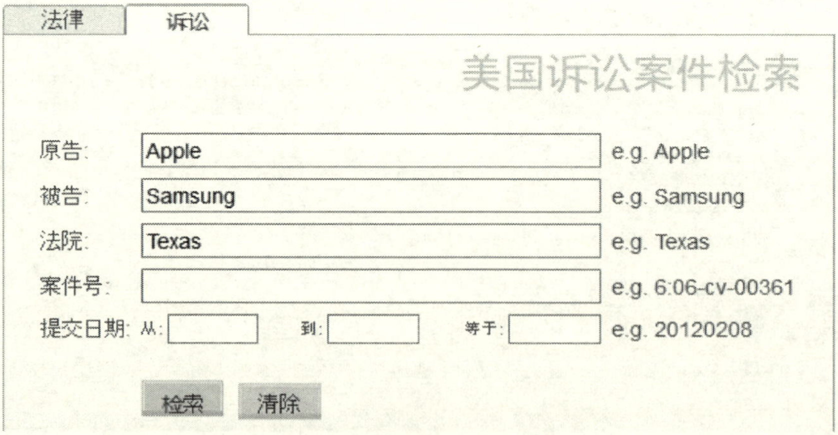

图 10-14　PatBase 诉讼案件检索

（五）语义检索

PatBase 除了能够针对提供的精确信息进行检索，也能够实现模糊检索。比如有时当用户阅读科技文献、报纸杂志时，可以使用 PatBase 的语义检索查找相似的专利。PatBase 语义检索可以挖掘使用常规关键词检索可能会遗漏的隐藏专利，便于专利专家和专业检索人员深度审查专利文件。用户只需要将文本段落输入语义检索的文本框中，系统将自动识别相关的概念，并为识别出来的专利族提供对应的相关技术领域的建议，通过定位附加的相关文档来检索关键词和专利分类。在这个过程中，用户可以通过选择感兴趣的概念、添加新概念和选择合适的技术领域来控制流程。PatBase 语义检索通过使用术语的上下文含义和检索员的意图生成更相关的结果，从而提高检索的准确性（见图 10-15、图 10-16）。

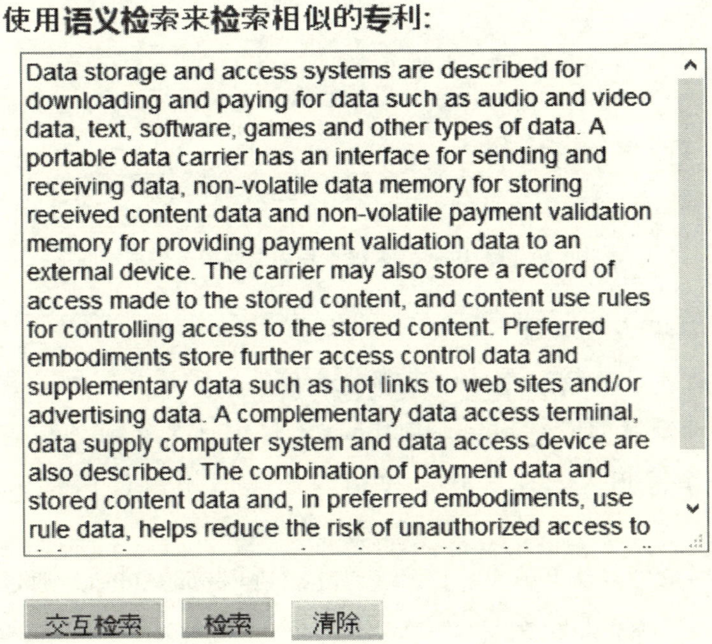

图 10-15　PatBase 语义检索

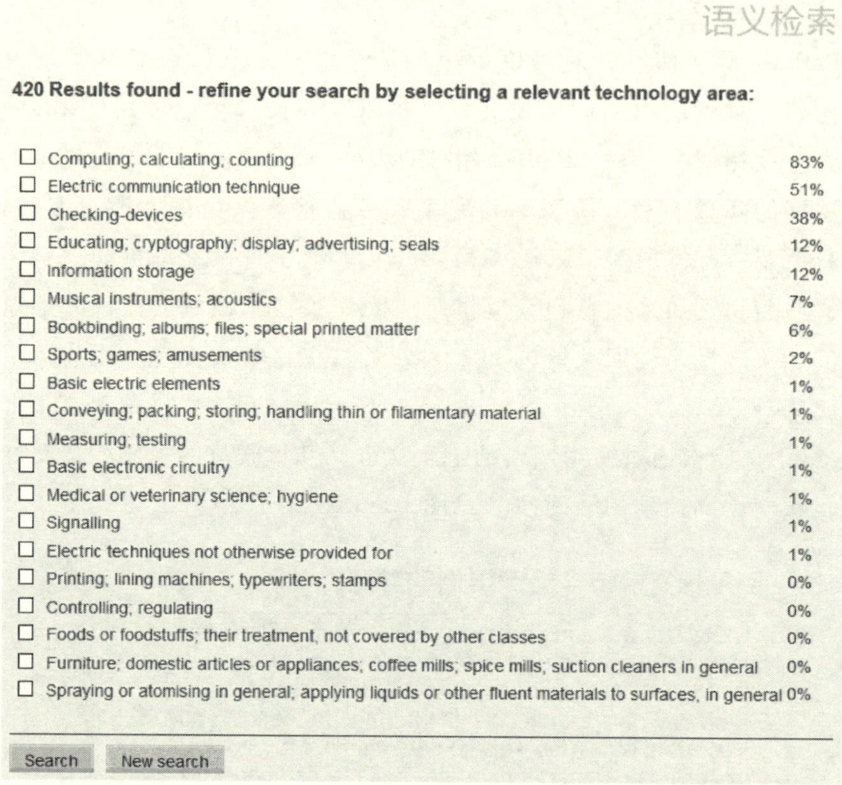

语义检索

```
420 Results found - refine your search by selecting a relevant technology area:

☐ Computing; calculating; counting                                              83%
☐ Electric communication technique                                              51%
☐ Checking-devices                                                              38%
☐ Educating; cryptography; display; advertising; seals                          12%
☐ Information storage                                                           12%
☐ Musical instruments; acoustics                                                 7%
☐ Bookbinding; albums; files; special printed matter                             6%
☐ Sports; games; amusements                                                      2%
☐ Basic electric elements                                                        1%
☐ Conveying; packing; storing; handling thin or filamentary material             1%
☐ Measuring; testing                                                             1%
☐ Basic electronic circuitry                                                     1%
☐ Medical or veterinary science; hygiene                                         1%
☐ Signalling                                                                     1%
☐ Electric techniques not otherwise provided for                                 1%
☐ Printing; lining machines; typewriters; stamps                                 0%
☐ Controlling; regulating                                                        0%
☐ Foods or foodstuffs; their treatment, not covered by other classes             0%
☐ Furniture; domestic articles or appliances; coffee mills; spice mills; suction cleaners in general  0%
☐ Spraying or atomising in general; applying liquids or other fluent materials to surfaces, in general 0%

[Search]  [New search]
```

图 10-16　PatBase 语义检索自动提取相关技术领域

（六）基因序列检索

专利所涉及的技术领域中有部分比较特殊，比如基因、化学等。针对这些特殊领域的专利检索，PatBase 不仅设计了对应的检索方式，还与全球领先的相关企业合作，为相关领域的用户提供更多更专业的信息。

目前用户可以从 PatBase 中无缝地链接到 GenomeQuest，通过在 PatBase 中输入公开文本，系统会自动生成 GenomeQuest 链接，从而能够更有效地识别和审查专利文本中的遗传序列信息。GenomeQuest 用户也可以从 GenomeQuest 平台上前往 PatBase 检索专利（见图 10-17、图 10-18）。

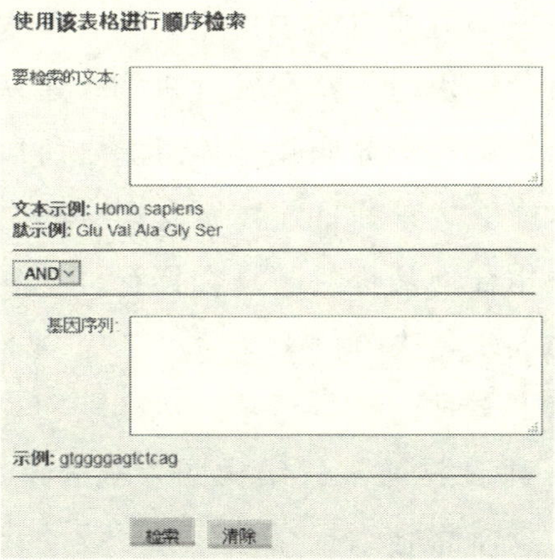

图 10-17　PatBase 序列检索 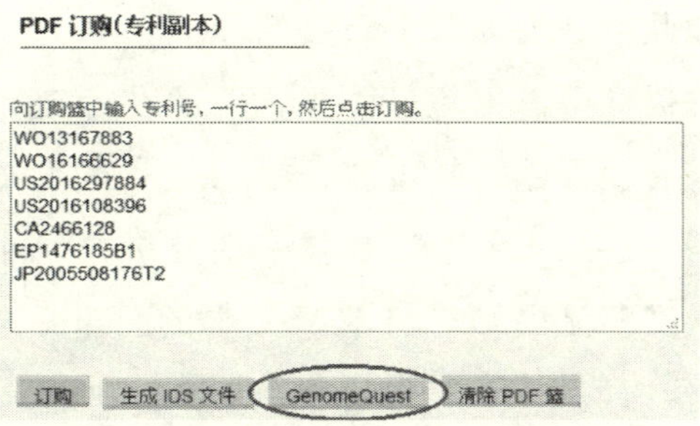　　　　图 10-18　PatBase 到 GenomeQuest 的
　　　　　　　　　　　　　　　　　　　　　　　　链接 识别专利序列信息

（七）化学检索

针对化学相关的专利检索，PatBase 专门设计了检索表单用于检索化学名称和 CAS 号，PatBase 将返回其化学结构、相似的化学品等信息。

化学相关的专利由于其本身特殊性和复杂性，直到最近，专利中的化学信息也只能从一些行之有效的数据库中获取，如 Chemical Abstract Service 的 SciFinder、Elsevier 的 Reaxys 和 Thomson Reuters 的 Cortellis，它们都依赖于昂贵的人工索引方法，因此，对这些高价数据库的访问只能限制于工业科学家。此外，尽管人工索引可以提供准确的数据，但每年不断增加的专利数据意味着只能在覆盖范围和周转时间上做出让步。目前科技的进步已经可以用于识别以化学命名的实体（CNER），它允许大规模、自动化的数据挖掘。例如 SureChEMBL 和 IBM 的知识产权战略洞察平台就是使用这种技术的数据库，但是这些数据库在国家覆盖范围、语言识别和数据时效性方面是有限制的（建立在成功的全文专利数据库 PatBase 基础上，2015 年 11 月 Minesoft 发布 Chemical Explorer，为用户提供了另一个资源）。使用 CNER 技术并每日更新，Chemical Explorer 提取并识别包含在超过 12 个国家且用英语、法语、德语、中文、日语和韩语等语言公开的全文专利中的化学实体。PatBase Chemical Explorer 检索模块目前覆盖美国、英国、澳大利亚、以色列、印度、欧洲专利局和专利合作条约等专利发行机构，还从中国、日本和韩国专利的原文为非拉丁文的文本中提取化学信息。之所以如此，是因为两个重要的原因：第一，非拉丁文专利目前在所有国家的专利提交中占据超过一半，因此在确定一个化合物是否新颖是否具有可专利性时变得越来越重要；第二，非拉丁文化学命名法与拉丁文命名法完全不同，这意味着 CNER 技术在分析原始非拉丁文时比机器翻译的精确度和查全度明显更好。与基于文本的公开一样，化合物通常以结构图片被公开。2001 年以来，美国专利商标局（USPTO）要求申请人提交计算机可读的化学结构式，MDL 摩尔文件和 ChemDraw 文件。为了增强它的全面性，Chemical Explorer 利用这些数据并提取和索引所有 2001 年至今的美国专利和申请文件中以附图形式公开的化学品。在 Chemical Explorer 中对 CNER 技术的使用开辟了化学现有技术的新世界，与人工索引相比，它对每个文件中识别出来的化学品的数量没有任何限制，没有索引策略决定要识别和索引的内容，而且，以前没有识别的非拉丁化学品现在也都可用。随着简单的绘制功能和化学结构的导入以及从通用、贸易或国际理论与应用化学联合会的名称或化学摘要服务 CAS 注册编码中提取化学结构，Chemical Explorer 允许化学家和非化学家完成基于结构式的检索。在选择要进行的检索类型（如同一性、相似性或子结构）和要检索的专利部分后，匹配的结构与化合物细节（包括名称、简化的分子输入线系统字符、国际化学标识键和分子量）以及到外部资源的链接，包括 PubChem，都将立即被检索到。包含该结构的专利文件的数量也会被识别出来，并无缝地链接到 PatBase，使得用户能够识别专利族中哪些公开文件包含感兴趣的化合物。也就是说，即使在研发新化合物的过程中，在没有化学名称和 CAS 号等确切信息的条件下，仅凭完整或部分化学结构式也能找到相关专利（图 10-19、图 10-20）。

（八）公司树

PatBase 提供多种检索辅助工具，帮助用户在使用 PatBase 检索专利时

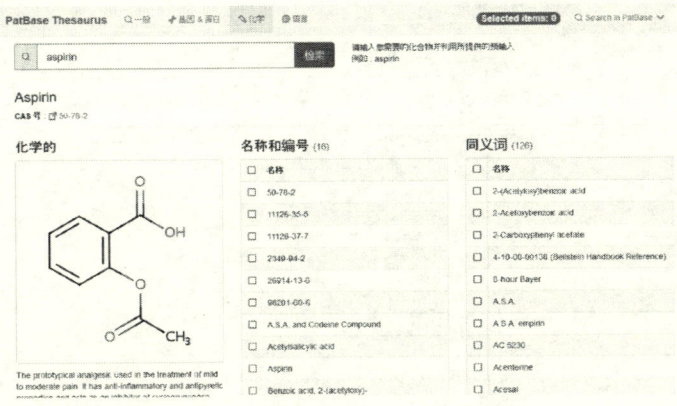

图 10-19　PatBase 化学名称/CAS 号检索

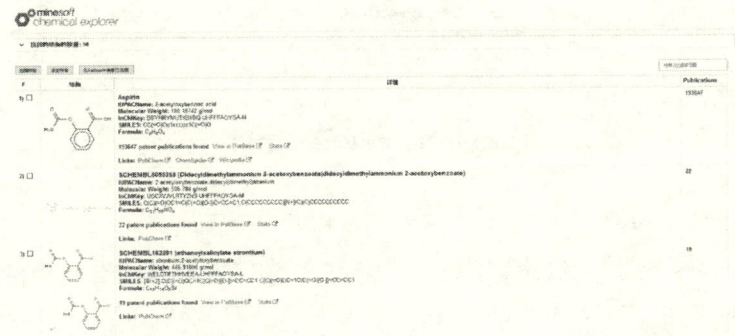

图 10-20　PatBase Chemical Explorer 化学结构式检索结果

提供更多相关信息以确定检索条件。

专利申请人是专利所有人——有所有权或有限权利依法转让一个专利的个人或团体。公司名称或申请人检索对很多专利检索项目来说是一个起点，并在执行竞争分析任务时变得特别重要，PatBase 公司树数据库提供快速简单的方法来识别已选公司的附属公司或其他隶属关系，帮助用户克服一些来自兼并和收购的附属关系所产生的公司名称检索的复杂性，在做申请人检索时进一步明确输入值，将风险最小化并能够传输更好的结果（见图 10-21）。

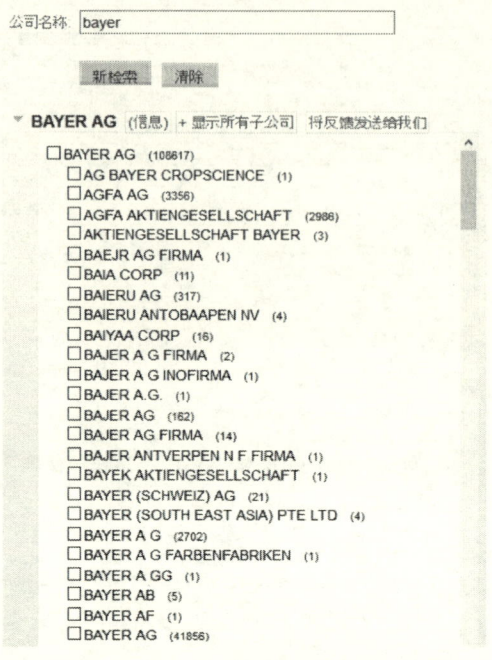

图 10-21　PatBase 公司树

（九）编号向导

编号向导在用户无法确定公开号、申请号或优先权号的专利号格式时返回可能的结果，比如输入 WO20071118，那么 PatBase 会找到 WO07001118。

（十）PatBase 词典

PatBase 词典集合了术语同义词查找、基因 & 蛋白质名称 & 同义词查找、化学名称 &CAS 号检索和翻译工具，该全新的、多学科的 PatBase 词典让用户可以进一步深度挖掘感兴趣的领域，该服务允许用户识别并将同义词、关键词、首字母缩略词和特定术语的翻译添加到 PatBase 检索策略中，从而优化专利和技术审查员定位专利的方法。PatBase 词典被设计用来提供多个特定类别，例如基因和蛋白质、化学或语言，与很多国际专利审查的领域相关，也提供了第三方资源的直接链接，例如国家生物信息研究所或维基百科。这个全新的 PatBase 词典选项使得深度钻研一个专利或技术主题检索变得更容易，它有助于定位正确的检索术语。PatBase 词典的语言浏览器（见图10-22）是与世界知识产权组织（WIPO）合作开发的，由WIPO的创新跨语言信息检索CLIR服务技术支持，增强了用不同语言检索专利的能力，该模块被设计用来帮助用户克服在检索用多种语言公开的专利时遇到的障碍，最终目的是为执行PatBase的跨语言检索，从而能够大大增强专利信息的全球访问。事实上专利文件通常是关于新技术或化学创新的首次公开，专利的主要科学和技术性质，使得高度专业化，所以通常使用的是完全新的词汇，这对于翻译人员和专家学者而言是很难的任务，因为这样的词在普通字典中很难找到。PatBase目前提供了105个国家和地区的英文和其他资源语言的专利信息，包括非拉丁语言如中文和日语，所以PatBase跨语言检索功能能够帮助检索员找到更相关的文件。通过使用语言浏览器，用户可以从翻译源语言和目标语言中发现更合适的关键词翻译。

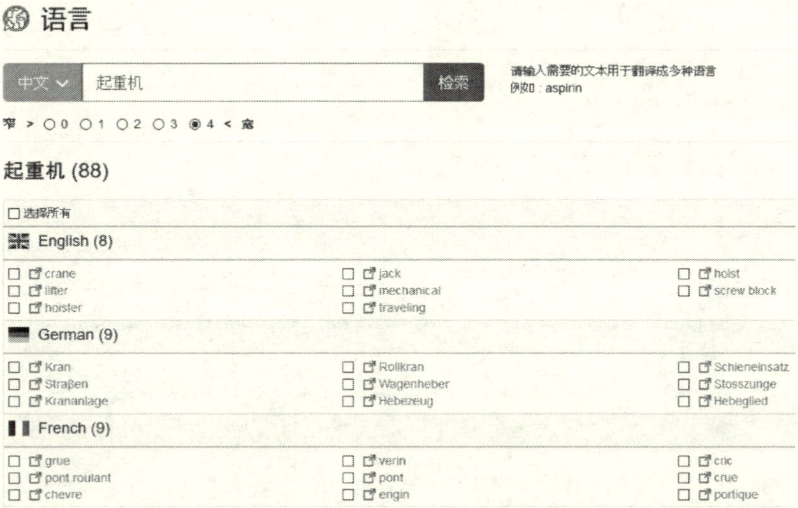

图10-22 PatBase语言浏览器

（十一）分类查找器

要从浩瀚的专利信息中找到与期望的主题最相关的文献，专利分类是高质量专利检索的起点，专利分类将浩瀚的专利文献以特定的技术主题分解成不同层级的组，使其具有共同的类别标识。PatBase包含多个分类系统，包括国际分类IPC、联合专利分类CPC、美国分类UPC、欧洲分类

ECLA、日本分类 F-terms 和德国分类 EC。PatBase 分类查找允许检索员用关键词同时检索多个分类系统，根据返回的结果和统计分析数据和图表最终确定分类系统和分类号（见图 10-23、图 10-24）。

图 10-23　PatBase 分类查找

Search results for IPC class: F04B27/073

IPC class: F04B27/073	Results
Number of publications	17
Number of applications	12
Number of PatBase families	8

IPC class description: F04B27/073

F:	SECTION F MECHANICAL ENGINEERING
F04:	POSITIVE-DISPLACEMENT MACHINES FOR LIQUIDS; PUMPS FOR LIQUIDS OR ELASTIC FLUIDS
F04B:	POSITIVE-DISPLACEMENT MACHINES FOR LIQUIDS; PUMPS
F04B27/00:	Multi-cylinder pumps specially adapted for elastic fluids and characterised by number or arrangement of cylinders
F04B27/04:	. having cylinders in star- or fan-arrangement
F04B27/067:	. . Control
F04B27/073:	. . . by varying the relative eccentricity between two members, e.g. a cam and a drive shaft

Top 20 Assignees for IPC class: F04B27/073
(grouped by application)

Assignee	Applications
EUGEN WOERNER GMBH AND CO KG	4
KNORR BREMSE SYSTEME F NUTZFAHRZEUGE GMBH	3
TOYODA AUTOMATIC LOOM WORKS	1
MANUFACTURE FRANCAISE DES PNEUMATIQUES MICHELIN	1
KOBE SEIKO SHO KOBE STEEL LTD KK	1
BELL HELICOPTER TEXTRON INC	1
AARON KAPLUNOVSKY	1

图 10-24　PatBase 分类统计

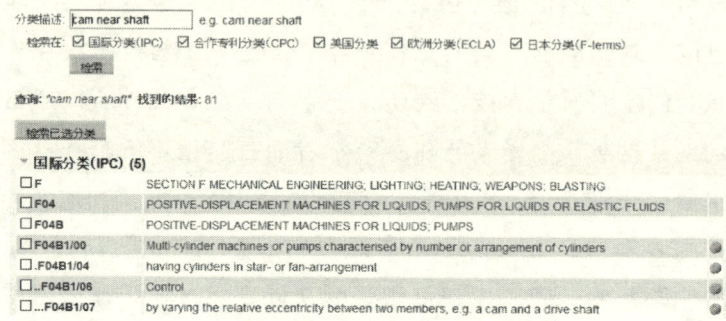

(十二) 非专利文献检索

为了能够帮助检索员更有效地在申请专利保护或打击专利侵权时发现相关的现有技术，PatBase 推出了非专利文献检索模块，能够在 PatBase 平台访问 12 个（截至 2017 年 1 月）主要的非专利和科学文献资源，其中包括 ScienceDirect、Scopus、PubMed 和 Google Scholar 等。试用基础的关键词检索或高级的多字段检索，用户能够从各种关键创新学科中识别相关文献，包括医学、农业、一般科学、计算机 & 工程，覆盖临床试验、会议出版物、期刊文章和论文等文件。这能够提高检索员检索和识别相关文献的效率，并确保用户能够访问来自许多不同学科的丰富知识并方便了解新兴的技术趋势（见图 10-25）。

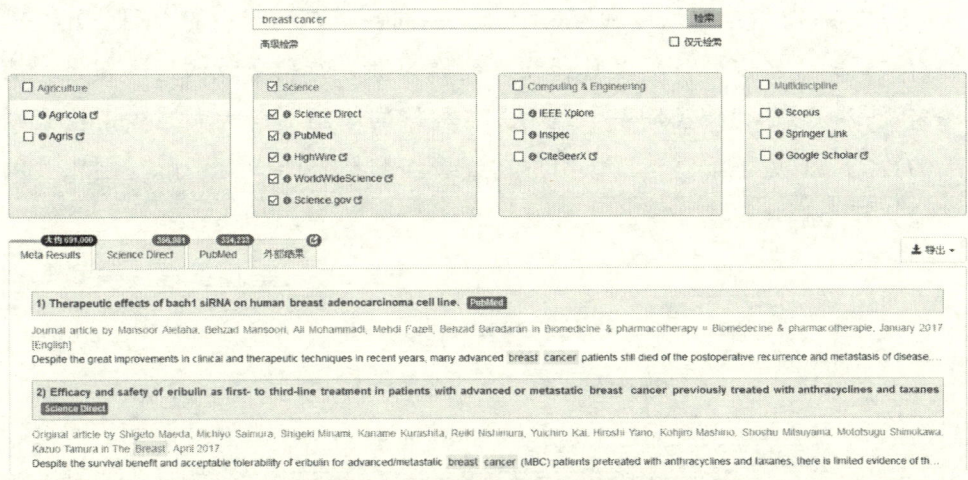

图 10-25　PatBase 非专利文献检索

(十三) 命令行

功能最强大的 PatBase 命令行的设计为检索员的检索策略提供了无限可能，使用 PatBase 命令语言如逻辑运算符、字段限定符、邻近运算符等可以完成检索表单无法达到的复杂检索、二次检索、结合检索等，或用命令行的快捷方式来导航整个系统（见图 10-26）。

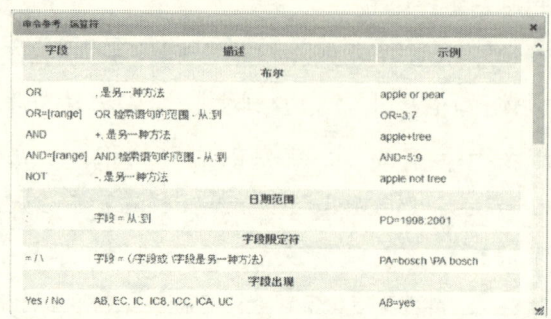

图 10-26　PatBase 命令语言

四、多维度审查检索结果

PatBase 检索结果以专利族为单位,在同一个专利族中的专利公开文献拥有共同的优先权号,所以专利族又被称为世界专利文献沟通的纽带,简单来说,一个专利族就是一个发明。专利族的应用不仅大大减少了检索结果的数量,避免了重复,也让用户在查看匹配结果的同时了解与之相关的其他公开文献(见图 10-27、图 10-28)。

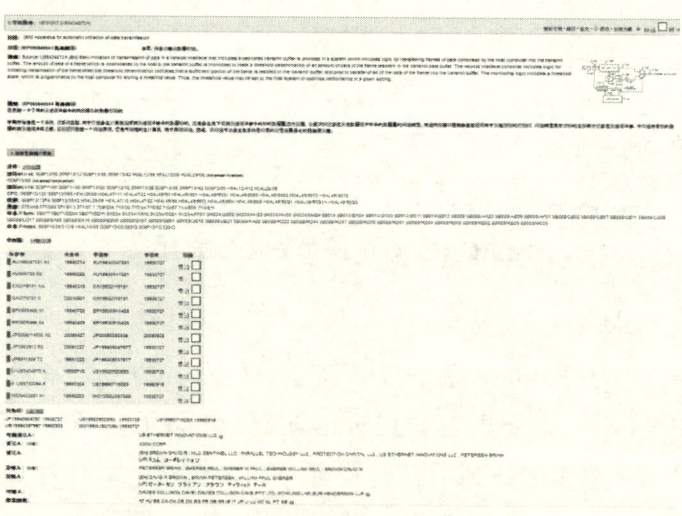

图 10-27　PatBase 检索结果显示页面

Publication number	Publication date	Application number	Application date	Links	
AT162915 E	19980215	AT19930901305T	19931112		
AU199455944 A1	19940608	AU19940055944	19931112		
BRPI9307436 A	19990601	BR1993PI07436	19931112		
CA2149125 AA	19950510	CA19932149125	19931112		
CA2149125 C	20040330	CA19932149125	19931112		
CA2442424 AA	19940526	CA19932442424	19931112		
CL1993001400 A1	19941223	CL19930001400	19931112		

图 10-28　PatBase 专利族表格

PatBase 提供多种预设置的检索结果显示格式供用户选择，用户也可以根据自己的喜好定制显示格式从而将用户感兴趣的字段/内容显示在浏览结果页面。

每一条结果的专利族表格中显示了该专利族成员和它们的公开号、公开日、申请号、申请日和 espacenet 链接、国家登记簿外部链接和 PDF 专利原文的链接。所有公开文献中的附图都被提前提取出来单独存放，便于用户快速浏览图片（见图 10-29）。专利族浏览工具可以让用户查看专利族成

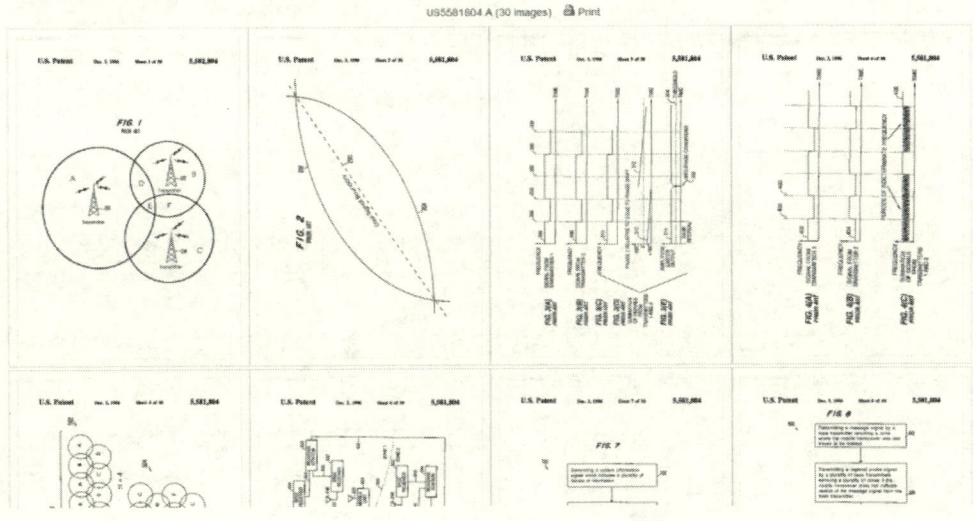

图 10-29　PatBase 图片浏览工具

员的所有内容（见图 10-30）。全文浏览功能被设计用来查看专利文献中的文本部分，嵌入了高亮工具、快速定位工具、翻译工具、概括、对比功能，帮助用户快速浏览全文内容（见图 10-31）。专利文件中包含丰富的科学技术术语，但由于检索需要审查大量长文件，定位它们很难也很费时且需要使用特定语言，所以 TextMine 模块作为一个更强大的文本查看器，被设计用来帮助信息专员挖掘专利中的全文，从而提取关键词术语，更好地预见和理解内容。使用 TextMine 可以深度浏览包含在全文专利中的化学品、基因、蛋白质、疾病和物理参数，还可以自动高亮帮助加快审查时间，并提供术语的外部资源链接，帮助克服审查密集专利文本时遇到的挑战（见图 10-32）。除了公开时的文本，后续的更新变化也是用户无法忽视的信息。专利法律状态作为专利信息中的重要部分，PatBase 专门设计了两种视图：表格视图完整列出了一个专利族中每个成员曾经发生过的事件、事件发生的日期和事件代码，时间轴视图清楚地显示了每个成员随着时间的推移法

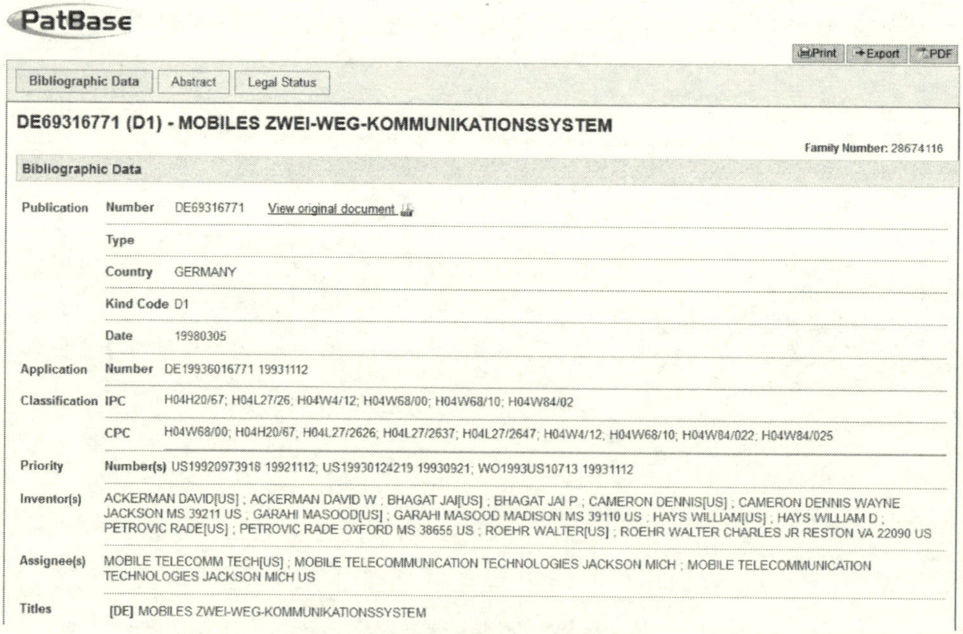

图 10-30　PatBase 专利族浏览工具

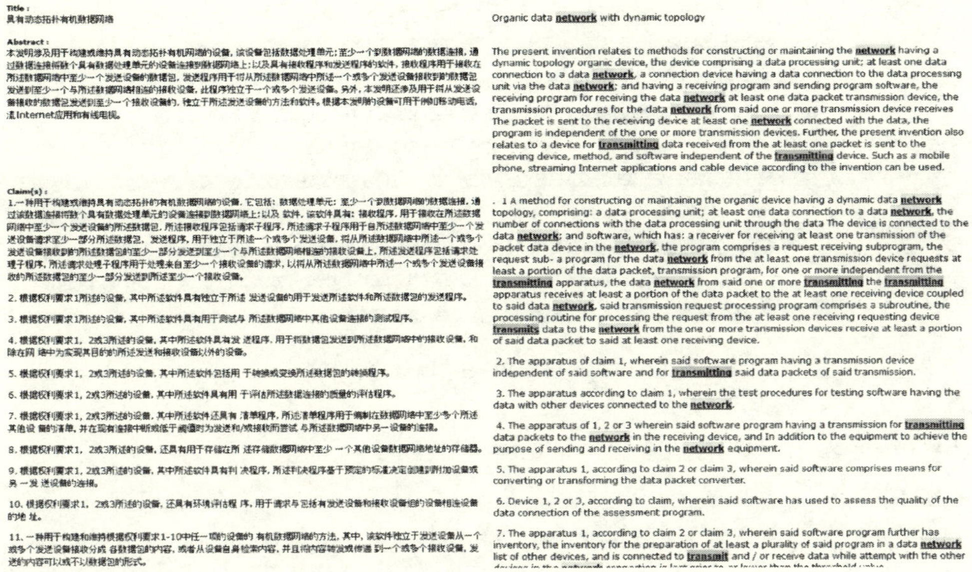

第十章　Minesoft

图 10-31　PatBase 全文浏览——翻译工具

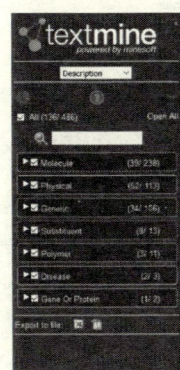

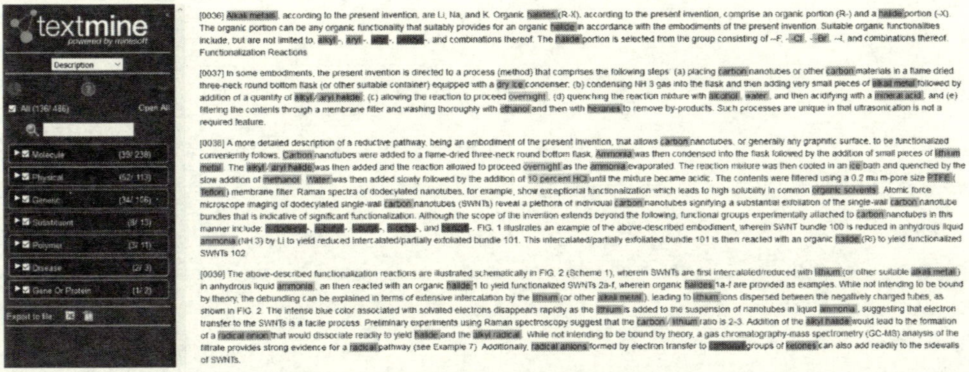

图 10-32　Textmine 深度挖掘全文工具

律状态的变化（见图 10-33）。PatBase 专利转让信息记录了专利转让方将其发明创造专利的所有权或将持有权转移给受让方的行为和时间等信息。专利相关的诉讼案件信息在 PatBase 中也能查看，包括诉讼案件编号、法院、原告、被告、提交日期和当前的状态，PatBase 提供的外部链接可以让

335

图 10-33　PatBase 法律状态时间轴

用户获取更多信息（见图 10-34、图 10-35）。

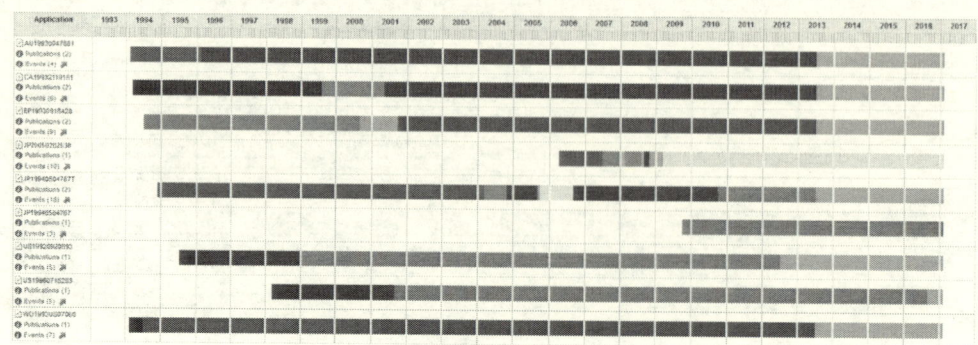

图 10-34　PatBase 转让信息

图 10-35　PatBase 诉讼案件信息

专利引用文献是一个被申请人、第三方或专利局审查员引用的文件，因为它的内容与该专利申请相关，所以引用文献可以为专利信息用户提供强大的信息来帮助专利分析并获取竞争情报。引用文献量和它们的复杂性使得要想知道如何有效地浏览和探索专利引用数据变得困难。尽管存在这些挑战，引用文献用于专利分析和竞争与商业情报却能带来很多好处。引用文献有两种类型：后向引用和前向引用。后向引用是在新专利申请的提交日期前更早公开的公共可用文件，有时也被叫作"现有技术"；前向引用是引用新专利申请的最近公开的文件。了解密切相关的专利和文献是非常有用的，可以补充或增强基于初始关键词或分类的检索。被专利审查员识别出来的后向引用文献依据与专利申请的相关性被分类。该分类有助于快速将检索集中于最相关的"现有技术"。由于不同专利审查员可以经常对相同发明引用不同的现有技术，这对于在全部专利族成员中审查后向引用是非常有用的。而前向引用文献对于从竞争或商业情报透视、到识别从事相似领域/技术的人员，再到新专利申请都是非常有用的。例如，监控一个专利申请的前向引用，可以使用户识别进入相似技术领域的新竞争对手、潜在侵权和潜在的授权机会。在分析前向引用时只有一个点要注意，那就是时间滞后效应，更近公开的专利就比专利的前向引用文献少。这在单靠前向引用数量来比较专利时需要被考虑进去。PatBase 将专利引用文献作为数据库的一部分被捕获，并在专利公开级别或专利族级别进行分析。为了帮助这一分析，引用文献浏览器可以根据原始国家、日期、受让人和审查员的相关代码（如 X、Y）进行排序和过滤（见图 10-36）。双面板允许引用文献和与之相关的专利申请并列比较、对相关引用文献进行标记和注释的，以及用于识别来自法律状态的这些引用文献的功能，都可以帮助用户有效地审查和确定感兴趣的引用文献是有效还是失效。

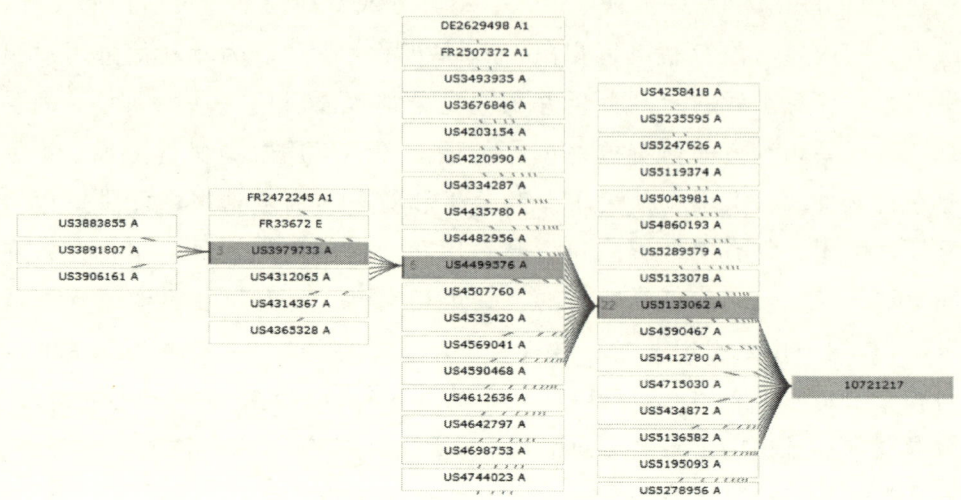

图 10-36 PatBase 引用文献树状

除了专利本身含有的字段（如公开号、申请日、标题、摘要、法律状态等）外，用户可以根据自己的需要对专利进行标引，即添加用户定制字段（如竞争对手等）并给出字段值（如索尼、松下等）（见图 10-37、图 10-38），那么今后就可以像检索公开号一样来检索曾经标引过的专利，如检索"竞争对手为索尼"的专利。定制用户字段在企业范围内可见，这样使团队合作更加紧密。

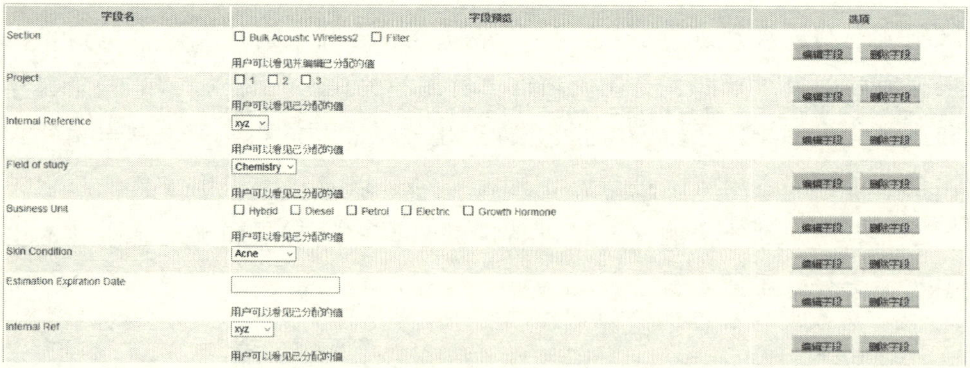

图 10-37 PatBase 定制用户字段

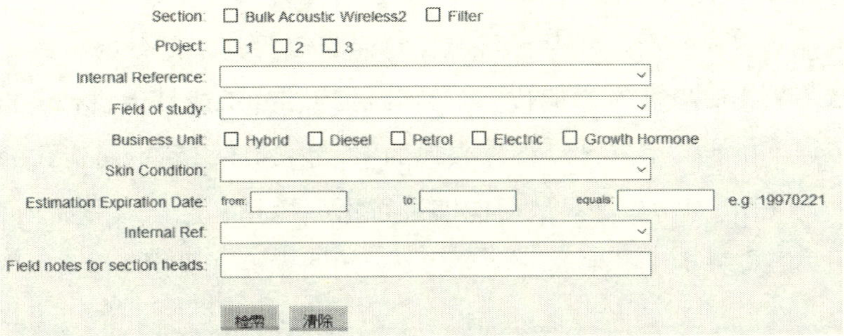

图 10-38　PatBase 定制用户字段检索

五、文件夹管理检索结果

为了更有效地查看并管理检索结果，PatBase 文件夹功能应运而生。检索员可以根据自己的需要利用文件夹对检索结果进行归类，并对文件夹或文件夹中的记录添加注释，文件夹可以根据自己的需要设置为私人文件夹或共享文件夹，共享文件夹对公司内部的其他 PatBase 用户可见、可添加注释，有助于团队之间的合作。每一个文件夹都像是一个独立的数据库，用户可以检索其中的内容，或对整个文件夹进行统计分析（见图 10-39）。

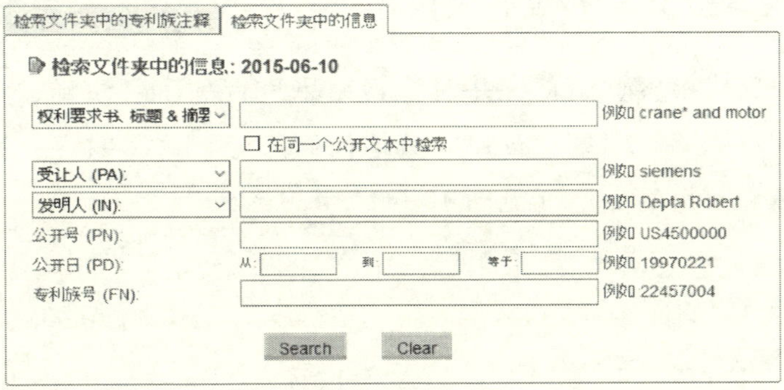

图 10-39　PatBase 检索文件夹内容

六、下载、导出检索结果

用户可以在 PatBase 中打开浏览感兴趣专利的 PDF 版本原文副本并下

载至本地电脑，也可以选中多个公开号进行高速批量下载。

有时用户需要的不是保存查看原文，而是需要其中部分内容或法律状态、引用文献等相关信息并对它们进行进一步处理、分析或其他操作，PatBase 为此设计了导出功能，用户可以将感兴趣的字段内容导出到不同格式的文件中，包括 Excel、PDF、Word 等，从而能够进行更多操作，比如对原始内容进行编辑、使用第三方分析工具生成符合自己要求的图表等（见图 10-40）。

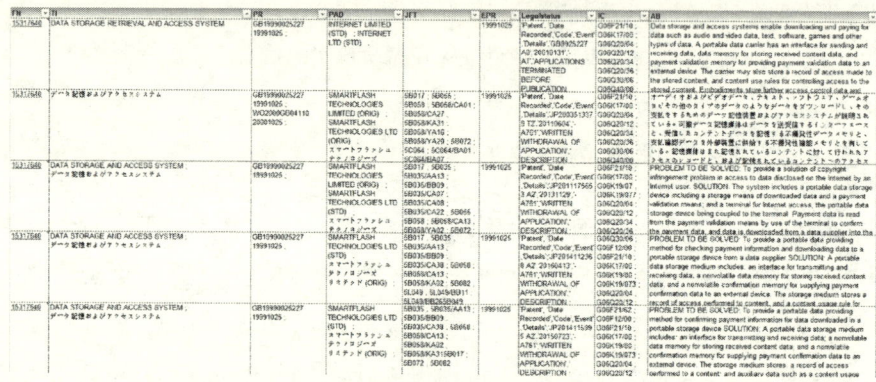

图 10-40　PatBase 导出结果到 Excel 格式文件

七、共享检索结果/文件夹内容

当用户完成检索、浏览，并对检索结果进行加工、注释、整理到文件夹中后，用户能够与同事、客户或其他任何人分享这些内容，从而促进团队间的合作和信息的交流（见图 10-41、图 10-42）。

图 10-41　PatBase 共享结果/文件夹

第十章 Minesoft

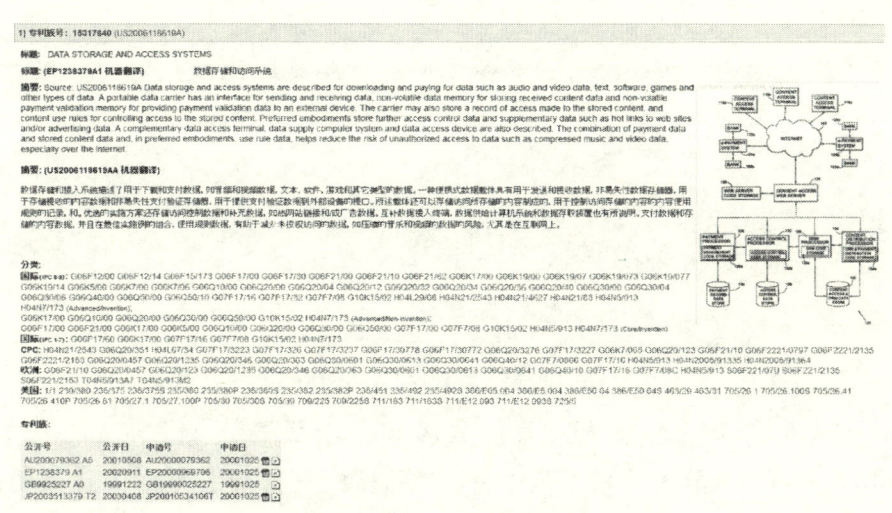

图 10-42 非 PatBase 用户打开共享内容

八、分析检索结果

专利分析通过对专利说明书、专利公报中大量零碎的专利信息进行分析、加工、组合，并用统计学方法和技巧使这些信息转化为具有总览全局及预测功能的竞争情报，从而为企业的技术、产品及服务开发中的决策提供参考。专利分析不仅是企业争夺专利的前提，而且能为企业发展其技术策略、评估竞争对手提供有用的情报。PatBase Analytics 将 105 个机构的高质量专利数据和由数据专家开发的内建分析结合到一起，能够即时分析多达 10 万个专利族，在运行分析时允许继续修改检索，利用可交互的定制图表来理解专利景观，允许申请人手动分组能够有效地管理公司名称变化和子公司，高级文本聚类深层挖掘用于具体的全文关键词分析，分析面板中可移动的定制小工具允许用户创建自己的概览页面（见图 10-43）。PatBase Analytics 能够在不同的图表视图和数据视图之间容易地切换，能够依据专利族或公开文本查看，能够仅显示特定文件类型的数据（如申请文件），能够在图表中深层挖掘从而获取更高等级的细节。PatBase Analytics 直接从检索结果导入数据进行分析，快速的处理时间并在初始数据设置处

341

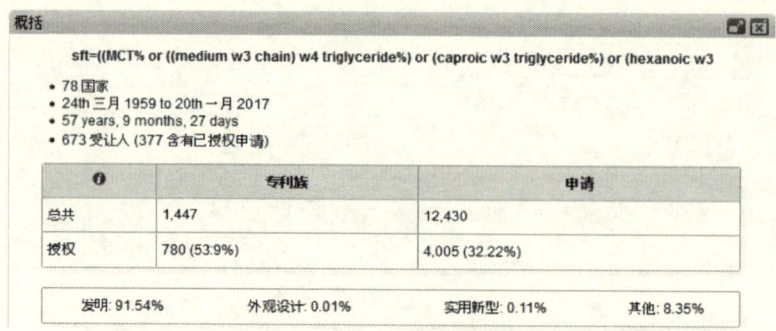

图 10-43　PatBase Analytics

理后可以近乎瞬时地载入图片。全局和单个设置定制和显示首选项。PatBase Analytics 分析结果不只是一个"黑匣子",图表是详细且透明的,能够明确地看见正在处理什么数据,明白什么数据被显示在界面上,且实时进度指标显示大集合处理进展。PatBase Analytics 作为快速深入的分析模块用于可视化和解释专利数据——图表、图形、聚类、热力图等,以强大的视角建立联系、分析空白区、评估专利性,提取有意义的洞察获取竞争情报了解景观(见图 10-44~图 10-47)。

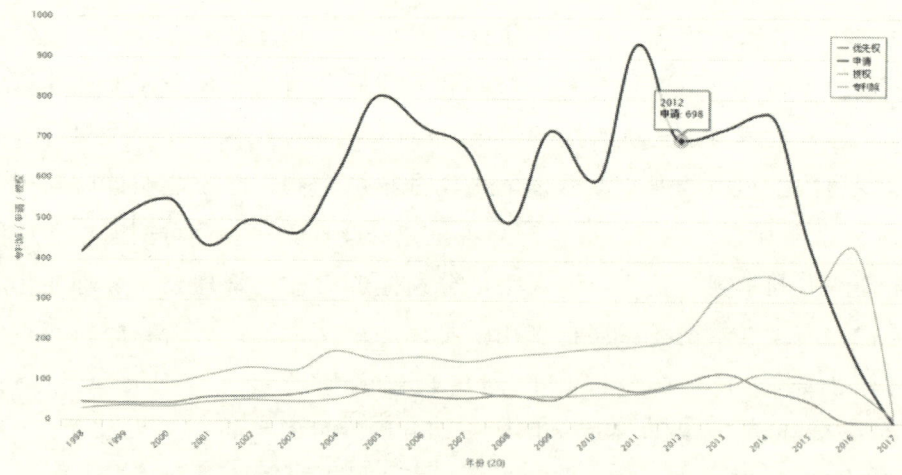

图 10-44　PatBase Analytics 线形图——年份分析

第十章 Minesoft

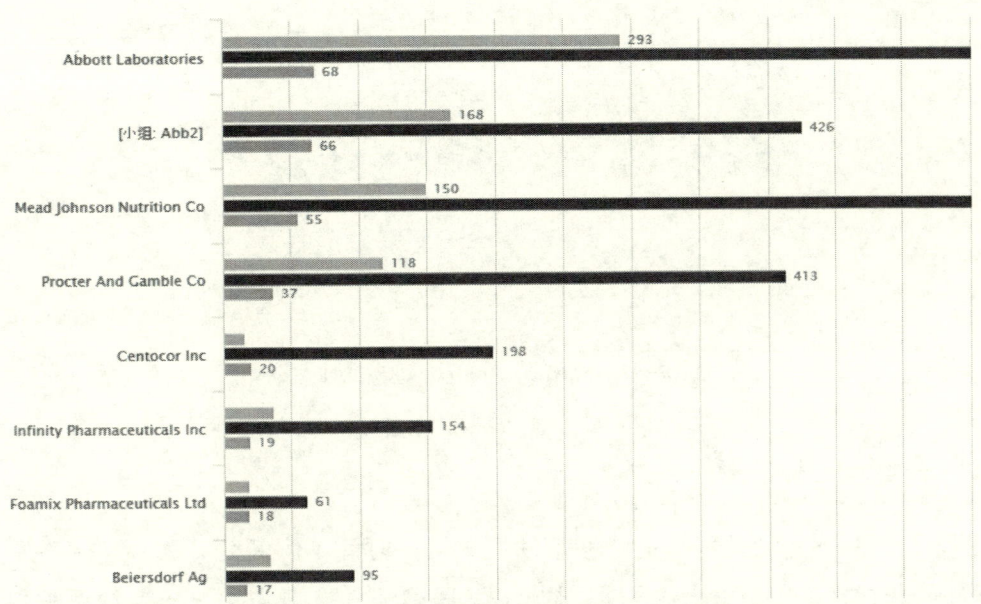

图 10-45 PatBase Analytics 条形图——申请人分析

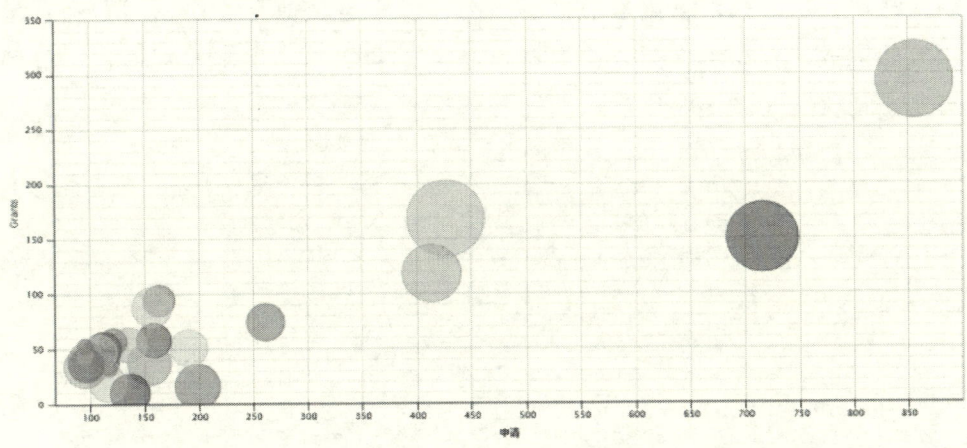

图 10-46 PatBase Analytics 气泡图——申请人活跃度分析

343

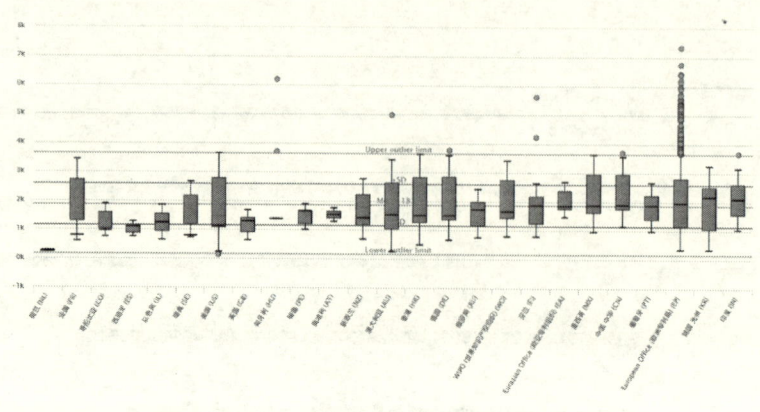

图 10-47　PatBase Analytics 授权时间分析

九、专利预警

PatBase 专利预警功能能够帮助用户第一时间了解新公开文件、新专利族和法律状态的变化等，可以对技术发展趋势、申请人状况、专利保护地域等专利战略要素进行定性、定量分析，使企业对所在行业领域内的各种发展趋势、竞争态势有一个综合的了解，能够更加全面、有效地利用专利制定战略，从而在市场竞争中赢得主动，以应对其他企业在相同专利技术领域的挑战，有助于维护企业利益、避免专利纠纷、规避专利侵权、保护自主专利权（见图 10-48）。

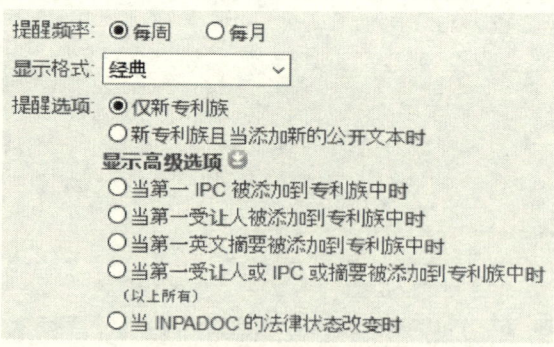

图 10-48　PatBase 专利预警

第十一章　保定大为

【导读】

作为中国专利信息与知识产权管理信息化整体解决方案的领导者，大为公司收录美国 IFI CLAIMS 公司全球增值专利数据，自主研发大为 innojoy 专利搜索引擎，不仅是互联网免费专利搜索引擎，同时也成为中国企业内网本地专利信息利用解决方案市场占有率最高的平台。

保定大为计算机软件开发有限公司创立于 2001 年，是中国领先的专利信息与知识产权管理解决方案服务商，以专业化、国际化的形象服务于全球市场，为科研人员、法律专业人士等提供高质量全球专利数据库；为最具创新能力的科技企业、大学、科研机构及政府、知识产权代理机构等提供领先的专利信息与知识产权管理信息解决方案。

作为国内一流的知识产权信息管理服务商，大为公司基于企业外部专利信息利用和内部知识产权管理信息化的需要，研发了大为 innojoy 专利搜索引擎、innojet 知识产权管理系统，并提供全球专利信息咨询服务、专利数据服务为一体的知识产权信息服务整体解决方案，全面满足客户需求，推动技术创新。

2016 年大为软件与美国商业专利数据供应商 IFI CLAIMS 公司建立战略合作伙伴关系。大为通过 IFI CLAIMS 的全球增值专利数据，为中国用户提供世界级的产品，帮助中国用户参与全球性竞争，并通过资源整合，在实现全球化发展的道路上奋勇前进。

第一节　产品特色

随着互联网技术的快速发展及云平台概念的提出，在互联网上进行专利公开已经成为各国专利局使用的一种主要方式，各国公开的专利数据构成庞大且快速增长的专利检索数据库，也成为创新主体借鉴和进行再创新的基础信息源。为满足不同创新主体对于专利技术情报的检索需求，涌现出众多专利信息增值服务商，研发出各具特色的专利检索数据库，促进行业不断发展。

专利检索数据库可以分为以下两种类型：一种是各国提供的免费的专利检索数据库，另一种是基于基础数据源的增值数据库。增值数据库又分为原始文献数据库和专利情报数据库，其中，原始文献数据库是将基础数据源以相对各国官方数据库组织更优质、更方便的方式提供给用户；而专利情报数据库是对基础数据源进行数据的深加工，将更有价值的专利信息提供给用户。大为公司自主研发的 innojoy（www.innojoy.com）属于专利情报数据库。

基于美国 IFI CLAIMS 高品质全球商业专利数据、大为对行业深刻认识以及潜心研发，innojoy 形成其独特的特色，包括高品质的数据资源、多元化的检索功能、柔性化的分析功能、智能化的数据库建设功能和随需而变的预警系统等。

一、全优新的数据资源

innojoy 提供全（全面）、优（优质）、新（更新及时）的全球专利信息，收录了全球 104 个国家/地区的 1 亿多条专利数据，5000 多万件专利全文信息，60 多个国家/地区的法律状态信息，19 个国家/地区的代码化全文（代码化全文能够对专利说明书全文进行检索，包括中国、美国、欧洲专利组织、日本、韩国、世界知识产权组织、德国、荷兰、法国、比利时、英国、西班牙、印度、瑞士、加拿大、卢森堡、俄罗斯、芬兰、丹麦），14

个国家的小语种优质翻译（包括中国、日本、韩国、德国、荷兰、法国、比利时、西班牙、印度、加拿大、卢森堡、俄罗斯、芬兰、丹麦），美国权利人标准化，法律状态标准化，预测专利权人和续展日期等数据增值服务。以数据增值服务中的预测专利权人和续展日期为例详细介绍如下。

所谓预测专利权人指的是，在美国提出专利申请时，申请人这一著录项目信息区别于中国，即美国的申请人为自然人而非自然人所在的公司，后续通过专利权出让的方式将发明人自然人（出让人）所拥有的专利转移给自然人所在的公司或其他组织（受让人），这一方式导致对于暂未发生转移的专利，公众并不能够获悉其未来属于哪个公司或其他组织，大为 innojoy 深入解析专利中涉及申请人（自然人）的历史申请、地址等历史信息，最终得出某专利未来有可能会出让给哪个公司或其他组织。预测专利权人这一数据增值服务能够使用户有效地监控未发生权利转移的专利是否有可能属于竞争对手，防患于未然。如图 11-1 所示，点击"美国专有数据"这一功能按钮，能够快速获悉目前处在审查中的美国专利的未来专利权人信息。

当前专利权人	CCP Technology GmbH				
预测专利权人	CCP Technology GmbH				
法定失效日期	无	续展天数	无	失效日期	无
化学术语(普通)	无				
化学术语(片段)	无				
化学术语(复合)	无				

图 11-1　预测专利权人示意

所谓续展日期指的是实际有效周期超过法定期限的天数。实际失效日期为法定失效日期加上续展天数，这一重要信息能够有效地避免用户错误地将依然处在保护期内的专利当成公知公用的技术来使用，从而防范侵权风险。如图 11-2 所示，同样通过点击"美国专有数据"这一功能按钮获悉续展天数、实际失效日期等重要信息。

对于中、日、韩、德、法、俄等 14 个国家的小语种语言，innojoy 提供

当前专利权人	Google LLC				
预测专利权人	无				
法定失效日期	2033.04.19	续展天数	364	失效日期	2034.04.18
化学术语(普通)	无				
化学术语(片段)	无				
化学术语(复合)	无				

图 11-2 续展日期示意

优质的英文翻译，并均参与检索。图 11-3 展示了小语种国家的专利数据的多语言展示和检索功能，例如，在日本数据库中，无论是输入日语"グラフェン"，还是输入英文"Graphene"，均能检索出与石墨烯相关的专利文献，同时显示日文、英文等多种语言，克服阅读语言障碍。

METHOD FOR PROCESSING OBJECT TO BE PROCESSED HAVING GRAPHENE FILM [EN]

PROCÉDÉ DE TRAITEMENT D'UN OBJET À TRAITER POSSÉDANT UN FILM DE GRAPHÈNE [FR]

グラフェン膜を有する被処理体を処理する方法 [JA]

图 11-3 小语种国家专利数据的多语言展示和检索功能

及时的数据更新能保证用户第一时间获得其关注的技术情报，关注的专利申请人或发明人的技术研发动向，关注专利的法律状态变化等重要情报，innojoy 每周 5 次以上的更新频率、每月 1000 万条以上的更新数量能够充分满足用户及时获取竞争情报的需求。

二、多元化的检索功能

innojoy 检索功能的多元化体现在检索入口、检索结果展示、数据管理、数据下载等多个方面。

innojoy 具有简单检索、表格检索、逻辑检索、表达式检索、智能检索、IPC 分类检索、LOC（洛迦诺）分类检索、法律状态检索、复审无效检索、国省代码检索和二次检索等十余种检索方式，多元化的检索入口能够满足不同类型用户多样化的检索需求。

简单检索类似于谷歌、百度等搜索引擎，用户输入检索要素后，默认在名称、摘要、权利要求、发明（设计）人、申请（专利权）人、申请号、地址、代理人等字段进行检索，任一字段中有与检索要素相同的信息均会被命中并输出检索结果。

表格检索类似于中国国家知识产权局检索系统中的表格检索，目前innojoy提供如申请（专利）号、申请日、公开（公告）号等近30余个检索框，在对应检索框中输入检索要素，即在对应字段进行精确检索。

逻辑检索指的是利用逻辑算符（包括与、或、非）将不同的检索字段组配起来进行联合检索。

表达式检索是通过检索字段代码、逻辑运算符、截词符等在检索框中编制检索式进行高级检索。例如，用户可以在检索框中编制 TI =（汽车）and PA =（通用汽车）这一检索式，点击检索，检索结果为专利名称中出现"汽车"这一关键词且申请人为通用汽车的专利。

智能检索包括同义词检索、跨语言检索和我的词库检索三种智能检索方式。

IPC 分类检索不仅提供 IPC 分类体系导航功能，而且可与表格检索入口进行联合或单独检索。

LOC（洛迦诺）分类检索基于外观专利分类体系提供的类似于 IPC 分类检索功能。

法律状态检索指的是通过申请（专利）号、法律状态公告日、法律状态内容等项目检索中国专利的法律状态情况。

复审无效检索是通过官方决定类型、决定号、决定日期、申请号、专利权人等项目检索中国复审无效的专利信息。

国省代码检索包括国家代码检索和省市代码检索，用户可以通过检索框快速查找与国省代码相关的专利。

二次检索指的是在当前检索结果范围内，再次输入检索条件进行二次检索。通过二次检索，缩小检索结果范围，使检索结果更符合用户的检索目标。

在上述任一种检索入口中输入检索要素，系统在后台进行运算，将与检索要素相匹配的专利命中件数进行预检，大大节约用户的等待时间。innojoy提供检索履历保存功能，具体地，针对所有用户，系统提供检索履历记录功能，通过保存临时检索式，记录本机用户最近使用的检索式。

针对注册用户，系统可提供检索式保存和检索式监控的功能。

已保存的检索式：用户可以将重要的检索式保存起来，以便以后查看和组合检索，没有数量限制，同时可对已保存检索式进行编辑与修改功能。

监控中的检索式：用户可设定检索式更新频率，勾选新公开或法律状态变化监控类别，系统自动监控设定的检索式中新公开的专利或专利法律状态（中国）发生变化的专利，并通过 E-mail 通知用户，实现专利预警功能。

innojoy 检索结果展示方式有三栏式、三栏无图式、列表式、列表无图式和首图式，其中最为经典的展示方式为三栏式。

如图 11-4 所示，三栏式的左侧栏为检索结果分类统计栏，分类统计栏的统计内容包括每一数据库中的检索结果总数、主申请人、主发明人、主分类和申请年度等十余种统计维度。三栏式的中间栏为检索结果摘要列表栏，除了显示专利的摘要及摘要附图之外，还显示专利名称、专利类型、法律状态、申请号等著录项目信息。三栏式的右侧栏为具体某一专利的详细信息展示栏，该栏展示了某一专利的所有信息，通过点击相应的按钮进行切换浏览。三栏式的展示方式简易，能够大大提升阅读效率。

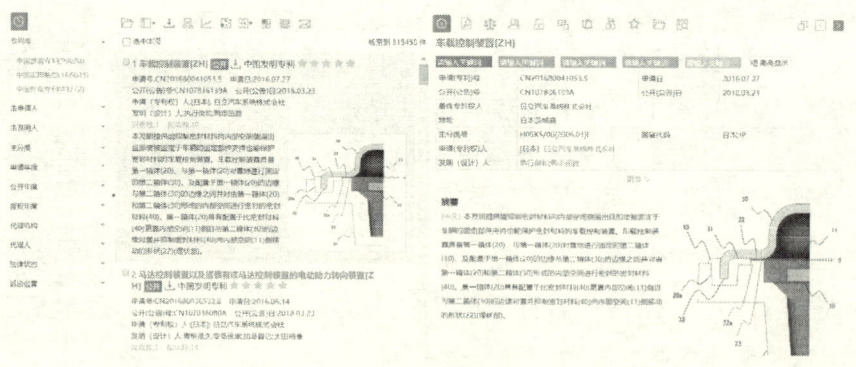

图 11-4 三栏式展示方式

为了最大限度地提升阅读效率及浏览的便捷性，innojoy 还具有对比阅读的功能，对比阅读分为两种形式，一种是多件专利的对比阅读，另一种是同一件专利不同部分，尤其是图文的对比阅读。

如图 11-5 所示，将专利名称、申请号、申请日、公开号、公开日、申请人、发明人等十余种关键信息分列展示，清晰明了地展示多件专利之间的异同。

专利检索 - 专利对比		
专利名称	车载控制装置[ZH]	马达控制装置以及搭载有该马达控制装置的电动助力转向装置[ZH]
申请（专利）号	CN201680041053.5	CN201680036532.8
申请日	2016.07.27	2016.06.14
公开(公告)号	CN107836139A	CN107836080A
公开(公告)日	2018.03.23	2018.03.23
申请（专利权）人	[日本]; 日立汽车系统株式会社	[日本]; 日立汽车系统株式会社
地址	日本茨城县	日本茨城县
发明（设计）人	执行俊和;鸭志田胜	青柳滋久;安岛俊幸;加藤督己;太田裕幸
主分类号	H05K5/06(2006.01)I	H02P21/22(2006.01)I
优先权	2015.09.04 JP 2015-174305	2015.07.03 JP 2015-134030
代理机构	北京银龙知识产权代理有限公司 11243	上海华诚知识产权代理有限公司 31300
代理人	金成哲;王莉莉	肖华
摘要	本发明提供能抑制密封材料向内部空间溢出且能使被固定于车辆的固定部件支持也能保护密封材料的车载控制装置。车载控制装置具备第一箱体(20)、与第一箱体(20)对置地进行固定的第二箱体(30)、及配置于第一箱体(20)的边缘与第二箱体(30)的边缘之间并对由第一箱体(20)和第二箱体(30)形成的内部空间进行密封的密封材料(40)。第一箱体(20)具有配置于比密封材料(40)更靠内部空间(11)侧且与第二箱体(30)的边缘对置并抑制密封材料(40)向内部空间(11)侧移动的形状(22)(堤状部)。	本发明的技术问题在于，提供一种应对作为车辆的电源管理而将输入电流抑制为规定值以下、并且如电动助力转向装置那样能针对方向盘操作量的响应性优良的操舵感的、实现高输出的驱动的马达控制装置。本发明的马达控制装置的特征在于，具备逆变器(2)，该逆变器(2)根据马达的转子相位，将来自直流电源电源(3)的直流输入电流(I0)变换成交流电流并输出，所述马达控制装置保持转矩电流(Iq)，并且在向所述逆变器(2)的输入电流(I0)不超过规定的上限值的范围内，由磁场削弱电流指令运算部(20)运算最大的磁场削弱电流(Id)，并使该最大的磁场削弱电流(Id)通过。

图 11-5　多件专利对比阅读示意

如图 11-6 所示，可以将一件专利分成两个阅读栏，并能够随意拖动其中一个阅读栏，以满足用户对专利信息全方位深度阅读的需求。

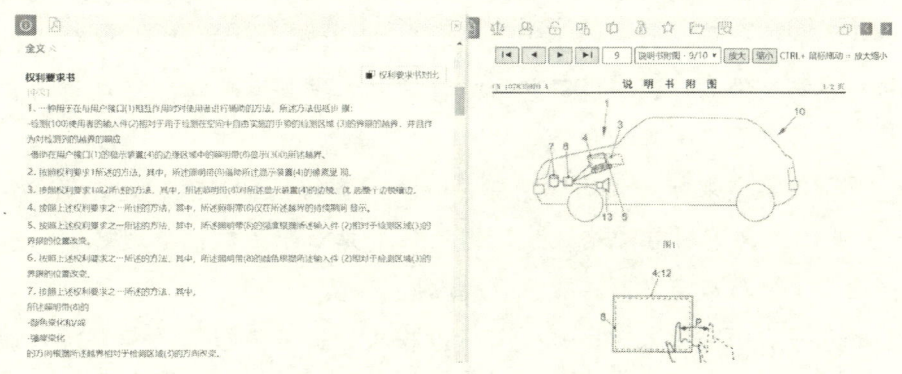

图 11-6　同一专利图文对比阅读示意

在提高阅读速度及可视化程度方面，innojoy 提供同族合并及同族专利世界地图展示的功能，所谓同族专利是指基于同一优先权文件，在不同国家或地区,以及地区间专利组织多次申请、多次公布或批准的内容相同或基本相同的一组专利文献。

同族合并实现"一发明一记录"的检索结果显示,指的是将内容相同或基本相同的一组专利文献合并成一件专利显示,显示专利定义为首选专利,首选专利可以是最早申请或最晚申请,也可以指定专利授予机构,专利授予机构可以是中国国家知识产权局(SIPO)、美国专利商标局(USPTO)、世界知识产权组织(WIPO)、欧洲专利局(EPO)或日本特许厅(JPO)等。此外还可以将同一专利的多次公开文本通过申请号进行合并。不管是同族合并还是申请号合并,最终目的都是避免用户重复阅读同一技术发明,节省用户宝贵时间;并且有助于快速找到基础专利,了解专利全球布局。

通过世界地图能直观展示某一专利的全球布局,大大提高可视化程度。在世界地图上,随着在某一国家/地区布局专利数量的增多而颜色逐渐变深,并且还标识出某一国家/地区的代码和在该地域的专利申请数量。点击某一国家/地区所在的区域,能够显示专利详细信息列表。

对于用户有价值的专利,系统提供便利的数据管理功能,可以通过收藏的方式将其分门别类地保存到自己建立的文件夹下,通过上述方式用户能够建立起属于自己的"图书馆",而且可以管理自己的"图书馆",例如通过对专利文件的标引实现对其分级管理。通过共享功能,将自己的"图书馆"共享给团队其他成员等。

关于检索结果导出或下载功能,innojoy 支持批量下载,还提供 Word、Excel 和 Html 等多种导出格式,值得一提的是对于下载的字段,用户也可以根据需求进行自定义,并能够生成模板。

innojoy 在下载字段方面提供有标准模板,标准模板分为两类,分别是常用字段(含说明书)和常用字段(不含说明书),常用字段包括文献号、申请号和申请日等 20 余个常用字段。用户可以根据需求对标准模板进行删除、增加、调整顺序等操作。用户可以将符合自身需求的若干下载字段进行保存,以生成自定义模板,节约用户再次使用相同下载字段时的时间。

三、柔性化的分析功能

innojoy 柔性化的分析功能不仅表现在分析图表的多样化，而且表现在分析项目可扩展性强方面。

1. 数量统计分析

如图 11-7 所示，innojoy 分析模块内置概况分析、专利地域分析、申请人分析、最终专利权人分析、发明人分析、主分类分析、技术分类分析、代理机构分析、代理人分析及自定义分析等十余种分析维度，每一分析维度下又内置多种分析模版，能够满足用户多样化的分析需求。

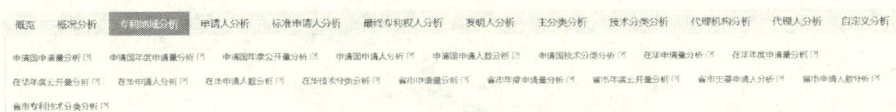

图 11-7　innojoy 分析模块示意

分析结果以图形和表格的形式展现，其中图形包括柱形图、折线图、饼图、条形图、面积图、散点图、环形图、气泡图、雷达图等多种样式，且能够实现任意的切换，图和表均支持下载或保存到本地。为满足用户个性化的需求，innojoy 分析模板支持用户自定义扩展，用户可以根据自身需求自定义分析的 X 轴、Y 轴、图表显示类型，实现个性化的分析目的。

innojoy 针对以上分析结果可以自动生成分析报告，而且用户可以根据撰写习惯设定分析报告模板，使繁重且枯燥的分析报告撰写工作变得轻松、快捷。

2. 聚类分析

专利数据聚类分析是采用数据挖掘中聚类分析手段对专利数据进行分析的方法。聚类分析有助于分析隐含在专利数据中不易于直接统计得出的信息，特别适合挖掘数据中的趋势、模式等特征，因此，聚类分析使得专利数据分析的手段更为高效，角度更为完善，而且，摆脱了分析者的主观局限性，以实现专利组合分析，了解专利技术布局；技术发展路线分析，掌握专利技术发展态势；技术空白点分析，指导技术路线规划等目的。

聚类分析算法比较复杂，主要针对专利信息中标题、摘要、权利要求等进行文本特征的提取形成关键词库，并在给定的某种相似性度量下把关键词对象集合进行分组，使彼此相近的关键词分到同一个聚簇内。聚类作为一种无监督的机器学习方法，可自动丰富和完善词库。

大为专利聚类分析通过可视化关系图及热力图（如图11-8、图11-9所示）两种方式直观地表现聚类的结果。关系图中不同的颜色代表不同的聚簇，圆点的大小表示该关键词出现频率的高低，曲线表明各关键词的关联关系。

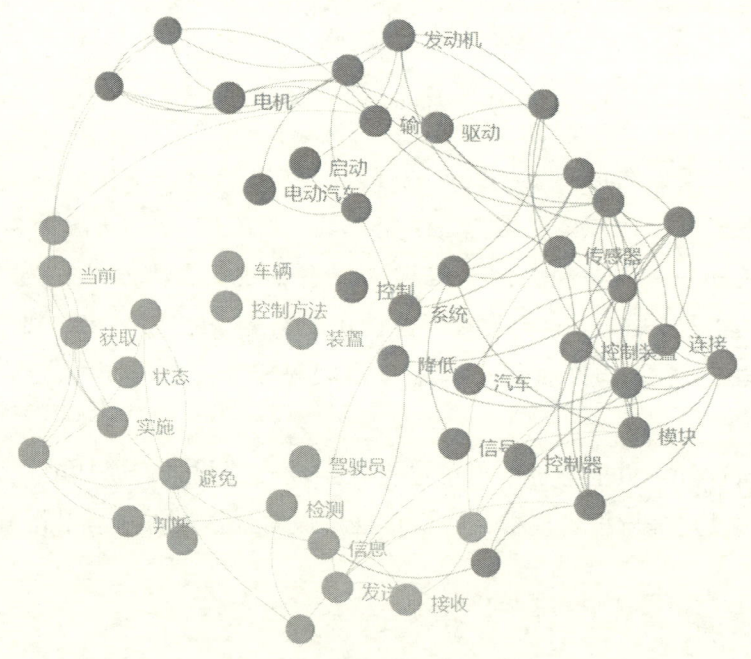

图 11-8　聚类分析—关系

专利热力图以特殊高亮的形式显示各聚簇中关键词出现的频率，颜色越深表示关键词出现频率越高，则该技术领域可能是研究热点。

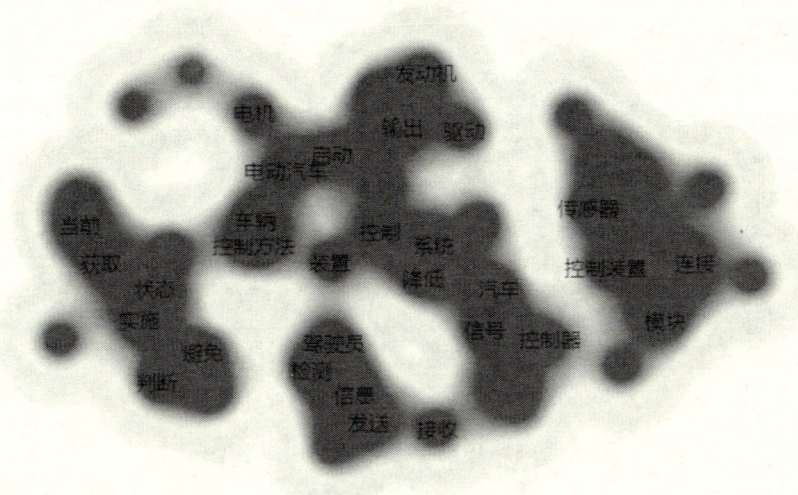

图 11-9 聚类分析—势力

3. 引证分析

发明创造活动具有很强的继承性和关联性，几乎所有专利的产生都有赖于前人的科研成果。申请人在撰写专利申请文件时需要引用现有技术详细描述技术背景以示区别，审查员在专利审查过程中需要引用相关现有技术以判断专利申请的专利性。大部分国家或地区专利局（如美、日、欧、德）在专利说明书扉页以著录项目的形式列出"（56）现有技术文献清单"，世界知识产权组织国际局和欧洲专利局在检索报告中列出现有技术文献，现有技术文献包括相关专利、图书和期刊文献或公开信息。这就为研究专利引证关系提供了数据基础。

以引证为基础的专利研究叫做专利引证分析，它是按照科学论文引证联系的方式探寻专利间的联系。专利引证量是一项专利在相关专利或非专利文献中被引证的总数，是专利技术影响力的标示量。高被引专利通常是代表重大发明创造的专利，具有高度影响力的基础专利和核心专利。如苹果电脑有限公司 CN200580011740.4 多点触摸屏专利被引证数达到 147 次（截至 2016 年 12 月 31 日）。大为 innojoy 以思维导图的形式，直观展示专利的引证关系，用可视化来帮助用户发现核心专利，分析技术发展趋势，发现潜在的竞争对手，如 11-10 所示。

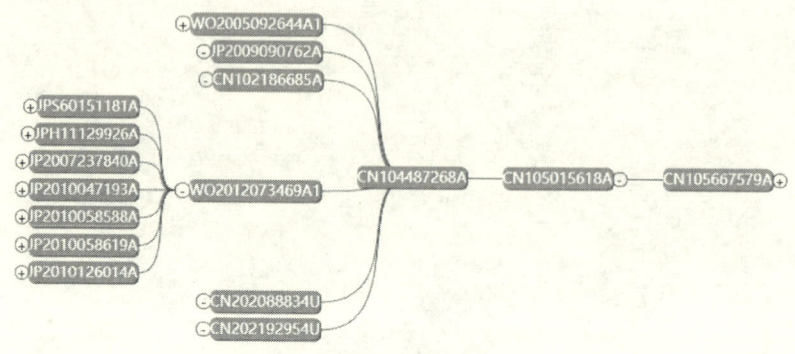

图 11-10　专利引证分析示意

4. 专利地图

专利地图又称为等高线图，是与现实地图最接近的专利可视化展示形式。专利地图是以被分析的专利样本为基础，应用文本挖掘、聚类分析等技术生成地形图。被分析的数据样本中的专利文献在地图中用点来表示，内容越相近的文献点在图中的距离也越近，最终形成代表不同高度的等高线。相邻等高线之间距离越近，表明所包含的专利内容相似性越近。专利地图还可以同时显现某一特定技术主题涉及的专利权人、专利申请时间等信息。大为专利地图以等高线地图的形式直观展示专利的技术主题、技术热点，对专利数据进行挖掘，发现空白区域，帮助客户进行合理专利布局。

5. 大为专利质量指数（DPI，Dawei Patent Index）

专利作为企业无形资产重要组成部分，通过专利实施、许可、转让、投融资、标准化等运用方式，实现专利价值最大化，帮助企业商业价值最大化。而专利价值评估是专利运用的基础。通过建立专利质量评估模型对专利进行科学规范评估，为资产运营提供决策支持，才能实现专利价值最大化。大为与业界专家经过长时间的研究，建立了独有的专利质量评估模型，通过专利被引证数、同族数、布局国家数、存活期、权项数、许可次数、是否转让、无效次数等指标，建立专利质量量化评估模型，帮用户快速定位重要专利,采用不同的价值实现策略,进行分级管理,帮助用户实现专利价值最大化。

四、智能化的数据库建设功能

专利文献是知识经济时代最重要的科技情报,有效利用专利文献能够洞察科学技术发展趋势,发现行业出现的新兴技术,寻找合作伙伴,确定研究战略和发展方向。建立专利专题数据库,是高效利用专利情报的基础。专利专题数据库建设是从海量的原始数据中,经过构建技术导航、编制检索式和数据抽取等操作,筛选出与检索主题相关的专利数据,再经过二次检索及数据精加工等操作,最终输出数据量适中、易于使用的精加工数据库。专利专题数据库建设分为前期准备、数据库制作、数据库安装、数据库应用、更新维护等阶段。通过有针对性地建设专利专题数据库,将研发人员从费时的检索过程中解放出来,能够轻松且快速聚焦于研发人员研究方向相关的专利信息,更近一步地,由于专利专题数据库支持专利数据深度挖掘及加工,能够助力研发人员的科研及创新活动。

innojoy 数据库建设功能的智能化表现在数据库形式、数据库构建、数据库定制化、数据库管理、数据库标引、数据库的共享及数据库内统计分析等各方面。用户可以根据自身实际情况选择数据库形式——云版或本地版,所谓云版指的是数据库建立在大为 innojoy 服务器上,通过权限的设定允许特定的组织或者个人进行管理或者使用,云版的数据库具有创建周期短、成本低、数据更新及时、用户免维护等优点,适合中小型企业。本地化数据库指的是将创建的专利专题数据库(数据和软件)部署到用户本地的服务器上,还可以根据用户特色的需求开发出满足用户需求的特色功能,数据更新的方式及周期根据用户需求来进行,本地化数据具有保密性强等优点,适合有特色需求且对于保密性有严格要求、自己具备维护能力的企业使用。

innojoy 专题库支持导航节点增加、修改、删除功能,以及导航结点对应检索式的增加、修改、删除和查询功能,支持无限级导航节点的增加。

专利专题数据库在使用过程中，对于某一导航节点下的专利数据支持保存到本地文件夹、从某一导航节点下删除、从本专题库中删除及从某一导航节点下移动到指定导航节点下等操作，用户可以很方便地建立属于自己的专利文献图书馆。

innojoy 专利专题数据库支持对某一导航节点的数据进行统计分析的操作。专题库支持自定义标引项，并对专题库中的数据进行标引操作，同时支持申请号、标引人、日期和内容等多个字段的检索。

数据库的共享分为两种情况，一种是专题共享，另一种是对专题库中的某一导航共享。通过简单地操作即可将专题或者某一导航共享给某个人或者组织，并赋予其读取、修改或完全控制等不同级别的权限，实现组织智慧的积累和共享。

五、协同高效的专利预警功能

近年来，全球范围内的专利诉讼案件急增，诉讼的赔偿额度也呈高额化趋势，知识产权战争逐渐成为未来商战的主题。因此，规避侵犯他人专利的风险已成为高科技企业应对激烈市场竞争的首要工作。innojoy 专利风险预警功能在风险专利的发现、判断、对应、监视过程中，实现协同、迅速、准确的专利风险管理。系统可针对企业面临风险的重点技术领域和重点关注的竞争对手建立预警数据库，设定监控检索式，定期自动监控，通过平台向研发、知识产权部门负责人发布新公开或法律状态发生变化的专利；通过设定风险评估模型，可以从可规避性、实施发现难易程度、对手诉讼喜好、标准涉及、竞争合作关系等多角度进行评估，确定风险等级；对风险等级高的专利及时向企业决策层发出警报，预先制订应对方案；并且在系统中对应对进展情况进行跟踪管理，防止遗漏。系统能对风险评价、对应策略等信息统一管理，在研发、专利管理等相关部门间共享，提高全公司的风险意识，协同应对；实现风险评价、对应策略等管理标准化、流程化，科学规范进行预警，提高管理水平，辅助企业建立科学有效、长效稳定、定时监控、及时预警的专利预警分析管理机制。

第二节 用户体验

一、场景一:小米空气净化器和巴慕达空气净化器专利探究

2014年12月10日,日本巴慕达公司发表官方声明,称小米科技2014年12月9日在北京发布的空气净化器无论在外形、内部构造或宣传文案上都与其2013年发布的安之风空气净化器极其相似。声明还提到,该款空气净化器分别在日本和中国均申请了发明和外观设计专利。某咨询机构咨询师计划在innojoy检索系统上一探究竟,以求证巴慕达公司官方声明的真实性。

在innojoy十余种检索入口中选择表格检索,在表格检索中的申请人(专利权)字段对应的检索框中输入检索要素"巴慕达",innojoy系统首先进行预检索,并弹出预检索结果对话框,预检索结果对话框显示"no patent found"。

初步检索结果很明显与巴慕达公司声明中提到的"已经在日本和中国就安之风空气净化器申请了发明和外观设计专利"不符。为进一步求证,通过其他渠道获取到巴慕达的英文名称为"BALMUDA",由于innojoy检索系统将14个国家/地区的小语种(其中包括日文)均翻译成英文并参与检索,因此,调整检索策略将检索要素确定为"BALMUDA",利用表达式检索的方式在日本、WO及EP数据库中进行检索,利用innojoy世界地图展示同族专利的功能,试图聚焦巴慕达公司在中国是否有专利申请。

预检索对话框显示,检索要素"BALMUDA"在WO、EP、日本等国家或组织均有申请。

申请号为JP2014158710的专利在多个国家有专利布局,其中包括中国,点击中国所在的区域,弹出JP2014158710在中国的同族专利著录项目信息,更进一步地,点击公开号,能够获悉中国同族专利的详细信息(见图11-11)。

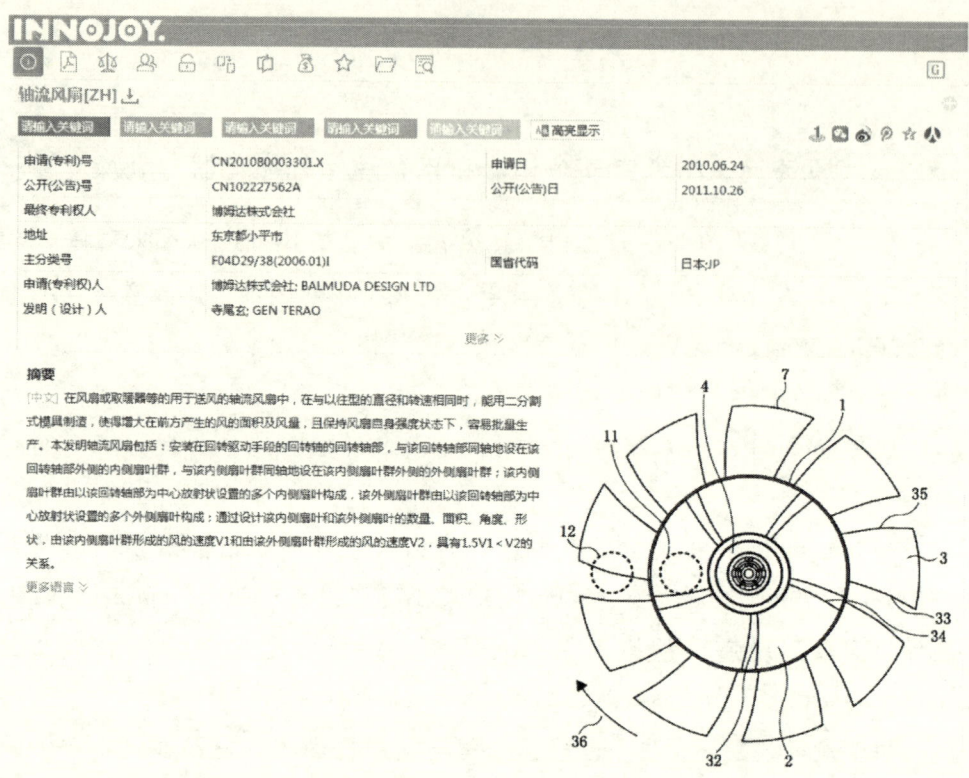

图 11-11 JP2014158710 专利在中国同族专利详细信息

如图 11-11 所示，JP2014158710 专利在中国同族专利的最终专利权人为博姆达株式会社，而非"巴慕达"。将"博姆达"作为检索要素，在 innojoy 中国库中进行检索，检索结果可以看出，正如所谓"巴慕达"公司在声明中提到的，其在中国确实有专利申请，通过人工阅读，轻松找到了安之风空气净化器产品对应的发明（申请号：CN201380019070.5）和外观设计专利（申请号：CN201330116830.7）（见图 11-12）。

通过上述方式虽然达到了目的，但是相对烦琐。innojoy 产品介绍中提到，其已经将 14 个小语种国家的专利文献进行机器翻译，即都将其翻译成英文并参与检索，那么是否可以在中国数据库中输入英文的检索要素"BALMUDA"，直接得到所谓"巴慕达"在中国的专利情况呢？操作方式如图 11-13 所示。

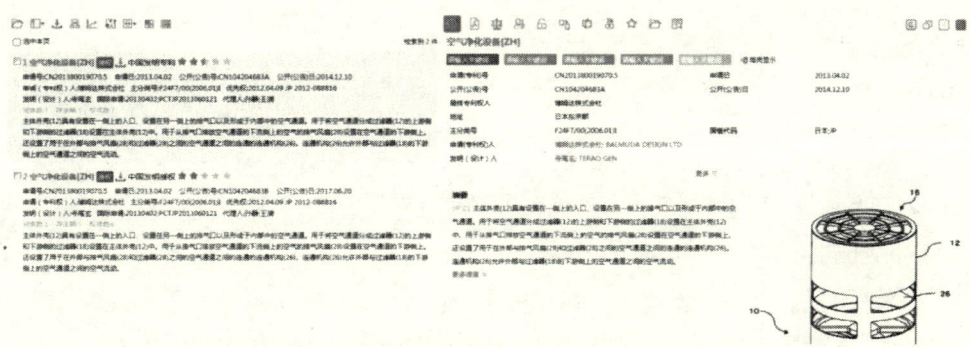

图 11-12　博姆达株式会社在中国的专利布局情况

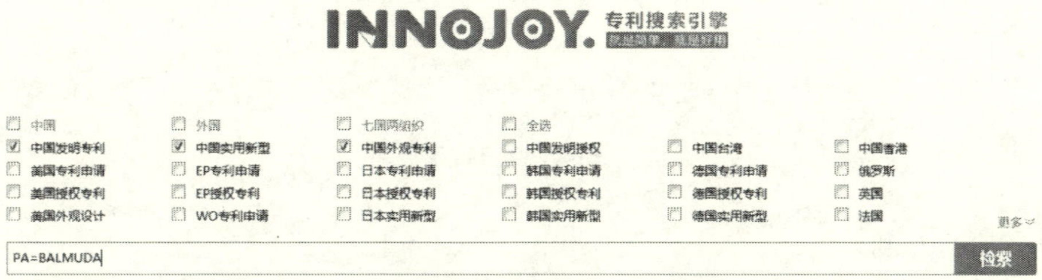

图 11-13　中国库中运行英文检索要素示例

从检索结果展示能够看出，在中国数据库中输入英文的检索要素能够快速便捷地得到正确的结果。这种检索方式大大节约了检索时间，简化了检索流程（见图 11-14）。

所谓"巴慕达"在中国的专利申请，已经通过上述两种检索方式检索得到，小米科技在 2014 年 12 月 9 日发布的空气净化器是否在中国有专利申请，如果有，是否如巴慕达在声明中提到的，有侵犯其专利权的嫌疑？同样通过 innojoy 检索系统查找答案，检索方式可以选在表格检索、逻辑检索或者表达式检索等，这里采用表达式检索的方式，在检索框中选择字段并在相应的检索字段上输入检索要素，如：PA=（小米科技）and TI=（空气净化）。

通过检票结果可知，目前，小米科技在空气净化器领域，已申请 20 余件专利，通过人工阅读发现，申请号为 CN201420708710.5 的专利为其发布

☐ 1 轴流风扇[ZH] 授权 复审请求 ⬇ 中国发明专利 ★★★☆☆

申请号:CN201080003301.X 申请日:2010.06.24 公开(公告)号:CN102227562A 公开(公告)日:2011.10.26
申请（专利权）人:[日本]; 博姆达株式会社 发明（设计）人:寺尾玄
同族数:17 被引证数:4 存活期:8 权项数:6

在风扇或取暖器等的用于送风的轴流风扇中，在与以往型的直径和转速相同时，能用二分割式模具制造，使得增；括：安装在回转驱动手段的回转轴的回转轴部，与该回转轴部同轴地设在该回转轴部外侧的内侧扇叶群，与该内置的多个内侧扇叶构成，该外侧扇叶群由以该回转轴部为中心放射状设置的多个外侧扇叶构成；通过设计该内侧形成的风的速度V2，具有1.5V1＜V2的关系。

☐ 2 空气净化设备[ZH] 授权 ⬇ 中国发明专利 ★★★☆☆

申请号:CN201380019070.5 申请日:2013.04.02 公开(公告)号:CN104204683A 公开(公告)日:2014.12.10
申请（专利权）人:[日本]; 博姆达株式会社 发明（设计）人:寺尾玄
同族数:6 权项数:7

主体外壳(12)具有设置在一侧上的入口、设置在另一侧上的排气口以及形成于内部中的空气通道。用于将空气通道的下流侧上的空气的排气风扇(28)设置在空气通道的下游侧上。还设置了用于在外部与排气风扇(28)和过滤器(气通道之间的空气流动。

☐ 3 气化式加湿器[ZH] 授权 ⬇ 中国发明专利 ★★★☆☆

图 11-14 检索结果展示

的产品的专利。

通过对比阅读，能够快速发现小米科技专利申请日在博姆达专利的申请日之后、公开日之前，根据专利法的规定，博姆达专利构成小米科技的抵触申请，而通过进一步地分析可知，小米科技的专利与博姆达的专利存在至少以下几点区别技术特征：（1）入风口增设风扇；（2）排气风扇设置的位置不同；（3）取消了连通机构等。虽然巴慕达品牌创始人兼产品总设计师寺尾玄公开发表声明说"获悉小米科技发布了一款酷似 BALMUDA（巴慕达）AirEngine 空气净化器的产品，我马上去网上看了一下，发现小米的空气净化器与我们在 2012 年发布的产品确实惊人的相似，我本人对此十分困惑"，但小米生态链产品总监夏永峰回复如是："在方案敲定前 2 周，找公司法务部门的人调查过，看这种设计是不是侵权，调查结果称没有问题。"

小米旗下智米科技也曾发表公开声明："智米是一家刚成立不久的创业公司，从创办之日起，我们就非常尊重知识产权且注重知识产权的积累。目前，我们已向国家专利局提交了 31 项专利申请，其中最为重要的就是在风扇、风道和整机结构等产品的关键核心部件或设计环节的专利。我们的产品并没有抄袭包括 BALMUDA 在内任何企业的专利设计及技术，我们在技术、外观等方面与 BALMUDA 的 AirEngine 空气净化器的产品有着完全不同的设计。"正是因为小米科技在专利申请前的专利检索及专利布局做得都非常到位，才成功避免很多纠纷。

二、场景二：专利专题数据库助力企业突破"专利丛林"

中国高铁技术先进、安全可靠，成本具有竞争优势，并且有着丰富成熟的铁路工程建设和运营管理经验，中国高铁的"走出去"悄然改变了全球高铁市场的格局，打破了由日本、德国、法国等少数几个国家的公司垄断的世界高铁市场格局，引起竞争对手的高度关注和包括知识产权等手段在内的竞争遏制。为了突破各国高铁巨头精心设置的"专利丛林"，规避竞争对手潜在的专利风险，借鉴现有技术进行再创新，某大型高速铁路行业企业于 2016 年 3 月与大为公司签订了本地化定制化高速铁路行业专利专题数据库建设项目合同，该项目历时 7 个月，于 2016 年 10 月正式上线运营。

为了给研发人员提供方便的利用现有专利技术情报的手段，项目组以现场调研的方式对客户企业涉及的技术部门进行逐一走访，为了方便各技术部门的使用，本项目以该企业组织机构为一级导航，在一级导航的基础上，从技术特征、工艺流程、产品结构、使用用途等多个维度进行技术分解，末级导航涵盖技术人员关注的关键技术，在此基础上进行全球专利的检索和数据抽取。除此之外，还对该企业关注的同业公司构建了详细的公司树，包括产品关联度较高的直接竞争对手、产品上/下游供应商等，基于公司树编制科学、合理的检索式，将相关专利搜集并补充到专题库中。

数据库上线后企业研发人员在日常科研活动中，想要获悉本领域技术最新研发方向或本技术领域发明大师的研发动向时，直接点击相应的导航节点即可快速获得相关的专利信息，大大节约了检索时间。更进一步地，研发人员作为最熟悉本领域技术的群体，对于本领域导航节点下的专利数据拥有增加、删除和改写的权限，同时，为了保证专题库的正常、有序运行，上述增加、删除和改写的操作可设定需要专题库管理员审批后才能生效，这一设置不仅有利于不断完善专题库中的数据，积累组织智慧，而且对于专题库的有序运行提供了可靠的保障。

对于关注的专利，研发人员通过专题库中的收藏功能，可以将其保存到自己的文件夹下，通过这种方式建立属于自己的"图书馆"，对"图书馆"的专利可以通过标引进行分级管理，并且能够通过共享的功能将自己的"图书馆"分享给研究小组的其他人员，其他人员在使用"图书馆"时，通过建立者的标引，能够快速直观地了解"图书馆"中专利的重要等级、关键技术等信息，大大节约使用者的时间。

通过单点登录功能将专利专题数据库集成到公司原有的科研管理平台，研发人员只需登录科研管理平台即可进入专利专题数据库，最大限度地实现无缝融合。查看/下载次数统计功能是后台自动统计具体某件专利被查看或下载的次数，从这一维度反映出专利受研发人员的关注程度，进而能够获悉关注度高的专利或者该专利的专利权人应该是本企业重点关注或者重点防范的对象。更进一步地，能够统计出具体使用专利专题数据库较为频繁的部门或个人，从而能够准确地反映出哪些部门的哪些发明人是善于利用专利技术情报的研发主力。

对专利工程师，该项目的上线能够将他们从烦琐的检索工作中解脱出来，同时，还能够实时监控竞争对手专利布局情况，为企业制定研发方向、建立专利预警机制、规划知识产权战略等提供有力的支撑。

三、场景三：如何在有限的信息下实现全面检索

大为公司受客户委托，以技术简报的形式定期追踪特定技术的发展现状及未来的发展趋势。该技术国外垄断相当严重，因为其涉及的学科众多，难以在短时间内有较大进步，但是客户希望能从专利情报得到帮助。公司咨询项目经理与委托方共同拟定了该项工作的开展方式，因涉及学科众多，决定选择六大关键技术中的一项技术先行突破。需要找到该技术领域国际

上比较有代表性的专家学者,作为关注焦点,分析其技术研发发展路线。通过从互联网、国内行业专家、国外行业专家等多种渠道调研,初步获得该技术领域的代表性人物名单,然后以调研结果为切入点在 innojoy 上检索上述专家学者在全球范围内的专利申请,对初步的检索结果进行同族合并及申请号合并等数据处理,将经过处理后的专利数据输出给企业内部的技术人员进行人工初步筛选,进而将初步的筛选结果输出给国际知名专家审核,由专家最终确定若干真正重要的专利,基于重要的专利展开技术追踪调查,形成技术简报。项目开展步骤如下。

第一步:调研。

通过从互联网、国内行业专家、国外行业专家等多种渠道调研,获得在该技术领域的代表性人物,调研结果如表 11-1 所示。

表 11-1 调研结果汇总表

序号	英文名称	中文名称	所属公司
1	hukam C Mongia	未知	未知
2	Michael A Benjamin	未知	未知
3	Alfred A Mancini	未知	未知
4	SNYDER TIMOTHY S	未知	未知
5	Randal G Mckinney	未知	未知
6	CHEUNG ALBERT K	未知	未知

第二步:专利检索。

以 "Alfred A Mancini" 为例阐述检索过程。由于客观原因,此次调研获悉到的信息非常有限,基于有限的信息,如何在 innojoy 上实现较为全面的检索呢?

选择"外国"数据库,将检索要素"Alfred A Mancini"键入表格检索中的发明人字段,点击检索,得到初步的检索结果。

Alfred A Mancini 在全球范围内共申请有 10 件专利,通过左侧栏的主申请人统计及主分类(小组)统计结果能够初步判断,上述 10 件专利与初步确定的技术主题高度相关。

由于初步检索时未对 Alfred A Mancini 这一检索要素进行扩展，可能导致检索结果有遗漏，因此可以利用 innojoy "INPADOC 同族"进行检索要素的扩展。

从申请号"BR0201961"的专利地图（见图 11-15）能够看出，该专利在日本、挪威、巴西、美国、德国和欧洲专利局有专利申请。

申请(专利)号	CN201080003301.X
公开(公告)号	CN102227562B
最终专利权人	博姆达株式会社
地址	日本东京都小平市
主分类号	F04D29/38(2006.01)I
申请(专利权)人	[日本] 博姆达株式会社; BALMUDA DESIGN LTD

图 11-15　同族信息展示页面

更进一步地，从专利地图中获悉其在美国的专利申请信息，如图 11-16 所示，从发明（设计）人这一信息栏能够看出，初步的检索要素 "Alfred A Mancini" 可以扩展为 "Mancini Afred Albert"，以同样的方式可以获悉发明人 "Alfred A Mancini" 的中文名称，其结果为 "A.A. 曼奇尼"。

选择"外国"数据库，将检索要素"Alfred A Mancini"和"Mancini Alfred Albert"以逻辑的关系在发明人字段进行再次检索，得到检索结果为 137 件。同样，从左侧快速统计栏中的主申请人统计和主分类（小类）能够初步判断，此次检索结果与特定主题高度相关。

为了降低重复阅读，通过同族合并按钮对上述 137 件专利进行同族合并，137 件专利通过同族合并后得到 34 项，通过产品特色中介绍的专利下载功能将上述 34 项专利批量导出后输出给技术人员进行初步筛选。初步筛选后确定出数十篇重要专利，通过组建由客户技术专家、专利检索分析专家、外部技术专家等组成的团队，分工协作，通过阅读专利说明书、同族

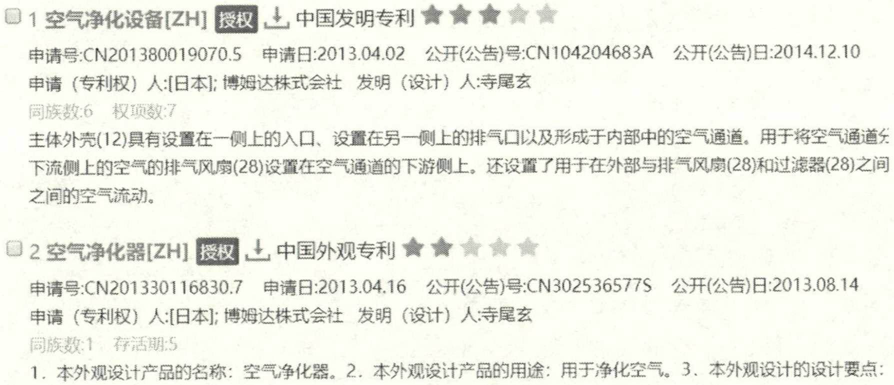

☐ 1 **空气净化设备[ZH]** 授权 ⬇ 中国发明专利 ★★★☆☆
申请号:CN201380019070.5　申请日:2013.04.02　公开(公告)号:CN104204683A　公开(公告)日:2014.12.10
申请(专利权)人:[日本]; 博姆达株式会社　发明(设计)人:寺尾玄
同族数:6　权项数:7
主体外壳(12)具有设置在一侧上的入口、设置在另一侧上的排气口以及形成于内部中的空气通道。用于将空气通道分下流侧上的空气的排气风扇(28)设置在空气通道的下游侧上。还设置了用于在外部与排气风扇(28)和过滤器(28)之间之间的空气流动。

☐ 2 **空气净化器[ZH]** 授权 ⬇ 中国外观专利 ★★☆☆☆
申请号:CN201330116830.7　申请日:2013.04.16　公开(公告)号:CN302536577S　公开(公告)日:2013.08.14
申请(专利权)人:[日本]; 博姆达株式会社　发明(设计)人:寺尾玄
同族数:1　存活期:5
1. 本外观设计产品的名称: 空气净化器。2. 本外观设计产品的用途: 用于净化空气。3. 本外观设计的设计要点:

图 11-16　美国同族信息页面

专利分析、引证分析等，抽丝剥茧出不同时间段要解决的技术问题和采用的技术方案，制作技术简报，供客户技术研发人员参考。

参考文献

[1] Arthur H. Seidel A. Citation System for Patent Office [J]. Journal of the Patent Office Society, 1949 (31): 554.

[2] European Patent Office.Cooperative Patent Classification[EB/OL].https://worldwide.espacenet.com/help?locale=en_ EP&method=handle HelpTopic & topic=cpc, 2016-09-03.

[3] European Patent Office, United States Patent and Trademark Office. How was CPC initiated? [EB/OL]. http://www. cooperativepatentclassification. org/about. html, 2017-01-01.

[4] Holger Ernst. Patent Portfolios for Strategic R&D Planning [J]. Journal of Engineering and Technology Management, 1998, 15 (4): 279-308.

[5] Intellectual Property Organization. How do CPC classifications compare? [EB/OL] http://www. ipo. org/wp-content/uploads/2015/09/CPC-Pamphletvfinal. pdf, 2015-09-01.

[6] World Intellectual Property Organization. About the Locarno Classification [EB/OL]. http://www. wipo. int/classifications/locarno/en/preface. html, 2017-01-01.

[7] World Intellectual Property Organization. Glossary of terms concerning industrial property information and documentation [EB/OL]. http://www. wipo. int/export/sites/www/standards/en/pdf/08-01-01. pdf, 2013-06-01.

[8] World Intellectual Property Organization. International Patent Classification [EB/OL]. http://www.wipo.int/classifications/ipc/en/, 2017-01-01.

[9] 蔡爽, 黄鲁成. 专利信息分析方法评述及层次分析 [J]. 科学学研究, 2008 (S2): 421-427.

[10] 陈卫明. 美国专利分类体系纵览 [EB/OL]. http://blog. sciencenet. cn/wap. php?mod=index&do=blog&id=950665, 2016-01-15.

[11] 陈燕, 黄迎燕, 方建国等. 专利信息采集与分析 (第2版) [M]. 北京: 清华大学出版社, 2014.

［12］国家知识产权局. 各国说明书样页［EB/OL］. http：//www. sipo. gov. cn/wxfw/zl-wxxxggfw/zsyd/zlwxjczs/ggzlsmsye/201406/t20140630_ 973338. html, 2008-04-03.

［13］国家知识产权局. 国际专利分类表（第8版）［EB/OL］. http：//www. sipo. gov. cn/wxfw/zlwxxxggfw/zsyd/bzyfl/gjzlfl/, 2008-04-02.

［14］国家知识产权局. 专利申请号标准［EB/OL］. http：//www. sipo. gov. cn/zcfg/flfg/zl/bmgz/201501/t20150109_ 1057962. html, 2015-01-09.

［15］国家知识产权局. 专利说明书［EB/OL］. http：//www. sipo. gov. cn/wxfw/zlwxxxggfw/zsyd/zlwxjczs/zlwxymcjs/201406/t20140630_ 973317. html, 2009-09-01.

［16］郝志国. 浅谈专利保护客体的认定及专利侵权行为［J］. 纺织器材, 2004, 31（6）：56-58.

［17］黄非, 许敏. ECLA"六位一体"的分类制度浅析［J］. 中国发明与专利, 2011（9）：66-68.

［18］李春燕. 基于专利信息分析的技术生命周期判断方法［J］. 现代情报, 2012, 32（2）：98-101.

［19］李真, 魏巧莲. 联合专利分类CPC系统介绍［J］. 专利文献研究, 2014（2）：10-13.

［20］马天旗. 专利分析方法、图表解读与情报挖掘［M］. 北京：知识产权出版社, 2015.

［21］王玥, 万济萍, 贾扬, 等. 日本专利分类及其在音频专利检索中的应用［J］. 电声技术, 2013, 37（9）：42-44, 47.

［22］杨铁军. 专利分析实务手册［M］. 北京：知识产权出版社, 2012.

［23］赵沛丰, 赵欣. 同族专利信息分析及应用（上）［J］. 中国发明与专利, 2010（8）：85-88.

后　　记

教材是向学生传授知识、技能和思想的教学用材料,教材编写是大学人才培养和教育改革中的重要工作!高质量教材的编写则是建立在编写者水平及编写团队力量的基础之上。《专利检索与分析精要》教材的两位主编者长期从事"专利检索与分析"和"专利战略"等专业知识的学习、教学与研究,不仅有较强的科研能力,而且具有丰富的教学经验和一定的实践阅历;参编团队成员更有来自专利服务机构的专家、企业一线从事研发和专利管理的专利工程师、专业的知识产权信息服务公司的专家。整个编写团队知识结构合理,视野和角度全面而专业,非常契合理工类高校培养创新型复合人才的知识要求。

本教材的第一主编武兰芬副教授2014年7月入选全国专利信息师资人才,2012年1月入选"百千万知识产权人才工程"百名高层次人才培养人选。从事本科和研究生教学10年,期间讲授"知识产权评估与投资""专利文献检索与应用""专利分析与预警"和"知识产权信息检索"等知识产权管理核心课程。主持南京理工大学校企合作研究生课程建设项目1项;参加南京理工大学本科教学改革项目1项。在科研方面,主持包括国家社会科学基金、中国博士后基金、教育部人文社会科学青年基金、江苏省社会科学青年基金、中央高校基本科研业务费专项资金项目和苏州市知识产权局委托项目等在内的课题多项,参加国家自然科学基金资助项目、江苏省软科学项目等多项,发表并被CSSCI、EI收录论文20余篇。长期专注于专利分析与科技政策的理论与应用研究,研究成果多次被相关部门采纳和应用。2016年到美国亚利桑那大学商学院访学。

本教材的第二主编姜军副教授从事教学11年，期间讲授"知识产权管理""知识产权战略管理""专利评估与投资"和"知识产权运营管理"等知识产权管理核心课程。主持南京理工大学本科教学改革项目2项；主持南京理工大学研究生教学改革项目1项，参加南京理工大学校企合作研究生课程建设项目1项。发表并被CSSCI、EI收录论文10余篇。2016年出版学术专著《企业专利战略模式的竞争优势与核心竞争力研究》。

在教材编写组织上，主编者武兰芬、姜军老师负责前期调研和资料搜集，搭建章节框架，撰写第1~2章，并对全书进行统稿和审核修改；本教材的其他参编者多来自专利信息服务业的知名公司，由这些公司的专家型经理领导组织针对本公司的产品特点和使用技巧，撰写教材内容将非常有助于大学生们对实务技能的学习和掌握。两位主编密切保持校企之间的联系和沟通，多次面谈会商，共同参与统稿讨论，协同探索并完成这本基础性和实践性较强的教材团体编著，确保了合作和编写的质量！

各章撰稿人详细信息分列如下：

第1~2章　武兰芬，南京理工大学知识产权学院，副教授；姜军，南京理工大学知识产权学院，副教授。

第3章　蔡神喜，四川力久律师事务所，专利情报分析师/专利代理人；魏涛，超凡知识产权服务股份有限公司，专利指导老师/专利代理人。

第4章　汤磊，南京中网卫星通信股份有限公司，专利工程师。

第5章　姜炜，知识产权出版社有限责任公司，项目经理。

第6章　李瑾，科睿唯安信息服务（北京）有限公司，产品及解决方案专家；马亚鹏，科睿唯安信息服务（北京）有限公司，产品及解决方案经理。

第7章　黄文静，合享汇智信息科技集团有限公司，副总裁。

第8章　李佳禾，法国科思特尔（Questel）公司，中国区负责人。

第9章　肖晴宇，北京东方灵盾信息技术有限公司，标引部经理。

第10章　陆佳，英国Minesoft有限责任公司，中国区负责人。

第11章　潘晓梅，保定市大为计算机软件开发有限公司，董事长。张

后　记

倩，保定市大为计算机软件开发有限公司，工程师

　　本教材主要参考陈燕、黄迎燕、方建国等编著的《专利信息采集与分析》（2014年10月第2版）、马天旗2015年9月主编的《专利分析——方法、图表解读与情报挖掘》和牟萍2012年07月著《专利情报检索与分析》等书和期刊论文资料。把现代最新和成熟的研究成果引进教学是高等教育的基本特点。本教材的编写借鉴了专家们的前沿思想，保证本书的学术严谨性，还得到相关各界多位知名专家的指点和审校。特别感谢国家知识产权局知识产权发展研究中心陈燕副主任和国家知识产权局专利局机械发明审查部马天旗副处长等业内专家和领导对本项目组的关心和帮助，以及两位权威专家亲自拨冗为本书作序！感谢知识产权出版社编辑认真细致的审校工作！感谢知识产权学院曾培芳副院长有力的组织和协调工作，感谢毕业生武海超以及在校的多位同学为本书所做的贡献！衷心感谢所有在本书付梓过程中付出辛劳的各位同仁和朋友！

　　另外，在服务及培训方面，依托本项目组前期的教材应用市场调研，以及南京理工大学和知识产权学院的渠道和资源优势等条件，在本教材出版后将期望选择开设相关课程的理工高校积极开展交流与合作，并与企业一起共同为这些理工高校大学生的专业技能学习，提供一些资料服务（为教学可提供陆续开发的PPT、配套读物、练习册等）、培训和咨询等保障。期望今后能长期与该课程系列建设开发各相关方携手，共同研究和探索创新型知识产权复合人才培养的模式和方法！我们的联系邮箱为：jw518518@163.com。